W. S. Grigorjewa

WODKA

Leoopld Stocker Verlag
Graz – Stuttgart

Umschlaggestaltung: Werbeagentur Rypka GmbH., 8143 Dobl/Graz
Umschlagfoto: OVAL Getränkeproduktions- und Vertriebs GmbH
Bildnachweis: Cocktailfotos: Bilderwerk Wien, Wien
Barfoodfotos: Ralf Müller, Dortmund
Alle übrigen Abbildungen stammen aus dem Originalbuch bzw. von
OVAL Getränkeproduktions- und Vertriebs GmbH, Wien (S. 93, 132, 133, 177)

Titel der russischen Originalausgabe:
Wodka – wie man ihn kennt und nicht kennt, 14. – 20. Jahrhundert

Aus dem Russischen übersetzt von MB Übersetzungs- und Sprachenbüro e. U., 5310 Mondsee/Österreich,
www.boensch.at.
Übersetzerteam: Elena Prytkova, Alex Nedelko, Hans Dieter Arndt

Bibliografische Information Der Deutschen Bibliothek
Die Deutsche Bibliothek verzeichnet diese Publikation in der Deutschen Nationalbibliografie;
detaillierte bibliografische Daten sind im Internet über http://dnb.ddb.de
abrufbar.

Hinweis
Dieses Buch wurde auf chlorfrei gebleichtem, unter den Richtlinien von ISO 9001 hergestelltem Papier gedruckt. Die zum Schutz vor Verschmutzung verwendete Einschweißfolie ist aus Polyethylen chlor- und schwefelfrei hergestellt. Diese umweltfreundliche Folie verhält sich grundwasserneutral, ist voll recyclingfähig und verbrennt in Müllverbrennungsanlagen völlig ungiftig.

ISBN 978-3-7020-1204-5

Gestaltung, Layout und Repro: Werbeagentur Rypka GmbH., 8143 Dobl/Graz
Druck und Bindung: Druckerei Theiss GmbH, A-9431 St. Stefan
Printed in Austria

Inhalt

Vorwort

Von Dr. Peter Jäger

Was ist Wodka?

Zum Thema Wodka wurden mehrere Befragungen von Passanten durchgeführt. Folgende Antworten wurden am öftesten gegeben:
In der Volksmeinung stammt nicht nur der Name Wodka aus Russland, sondern auch das Getränk selbst.
Ferner wird allgemein vermutet, dass die Spirituose Wodka rein aus Kartoffelalkohol hergestellt wird.
Diese Spirituose würde einzig und allein der Kartoffel ihren runden, weichen und reinen Geschmack verdanken.
Kartoffelalkohol sei der reinste und beste.
Wir im Westen hätten keinen solchen Alkohol mehr.

Was ist Wodka (Vodka) wirklich?

Während früher der Wodka teilweise zur Gruppe der Kartoffelbranntweine gehörte, ist er heute weitgehend der Gruppe der Getreidebranntweine zuzuordnen.
Dies bedeutet, dass der Rohstoff Alkohol nicht wie früher teilweise aus Kartoffeln gewonnen wird, sondern heute weitestgehend aus Getreide.
Der russische Name **Wodka** bedeutet so viel wie kleines Wasser oder **Wässerchen**.
Man versteht darunter ein absolut klares, farbloses Spiritus-Wasser-Gemisch, das rund, weich und völlig rein schmecken soll, einen Alkoholgehalt von über 40 %vol. aufweist, eiskalt oder auch zimmerwarm getrunken werden kann und als Basis für viele Cocktails verwendet wird.
Betrachtet man die zahlreichen Produkte, die als Wodka bezeichnet wurden, so fand man klare, gefärbte, gesüßte, geschärfte, gebitterte, aromatisierte etc. Varianten.
Diese Produkte gelangten vorwiegend in Russland in den Handel.
Außer dem klaren, farblosen und rein schmeckenden Wodka müssten alle anderen Varianten als aromatisierte Trinkbranntweine oder als Schnaps bezeichnet werde, kurz als Spirituosen, die farblich, geruchlich und geschmacklich vom klassischen Wodka absolut abweichen.
Basis für den klassischen farblosen, klaren, reinen Wodka ist ein hochrektifiziertes Spiritus-Wasser-Gemisch von 96 Vol.-%, das, um die Reinheit noch weiter zu verbessern, über spezielle Sand- und Aktivkohlefilter geschickt wurde.
Bei dem verwendeten hochprozentigen Spiritus (96 Vol.-%) handelt es sich um Alkohol landwirtschaftlicher Herkunft, wobei mit gängigen Analysemethoden kaum mehr feststellbar ist, ob die Rohstoffe Kartoffeln oder Getreide waren.
Auch Alkohol aus Rüben oder Rübenmelassen wurden in der Regel z. B. auch in Rußland zugelassen.
Der hochprozentige, rektifizierte und feinfiltrierte Spiritus wird mit entmineralisierten Wasser (Weichwasser) auf Trinkstärke (40–60 Vol.-%) eingestellt.
Durch lange Lagerung des hochprozentigen Spiritus-Wasser-Gemisches und/oder der fertig eingestellten Trinkware findet eine natürliche Reifung und Alterung statt, d. h., das Produkt wird rund und weich im Geschmack.
Dieser Zustand, nämlich Rundheit und Weichheit im Geschmack, kann auch durch **besondere Verfahren**, d. h. **künstliche Alterung**, erreicht werden.
Dadurch erspart man sich Lagerkapazitäten und Lagerzeit.
Zu den besonderen Verfahren gehört z. B. der Zusatz von Kaliumpermanganat und/oder Natriumbicarbonat und/oder Natriumchlorid und/oder Essigsäure etc.
Werden einige oder mehrere dieser besonderen Verfahren zur künstlichen Alterung eingesetzt, so ist in diesem Fall das Resultat, also ein klarer, farb-

loser, rein und rund schmeckender Wodka, eigentlich eine behandelte Spirituose (Trinkbranntwein), die z. B. mit den völlig reinen, unbehandelten einheimischen Edelbranntweinen nicht verglichen werden kann.
Wird diese mit besonderen Verfahren bereits künstlich gealterte Spirituose zusätzlich noch mit Essenzen, Aromen, Fruchtsäften, Kräuterauszügen etc. aromatisiert, so dürfte hierfür die Bezeichnung Wodka nicht mehr verwendet werden, da es sich um Mischgetränke und um behandelte Spirituosen handelt.
Der **Idealfall eines klassischen Wodkas** wäre somit ein hochrektifizierter, extra fein filtrierter, natürlich gealteter = lange gelagerter Kartoffel- oder Getreidespiritus, der mit entmineralisiertem Wasser auf Trinkstärke eingestellt und abgefüllt wurde.
Die geruchliche und geschmackliche Qualität dürfte durch keinerlei Zusätze, besondere Verfahren, Aromatisierungen etc. erreicht werden.
Das **Awaloff-Verfahren** aus dem Jahre 1930 verspricht z. B. eine mildere und weichere Qualität des Endproduktes ohne Zusätze. Es handelt sich dabei um ein patentiertes spezielles Destillationsverfahren.

Geschichte des Wodkas

Wer die Heimat der Kartoffel-Wodkas in Russland oder Polen sucht, geht leider einen Irrweg.
Der englische Seeräuber und später geadelte **Sir Francis Drake** brachte neben Gold und Silber auch die Kartoffelknolle von Peru nach England. Dies geschah etwa in den Jahren 1580–1585.
Die Kartoffel wurde zunächst in Irland vermehrt und angebaut.
Etwa in der Mitte des 18. Jahrhunderts gelangte sie dann über Preußen bis nach Polen und ins kaiserliche Russland.
Es waren also die Iren, die wahrscheinlich die ersten waren, welche aus der Kartoffel einen klaren Schnaps brannten. Sie nannten ihn Maintain Dew bzw. **Poteen**.
Dieser Poteen wird übrigens heute wieder in Irland gebrannt.
Vor Einführung der Kartoffel wurde Wodka auch in Russland aus Roggen, Weizen, Hafer oder Mais gebrannt. Im alten Russland gab es viele Qualitäten und Sorten von Wodka. Bis zur Einführung der Kartoffel gab es also lauter Getreidebrände.
Nach der Einführung der Kartoffel wurde auch dieser Rohstoff zur Alkoholgewinnung herangezogen.
Die Herstellung von Alkohol und Wodka wurde dann monopolisiert, und es gab in Russland offiziell 2 Hauptsorten:
Die Güteklasse 1 war Weiß-Siegel oder Weißhäuptchen mit 57 Vol.-% in der Trinkware.
Die Güteklasse 2 – der Wodka des kleinen Mannes – war Rot-Siegel oder Rothäuptchen bzw. Rotkäppchen mit 40 Vol.-% in der Fertigware.
Neben diesen beiden Monopol-Sorten gab es in Russland viele Marken, Güteklassen und Varianten von Wodka.
Mit der Einführung der besonderen Verfahren gelang es nicht nur, die Lagerzeiten zu verkürzen, sondern durch Färbung und Aromatisierung breitere Bevölkerungsschichten anzusprechen und auch erfolgreich den Export anzukurbeln.
Neben Russland waren es vor allem **Polen** und **Finnland**, wo Wodka hergestellt und im In- und Ausland vertrieben wurde und wird.
Polnische Produkte sind **Wyborowa** und **Luksusowas**. Bei beiden handelt es sich um reine Getreidebrände, die farblos und klar sind.
Aus Finnland stammt die Marke **Finlandia**, aus Schweden kommt der **Wodka Absolut**. Beide sind klar und farblos und ebenfalls Getreidebrände.
Die russischen Exportprodukte sind vor allem **Moskowskaya** und **Stolichnaya**, beide farblos, klar und beide Getreidebrände.
Neben Russland, Polen, Finnland und Schweden wurde auch in Deutschland seit den zwanziger Jahren des letzten Jahrhunderts Wodka hergestellt. Einige Marken entwickelten sich zu echten Marktführern, z. B. die Marken **Gorbatschow** und **Puschkin**.
Daneben finden sich Marken wie **Nikita, Melnikow, Bolschoi** etc.
Auch hier handelt es sich durchwegs um klare, farblose Produkte, alle hergestellt aus Getreidebrand.
In Österreich findet man neben einigen Eigenmarken (**Erber, Mautner, Stroh etc.**) hauptsächlich Importware aus Russland, Polen, Schweden und Finnland. Alle Produkte sind klar, farblos und Getreidebrände.
Darüber hinaus existieren im österreichischen Handel auch gefärbte und aromatisierte Spirituosen bzw. Wodka-Spirituosen mit 20 %vol.
Da die besonderen Verfahren seit dem letzten Jahrhundert üblich sind und auch von der EU sinngemäß übernommen wurden, ist stark zu bezweifeln, ob überhaupt noch ein Wodka ohne **Einsatz besonderer Verfahren** auf dem Markt erhältlich ist.

Einleitung

Wodka ist eines der weltweit meistverbreiteten starken alkoholischen Getränke, dessen Herstellung sich aktiv entwickelt. In verschiedenen Ländern werden viele unterschiedliche Wodkasorten erzeugt, die sich nicht einmal ähnlich sind. Einige trinkt man ebenso wie Wein, um den Geschmack und das Aroma zu genießen, andere wiederum eignen sich hervorragend zum Mixen mit verschiedenartigen Getränken und finden in Cocktails breiten Zuspruch. Ohne guten Wodka wäre eine Familientafel, ein Mittagessen im Restaurant oder eine Begegnung in der Bar kaum denkbar. Gegenwärtig lassen sich die Menge und Mannigfaltigkeit all dessen, was man so Wodka nennt, kaum abschätzen, wohl mit der Eigenschaft, einem jeden Geschmack Genüge zu tun.

Die Geschichte des Wodkas weckte stets das riesige Interesse sowohl seiner Kenner als auch der Gelehrten – der Historiker, Rechtswissenschaftler, Kulturforscher vieler Nationen, der Fachleute im Bereich der Branntweintechnologien, der Chemiker und vieler anderer.

Zum Ende des 20. Jahrhunderts und zu Beginn des 21. Jahrhunderts wurden Arbeiten publiziert, die sich mit vielen Thesen zur Geschichte dieses beliebten Getränks beschäftigen. Leider entsprechen bei Weitem nicht alle diese Thesen, die sich in fast allen Veröffentlichungen wiederholen, der historischen Realität.

Vor allem handelt es sich um die Frage der Terminologie. In der neueren Literatur verwenden viele Autoren solche Begriffe wie Kornbranntwein und Kornwodka, ohne auf ihre Unterschiede zu verweisen; darüber hinaus werden diese Ausdrücke als Synonyme präsentiert. Eine derartige Betrachtungsweise ist inkorrekt, da sie die in der Herstellung, im Handel mit ihnen und schließlich im Konsum bestehenden Besonderheiten völlig gleichstetzt.

In diesem Zusammenhang seien einige Anmerkungen zu jenen Begriffen gestattet, die zur Beschreibung alkoholischer Getränke verwendet wurden, sowie zu ihrer in den gegenwärtigen Publikationen immer wieder auftauchenden Auslegung. Insgesamt ist diese Frage im 3. Kapitel „Vom Kornbranntwein und Kornwodka ..." berücksichtigt, so dass an dieser Stelle die Aufmerksamkeit lediglich auf jene Begriffe zu lenken ist, deren Interpretation seitens der modernen Autoren nicht im Einklang zu den in den Gesetzen verankerten offiziellen Bestimmungen stehen. Im Weiteren wird für uns bei der Betrachtung anderer Probleme jener Terminus maßgebend sein, der entgegen den umgangssprachlichen Gepflogenheiten, ungeachtet verschiedener Wörterbücher, Enzyklopädien und Nachschlagewerke, in den offiziellen Dokumenten Anwendung findet.

Beginnen wir mit dem Halbbrennwein, über den man folgende interessante Aussage finden kann: „Dieser Begriff bedeutete in der Produktionssprache keine Spirituose, die durch Destillation von Raki gewonnen wurde, sondern es handelte sich um einfachen, zu einem Viertel mit reinem kalten Wasser verdünnten Wein."[1]

Im Ergebnis solcher Verdünnung (mit einem Viertel Wasser) konnte man nicht jedes Mal Wein gleichen Alkoholgehalts (beim Halbbrennwein war er ziemlich exakt mit 38–40 Vol.-% bestimmt) herstellen, weil der einfache Wein diesen bestimmten Alkoholgehalt nicht hatte, so dass er stets unterschiedlich ausfiel. Dies war von vielerlei Umständen abhängig. Der einfache Wein, der ein natürliches Resultat der Destillation von Raki war, enthielt stets eine abweichende Alkoholmenge (die Unterschiede konnten mehr als 20 Vol.-% betragen). Daher konnte man unter Hinzusetzung der gleichen Menge Wasser bei schwankendem Alkoholgehalt nicht stets einen Halbbrennwein mit einem Alkoholgehalt von 38–40 Vol.-% herstellen.

Ebenso kann man auch anderen Meinungen nicht zustimmen, wonach der Alkoholgehalt des so genannten Kornweins oder Halbbrennweins „seit der Mitte des 18. Jahrhunderts gewöhnlich 23–24 Grad nicht überschritt".[2] Es wird sogar behauptet, dass der Alkoholgehalt des Halbbrennweins in den sechziger Jahren des 19. Jahrhunderts bis auf 38–40 Grad stieg.[3] Die Autoren dieser Feststellungen präzisieren hierbei nicht, was unter Grad zu verstehen ist. Grad wurden die Masseprozente und Volumenprozente genannt. Nach welchem System wurde der Alkoholgehalt gemessen? (siehe Kapitel „Alkoholmessung", – W. G.)

Die Bezeichnung Halbbrennwein stammt von der Methode des Glühens, die den prozentualen Alkoholgehalt der Flüssigkeit zeigte. Der Alkoholgehalt des Halbbrennweins betrug zu allen Zeiten 38 oder 40 %, so dass der Halbbrennwein 38–40 Vol.-% Alkohol und etwa 60 % Wasser enthielt. Beim Anzünden des Weins verbrannte der Alkohol, und eine gewisse Menge Wasser verdampfte unter der Wärmeeinwirkung. Daher verblieb nach dem Prozess des Brennens im Glühofen lediglich Wasser, also die Hälfte des Volumens des eingegossenen Weins. Zu bemerken ist, dass sich das Verfahren des Glühens, von dem die Bezeichnung Halbbrennwein herrührte (zur Hälfte des Volumens verbrennender Wein), während der gesamten Dauer der Existenz nicht änderte, so dass auch der Alkoholgehalt des Weins weder steigen noch sinken konnte.

Nun etwas zur Bezeichnung „schäumender" Wein. Man nimmt allgemein an, dass sie nicht vom prosaischen „Schaum" herrührte, sondern im Sinne von „etwas Besserem" verwendet wurde.[4] Unserer Meinung nach entstand diese Bezeichnung vom gewöhnlichen „Schaum" in Verbindung mit einem weiteren Verfahren der Bestimmung des Alkoholgehaltes des Weins. Man nennt es „holländische Probe". Diese Methode wurde im 17. Jahrhundert noch vor dem Gebrauch des Glühens angewandt. Die holländische Probe ermöglichte die Messung alkoholischer Flüssigkeiten mit einem Alkoholgehalt um 50 %. Wenn man solche Flüssigkeiten schüttelt, entsteht an der Oberfläche ein aus kleinsten Bläschen bestehender Schaum, der relativ lange verweilt.[5] So wird die Qualität eines solchen Weins in einer Veröffentlichung des 18. Jahrhunderts beschrieben: „Guter Kornwein verursacht beim Eingießen einen weißen Schaum, der Perlen ähnelt. Schlechter Wein, in dem viel Wasser oder Phlegma vorhanden ist, erzeugt wenig Schaum. Je länger der Kornwein diese Perlen behält, desto schmackhafter und stärker er zu erachten ist."[6] Den schäumenden Wein konnte man bei sehr gelungener Destillation von Raki sofort gewinnen, so dass es sich um einen einfachen Wein mit einem Alkoholgehalt von etwa 50 % handelte. Den Begriff „schäumender" benutzte man häufig einhergehend mit den Adjektiven „einfacher" und „guter".

Solche Begriffsbestimmungen entsprechen jener Tatsache, dass dieser Wein wirklich einfacher, mittels Destillierung gewonnener Wein war, allerdings mit einem hohen Alkoholgehalt und daher von höherer Qualität, d. h. ein „guter" Wein.

Ebenso ging aus dem Verfahren der Bestimmung des Alkoholgehaltes noch eine Weinsorte hervor, die man „dreiprobige" oder „dreiblasige" nannte. Beim Brennen verbrannten bei drei gleichen, in den Glühofen eingegossenen Volumina (Bläschen) zwei Bläschen, und eines blieb zurück.

Die Bezeichnungen der erwähnten Sorten des Kornweins leiteten sich vom Verfahren der Bestimmung ihres Alkoholgehaltes ab, da man nur so eine Weinsorte von der anderen unterscheiden konnte.

An dieser Stelle sei die Rede vom Terminus „Wodka" selbst. Allgemein wird angenommen, dass der in der Legislative eingeführte und in den staatlichen Rechtsvorschriften fixierte Terminus verhältnismäßig spät entstand. „Erstmalig tauchte er in der Verfügung der Zarin Elisabeth I. am 8. Juni 1751 auf. Dann erschien er fast 150 Jahre später, zur Wende des 19. und 20. Jahrhunderts in Verbindung mit der Einführung des staatlichen Monopols der Herstellung und des Handels mit Wodkas."[7]

In Wirklichkeit ist dieser Terminus in zaristischen Verfügungen seit Anfang des 17. Jahrhunderts zu finden. Und im 18. Jahrhundert kann man bereits von einer speziellen Branntweingesetzgebung sprechen, in der Wodka als selbstständiges Getränk in verschiedenen Schankverordnungen, Statuten und sonstigen offiziellen Dokumenten auftaucht. Es werden zaristische Verordnungen erlassen, die allein Wodka betreffen.[8]

Die Gesetzgebung jener Zeit regelte auch die Herstellung der Wodkasorten. Wenden wir uns nochmals den Ansichten mancher heutiger Autoren zu. „Zum Ende des 18. Jahrhunderts bezieht sich das Wort ‚Wodka' auf drei Arten von Getränken. Um sie voneinander zu unterscheiden, schlug der bekannte russische Arzt und Naturforscher N. M. Maximowitsch-Ambodik im Jahre 1783 vor, folgende Termini einzuführen: ‚destillierte Wodkas', ‚angesetzte Wodkas' und ‚süße Wodkas', genauer ‚gesüßte Wodkas' oder ‚Tafia', ‚Ratafia'." Und weiter: „... In den 70er – 90er-Jahren des 19. Jahrhunderts werden Versuche unternommen, neue, historisch keinesfalls belegte Bezeichnungen mit dem zweifelhaften Ziel zu schaffen und einzuführen, dieses Produkt ‚zu veredeln'. Solche Bezeichnungen sind ‚Volkswein', ‚Tischwein' ... Allesamt fassen sie nicht Fuß, sind der russischen Sprache fremd und für die Darstellung des Begriffes ‚Wodka' ungeeignet."[9]

Und hier sind wir nochmals genötigt, solch einen Standpunkt abzulehnen. Der Begriff „Süßer Wodka" erschien etwas früher, er existierte bereits im Jahre 1765[10] und umfasste alle Wodkas, denen Zucker beigefügt wurde. Zu ihnen gehörten ursprünglich die süßen aromatischen und sogar bitteren aromatischen Wodkas (jene Wodkas, denen man Zucker hinzusetzte) sowie auch die so genannten Ratafias und die Liköre. Die süßen und bitteren aromatischen Wodkas konnten einfach und zweifach (doppelt) sein.

Der Tischwein stellte 40 % (Vol.) doppelt gereinigten Kornwein dar, und in der Monopolperiode wurde er ausschließlich aus so gennantem Alkohol doppelter Rektifikation hergestellt. Der Volkswein ist kein offizieller Begriff, so bezeichnete man in salopper Umgangssprache einen raffinierten Wein, der eigentlich ein mittels Kohle gefilterter Halbbrennwein (40 %) war; in der Monopolperiode stellte man ihn aus rektifiziertem Alkohol her.

Diese beiden Begriffe, die zwei Sorten des Kornweins (Tischwein und raffinierter Wein) bezeichnen, sind nicht fremdartig in Bezug auf den Begriff „Wodka", da sie nämlich mit dem Begriff „ Wodka" zu Beginn des 20. Jahrhunderts identifiziert worden sind.[11]

Auch in der vorrevolutionären Literatur, darunter in wissenschaftlichen Arbeiten, stößt man darauf, dass kein Unterschied zwischen den Begriffen „Wodka" und „Wein" gemacht wurde. Man nennt den Kornwein Wodka in der Regel die Adjektive „einfacher" oder „gewöhnlicher" gebrauchend. Zum Beispiel beschreibt der bekannte Gelehrte I. I. Kanonnikow im Artikel „Der Wodka", erstellt für das Enzyklopädische Wörterbuch von Brockhaus-Efron, sowohl die Produktion des Tischweins als auch die Zubereitung „spezieller Wässerchen (Wodkas)" unter Zusatz verschiedener geschmacklicher und aromatischer Ingredienzien.[12]

In der Russischen Gesetzessammlung waren die diesen Getränken entsprechenden Begriffe genau getrennt,[13] was durch die unterschiedliche Besteuerung bedingt war.

Und erst ab der Mitte der 20er bis Mitte der 30er-Jahre des 20. Jahrhunderts, d. h. bereits in der Sowjetzeit, begann man mit dem Wort „Wodka" jenen Kornwein zu bezeichnen, wobei jene alkoholischen Getränke, die man bis dahin Wodka genannt hatte, der Kategorie der Likörbranntweine zurechnete.

Auf diese Weise legten die Weinbrennereien und die Wodkaproduktionsstätten den Grundstein für die Entwicklung zweier heutiger Industriezweige – die Branntwein- und Likörproduktion. Die Produktion des Kornweins verwandelte sich in die Produktion des rohen und rektifizierten Alkohols, und die Produktion des Wodkas, des raffinierten Weins und Tischweins verwandelte sich in die Likörindustrie.

Nicht unerwähnt sollte der weit verbreitete Mythos über die Erfindung von D. I. Mendelejew[14] bzgl. des so genannten Vierziggrad-Wodkas bleiben. Die historischen Tatsachen zeugen unwiderlegbar davon, dass die vierzig Grad (40 Vol.-%) vom Verfahren des Glühens, angewandt in Russland ab dem Ende des 17. Jahrhunderts, herzuleiten sind.

Die spezifischen Eigenschaften des russischen Wodkas charakterisierend, stellt W. W. Pochljobkin fest, dass „von Anfang an die Hauptsache darin besteht, dass jede Destillationsstufe eine Verdünnung mit Wasser erforderte" und „diese Tendenz nur für die russische Produktion bezeichnend ist, da sie ausschließlich infolge der byzantinischen Tradition entstand, jedwedes alkoholische Getränk vor seinem Genuss mit Wasser zu verdünnen".[15]

In Wirklichkeit steht die Verdünnung des Kornweins mit Wasser kaum in Zusammenhang mit den byzantinischen Traditionen, sondern ist unmittelbar mit dem Entwicklungsstand der Technologie verbunden. Die Produktion des Kornweins stand fast seit ihrer Entstehung unter der Kontrolle des Staates, der an die Qualität dieses Produktes bestimmte Anforderungen stellte und vor allem den Alkoholgehalt des Erzeugnisses festlegte. Das Glühen war seit dem 17. Jahrhundert die einzige, gesetzlich erlaubte Methode zur Bestimmung des Alkoholgehalts von Getränken mit 38–40 Vol.-% Alkohol. Die damalige Technologie des Weinbrennens, das Niveau der wissenschaftlichen Kenntnisse der Gärungs- und Destillationsprozesse, der Qualität des Rohstoffs und auch die Weinbrennanlagen (Einkesselapparate) erlaubten es noch nicht, Wein eines bestimmten Alkoholgehaltes herzustellen.

Der Branntwein war stets entweder schwächer oder stärker als die festgelegte Norm, d. h. jenes Alkoholgehaltes, mit dem der Wein an den Staat und dann durch den Staat an das Volk verkauft wurde. Daher war man gezwungen, ihn nachträglich zu destillieren, um den erforderlichen Alkoholgehalt zu erhalten (wenn nach dem Glühen weniger als die Hälfte des Volumens verblieb), oder ihn bis zum gewünschten Alkoholgehalt mit Wasser zu verdünnen (wenn nach dem Glühen mehr als die Hälfte des Volumens verblieb). Bei der Verdünnung des zu starken Weins mit Wasser richtete man sich nicht nach Traditionen, sondern nach dem wirtschaftlichen Gewinn.

Es gab noch einen Grund der Verdünnung des Weins mit Wasser, der zu seinem Verbrauch gehörte. Es war unmöglich, den starken (sogar 40 Vol.-%), jedoch schlecht raffinierten Kornwein zu trinken, da er die Kehle stark verbrannte. Zumindest auf 36 % verdünnt, durfte man ihn schon mit kleineren „Unannehmlichkeiten"[16] trinken. Um die Wahrheit zu sagen, konnte die schlechte Qualität des Schankweins die riesige Anzahl seiner anspruchslosen Konsumenten abhalten.

Von Anbeginn seiner Entstehung wurde der Wodka zu einem Getränk sowohl der Aristokratie als auch des gemeinen Volkes, wobei er seither nie seine Positionen verlor.

Die historischen Quellen, die wissenschaftliche und technologische Literatur, erlauben in ausreichender Weise, vollständig die Geschichte der Entwicklung des Weinbrennens und der Wodkadestillation in Russland ab dem 17. Jahrhundert zu rekapitulieren. Über die vorherige Periode des 14.–16. Jahrhundert ist weit weniger bekannt. Das bezieht sich vor allem auf die Feinheiten der Branntwein- und Wodkatechnologie und auf das Wissen, wodurch sich die verschiedenen Sorten des Kornweins voneinander unterschieden und ob es viele Wodkasorten im 16. Jahrhundert gab.[17]

Ohne den Anspruch auf die absolute Wahrheit zu erheben, besteht unser Bemühen darin, anhand dokumentarischer Quellen nach Möglichkeit Folgendes vollständig zu rekonstruieren:

a) die Technologie der Herstellung des Kornweins, des Alkohols und der Wodkas sowie auch die Unterschiede, die in ihrer Herstellung existierten, und die grundlegenden Momente der qualitativen Veränderung der technologischen Anlagen;
b) das Kreieren der Sorten des Kornweins und der Kornwodkas sowie ihre in verschiedenen historischen Zeitabschnitten erfolgten Veränderungen;
c) die Erfolge der Branntwein-, Alkohol- und Wodkaindustrie;
d) die Kultur des Genusses alkoholischer Getränke;
e) die derzeitigen, an die Herstellung von Spirituosen und Wodkas gestellten Anforderungen in Russland.

Chronologisch umfassen die Recherchen die Periode ab der Entstehung des Weinbrennens und der Wodkadestillation im 14.–16. Jahrhundert bis in die 30er-Jahre des 20. Jahrhunderts, als die Wandlung zu seinem heutigen Verständnis erfolgte. Darüber hinaus werden im Werk die Anforderungen präsentiert, die auf der Grundlage der geltenden staatlichen Standards an Spirituosen und Wodka in der Russischen Föderation gestellt werden.

Die Autorin dankt:

Andrej Leonidowitsch Worobjow;
Michail Walentinowitsch Solotarjow;[18]
Pavel Wladimirowitsch Schwez[19] *für die beratende Unterstützung bei der Vorbereitung der Abschnitte „Wie soll man den Wodka verkosten" und „Wie soll man den Wodka reichen und trinken";*
den Mitarbeitern des Kabinett des Ostens und der Abteilung Periodika der Staatlichen öffentlichen historischen Bibliothek (Moskau), der Abteilung Zweigstellen der Russischen Nationalbibliothek (Sankt Petersburg), der Nachschlag- und bibliografischen Abteilung der Bibliothek der Russischen Akademie der Wissenschaften (Sankt Petersburg), des Russischen staatlichen historischen Archivs (Sankt Petersburg);
dem Museum der Verpackungen (Moskau), in dessen Ausstellung Muster der Verpackungs- und Reklameproduktion, Etiketten und Flaschen für Waren der Spirituosen-, Wein-, Bier-, Branntwein-, Apotheken-, Konditor-, Tee, Parfüm- und Kosmetikindustrie des 19. – zum Beginn des 20. Jahrhunderts präsentiert werden;[20]
dem Restaurant „Petrow Wodkin" (Moskau), das über eine einzigartige Kollektion an Wodkageschirr (Flaschen, Stoffe, kupferne Messeimer, Krüge, Schöpfkellen u. a.) verfügt.[21]

[1] Pochljobkin W. W. Die Geschichte des Wodkas, 2000, S.221.

[2] Pochljobkin W.W. Die Geschichte des Wodkas. M., 2000. S. 223;Das Buch über den Wodka / Vf. Ju.G. Iwanow.-Smolensk, 2001. S.47; Krutschina E.N. Der Wodka: Ein Reiseführer. M.,2003.S.74

[3] Krutschina E.N. Der Wodka: Ein Reiseführer. M., 2003. S. 90.

[4] Pochljobkin W.W. Die Geschichte des Wodkas. M., 2000.S.224

[5] Ilisch F. Die Alkoholometrie: Anleitung zur Feststellung des Alkoholgehaltes und der Güte von Spirituosen und Weinen. 1862. S.8; Jonson Ja. Anleitung zum Brennen und zur Herstellung süßer und bitterer Wodkas, Ratafien, Liköre, künstlichen Rums, von Arrak, Cognacs und Eau de Cologne. SPb., 1859. S.397

[6] Levschin W.A. Das Konditor -, Koch- und Destillateur - Wörterbuch.-Tl.1: von A bis D. M., 1795. S.14

[7] Pochljobkin W. W. Die Geschichte des Wodkas. M., 2000. S.247; Das Buch über den Wodka/ Vf.Ju.G. Iwanow. Smolensk, 2001. S.43-44; Krutschina E.N. Der Wodka: Ein Reiseführer. M., 2003. S. 68

[8] № 3407. Über die Aufforderung der Auftragnehmer zu Lieferungen für den staatlichen Schankverkauf (1719) // Gesetzessammlung des Russischen Reiches (SGS RR) .Slg.1. B.5; №4468// SGS RR. Slg. 1. B.7; № 6375// SGS RR . S1g.1 B.9 u.a.

[9] Pochljobkin W.W. Die Geschichte des Wodkas . M., 2000. S.257, 266

[10] № 12518. Das Statut über den Rigaer Handel// SGS RR. Slg, 1.B.17

[11] Über den Rückgang des Verbrauchs der Holzkohle für die Zubereitung fiskalischen Weins.// Die Werke des Technischen Komitees des Departements für Verbrauchssteuer (W. Tech. Kom.). 1914. B. 27, S.51

[12] Kanonnikow I.I. „Der Wodka"//Enzyklopädie/ red. von Prof. I.A.Andrejevski. B.6. A. SPb.: F.A. Brockhaus, I.A. Efron, 1892. S.752-755.

[13] SGS RR. Slg. 1.: 1649-1825. B. 1-45. SPb, 1830; Slg.2.:1825-1880. B. 1-55. SPb, 1830-1884; Slg..3: 1881-1913. SPb., Pg., 1885-1916; Sammlung der Legitimierungen und Anordnungen der Arbeiter –Bauernregierung der UdSSR (SG der UdSSR): 1924-1937

[14] Pochljobkin W.W. Die Geschichte des Wodkas. M., 2000. S.268-269 u. a.

[15] Pochljobkin W.W. Die Geschichte des Wodkas. M., 2000.S. 232-233.

[16] Jenischerlow M. Die Notiz über die Spiritusbrennereien.// Der Moskauer Invalide. 1865. №130

[17] Kittary M. Ja. Öffentlicher Kurs des Weinbrennens, gelesen gemäß der Verfügung des Finanzministeriums, Prof. Kittary. Ausg. 1-3. SPb, 1862; Kropotkin k.S. Historischer Abriss der Produktion berauschender Getränke: Das Weinbrennen in neuester Weise. -SPb, 1889; Popowskij M.E. Der praktische Weinbrenner und Kellermeister. M., 1885; Mendelejew D.I. Die Weinbrennerei//Mendelejew D.I. Ausg. B.16. L; M., 1951. S. 363-413; Krschischanowskij W. Ju. Die Reinheit fiskalischer Getränke , die Verfahren ihrer Herstellung und die Eigenschaften der Grundstoffe. Twer, 1960. Engelman G.I. Die Beschreibung des gewinnreichsten Verfahrens des Weibrennens mittels Feuer und Wasserdämpfe. SPb., 1827. Zacharow I.I. Der Besitzer einer Weinbrennerei, der die zur Einrichtung der Weinfabriken und zur Produktion des Branntweins gehörenden Angaben entdeckt. SPb., 1808. Werke Tech. Kom.: 1884-1914. B.1 -27. SPb., Pg., 1890-1916.

[18] Fotoarchiv : Die Geschichte Russlands bis 1917.(http:// www.all-photo.ru/empire).

[19] P.W. Schwez ist Leiter und Sommelier des Großhandelsunternehmens „Prowine", Chef – Sommelier des Salons „De Gusto", Finalist des Moskauer Wettbewerbs der Sommeliers 1998 in Moskau, Sieger des Ersten russischen Wettbewerbs der Sommeliers 2000 in Moskau; Sieger des Wettbewerbs der Weinschulen 2001 in Moskau; Finalist der Auswahltour „Trophee Ruinart" 2002 in Moskau; Halbfinalist des Wettbewerbs um den Titel Bester Sommelier Europas „Trophee Ruinart" 2002 und 2004 in Reims (Frankreich).

[20] Museum der Verpackung, Moskau, Neuer Platz, ¾ (htth:// www.kpcdesing.ru).

[21] Restaurant „Petrow Wodkin", Moskau, ulica Pokrowka, 3/7 , http: www. vodkin.ru

Kapitel 1

Die Destillation bei den Völkern der Welt und die Anfänge des Weinbrennens im alten Russland

Die Destillation bei den Völkern des Altertums und im mittelalterlichen Europa – Die Herstellung von Alkohol

Das Wort „Destillation" stammt vom lateinischen Wort „distillatio" ab, das das Abtropfen, die Trennung von aus vielen Komponenten bestehenden Flüssigkeiten in einzelne Fraktionen, bezeichnet, die sich in ihren Bestandteilen unterscheiden, und zwar mittels der teilweisen Verdampfung eines Gemisches und der anschließenden Kondensation der entstehenden Dämpfe. Die Grundlage dieses Prozesses bilden die unterschiedlichen Siedepunkte der Komponenten des Gemisches.[1]

Die Abtrennung alkoholhaltiger Anteile von Wein und anderen berauschenden Getränken wurde viel später bekannt als die Herstellung dieser Getränke selbst. K. S. Kropotkin vermutet, dass die Entdeckung des Prozesses der Destillation mit der Aufbewahrung des Weins in den Weinschläuchen und mit dem Gefrieren in Zusammenhang gestanden haben könnte. Bekannt ist, dass ein Wasser-Alkohol-Gemisch in Gefäßen aus Material tierischer Abstammung allmählich das Wasser verliert und Alkohol angereichert wird. Dasselbe geschieht auch bei der Einwirkung von Kälte auf Wein: ein Teil gefriert, während der nicht gefrorene Teil mehr Alkohol enthält als im Wein vor der Abkühlung.[2]

Bei Erwärmung des Weins läuft der umgekehrte Prozess ab: der Alkohol verflüchtigt sich früher als das Wasser, und der verbleibende Wein wird dichter, enthält allerdings weniger Alkohol.

Viele Autoren schreiben die Entdeckung der Destillation den Arabern zu. Doch die historischen Erwähnungen weisen darauf hin, dass die Destillation und überhaupt die Möglichkeit der Destillation von Flüssigkeiten weitaus früher existierten, als arabische Quellen hierüber Auskunft geben.[3]

Aristoteles (384–322 v. Chr.) spricht im Werk „Meteorologik" von der Möglichkeit, Wasser durch Erwärmen zu verdampfen und entstehende Dämpfe durch Abkühlung einzudicken.

Nach Meinung von Aristoteles wird Meerwasser durch Verdampfen sowie durch anschließende Abkühlung und erneute Verflüssigung der Dämpfe trinkbar. Seiner Aussage nach geschieht dasselbe mit Wein und anderen Flüssigkeiten: sie werden nach der Verwandlung in „feuchten Dampf"[4] aufs Neue zu Flüssigkeiten. Aus der angeführten Äußerung von Aristoteles folgt, dass man den Wein bereits im 4. Jahrhundert v. Chr. einer Destillation unterzogen hatte.

Destillierapparate verwendete man in der Praxis mit verschiedenen Zielen, zum Beispiel für die Gewinnung von Terpentinöl.[5]

Plinius der Ältere (23–79) beschreibt die Terpentinölgewinnung in folgender Weise. Unter dem Topf mit dem Terpentinharz entzündet man ein Feuer. Die aufsteigenden Dämpfe verdichten sich am

Solche Gefäße wurden für die Destillation um 3500 v. Chr. verwendet

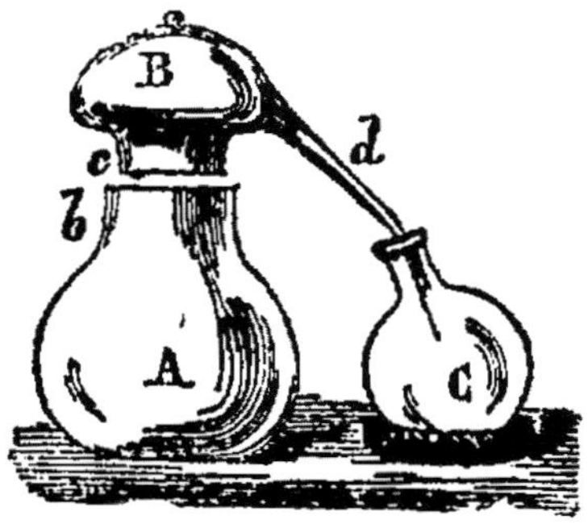

Das Destillationsgerät jener Zeit bestand aus dem Glasbehälter (A), mit dem der Kondensator (B) fest verbunden war, indem die Verbindungsstelle verkittet wurde (b–c). Der Kondensator hatte eine Röhre (d), die in das Auffanggefäß gesteckt war. Die in die Haube aufwirbelnden Dämpfe wurden mit Hilfe feuchter Lappen und Badeschwämme gekühlt.

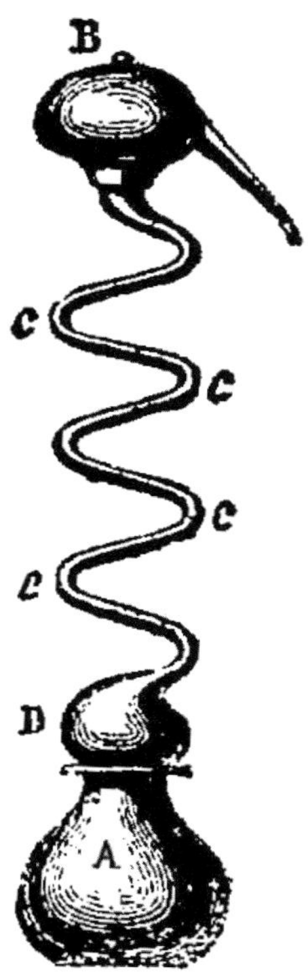

A – Gefäß mit der zu destillierenden Flüssigkeit; D – Deckel; C – Schlangenröhre; B – Kondensator.

Wolltuch über der Öffnung des Topfs, in dem das Harz kocht. Dann drückt man die vom Öl durchtränkte Wolle aus. Ein solcher Apparat konnte natürlich nicht zur Gewinnung von Ethanol dienen, so dass noch etliche Jahrhunderte vonnöten waren, bis die Menschen die passenden technischen Mittel erfanden und lernten, Alkohol herzustellen.

Zeugnisse verbesserter Destillationsmethoden stammen aus Quellen des 2. und 3. Jahrhunderts. Sosima[6], der im 4. Jahrhundert lebte, beschrieb den Prozess der Destillation und den Aufbau des Destillierapparates. Der Apparat bestand aus einem Glas- oder Tongefäß, das auf dem Feuer erwärmt wurde. An der Öffnung des Gefäßes wurde eine tönerne oder metallene senkrecht aufgestellte Röhre befestigt. Der Oberteil der Röhre führte in eine Glaskugel, von der zwei oder drei Röhren mit den Auffanggefäßen, wo sich die destillierte Flüssigkeit sammelte, hinabführten. Alle Rohrverbindungen wurden sorgfältig angepasst und mit Ton verkittet. Es ist schwer zu sagen, ob in solchen Apparaten Wein destilliert wurde oder andere Geräte für diesen Zweck verwendet wurden.

Angaben zur Destillation des Weins finden wir bei Alexander Afrodisi (um 300). Er behauptete, dass Wein ebenso wie Wasser einer Destillation unterzogen werden könne. Arabische Autoren (Dschabir, Rases)[7] gaben ausführlicher Auskunft über den Ablauf der Destillation in der Zeit vom 8.–11. Jahrhundert. So gab Rases (ar – Rasi, 860–940) in einem seiner Manuskripte eine Anleitung an, wie Spiritus zu kochen sei: „Nimm nach Belieben eine bestimmte Menge dessen, was du wünschest, und zerreib es so, um einen Teig zu machen; lass ihn dann im Laufe des Tages und der Nacht gären; leg zum Schluss alles in das Brenngefäß und destilliere."[8]

Eine gewisse Errungenschaft in der Vervollkommnung der Destillierapparate, die die Gewinnung stärkeren Alkohols erlaubte, war die Schlangenröhre. Die Schlangenröhre verlängerte die Entfernung zwischen dem Kondensator und dem Gefäß, in dem sich die destillierte Flüssigkeit ansammelte. Durch die Spirale der Schlangenröhre mussten die Dämpfe eine doppelte Entfernung überwinden, wobei sich das Phlegma verdichtete, die alkoholischen Teile nach oben stiegen und in größerer Menge ins Auffanggefäß eintraten als bei den vorherigen Apparaten.[9]

Viele Autoren schreiben die Erfindung des Wodkas und der Weindestillation den Alchimisten des mittelalterlichen Europas, unter anderem Arnaud de Villeneuve oder Raimundus Lullus, zu.[10] Die oben angeführten Angaben beweisen jedoch, dass die Destillation des Weins und die Zubereitung des Alkohols weitaus früher bekannt waren.[11]

Raimundus Lullus (ca. 1235 bis ca. 1316) beschreibt in seinen Werken die Rektifikation des Branntweins und des Alkohols mit Hilfe des von ihm erfundenen Gerätes für das Einfangen der Dämpfe, die bei der Destillation ausgeschieden wurden.[12] Sein Verdienst war aller Wahrscheinlichkeit nach ein vollkommeneres Destillationsgerät, das die Gewinnung starken Alkohols ermöglichte.

Der bekannte französische Historiker F. Braudel meinte, dass die Berichte, die die erste Destillation zum einen Raimundus Lullus, zum anderen Arnaud de Villeneuve zuschrieben, zweifellos Lügenmärchen seien. „Keine Zweifel bestehen lediglich hinsichtlich einer Tatsache: im Westen gab es Destillationsgefäße vor dem 12. Jahrhundert, also bestand die Möglichkeit, in ihnen allerlei alkoholhaltige Flüssigkeiten zu destillieren"[13], glaubte er.

Im 12.–13. Jahrhundert begann man in Europa systematisch mit der Gewinnung von Spiritus bzw. Alkohol. Verschiedene Rezepte für die Herstellung entstanden, und die Prozesse der Destillation wurden vervollkommnet. Der deutsche Philosoph, Theologe, Naturforscher und Alchimist Albert der Große (Albertus Magnus) erwähnte in seinen Schriften häufig die Methoden der Destillation mittels Dämpfe kühlender Geräte.[14]

Ursprünglich gewann man den Spiritus mit Hilfe der Destillation des Traubenweins. Die Destillation des Weins erfolgte zu praktischen Zwecken über lange Zeit nur durch die Apotheker. Und Branntwein und Spiritus, die man in den Apotheken machte, wurden in kleinen Mengen als Heilmittel verwendet und nur von Apothekern verkauft. So hinterließ der bereits erwähnte Arnaud de Villeneuve als Arzt das ausgezeichnete Werk mit dem Titel „Die Erhaltung der Jugend". Seiner Meinung nach vermochte der Spiritus („aqua vitae" oder „Lebenswasser") die Jugend zu erhalten, da er imstande sei, aus dem Organismus die übermäßige Feuchtigkeit hinauszuführen, das Herz belebe, Koliken beseitige, die Wassersucht, Paralyse, Wechselfieber heile und auch den Zahnschmerz lindere und der Pest vorbeuge.[15]

Im Jahre 1358 beschrieb Ortholan (Ortholanum) Branntweine verschiedenen Alkoholgehaltes und sprach von der Zubereitung des Spiritus (Quintessenz): „Man gieße weißen oder roten Wein der ersten Sorte in die Retorte und wärme ihn im Ascheschwitzbad an. Das Produkt der Destillation teile man in drei Teile. Die erste ausfließende Flüssigkeit ist stärker und edler, weil sie viel Quintessenz enthält; die nachfolgende Flüssigkeit ist schwächer; die dritte ist noch schwächer, und die vierte ist wertlos, der fünfte Teil setzt sich als Niederschlag auf dem Boden der Retorte ab. Das Auffanggefäß tausche man in gleichmäßigen Zwischenzeiten. Jede dieser Flüssigkeiten trenne man und bewahre sie in gesonderten Behältern auf. Die ersten drei Flüssigkeiten sind Brennflüssigkeiten (Feuerflüssigkeiten), weil das von diesen Flüssigkeiten durchtränkte Tuch anbrennt, jedoch selbst nicht verbrennt. Das Tuch verwandelt sich nicht in Asche, weil das Phlegma des Feuerwassers es schützt.

Um diese Phlegma zu trennen, unterziehe man jede dieser Flüssigkeiten (die erste, zweite und dritte) einer neuen Destillation bei einer schwachen Erwärmung, und sobald zwei Drittel des Wassers in das Auffanggefäß gelangt sind, höre man mit der Operation auf; man werfe alles weg, was in der Retorte bleibt. Die Destillation wiederhole man drei Mal, bis sich der raffinierte (rektifizierte) Branntwein (*aqua vitae rectificata*) ergibt. Dieser Branntwein hat eine gute Qualität, wenn das von ihm durchtränkte Tuch verbrennt und nur Asche hinterlässt."[16]

Aus dieser klaren und ausführlichen Beschreibung der Gewinnung „rektifizierten Branntweins" ist verständlich, dass der Spiritus zu jener Zeit bereits wohl bekannt war, jedoch wurde er sogar im 15. Jahrhundert zumeist nur als Medizin oder Heilmittel verwendet.

Im 14.–16 Jahrhundert wurden die Verfahren der Destillation ständig vervollkommnet. Ulsted aus Nürnberg, der Ende des 15. Jahrhunderts lebte, schrieb ein ganzes Traktat über die Kunst der Destillation. Er nannte dieses Traktat „Der Himmel der Philosophen". Das Buch wurde in Strassburg im Jahre 1528 herausgegeben. In diesem Traktat beschrieb der Autor ausführlich, wie man den Wein und den Branntwein destilliert. Im 15. Jahrhundert waren Aufgüsse von Gewürzen, Blumen, Wurzeln und Früchten weit verbreitet. Ulsted berichtete auch von ihnen unter Angabe einiger Rezepte der Zubereitung.

Eines der Rezepte ist ein Lebenswasser des deutschen Kaisers Friedrich III.:

gewöhnlicher gereinigter Branntwein	4 Pfund
Wein Malvoisie	4 Pfund
Zimt	3 Unzen
Ingwer	1 ½ Unzen
Muskatnuss	1 Unze
Schale der Muskatnuss, Macis, orangefarben	1 1/2 Unzen
Zitwerwurzelstöcke (*Rh. Zodoariae*)	½ Unze
Wurzelstöcke von Galanga	2 Drachmen
Fructus Cubebae	½ Unze
Salbei	½ Unze
Lavendelblumen	½ Unze
Melisse	1 Unze
Wurzel des Veilchens	1 Unze
Herb Balsamitae	1 Unze
Blätter der weißen Rosen	1 ½ Unzen

Man zerkleinere diese Stoffe, lege sie in eine große Flasche und füge hinzu:

weißen Zucker	15–16 Pfund
Rosinen	3 Unzen
getrocknete Feigen	6 Unzen
Kampfer	½ Unze
Rosenwasser	2 Pfund
Zichoriewasser	2 Pfund
Holunderwasser	2 Pfund

„Die große Flasche schließe man gut und stelle sie für 20 Tage in die Sonne (10 Tage vor dem Fest des Heiligen Johannes und weitere 10 Tage nach diesem Fest). Nach 20 Tagen filtriere man die Flüssigkeit und destilliere sie im Kessel."[17]

Zum Ende des 15. Jahrhunderts waren viele Vervollkommnungen in der Destillation des Spiritus mit dem Namen von Wassili Walentin verbunden.[18] Er schlug vor, die die Spiritusdämpfe ableitende Röhre durch ein mit kaltem Wasser gefülltes Fass zu leiten und es je nach dem Maß der Erwärmung durch ein neues Fass zu ersetzen. Zwecks Gewinnung stärkeren Alkohols verwendete Walentin Kalk.[19]

Im 16. Jahrhundert beschrieb der deutsche Chemiker und Arzt Andreas Libavius[20] die Methoden der Extraktion von Spiritus aus Wein und Bier sowie die Verfahren der Zubereitung von Branntwein aus Brotkrumen, Früchten, Eicheln und Kastanien. Er erstellte darüber hinaus eine Analyse des Weins und zeigte, dass Spiritus, Wasser, Weinsäure und färbende Stoffe zu seiner Zusammensetzung gehören. In seinem Werk „Die Alchemie" stellte A. Libavius das ideale chemische Labor unter Aufzählung des chemischen Geschirrs, der Gerätschaften, mit der Beschreibung verschiedener Öfen, des Zimmers für die Destillation und sogar des kleinen Weinkellers vor. Die Alchemie von A. Libavius hatte eine große praktische Bedeutung, da sie die wichtigsten chemischen Operationen widerspiegelte – Auflösung, Fällung, Destillation, Mazeration (maceratio, von lat. macerare = einweichen).

Im Abschnitt „Extrakte“ machte A. Libavius Angaben zur Zubereitung der Wasserextraktionen aus Pflanzen, von Essenzen, Branntweinen, Likören und beschrieb die Herstellungsverfahren komplizierter Arzneigemische auf chemischem Wege.[22]

Den Spiritus und den Branntwein nahm man zunächst lediglich als Arznei ein. Allerdings begann man, sich an ihn allmählich zu gewöhnen, bis man ihn schließlich als berauschendes Getränk zu sich nahm. Im Jahre 1514 erteilte der französische König Ludwig XII. der Korporation der Essighändler das Privileg, Wein zu brennen. Das bedeutete, dass das Heilmittel zum Allgemeinbesitz wurde. Im Jahre 1537 erteilte König François I. (Franz I.) dieses Privileg den Essigbrauern und Schankwirten. Im Osten Frankreichs, in Colmar, geschah dies noch früher – im Jahre 1506. Seit jener Zeit scheint der Spiritus in den städtischen fiskalischen und Zollurkunden auf. Das zeugt davon, dass die Stadt die Tätigkeit der Weinbrenner und Händler unter Aufsicht nahm.[23] Im 16. Jahrhundert konsumierte man den Branntwein bereits fast in allen Ländern Europas.

Der Beginn der Herstellung des Kornweins im alten Russland

Es gibt keine genauen Belege, wann und wie der Wodka im alten Russland entstand. Einige Autoren knüpfen sein Eindringen in die russischen Länder an die Tätigkeit der genuesischen Kaufleute. Nach Ansicht des Forschers der Lebensweise des russischen Volkes A. Tereszczenko brachten wahrscheinlich Kaufleute den Wodka in den Süden Russlands, wo sie die Seegebiete der Taurischen Halbinsel besaßen und Handel mit dem alten Russland trieben.

Anlage für die Destillation aus dem Werk von A. Libavius „Die Alchimie“ (1597)[21]

Es sei wahrscheinlicher, glaubte er, dass der Wodka in Russland nicht vor dem Jahre 1398 entstand. Damals hätten ihn die Genuesen bereits nach Litauen geliefert.[24]

Aller Wahrscheinlichkeit nach wurde der Kornwein (Wodka entstand etwas später) in Russland ganz eigenständig und kurz vor Mitte des 14. Jahrhunderts erfunden. Und zur erwähnten Zeit war die Weinbrennerei schon zu einem ziemlich wichtigen Teil des Lebens der russischen Menschen geworden.

In den so genannten Wjatskij-Annalen mit dem Titel „Die Sage vom Wjatkaland“ ist zu erfahren, dass die Gründer der Stadt Chlynow (Wjatka) Wohnstätten, das Landeshaus und eine Weinbrennerei sowie einen Verteidigungswall zum Schutze gegen die Feinde erbauten.[25] Der Streit, mit welcher Zeit dieses Dokument zu datieren sei, wie und wann Wjatka somit gegründet worden ist, hält bis heute an. Einige Forscher meinen, dass die Stadt im Jahre 1174 gegründet wurde, andere wiederum im Jahre 1374.[26] Wir werden uns an das allgemeingültige Datum – 1374 – halten.[27]

Bemerkenswert ist lediglich ein Fakt. Wenn sich die Weinbrennerei in der zweiten Hälfte des 14. Jahrhunderts unter den zu errichtenden, notwendigsten Gebäuden befand, musste das Weinbrennen ein wohlbekanntes und angesehenes Handwerk gewesen sein. In der Chronik des Nikon ist von ungesetzlichem Weinbrennen oder dem ungesetzlichen Weinverkauf die Rede. Der Chronist erwähnte im Zuge der Beschreibung des Todes des Fürsten von Twer, Michail Alexandrowitsch (1333–1399), in Würdigung seiner Verdienste unter anderem die Vernichtung des im Fürstentum ungesetzlichen Weinbrennens und Weinverkaufs.[28] Gesprochen wird von sich im Leben des russischen Volkes einschleichenden Erscheinungen, denen die Fürsten den aktiven Kampf ansagten. Eine der Quellen des 14. Jahrhunderts berichtete über „gemachten Wein“, was auch als Produkt der Destillation auszulegen wäre.[29]

Barbaro Iosfat, der Russland im Jahre 1436 bereiste, schrieb, dass die Moskauer „ein Getränk besonderer Art aus Honig oder Weizen machen, indem sie Hopfen beimengen, der das Getränk fermentieren lässt und ihm eine solche Stärke verleiht, dass man sich wie mit Wein betrinken kann.“[30]

Und vielleicht unterstützt noch ein Fakt die Version, dass Russland hinsichtlich der Erfindung des

Kornweins ohne Vorsagen auskam: alchemistische und medizinische Werke verschiedener Art fanden nach dem 14. Jahrhundert in den Ländern des russischen Staates mehr und mehr Verbreitung. Zahlreiche Behandlungsbücher und Sammlungen pharmazeutischen Inhaltes („Kräuterbücher" u. ä.), in denen nicht nur Verfahren der Herstellung von Arzneimitteln und Likören, sondern auch einige chemische Operationen, insbesondere die Destillation, das Filtrieren, die Mazeration, Kristallisation u. a. beschrieben wurden, erschienen im Alt-Russland des 16. Jahrhunderts. Einige dieser Sammlungen sind Auszüge aus den westeuropäischen Arzneibüchern des 14.–16. Jahrhunderts, die der französische Chemiker und Pharmazeut N. Lemerie (1646–1715) zur Grundlage nahm und das „Lexikon der einfachen apothekerischen Waren"[31] verfasste. Zur gleichen Zeit begann man, einige der schwarzen Magie und der Astrologie gewidmeten Werke, insbesondere die Werke von Albrecht von Bollstadt, Michael Scot, Raimundus Lullus, sowie andere „abgeschworene" (verbotene) Bücher ins Russische zu übersetzen.

Die Übersetzungen derartiger Bücher fanden eine beschränkte Verbreitung, und nur im 17. Jahrhundert wurden sie in bedeutender Menge der Exemplare vervielfältigt.

Eine ganz besondere und zahlenmäßig ziemlich umfangreiche Gruppe altrussischer Manuskripte, die chemische Kenntnisse enthielten, bildeten vor allem medizinische Werke iatronymischen Charakters (vom griechischen iatros – Arzt; Heilalchemie). Dort wurden Verfahren der Herstellung von Arzneimitteln, nämlich der „Wodkas", „Aufgüssen", „Salben", beschrieben. Für die Herstellung der Arzneimitteln, verwendete man mehr als 2.000 Pflanzen, hauptsächlich der russischen Flora. Die Mehrheit der Werke medizinischen Charakters wurden durch Schriften des 16. und 17. Jahrhunderts bekannt, jedoch wurden einige von ihnen aus früheren Manuskripten kopiert.[32]

Unter Iwan dem Schrecklichen (1533–1584) wurde in Moskau die erste Schenke im alten Russland eröffnet. Sie war für die Bediensteten des Zaren bestimmt und dort wurde der Kornwein verkauft. Der Deutsche Heinrich von Staden, der in der Zeit von 1564–1576 in Russland lebte und im Dienste des Zaren stand, wusste zu berichten, dass Ausländer in ihren Höfen eine Schenke haben durften, was den Russen allerdings verboten war und sogar als schändlich galt. Heinrich von Staden handelte mit dem Kornwein, wie viele Ausländer auch.[33]

Von der Branntweinbrennerei spricht man mit absoluter Bestimmtheit im 16. Jahrhundert zu Zeiten des Fjodor I. (1584–1598).[34] So braute man auf Geheiß des Herrschers für den Gesandten des Kaisers Rudolf II. (österreichischer Erzherzog Rudolf II.) „den weißen und roten Honig, und man brannte Wein und braute Bier und brachte dem Botschafter Speis und Trank nach Smolensk".[35]

Dieselbe Quelle berichtet von der Versorgung des Boten Rudolfs II. (bereits unter der Herrschaft von Boris Godunow) mit Lebensmitteln und Getränken im Jahre 1604. Unter den Getränken werden Kirschhonig, Himbeerhonig, französische Weine und auch der heiße doppelte Wein, d. h. der Kornwein, genannt, der mittels zweier Destillationen gewonnen wurde.[36]

In den Dokumenten eines geheimen Befehls aus dem Jahre 1603 werden der Adelswein und der Drillwein erwähnt.[37]

W. M. Wasnjezow. Iwan IV., der Schreckliche

Die frühesten Erwähnungen des Wodkas stammen vom Beginn des 16. Jahrhunderts. Während der ersten Reise des österreichischen Gesandten Baron Sigismund Freiherr zu Herberstein in das Moskauer Gebiet im Jahre 1517 wurde dieser zu einem großfürstlichen Mittagessen eingeladen. Herberstein beschrieb die Abfolge der einzelnen Gänge wie folgt:

„Endlich begaben sich die Tafelgäste zum Essen ... und man brachte den Wodka, den sie stets zu Beginn des Mittagessens trinken, dann die gebratenen Schwäne, die sie gewöhnlich fast immer ... als ersten Gang auftragen."[38]

Etwas später, im Jahre 1525, berichtete der italienische Historiker und Humanist, der Bischof Paolo Giovanni, davon, dass die Moskauer Wodka trinken. Er schrieb: „Darüber hinaus genießen sie (die Bewohner Moskaus – W. G.), ähnlich wie die Deutschen und Polen, Wodka und Bier, die sie aus Weizen, Roggen und Gerste destillieren.

Diese beiden Getränke dürfen bei keinem Gastmahl fehlen. Das letztere hat die Stärke des Weins und macht jenen trunken, der es in großen Menge trinkt."[39]

Baron Sigismund Freiherr zu Herberstein in einem russischen Gewand, ein Geschenk des Großfürsten Wassili III. (1517)

Vom Konsumieren des Spiritus im Altrussland des 16. Jahrhunderts schrieb in seinem „Traktat über zwei Sarmatien" Mateusz Mechowski, Rektor der Universität von Krakow, Arzt des polnischen Königs Sigismund I. Im Kapitel über das Gebiet von Moskau erwähnte er, dass die Russen „oft heiße Gewürze zu sich nehmen oder sie zu Spiritus brennen (zum Beispiel den Honig u. a.). So machen sie aus Hafer brennende Flüssigkeiten oder Spiritus und trinken, um sich vor dem Schüttelfrost und der Kälte zu retten".[40]

In den Vaterländischen Familiensitten, dem Kodex der Verhaltensregeln in der Mitte des 16. Jahrhunderts, befinden sich verschiedene Vorschriften, die den Kornwein betreffen. Gemäß diesem Kodex durfte die gute Frau selbst keinen Wein, Met, kein Bier, sondern nur „unberauschende" Getränke trinken, wobei sie jedoch als gute Hauswirtin verpflichtet war, die Gepflogenheiten des Bier-, Met- und Weinkonsums zu kennen. Bei einem aufmerksamen Gastgeber waren stets zwei Weine, zwei Biersorten, Met und aromatische Kräuter bereitzuhalten, um sie dem heißen Wein hinzuzufügen. Empfohlen wurde, wie man Bier zu brauen und Wein zu brennen hatte und den Prozess des Weinbrennens und die Menge des gewonnenen Weins aufmerksam verfolgen sollte.[41] Der Inhalt des Kodex legt Zeugnis davon ab, dass der so genannte heiße Kornwein um die Mitte des 16. Jahrhunderts fester Bestandteil des Alltags war, zum obligatorischen Inhalt des Weinkellers und des Tisches geworden war und dass jeder Wirt das Verfahren des Weinbrennens sehr wohl kannte, den Wein mit aromatischen Kräutern zu würzen vermochte und Weinvorräte anlegte.

So zeugt die Existenz verschiedener Sorten des Kornweins im Russland zu Beginn des 17. Jahrhunderts von den damaligen reichen Erfahrungen im Weinbrennen.

Anfang des 17. Jahrhunderts wurden Gehälter neben Geld auch in Kornwein, Vorräten, Tuch und anderem mehr bezahlt. So gehörte der Kornwein zu Lebzeiten von Michael I. (1613–1645) und Alexej I. (1645–1676) zum Sold der Donarmee[42], zum Gehalt der herrschaftlichen Bediensteten sowie zum Lohn der Arbeiter (Zimmerleute, Maurer, Tischler, Hausmeister, Bauern u. a.).[43]

Ebenso wie in Westeuropa wurde der Spiritus zunächst als Heilmittel hergestellt und verwendet, was auch im 17.–18. Jahrhundert noch der Fall war. In den Dokumenten der Apothekerverordnung, die unter der Regierung von Alexej I. eingeführt worden war, wurden verschiedene Bezeichnungen heilsamer Wässerchen (Wodka) zitiert, die zur Behandlung verschiedener Krankheiten bestimmt waren. Man versetzte den Wodka mit Rettich, Meerrettich, Lindenblüten, Wacholderbeeren, Brennnesseln, Himbeeren u. a. Je nach dem zu gebrauchenden Pflanzenrohstoff bereitete man verschiedene Heilwodkas: den stopfenden Wodka, gegen Kopfschmerzen, zur Behandlung der Rose, zur Mundspülung und vieles mehr.

Zur Zeit der Herrschaft von Alexej I. befasste sich der so genannte Apothekerhof mit der Herstellung von Wodkas der besten Sorten.[44]

Man glaubte, dass Spiritus oder Kornwein „die Kraft zu reizen, zu stärken, zu binden und zu entziehen hat; die flüssigen Teile kann er verdicken, womit er die Kraft hat, das Blut zu stillen und die Fäulnis abzuwehren. Man gebraucht ihn auch für die Zubereitung von allerlei Tropfen, hier Essenzen, dort Tinkturen oder Elixiere genannt.[45] Das Erscheinen des Kornweins, dieses starken alkoholischen Getränks, seine rasch zunehmende Herstellung, der Verkauf und der schnelle Verbrauch trugen zur Verbreitung der Trunksucht, zur Verarmung und zur Armut eines Teils der Bevölkerung bei. Im 15.–16. Jahrhundert existierte bereits das staatliche Monopol für die Herstellung und den Verkauf der Kornbrote, die die großfürstliche Macht ihrer Kontrolle unterzog. In der ersten Hälfte des 16. Jahrhunderts, unter der Herrschaft des Zaren Iwan IV. dem Schrecklichen (1533–1584) griff man die Betrunkenen auf offener Straße auf und brachte sie in das Gerichtszimmer oder auf den so genannten Landeshof zur Bestrafung. Die Geldstrafe für Trunksucht betrug 10 Altyn. Bestraft wurden auch die ungesetzliche Herstellung und der illegale Verkauf des Weins. Sowie man bei jemandem, der über keine Weinbrennerlaubnis verfügte, Wein entdeckte, wurde eine Geldstrafe in Höhe von 2 Rubel erhoben, und der Schuldige wurde darüber hinaus öffentlich ausgepeitscht.[46]

Das Gesetzbuch des Jahres 1589 sah für Trinker und Würfelspieler eine Strafe von 2 Denga vor.[47] Zu jener Zeit war der Staat nicht nur auf die Moral des Volkes bedacht, sondern war auch ständig um die Auffüllung der Staatskasse aus dem Verkauf alkoholischer Getränke besorgt.

Großfürst Wassili III.

[1] Große sowjetische Enzyklopädie (GSE). B.8: Debitor –Eukalyptus. M., 1972. S.396

[2] Kropotkin K.S. Historischer Abriss der Herstellung berauschender Getränke: das Weinbrennen in neuer Weise. SPb., 1889.S.14

[3] Die allgemeine Geschichte der Chemie: Entstehung und Entwicklung der Chemie ab dem Altertum bis zum 17. Jahrhundert. M., 1980. S.22.

[4] Aristoteles. Die Meteorologik / Übersetzung aus dem Altgriechischen von N.W. Braginskaja. red. von I.D. Roschanskij, A. Ch. Chgian. L., 1983. S.89.

[5] Der Terpentinbaum ist ein kleines Bäumchen mit feinen grünlichen Blüten und feinen dunkelroten Früchten. Man schneidet seine Rinde, um angenehm riechendes, grünliches transparentes Harz zu gewinnen. Dieses Harz ist sog. chiossisches oder zypriotisches Terpentin, das von der Zusammensetzung und Wirkung her dem Balsam ähnlich ist.

[6] Sosima aus Panopolis (350-400) ist ein griechischer Gelehrter, einer der Gründer der Alchimie, Bewohner der griechischen Stadt Panopolis, Autor des Traktats „ Instrumente und Öfen". Er lebte im 4. Jahrhundert im ägyptischen Alexandria.

[7] Dschabir ibm Chajan (721-815) war ein arabischer Gelehrter, Autor des Werkes „ Das Buch der Siebzig", wo er die chemischen Präparate und chemischen Prozesse, darunter die Destillation beschreibt. Abu –ar- Rasi (865-925) war ein iranischer Gelehrter – Enzyklopädist, Arzt, Philosoph, Autor des enzyklopädischen Werkes „Der Aufbewahrungsort der Medizin" u. a.

[8] Hoefer F. Histoire de la Chimie. Paris, 1842. P.342.

[9] Kropotkin K.S. Historischer Abriss der Herstellung berauschender Getränke. SPb., 1889. S.18.

[10] Arnaud de Villeneuve, (1238-1319) – war ein spanischer Alchimist und Arzt, er beschrieb den Weinspiritus (Äthylalkohol), gewonnen bei ihm mittels der Destillation des Traubenweins.

[11] Kropotkin K.S. Historischer Abriss der Herstellung berauschender Getränke: Das Weinbrenner nach den neuesten Weisen. SPb., 1889. S. 14-19.

[12] Reymond de Lull, 1235-1311 oder 1315) war ein spanischer Gelehrter, Autor hunderter Werke über Alchimie, darunter „Das in zwei Büchern die allgemeine chemische Kunst darlegende Testament".

[13] Braudel F. Die materielle Zivilisation und der Kapitalismus des 15.-18. Jahrhunderts. B.1: Die Struktur der Alltäglichkeit: Das Mögliche und das Unmögliche / Übersetzung aus dem Französischen. M., 1996. S. 261.

[14] Albert der Größte (Albertus Magnus, Albert von Bollstadt, 1193-1280) - Autor des Werkes „Kleiner alchimistischen Kodex", in dem die Varianten der Öfen, die für Alchimisten bestimmt sind, beschrieben sind. Darunter die Öfen für die Destillation und der Prozess der Destillation selbst. Kropotkin K. S. Historischer Abriss der Herstellung berauschender Getränke: Das Weinbrennen durch die neuesten Weisen. SPb., 1889. S. 18.

[15] Braudel F. Die materielle Zivilisation und der Kapitalismus des 15.-18- Jahrhunderts. B.1: Die Struktur der Alltäglichkeit: Das Mögliche und Unmögliche / Übersetzung aus dem Französischen. M., 1996. S.261.

[16] Kropotkin K.S. Historischer Abriss der Herstellung berauschender Getränke: Das Weinbrennen nach den neuesten Weisen. SPb., 1889. S. 20.

[17] Kropotkin K.S. Historischer Abriss der Herstellung berauschender Getränke: Das Weinbrennen nach den neuesten Weisen. SPb., 1889. S 24

[18] Wassilij Walentin (Basili Valentini , 15. Jahrhundert) ist Autor des Buches „Der Triumphwagen der Antimonie".

[19] Basili Valentini. Offenbahrung der verborgenen Handgriffe. Erfurth. 1624. P.21.

[20] A. Libavius, 1560-1614, deutscher Chemiker und Arzt, Autor des Buches „Die Alchimie", in dem der Kodex der chemischen Kenntnisse des 16. Jahrhunderts veröffentlicht ist.

[21] ???

[22] Figurowskij N.A. Abriss der allgemeinen Chemie: Von den urältesten Zeiten bis Anfang des 19. Jahrhundertes. M., 1969. S. 147-149.

[23] Figurowskij N. A. Abriss der allgemeinen Chemie: Von den urältesten Zeiten bis Anfang des 19. Jahrhunderts. M., 1969. S. 150.

Braudel F. Die materielle Zivilisation und der Kapitalismus des 15. -18. Jahrhunderts. B.1: Die Struktur der Alltäglichkeit: Das Mögliche und das Unmögliche / Übersetzung aus dem Französischen. M., 1996. S.262

[24] Tereszczenko A. Die Lebensweise des russischen Volkes. B.1. SPb.,1848. S. 115-116

[25] Die Erzählung vom Wjatskij-Land: Der Wjatskij Chronist. Wjatka, 1905, S.36.

[26] Die Geschichte der Stadt Wjatka. Kirow, 1958; Der europäische Norden im kulturhistorischen Prozess: Zur 625-Jahrfeier der Stadt Kirow: Internationale Konferenz. Kirow, 1999; Uo D. K. Zur Geschichte der Chronik von Wjatka// In memoriam: Sammlung der Memoiren von Lurje J. L. SPb., 1997 u.a.

[27] Die vaterländische Geschichte : Die Geschichte von Russland seit den uralten Zeiten bis dem Jahre 1917: Die Enzyklopädie. B.1: A-D. M., 1994. S. 501

[28] Chroniksammlung, die man Patriarchenchronik oder die Chronik von Nikon nennt. M., 2000. S.176

[29] Der Wortschatz der altrussischen Sprache ders11.-14. Jahrhunderts. B.1.M., 1988. S.429

[30] Barbaro I. Die Reise von Iosfat Barbaro, des venezianischen Adligen nach Tanu // Bibliothek ausländischer Schriftsteller über Russland. B.1. SPb., 1836. S.59

[31] Figurowskij N.A. Grundrisse der allgemeinen Chemie: Von der urältesten Zeit bis Anfang des 19. Jahrhunderts. M.., 1969. S.171

[32] Figurowskij N. A. Grundrisse der allgemeinen Chemie: Von der urältesten Zeit bis Anfang des 19. Jahrhunderts. M., 1969. S. 173-174.

[33] Schlichting A., Staden A. Zar und Henker: Die schrecklichen Zeiten des Schrecklichen. Kasan, 1998. S. 145, 162-163

[34] Karamsin M. N. Geschichte des Russischen Staates. Die 2. Auflage. B.2. SPb., 1900. S.87.

[35] Die Denkmäler der diplomatischen Beziehungen des Altrusslands mit den ausländischen Mächten. B.2.: Von 1594 bis 1621. SPb., 1852. S. 650.

[36] Die Denkmäler der diplomatischen Beziehungen des Altrusslands mit den ausländischen Mächten. B.2.: Von 1594 bis 1621. SPb., 1852. S. 825.

[37] Russische historische Bibliothek. B. 22. Band 2. SPb., 1908. S. 734.

[38] Herberstein S. Aufzeichnungen zu Moskauer Angelegenheiten. Nowomoskowskij P. I. Buch über die Moskauer Botschaft /Einführung, Übersetzung und Anmerkungen. von A.I. Malein. SPb., 1908. S.205.

[39] Bibliothek ausländischer Schriftsteller über Russland. B.1. SPb., 1836. S.50.

[40] Mechowski M. Traktat über zwei Sarmatien. M. , L., 1936. S.114

[41] Vaterländische Familiensitten (Domostroj). SPb., 1994. S. 399.

[42] Russische historische Bibliothek. B.18: Don-Angelegenheiten. Band 1. M., 1898. S. 25-39.

[43] Russische historische Bibliothek. B.21: In Sachen eines Geheimbefehls. Band 1. SPb., 1907. S.1410-1419; B.23: In Sachen eines Geheimbefehls. Band 3. SPb., 1904. S. 10, 144, 158 ff.

[44] Saoserskij A. I. Das Zarendominium des 17. Jahrhunderts: Aus der Geschichte der wirtschaftlichen und Orderpolitik des Zaren Alexej Michajlowitsch. M., 1937. S. 204.

[45] Belege für die Geschichte der Medizin in Russland. SPb., 1882-1885.; Schleret F.A. Apotheke oder Wissenschaft der Zusammenstellung sowohl der für die innerliche Anwendung, , als auch für den äußerlichen Gebrauch benutzten Arzneien.

[46] Schlichting A., Staden A. Zar und Henker: Die schrecklichen Zeiten des Schrecklichen. Kasan, 1998. S.95.

[47] Legislative Dokumente des russischen zentralisierten Staates des 15.-17. Jahrhunderts. M., L., 1952. S. 354.

Kapitel 2

Die Alkoholometrie

Alkoholometrie – so hieß bereits in der Mitte des 19. Jahrhunderts „die Wissenschaft, die sich mit der Bestimmung der in Spirituosen enthaltenen Alkoholmenge befasste".[1]

Heute studiert sie „die Methodik der Bestimmung und Berechnung des wasserfreien (Wein-)Ethanols, das in alkoholhaltigen Betriebsflüssigkeiten zu finden ist, zum Beispiel in Rohethanol und im so genannten Rektifikat, in Wodka, Likören, Weinbrand u. Ä.".[2]

Die Hauptbestandteile dieser Flüssigkeiten sind Ethanol und Wasser, wobei man sie auch als wässrige alkoholische Lösungen bezeichnet. Die gebräuchlichste und exakteste Methodik der Feststellung der Stärke wässriger alkoholischer Lösungen stützt sich auf die Abhängigkeit der Dichte (spezifisches Gewicht) der Lösung von ihrem Gehalt an wasserfreiem Alkohol. Die Stärke wird entweder in Masseprozent (in Gramm je 100 g Lösung) oder mittels offiziell anerkannter Methode in Volumenprozent (Vol.-% – Milliliter je 100 ml Lösung) angegeben. Für die Berechnung der Stärke einer wässrigen alkoholischen Lösung in Masseprozenten muss man die Masse des wasserfreien Alkohols und des Wassers kennen. Das Volumen der Lösung ist von der Temperatur abhängig, so dass sich der Alkoholgehalt der wässrigen alkoholischen Lösung in Volumenprozenten auf eine bestimmte Temperatur bezieht. Es handelt sich um die so genannte Normal- oder Raumtemperatur von 20 °C. Das Volumen der wässrigen alkoholischen Lösung und des hierin enthaltenen wasserfreien, somit reinen Alkohols wird in Litern unter Annahme einer Temperatur von 20 °C angegeben.

Bei einem Vermischen von Alkohol und Wasser tritt eine Kompression ein, indem das Volumen des Gemisches stets geringer als die Summe der Volumina der seiner Komponenten ist. Die Größe der Kompression hängt von der Wechselwirkung der Menge des reinen Alkohols mit dem Wasser ab. Um eine maximale Kompression – 3,7 l (bei 20 °C) – zu erreichen, müsste man 55 l reinen Alkohols mit 48,7 l Wasser mischen. Daher ist für die Berechnung des Alkoholgehaltes der wässrigen alkoholischen Lösung in Volumenprozenten nicht nur die Kenntnis des Ausgangsvolumens des reinen Alkohols sowie des Wassers, sondern auch die Kenntnis der Kompression erforderlich.

Der Alkoholometrie liegt die Tabelle der Dichte wässriger alkoholischer Lösungen zugrunde. Bei ihrer Erstellung wurden die experimentellen Daten von D. I. Mendelejew genutzt.[3]

Bei der Werkkontrolle nimmt man die Bestimmung der Stärke wässriger alkoholischer Lösungen mit Hilfe des Alkoholmessers vor. Wenn die Flüssigkeit gefärbt ist oder gelöste Stoffe enthält, die auch die Angaben des Alkoholmessers beeinflussen, dient das Destillat der zu untersuchenden Probe zur Bestimmung des Alkoholgehaltes.[4]

Um die Mitte des 19. Jahrhunderts unterteilte man alle destillierten alkoholhaltigen Flüssigkeiten, je nach der enthaltenen Alkoholmenge (reiner Alkohol), in Weine und Spiritus; zu den Weinen zählte man Getränke mit einem Alkoholgehalt von weniger als 50 %, zu Spiritus Getränke mit mehr als 50 %. In Russland galt ein Hundertstel des Volumens des verwendeten Maßes als Volumenprozent. Da der Eimer laut Gesetz eine Maßeinheit für Flüssigkeiten war, maß man die Stärke der Weine in Eimerprozenten, die man Grade nannte.

Spirituosen, wie auch andere alkoholische Getränke, dehnen sich bei einer Temperaturerhöhung aus und ziehen sich bei einem Temperaturrückgang zusammen. Somit ändern sie bei der Änderung der Temperatur ihr Volumen. So hat z. B. 80 %iger Alkohol, der bei 0 °C ein Volumen von 1000 Eimern besitzt, bei 12 °C ein Volumen von 1014 Eimern und bei der Kühlung auf minus 12 °C nur von 986 Eimern.[5]

In der Praxis misst man den Alkoholgehalt von Flüssigkeiten bei verschiedenen Temperaturen. Damit keine Abweichungen auftreten, wurden bestimmte Temperaturen festgelegt, auf die man sämtliche Angaben bezüglich des Alkoholgehaltes von Spirituosen bezieht. Eine solche Temperatur, die „Normaltemperatur" genannt wurde, waren 12 ½ ° (genauer gesagt 12 4/9 °) nach der Réaumur-Skala (R).[6] Sofern der Alkoholgehalt des Weines bei einer anderen Temperatur bestimmt wurde, erfolgte eine auf die Normaltemperatur bezogene Umrechnung der Daten.

Die Kenntnisse der Alkoholometrie waren von großer Wichtigkeit, da sie unmittelbar in der Herstellung von Alkohol und Kornwein sowie im Handel mit diesen Getränken Anwendung fanden.

Der Alkoholgehalt kann auf unterschiedliche Weise bestimmt werden:

1. auf direktem Wege mittels einer chemischen Analyse und
2. indirekt, unter Beobachtung der Eigenschaften alkoholischer, verschieden starker Flüssigkeiten.

Die erste Methode erfordert eine bestimmte Einrichtung, spezielle Kenntnisse und Zeit, was ihre Anwendung in der Industrie erschwert. Darum benutzte man in der Praxis, insbesondere beim Weinbrennen, im Handel mit dem so genannten Kornwein sowie auch im Alltag, einfachere und verfügbarere Methoden.

Aus der Geschichte der Alkoholometrie

Zu längst vergangenen Zeiten bestimmte man den Alkoholgehalt der Spirituosen nach dem Geschmack. Mit der Entwicklung wissenschaftlicher Erkenntnisse über alkoholische Flüssigkeiten wurden die Methoden allerdings immer vollkommener.

So schlug bereits im 13. Jahrhundert der französische Gelehrte Raimundus Lullus seine Methode der Bestimmung des Alkoholgehaltes alkoholischer Flüssigkeiten vor: Wenn der auf Stoff oder Pulver gegossene Spiritus diese bei der Verbrennung entzündet, ist er praktisch rein und wasserfrei. Diesen Standpunkt präzisierte W. Walentin im 15. Jahrhundert. Er ging davon aus, dass der reine Spiritus bei der Verbrennung kein Wasser hinterlässt. Daher solle man den Spiritus in einem Behältnis anzünden und beobachten, ob Wasser übrig bleibt.

Kupfereimer 12,3 l.
Ende des 19. Jahrhunderts

Im Jahre 1718 führte George Geoffrey[7] einen Alkoholbestimmungsversuch ein, der vom selben Prinzip wie bei Walentin ausging, allerdings mit dem Unterschied, dass man den Spiritus in einem Behälter eines bestimmten Inhaltes verbrannte, um die Menge des verbleibenden Wassers und des verbrannten Spiritus messen zu können. Das war die erste genaue Methode zur Bestimmung des Alkoholgehaltes.

Dieses Verfahren von Geoffrey wurde durch die Pariser Akademie der Wissenschaften anerkannt, indem man begann, diese Methode in der Industrie und im Handel zu verwenden. In Europa war sie bis zum Jahre 1794 maßgebend, wenn auch mit der Einschränkung, dass ein geringer Teil des Wassers bei der Alkoholverbrennung verdampfte.[8]

Zu sagen ist, dass für einige Weinsorten, noch vor der Einführung der Methode nach Geoffrey, besondere Verfahren zur Alkoholbestimmung in der sich entwickelnden Industrie existierten. Eine dieser Methoden wurde als „holländische Probe" bekannt. Angewendet wurde sie bei der Bestimmung der so genannten Stärke, somit des Alkoholgehaltes von Flüssigkeiten mit einem Alkoholgehalt um 50 %. Derartige Flüssigkeiten haben die Eigenschaft zu schäumen. Wenn sich beim Schütteln des Weines „an der Oberfläche kleine Bläschen bilden, ohne gleich wieder zu verschwinden", enthält der Wein fast ebenso viel Alkohol wie Wasser. In stärkerem und schwächerem Wein verschwinden diese Bläschen sehr rasch. Allerdings eignete sich diese Methode nicht für alle alkoholhaltigen Flüssigkeiten, da der aus Hafer gegorene Wein unter anderem die Eigenschaft hatte, auch unter anderen Umständen Schaum zu bilden. Trotz aller Unzulänglichkeiten war die „holländische Probe" lange in Gebrauch. Im 19. Jahrhundert benutzte man sie für die Bestimmung des Alkoholgehaltes von Weinbrand, den man in diesem Fall „eau de vie, preuve d'Hollande" nannte.[9]

Darüber hinaus benutzte man noch die „Ölprobe", die für die Erkennung des Alkoholgehaltes eines Weines mit nicht weniger als 60 % Alkohol diente. Diese Methode stützte sich auf die Tatsache, dass sich rohes, in die alkoholische Flüssigkeit gegossenes Öl am Boden des Gefäßes absetzt, sofern die Flüssigkeit mindestens 60 % Alkohol enthält. Sobald die Flüssigkeit schwächer ist, schwimmt das Öl an der Oberfläche. Die „Ölprobe" wurde im 15. Jahrhundert von Ulrich Strich erdacht, wobei sie bis ins 19. Jahrhundert hinein Anwendung fand.

Eine andere Bestimmungsmethode der so genannten Stärke bestand darin, dass man in eine mit einer Skala versehene Röhre eine vorher bekannte Menge der zu prüfenden Flüssigkeit goss und kohlensaures Kalium als Trockner hinzugab. Den Inhalt der Röhre schüttelte man kräftig und ließ ihn abstehen, woraufhin sich zwei Schichten bildeten. Die Oberschicht bestand aus reinem, somit wasserfreiem Alkohol, und die untere Schicht war eine wässrige Lösung des kohlensaureren Kaliums. Das Verhältnis des gewonnenen Alkoholvolumens zum Volumen der eingegossenen Flüssigkeit zeigte ihren Alkoholgehalt an.[10]

Jedoch brachten sämtliche oben beschriebenen Messverfahren für die Alkoholbestimmung keinerlei genaue Ergebnisse.

Im Jahre 1730 begann man in England, den Alkoholmesser zu verwenden, der nach dem System von Sikes angefertigt wurde. Er bestand aus einem Messing-Aräometer, der mit Gewichten versehen war, mit denen man das Gesamtgewicht des Aräometers verändern konnte. Das Instrument hatte eine kurze Skala für Spirituosen unterschiedlicher Stärke. Als Grundlage für die Eichung der Messskala des Hydrometers bei einer Temperatur von 60 °F (Fahrenheit) diente Alkohol mit einem spezifischen Gewicht von 0,9186. Diesen Alkohol als so genannter Spiritus erachtete man als Normal- oder Probespiritus. Spiritus, der nach der Skala unter dem Normalspiritus lag, wurde als „unter der Probe liegend" bezeichnet, während der über dem Normalspiritus liegende Spiritus „höherer Spiritus" genannt wurde. Vor dem Eintauchen des Aräometers in die zu prüfende Flüssigkeit wurde die Temperatur fixiert, und es wurden Gewichtstückchen angebracht, bei denen das Aräometer bis zu einem bestimmten Teilstrich auftauchte. Die Angaben und das Gewichtstückchen dienten zur Bestimmung der tatsächlichen Grade nach Sikes anhand spezieller Tabellen. Sie zeigten, welche Volumina Wasser man von 100 Volumina der gegebenen Spiritusflüssigkeit hinzufügen oder abschöpfen musste, um den bereits erwähnten so genannten Probespiritus zu erhalten. Der Probespiritus entsprach 57,26 Vol.-% und 49,50 Masse-%.

Genauere Untersuchungen wurden im Jahre 1790 auf dem Gebiet des Mischens von Spiritus mit Wasser durch die Gelehrten Charles Blagden und G. Gilpin vorgenommen. Gilpin verfasste eine Tabelle, die den Alkoholgehalt wässriger alkoholischer Lösungen nach ihrem spezifischen Gewicht darstellte. G. Gilpin erachtete als normale Temperatur 12 4/9 °R und als Ausgangsspiritus Spiritus mit dem spezifischen Gewicht von 0,825. Die Herstellung reinen Alkohols war seinerzeit noch nicht möglich.

Im Jahre 1794 wiederholte Gilpin seine Forschungen und ergänzte die früher gewonnenen Resultate. Auf der Grundlage der bei Gilpin erhaltenen Angaben verfassten viele Gelehrte (Atkin, Sikes, Tralles, Brix) ihre Tabellen und schufen originelle Aräometer.[11]

Zu Beginn des 19. Jahrhunderts beauftragte die preußische Regierung den deutschen Physiker I. G. Tralles, Gilpins Beobachtungen zu prüfen. Die Ergebnisse seiner Forschungen wurden im Jahre 1811 veröffentlicht, und die von Tralles erstellten Tabellen wurden zur Grundlage der Alkoholometrie des 19. Jahrhunderts.

Die Alkoholometrie in Russland

Das offizielle Prüfverfahren zur Bestimmung des Alkoholgehaltes von Kornwein wurde in Russland zum Ende des 17. Jahrhunderts unter der Bezeichnung „Glühen" festgelegt. Im Jahre 1698 wurden die Schänken gemäß einem Erlass des Zaren dazu angehalten, den Wein „zu schwenken und Erfahrungen zu sammeln". Und wenn nach dem Glühen des Weines „erheblich mehr als die Hälfte" blieb, wurde er zu den festgesetzten hohen Preisen nicht angenommen.[12] Somit begann in Russland die praktische Nutzung des „Glühens" als landesweit angewandtes Verfahren etwas früher als in Europa.

Die ersten Regeln des Glühens waren keineswegs sehr streng. Auf kleine Schnaps-„gläser" aus Blech wurden Eichstriche aufgetragen, die den Inhalt unterteilten. Die Muster dieser „Gläser" wurden mit gleichzeitiger Erteilung des Auftrages, den Wein zu prüfen, eingeschickt.

Man füllte das Gläschen mit Wein, goss diesen in eine kupferne oder eiserne Kelle (in den Glühöfen) und zündete ihn an. Der Wein brannte, bis er erlosch. Den in der Kelle verbliebenen Rest goss man ins Gläschen zurück, indem man anhand der Eichstriche sah, wie viel Wein verbrannt und wie viel übrig geblieben war, ob mehr oder weniger als die Hälfte bzw. um wie viel.[13] Das Verfahren des

Glühens existierte bis Anfang des 19. Jahrhunderts und wurde noch einige Zeit neben den damals bereits gängigen Alkoholmessern angewendet. Das so genannte Glühverfahren änderte sich im Laufe seiner Anwendung kaum und wurde lediglich hier und dort verfeinert. Den Wein zündete man in kupfernen Glühöfen an, jedoch wurden bald auch silberne Glühöfen benutzt, indem man in diesem Zusammenhang den zu prüfenden Wein auch als „silbernen Halbbranntwein" bezeichnete.[14] Mit der Zeit ging man von der Verwendung geeichter Gläser ab, indem man in den Glühofen zwei Gläser Wein (gleichen Volumens) goss. Nach dem Ende des Brennprozesses goss man den Rest in ein Glas. Sobald es voll war, bedeutete dies, dass das halbe Volumen des Weines verbrannt war und der Wein der festgelegten Probe entsprach. Der Wein musste beim ersten Zünden sofort brennen, d. h., es war unzulässig, den Wein mehrere Male anzuzünden.[15]

Das Verfahren des Glühens existierte in Russland unverändert bis zum Jahre 1811. Es zeigte eine Stärke der alkoholischen Flüssigkeit, die etwas über der tatsächlichen lag, da beim Brennen eine bestimmte, allerdings geringe Wassermenge verdampfte. Hiervon rührten auch die Bezeichnungen zweier Kornweinsorten her: des nach der Beendigung des Brennens ein halbes Volumen hinterlassenden Halbbranntweines und ein Drittel des Volumens hinterlassenden so genannten Dreiprobenweines oder Dreibläschenweines.

Zu Beginn des 19. Jahrhunderts wurde das Glühen durch die Alkoholmesser abgelöst, die es darüber hinaus erlaubten, den Alkoholgehalt in stärkeren wässrigen alkoholischen Lösungen festzustellen.

In den 20er-Jahren des 19. Jahrhunderts begann man, die Stärke alkoholischer Getränke mit dem Hydrometer von Mils zu messen. Der Mechaniker Mils stellte in Sankt Petersburg sein Gerät nach dem System von Sikes vor. Die Grade dieses Hydrometers zeigten, wie viel Eimer Wasser man 100 Eimern einer bestimmten Weinsorte beigeben musste, um diesen Wein oder Spiritus auf einen Alkoholgehalt des Halbbranntweines, d. h., bis auf 38–40 % zu bringen.[16] Die Rolle des Probespiritus erfüllte der Halbbranntwein mit einem Alkoholgehalt von 38 Vol.-%. Daher wurde die Stärke aller Sorten alkoholischer Getränke in den Gesetzen jener Zeit durch Anzahl der Eimer Wasser charakterisiert, die man 100 Eimern einer gegebenen Sorte Wein hinzuzugeben hatte, um aus diesem Wein den Halbbranntwein zu gewinnen.

Beim Dreiprobenwein war zu einem Drittel Wasser (33 1/3 Eimer Wasser auf 100 Eimer Wein) hinzuzufügen, um den Halbbranntwein zu gewinnen. In 100 Eimer des so genannten Vierprobenspiritus goss man 50 Eimer Wasser, und bei 100 Eimern des Doppelspiritus fügte man 100 Eimer Wasser für die Gewinnung des Halbbranntweines hinzu.[17]

Der Hydrometer von Mils wurde in Russland zunächst inoffiziell angewandt. Erst im Jahre 1822 fasste der Ministerrat den Beschluss, sämtlichen so genannten Kornwodka „nach ausländischer Manier", zu denen Rum, Cognac, französischer Wodka, Balsam gehörten, mit dem Hydrometer von Mils „zu prüfen". Im Einklang zu den für die Jahre 1839–1843 gekauften Lizenzen begann man, das Hydrometer von Mils für die Messung aller alkoholischen Getränke zu nutzen, allerdings unter der Anordnung, die Ergebnisse mit denen des Glühens zu vergleichen.[18]

Jedoch zeigte die Praxis, dass das Hydrometer von Mils nicht genau genug war, so dass man zu seiner Prüfung eine spezielle Kommission bestellte, die wiederum empfahl, das präzisere, nach dem System des deutschen Physikers I. G. Tralles (1763–1822) gefertigte Gerät herzustellen. Einen derartigen Alkoholmesser und die dazugehörigen Tabellen erarbeitete in Russland das Akademiemitglied G. I. Hess (1802–1850).[19]

Das in Russland im Jahre 1843 eingeführte Alkoholometer von Hess war dem englischen Gerät von Sikes sehr ähnlich. Bei der Erstellung seiner alkoholometrischen Tabellen berücksichtigte G. I. Hess einerseits das russische Eimersystem und brachte es andererseits mit den Tabellen von Tralles in Einklang. Der Alkoholgehalt wurde in Prozenten (Graden) von Tralles bestimmt, jedoch aus Gründen der Bequemlichkeit und im Interesse der Händler wie früher auf den Halbbranntwein bezogen. Daher zeigte der Alkoholmesser von Hess nicht den Alkoholgehalt an, sondern die Anzahl der Eimer Wasser, die man zu 100 Eimern des zu prüfenden Spiritus hinzuzugießen hatte, um einen Halbbranntwein (38 %) zu erhalten. Wenn der Wein schwächer als der Halbbranntwein war, zeigte die Gradzahl nach Hess an, wie viel Eimer Wasser dem gegenständlichen Wein zu entziehen waren, um ihn auf den Alkoholgehalt des Halbbranntweines zu bringen.[20]

Der Alkoholgehalt des Halbbranntweines (38 %) entsprach der Null auf der Skala des Alkoholmessers von Hess. Vom Nullzeichen stiegen die Teilstriche der Skala bis 140 und nach unten bis 25, was nach Tralles 89 im oberen Teil der Skala und 28 im unteren Teil entsprach. Die alkoholischen Getränke, die schwächer als Halbbranntwein waren, wurden im Russischen Minderbranntwein genannt, dessen Alkoholgehalt auf dem Alkoholmesser von Hess mit Graden unter Null bezeichnet wurde.[21]

Ein Spiritus von 60° über Null war nach Hess eine Flüssigkeit, bei der 100 Eimer dieser Flüssigkeit mit 60 Eimern Wasser zu verdünnen waren, um Halbbranntwein zu erhalten.

Ein Wein von 10° unter Null war nach Hess eine schwache alkoholische Flüssigkeit, deren 100 Eimer einer Alkoholmenge von 90 Eimern Halbbranntwein gleichkamen. Ferner war es nicht ausreichend, die Stärke der Flüssigkeit lediglich mit dem Alkoholmesser nach Hess zu bestimmen. Darüber hinaus musste man Berechnungen mittels eines speziellen Rechenschiebers durchführen.[22]

Der Alkoholmesser von G. I. Hess war sperrig und unbequem, dennoch wurde das Gerät bis zum Ablauf des Systems des Einkaufs alkoholischer Getränke in Russland im Jahre 1863 verwendet.

In der Mitte des 19. Jahrhunderts wurde die Überprüfung des Schanksteuersystems in Angriff genommen, und im Jahre 1860 gelangte der Staatsrat zu dem Schluss, dass in Russland die Einführung des Systems der Akzise, also der Verbrauchssteuer aus den Schankeinnahmen, notwendig sei. Für die Erstellung des Projektes der Akziseordnung bzgl. der Schankeinnahmen wurde beim Finanzministerium eine Kommission bestellt, deren Mitglieder Beamte verschiedener Ministerien, Gelehrte, Industrielle, Technologen und Mechaniker waren. Im Zuge der Vorbereitung der Reform wurde beschlossen, den Alkoholmesser von G. I. Hess zu verwerfen und wegen seiner einfacheren Handhabung den Alkoholmesser von I. G. Tralles zu verwenden. Die Verordnung über die Reform des Schanksystems erfolgte im Juli 1861.[23]

Der zur Anwendung gelangende Alkoholmesser von I. G. Tralles zeigte den Prozentsatz des Alkohols in der Flüssigkeit bei einer Temperatur von 12,5 °R an.

Er bestand aus einer dünnen zylindrischen Glasröhre, in die eine Skala mit Eichstrichen eingeklebt war. Am Ende der Röhre befand sich ein Zylinder mit größerem Durchmesser, der im Inneren mit einem Thermometer bestückt war. Den Abschluss des Gerätes bildete die Quecksilberkugel des Thermometers, die zugleich die Funktion des Schwerpunktes des Alkoholmessers erfüllte. Der Alkoholmesser wurde in die Flüssigkeit getaucht, indem man sich davon überzeugte, dass er darin völlig frei und senkrecht schwamm. Dann bestimmte man die Eintauchgrenze und die mit dem Thermometer fixierte Temperatur.

Wenn die Temperatur 12,5 °R betrug, bestimmte man die Stärke der zu prüfenden Flüssigkeit direkt nach der Zahl der Teilstriche, um die der Alkoholmesser eingetaucht war. Hatte die Temperatur der Flüssigkeit einen anderen Wert, wurde der prozentuale Alkoholgehalt nach den speziellen, von I. G. Tralles verfassten Tabellen festgesetzt. Seine Tabellen waren auf ein Temperaturintervall von – 10 °R bis + 30 °R ausgelegt, was den klimatischen Bedingungen von Russland nicht ganz entsprach. Der russische Physiker und Mitglied der Petersburger Akademie der Wissenschaften A. J. Kupfer (1799–1865)[24] stellte Berechnungen an und ergänzte die Tabellen von Tralles für niedrigere Temperaturen (– 10 °R bis – 25 °R). Ebenso nahm er eine Prüfung des Alkoholmessers von Tralles vor. Die Resultate seiner Arbeit und die Ergänzung zur Tabelle legte Kupfer dem Vorsitzenden der Kommission vor. Außerdem erarbeitete er ein System zur Prüfung der in Umlauf gebrachten Alkoholmesser. Zu Beginn der Reform waren 15.000 neue Geräte zu testen. Kupfer konstruierte empfindliche Alkoholmesser, die als Muster für die Prüfung der bereits vorhandenen Geräte dienten, und schrieb hierzu eine entsprechende Gebrauchsanweisung.

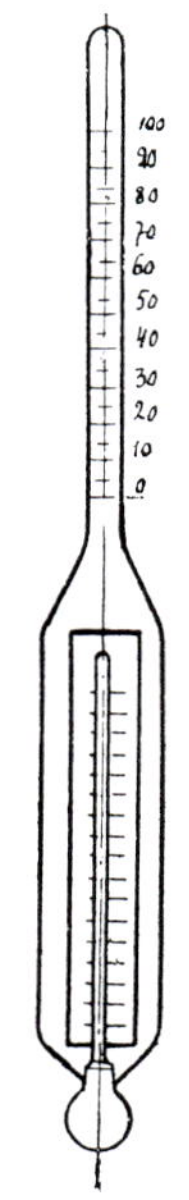

Der Glasalkoholmesser von I. G. Tralles

Das Zentrale Physikalische Observatorium in Sankt Petersburg. Kupferstich von A. Schliper. Ende des 19. Jahrhunderts

Alle Kontrollgeräte für die Berechnung des Weines und des Spiritus wurden bis 1862 im Physikalischen Observatorium geprüft, dann gründete man beim Finanzministerium eine spezielle Expedition zur Prüfung der Alkoholmesser von Tralles.[25]

Mit dem Inkrafttreten des Akzisesystems wurde die mit der Ausarbeitung der Verordnung beauftragte Kommission aufgelöst. An ihrer Stelle nahm im Jahre 1863 beim Finanzministerium das Komitee zur Überprüfung der Verordnung über die Schankeinnahmen seine Arbeit auf. Dieses Komitee war dazu bestimmt, die während der Einführung des Steuersystems entstehenden Probleme zu lösen und aus der Welt zu schaffen. D. I. Mendelejew (1834–1907) trat der technischen Abteilung des Komitees bei.

Der große russische Gelehrte D. I. Mendelejew leistete einen gewichtigen Beitrag zur Entwicklung der Technologie der Alkoholherstellung, indem er auf diesem Gebiet einen Zyklus wissenschaftlicher Arbeiten verfasste. In der ersten Phase beschäftigte er sich mit der Konstruktion der Geräte zur Bestimmung von Alkoholkonzentration, der Alkoholmesser. Die Erforschung der spezifischen Gewichte alkoholischer Lösungen in allen Konzentrationen bei unterschiedlichen Temperaturen war das Thema der nachfolgenden Arbeiten.

Noch vor Aufnahme seiner Tätigkeit in der technischen Abteilung des Komitees schrieb D. I. Mendelejew den Artikel „Die Alkoholometrie oder die Bestimmung des Wertes von Spiritus" und einen Abschnitt „Das Brennen von Branntwein" (gemeinsam mit Professor M. W. Skoblikow) für die russische Ausgabe des in Europa gefragten Buches von R. Wagner „Theorie und Praxis der Gewerbe. Hand- und Lehrbuch der Technologie". Die dritte Auflage dieser Ausgabe war gänzlich der Problematik des Weinbrennens gewidmet. Die russische Übersetzung enthielt wesentliche, die Praxis und die Bedürfnisse der russischen Industrie berücksichtigende Ergänzungen.[26]

D. I. Mendelejew beteiligte sich gemeinsam mit dem Laboranten E. F. Radlow am Wettbewerb für die Erschaffung des besten einheimischen Alkoholmessers. Sie konstruierten ein Gerät aus Metall (die Alkoholmesser von Tralles waren aus Glas)[27]. Die Variante von Mendelejew und Radlow und noch drei weitere Alkoholmesser hielt die Kommission für befriedigend. Der Wettbewerbskommission gehörten die Akademiemitglieder A. J. Kupfer, B. S. Jakobi, J. F. Frizsche, E. Ch. Lenz, die Branntweinfabrikbesitzer Striter und Bekmann sowie Ingenieure, Mechaniker u. a. an.[28]

Überzeugt von den ungenügenden wissenschaftlichen Grundlagen der Alkoholometrie, entschied sich A. J. Kupfer noch im Jahre 1862, sich mit diesem Problem gründlich auseinanderzusetzen. Im März 1862 wandte er sich an das Finanzministerium mit dem Ersuchen, dem Zentralen Physikalischen Observatorium die Durchführung von Versuchen mit Spiritus zu finanzieren. A. J. Kupfer machte sich zur Aufgabe, die spezifischen Gewichte „verschiedener Sorten des Weines und Spiritus" zu präzisieren. Zu dieser Arbeit zog er D. I. Mendelejew hinzu.[29]

Im April 1863 schickte A. J. Kupfer zwei Fässer Spiritus an D. I. Mendelejew ins Labor des Instituts des Korps der Transportingenieure, wo D. I. Mendelejew Versuche mit alkoholischen Lösungen durchführte. Die mit Experimenten angefüllte Arbeit bildete die Grundlage seiner Dissertation, die er gegenüber dem Rat der Petersburger Universität Ende 1864 verteidigte. In der Dissertation, die er „Über die Verbindung des Spiritus mit Wasser" nannte, leitete D. I. Mendelejew eine die Dichte der Lösungen in Abhängigkeit von ihrer Konzentration und Temperatur beschreibende Gleichung ab und fand eine der größten Kompression entsprechende Zusammensetzung, die auch bei veränderlicher Temperatur konstant blieb. In der Dissertation analysierte er die Verfahren der Dichtemessung und beschrieb das von ihm erfundene Pyknometer. Großen Raum widmete er in der Dissertation der Beschreibung der mit der Gewinnung reinen Alkohols verbundenen Experimente.[30]

Die Größe des spezifischen Gewichts von wasserfreiem Alkohol ist eine grundlegende Angabe in der Alkoholometrie. Um sie bestimmen zu können, musste wasserfreier Alkohol gewonnen werden. Erstmals führte das russische Akademiemitglied T. E. Lowitz im Jahre 1795 eine der tatsächlichen Größen des spezifischen Gewichts reinen Alkohols nahekommende Zahl an. Es gelang ihm, Alkohol mit einem spezifischen Gewicht von 0,79 herzustellen. T. E. Lowitz erstellte auch vollständige alkoholmetrische Tabellen für eine Temperatur von 16 °R (20 °C). In der Tat wies T. E. Lowitz nach, dass die früher zusammengestellten Tabellen unvollkommen waren, da sie einen Spiritus mit einem spezifischen Gewicht von 0,817 als reinsten Spiritus voraussetzten.[31]

Im Ergebnis seiner Forschungen stellte D. I. Mendelejew unter Beweis, dass der „normale" Spiritus von I. G. Tralles lediglich 88,5 % Alkohol bei 20,4° enthielt. Sein spezifisches Gewicht entsprach auch nicht dem spezifischen Gewicht des absoluten Spiritus. Auf diese Weise waren im 40 %igen Wein nach Tralles in Wirklichkeit 35,42 % wasserfreier Alkohol nach Mendelejew (in Volumenprozent) enthalten.[32]

In der Dissertation von D. I. Mendelejew waren alle grundlegenden Fragen mit nie dagewesener Vollständigkeit und Sorgfalt gelöst, die das Fundament der Alkoholometrie neu formulierten. Die Resultate seiner Versuche und Berechnungen waren sehr bald bei der Berichtigung der alkoholometrischen Tabellen in Holland, Preußen und Österreich von Nutzen. In Russland führte man die alkoholometrische Reform erst im 20. Jahrhundert durch. Im Jahre 1924 begann die Kommission beim Hauptamt für Metrologie zu arbeiten, die die alkoholometrischen Tabellen für Temperaturen von 0 °C bis + 30 °C berechnete. Da dies für die Praxis zu wenig war, erstellte man im Jahre 1927 detailliertere Tabellen der Dichten wässriger alkoholischer Lösungen für Temperaturen im Intervall von – 15 °C bis + 30 °C[33].

Dmitrij Iwanovitsch Mendelejew wurde, wie andere bekannte russische Gelehrte (N. D. Zelinskij, M. G. Kutscherow, A. J. Kupfer, G. I. Hess), vom Staat zur Entscheidung vieler wissenschaftlicher und praktischer, mit der Wirtschaft verbundener Aufgaben herangezogen. Die Lehre von D. I. Mendelejew von den wässrigen alkoholischen Lösungen und seine Mitarbeit in einer Reihe von Regierungsorganisationen bei der Reform des Schanksystems gaben Anlass für das Entstehen eines Mythos, wonach er auf der Suche nach „der idealen Korrelation des Volumens und Gewichts der Teile von Alkohol und Wasser im Wodka" gewesen sei und diese Korrelation im vierziggradigen Getränk gefunden habe.[34]

In der Dissertation von D. I. Mendelejew „Über die Verbindung des Spiritus mit Wasser", wo er angeblich diese „ideale Korrelation" gefunden haben soll, ist kein Wort über das vierziggradige Getränk zu finden, indem der Wodka völlig unerwähnt blieb. Was die Ziffer 40 anbelangt, tauchte diese zum Ende des 17. Jahrhunderts auf, als man begann, den Kornwein mit dem Verfahren des Glühens zu prüfen. Igor Sergejewitsch Dmitrijew, Doktor der chemischen Wissenschaften, Direktor des Mendelejew-Museums und des Archivs der Sankt Petersburger staatlichen Universität, gibt in seinen Werken eine wissenschaftliche Begründung der absoluten Unhaltbarkeit dieses Gerüchtes.[35]

---

1 Ilisch F.S. Die Alkoholometrie: Anleitung zur Bestimmung des Alkoholgehaltes und -wertes von Spirituosen und Wein. SPb., 1862. S. 1.

2 Die große sowjetische Enzyklopädie. Bd. 40. 2. Auflage. M., 1957. S. 310.

3 Mendelejew D. I. Von der Verbindung des Alkohols mit dem Wasser / Mendelejew D. I., Die Lösungen. M., 1959. S. 1143

4 Die große sowjetische Enzyklopädie. Bd. 40: Sokiri-Stilosporen. 2. Auflage. M., 1957. S. 310 - 311

5 Ilisch F.S. Die Alkoolometrie: Anleitung zur Bestimmung des Alkoholgehaltes und -wertes von Spirituosen und Weinen SPb., 1862. S. 2.

6 Die Réamur-Skala – Temperaturskala, bei der ein Grad gleich 1,25°C ist.

7 Eine Beschreibung ist im Buch von Ilisch F.S. zu finden: Die Alkoholometrie: Anleitung zur Bestimmung des Alkoholgehaltes und -wertes von Spirituosen und Weinen. SPb., 1862

8 Ilisch F. S. Die Alkoholometrie: Anleitung zur Bestimmung des Alkoholgehaltes und -wertes von Spirituosen und Weinen. SPb., 1862. S 8.

9 Johnson J. Anleitung zum Weinbrennen. SPb., 1859. S. 397.

10 Ilisch F. S. Die Alkoholometrie: Anleitung zur Bestimmung des Alkoholgehaltes und -wertes von Spirituosen und Weinen. SPb., 1862. S. 8 - 9

11 Wagner R. Die Technologie nach Wagner. Ausg. 3. SPb., 1862. S. 423.

12 № 1655 / SGS RI. Samml. 1. B. 3.

13 № 1655 / SGS R I. Samml. 1. B. 3.

14 № 987 / SGS RI Samml. 2 B. 2.

15 № 11367 / SGS Samml. 1. B. 15.

16 Ilisch F. S. Die Alkoholometrie. SPb., 1862. S. 16 - 17.

17 № 28006. Über die Preise des schäumenden Weines und des Spiritus im Verlaufe des Jahres 1820 / SGS RI Samml. 1. B. 36.

18 № 29210. Die Ergänzungsregeln, eingeführt beim Ministerkomitee über den Kornwodkas in den großrussischen Gouvernements / SGS RI. Samml. 1. B. 38. № 13313 / SGS RI. Samml. 2. B. 13 (1)

19 Johnson Ja. Anleitung zum Weinbrennen. SPb., 1859. S. 413 - 419

20 Iljenkow P. A. Kurs der chemischen Technologie. SPb., 1851. S. 791. Bondarenko L. B. Aus der Geschichte der russischen Alkoholometrie / Fragen der Geschichte der Naturwissenschaften und Technik. 1999. Ausg. 2. S. 3.

21 Mendelejew D. I. Die Alkoholometrie, oder die Bestimmung des Wertes der Spirituosen/ Mendelejew D. I. Gesammelte Werke. B. 15. M., L., 1949. S. 284 - 288

22 Ilisch F. S. Die Alkoholometrie: Anleitung zur Bestimmung der Stärke und des Wertes von Spirituosen und Wein. SPb., 1862. S. 20 - 23.

23 № 37197. Verordnung über die Schankeinnahmen / SGS RI. Samml. 2. B. 36.

24 Ilisch F. S. Die Alkoholometrie: Anleitung zur Bestimmung der Stärke und Werte des Alkohols und Weines. SPb., 1862. S. 32 - 36.

25 Bondarenko L.B. Aus der Geschichte der russischen Alkoholometrie / Fragen der Geschichte der Naturwissenschaften und Technik. 1999. Ausg. 2. S. 5 - 6.

26 Wagner R. Die Technologie nach Wagner. Lief. 3. SPb., 1862

[27] Die Chronik des Lebens und der Tätigkeit von D.I. Mendelejew. L., 1984. S. 81, 102. Bondarenko L.B. Aus der Geschichte der russischen Alkoholometrie / Fragen der Geschichte der Naturwissenschaften und Technik. 1999. Lief. 2. S. 7.

[28] Kurzer Abriss der Tätigkeit des Technischen Komitees zur Regelung der Verbrauchssteuer und des staatlichen Handels mit Getränken / Tech. Kom. 1909. B. 22. S. 8.

[29] Bondarenko L. B. Aus der Geschichte der russischen Alkoholometrie / Fragen der Geschichte der Naturwissenschaften und Technik. 1999. Lief. 2. S. 8 - 9.

[30] Die Chronik des Lebens und der Tätigkeit von D.I. Mendelejew. L., 1984. S. 81, 102. Bondarenko L.B. Aus der Geschichte der russischer Alkoholometrie / Fragen der Geschichte der Naturwissenschaft und Technik. 1999. Lief.2. S. 9.

[31] Lowitz T. E. Die Darlegung der von mir ausgeführten Versuche über die vollständigste Dephlegmation des Alkohols. / Lowitz T. E. Gesammelte Arbeiten zur Chemie und chemischen Technologie , Red. Artikel und Anmerkungen N. A. Figurowskij. M., 1955. S. 359-374; Figurowskij N.A. Das leben und die wissenschaftliche Tätigkeit von T. E. Lowitz // Ebenda, S. 415, 497.

[32] Bondarenko L.B. Aus der Geschichte der russischen Alkoholometrie / Fragen der Geschichte der Naturwissenschaften und Technik. 1999. Lief. 2., S. 10

[33] Iwanow S. Z., D.I. Mendelejew – der Schöpfer der wissenschaftlichen Grundlagen der heutigen Alkoholometrie / Veröff. des Leningrader technologischen Instituts für Nahrungsmittelindustrie. B. 12 L., 1955. S. 195. 197 - 198. Bondarenko L. B. Aus der Geschichte der russischen Alkoholometrie / Fragen der Geschichte der Naturwissenschaften und Technik. 1999. Lief. 2. S. 10 - 11.

[34] Pochljobkin W.W. Die Geschichte des Wodkas. M., 2000 S. 268 - 269.

[35] Dmitrijew I. S. Der Mensch der Epoche der Veränderungen: Skizzen über D. I. Mendelejew und seine Zeit. SPb., 2004. S. 576

Kapitel 3

Über den Kornwein und den Kornwodka: 14. Jahrhundert – 1936

Uns, die Russen, segnete Gott mit Brot und Honig und dem Wohlsein einer Vielfalt an Getränken. Der Wässerchen gibt es bei uns derart viele, dass keine Zahl sie zu nennen vermag ...

I. T. Pososchkow

Der Kornwein und der Kornwodka: Die Auswahl und die Qualität der Getränke (14. Jahrhundert – 1917)

Mit der Geschichte der russischen Wodkas haben unmittelbar zwei Getränke zu tun: der Kornwein und die Kornwodkas. Ersterer wurde durch den Menschen etwas früher als der Wodka erfunden. Wie bereits erwähnt, bezogen sich die frühen urkundlichen Erwähnungen des Weinbrennens in Russland auf das 14. Jahrhundert, während das Wort „Wodka" (= Wässerchen) erst im 16. Jahrhundert auftauchte. Die ersten Ausdrücke, die den Kornwein bezeichneten, zeugten von seiner „heißen" Art der Herstellung, d. h. von der Destillation, „der Wein ist zweifach heiß", „der Wein ist gebrannt".[1] Der wohl früheste und gebräuchlichste Terminus ist „Wein".[2]

Man erzeugte Kornwein und Wodka verschiedener Sorten, die in Abhängigkeit von der Zeit, den verwendeten Rohstoffen und der Herstellungstechnologie Veränderungen unterlagen. In der zweiten Hälfte des 16. Jahrhunderts und im 17. Jahrhundert tauchten Bezeichnungen von Kornweinsorten auf, die bereits auf einen gewissen Unterschied in ihrer Qualität hinwiesen. So begegnete man zu jener Zeit Sorten wie „Doppelwein", „Dreierwein"[3], „einfacher Wein, „Bojarenwein", „Adelswein" oder „gefragter Wein".[4]

Im 17. Jahrhundert kamen ferner „schäumender Wein", „Wein mit Schwung"[5] und „natürlicher Wein"[6] auf den Markt.

Den natürlichen Wein gewann man in der Folge dieses Verfahrens: Zuerst destillierte man ein Dünnbier, aus dem man Raka herstellte, der anschließend noch einmal destilliert wurde, um schließlich den natürlichen Wein zu erhalten, der allerdings nicht sehr stark war. Um Abhilfe zu schaffen, wurde auch dieser nochmals destilliert, woraufhin man Doppelwein hatte. Sofern man wiederum auch diesen einer Destillation unterzog, blieb der Dreierwein. Eine einzige Technologie, jedoch wiederholt angewandt, ergab so drei Sorten Wein, die sich allesamt nur in der Stärke unterschieden.

Den so genannten „Wein mit Schwung" gewann man als Verschnitt zweier Teile einfachen Weines und eines Teils doppelten Weines, so dass Wein mit Schwung stärker als der einfache Wein, jedoch schwächer als der doppelte Wein war.[7] Die Technologie dieses Weines bestand im Mischen verschiedener Weinsorten.

Leider wissen wir nichts von den spezifischen Besonderheiten einer jeder dieser Sorten, wie der Adelswein und der Bojarenwein, der gefragte Wein und der einfache Wein. Unverkennbar ist, dass die beiden ersten Sorten eine höhere Qualität als die beiden anderen hatten. Davon zeugen ihre Namen. Die historischen Fakten bestätigen diese Annahme. Im Jahre 1603 wurden einer Gesandtschaft des dänischen Königs Christian IV., die aus Moskau heimkehrte, Proviant und verschiedenste Getränke mit auf den Weg gegeben. Darunter für Personen adeligen Geblüts der Adelswein, für Hofbeamte, Stallknechte und einfachere Diener der einfache Wein.[8]

Vom schäumenden Wein sprachen wir schon. Er hatte einen Alkoholgehalt um 50 Vol.-%, wenn man der „holländischen Probe" Glauben schenken will. Aber den schäumenden Wein nannte man oft „einfacher schäumender"[9] oder „gut schäumender"[10] Wein. Das Attribut „gut" bedeutete zu jener Zeit eine gute Qualität und (oder) einen ziemlich hohen Alkoholgehalt des Weines. Das war oft ein und dasselbe. Der einfache „schäumende" Wein zeugte davon, dass es sich um ein Produkt der ersten Destillation von Raki handelte, womit er mit dem einfachen Wein verwandt war, jedoch einen höheren Alkoholgehalt hatte. Je stärker der Wein war, desto mehr wurde er geschätzt. Im Ergebnis jeder weiteren Destillation verlor der Wein nicht nur Wasser, wodurch sich sein Alkoholgehalt erhöhte, sondern er wurde auch von schädlichen Beimengungen gereinigt. Daher waren die stärkeren Weinsorten qualitativ besser im Sinne von reiner. Weine mit Schwung, schäumende, doppelte und dreifache Weine waren somit qualitativ bessere Weine, als der einfache Wein, der Durchschnittswein und der gefragte Wein. Unter anderem bewirtete man mit doppeltem Wein häufig Gäste und die ausländischen Botschafter.[11]

Falkenjagd des Zaren, 17. Jahrhundert

Im 17. Jahrhundert begegnete man dem Wein „Sischenoje" mit Anis und dem mit Anis[12] „angesetzten" Wein. In beiden Fällen wurde Anis bei der Herstellung des Weines als aromatisierender Zusatz verwendet, allerdings war die Technologie völlig unterschiedlich. Den „Sischenoje"-Wein stellte man mittels Destillation her. Man legte den Anis in das Destillationsgefäß (aller Wahrscheinlichkeit nach in die Maische). Für die Erzeugung des „angesetzten" Weines übergoss man den Anis mit Kornwein und setzte ihn an, um ihn dann zu filtern. Die Herstellung der Wodkas im 17. Jahrhundert wird in den russischen Quellen zumeist für die Bedürfnisse der Medizin und des Zarenhofes beschrieben. Viele Dokumente über die Zubereitung des Wodkas für den Alltag des Zaren blieben erhalten. Zar Michael I. gebot mit seinem Erlass im Jahre 1644: „Für den Herrscher" möge man in den roten „Aniswodka" 6 Pfund (2,46 kg) vom guten Anis geben; in den Wermut zwei Eimer (24,6 l) des doppelten guten Weines und in den Zimtwein 5 Pfund (2,05 kg) Zimt.[13]

Sehr populär am Zarenhof des 17. Jahrhunderts waren der Aniswodka und der Zimtwodka, welche Zar Michael I. bevorzugte. Der deutsche Reisende Adam Olearius, der in den Jahren 1633, 1636 und 1639 in Moskau weilte, beschrieb ausführlich, wie man während des Empfangs beim Moskauer Großfürsten die Botschafter mit Wodka bewirtete: Der Diener brachte jedem ein Schnapsglas „ausgezeichneten Wodkas". Mit dem Wodka bewirtete man die ausländischen Gesandten, wobei man nach der Jagd als Nachspeise Pfefferkuchen, Astrachan-Weintrauben und marinierte Kirschen kredenzte.

Olarius sprach wiederholt vom Gebrauch des Wodkas durch die Vertreter verschiedener Stände. Seinen Worten nach tranken die Russen den Wodka bei einem Gastmahl oder zu Versammlungen, egal, ob es sich um einen vornehmen Bojaren oder um das gemeine Volk (Bauern, Leibeigene) handelte. Jedoch auch die Frauen waren dem Getränk nicht abgeneigt. Darüber hinaus reichte man den vornehmsten Herren Sekt, rheinischen und französischen Wein, allerlei Honigweine und den doppelten Wein dar. Der deutsche Reisende charakterisierte den russischen Wodka als „ausgezeichnet", indem er selbst am liebsten einen mit Himbeeren angesetzten Wodka trank.[14] Der Wodka verwandelte sich allmählich in ein Getränk, das die Vertreter verschiedenster Stände genossen. Ab dem 17. Jahrhundert fand dieser Terminus in den offiziellen Dokumenten des russischen Staates seinen Platz. In den Erlässen der Zaren Michael I. (1613–1645) und Alexei I. (1645–1676) fand er gemeinsam mit anderen alkoholischen Getränken ständig Erwähnung. Zu jener Zeit begann man schließlich, den Wodka in großen Mengen auch in Apotheken, auf Zarengütern, selbst in den entlegensten sibirischen und anderen russischen Städten herzustellen.

Im 16. und 17. Jahrhundert existierte noch keine Teilung der Wodkas in bestimmte Sorten, sie trugen lediglich unterschiedliche Namen. Sie ließen sich wohl nur ihrer Bestimmung nach in zwei Gruppen unterteilen, und zwar in Arzneiwodka und Wodka als Getränk. Allerdings schrieb man in der Praxis auch dem Getränk als solchem heilsame Wirkungen zu, da sie oftmals mit Heilkräutern, deren heilende Eigenschaften wohl bekannt waren, aromatisiert und versetzt waren. Daher ignorierte das gemeine Volk zu jenen Zeiten ärztliche Hilfe und kurierte sich mit „hausgemachtem" Wodka, der darüber hinaus nach keinerlei apothekarischer Rezeptur gemixt wurde.

Die Arzneiwodkas oder auch Apothekerwodkas, wie man sie nannte, sowie die Wodkas als Getränk unterschieden sich sowohl in ihren Ingredienzien als auch im Namen. Die Arzneiwodkas enthielten Extrakte von Heilkräutern und Heilstoffe: die Blätter des Wegerichs, Engelwurz, Salbei, Brennnessel, Ambra, Mastix u. a. Und die Namen der seinerzeit durch die Ärzte verschriebenen Wodkas trugen sinnige Namen wie „stopfender" Wodka, „augenweißer" Wodka *(aqua opthalmica alba)*, „Sehwodka" *(aqua levistici)*, „Herzwodka" *(aqua cordialis)*, „apoplektischer Wodka" *(aqua apoplectica)* u. v. m.[15]

In der zweiten Hälfte des 17. Jahrhunderts verkaufte man als Arznei gefertigte Wodkas in den Apotheken oder sie wurden seitens der so genannten Apothekergilde auf Geheiß des Herrschers an Kranke und Bedürftige sogar kostenlos vergeben.[16]

Die Wodkas zum einfachen Trinken wurden mit würzigen, wohlriechenden Pflanzen und Beeren aromatisiert, die den Geschmack und den Duft des Getränkes verbesserten: mit Anis, Zimt, Erdbeeren, Himbeeren, Wacholderbeeren. Oder man versüßte ihn mit Honig und Melasse.[17]

Der Wein und der Wodka hatten einerseits gemeinsame Züge, anderseits unterschieden sie sich qualitativ. Für den Wein und den Wodka verwendete man als Aroma verschiedene Pflanzen. Aber das Aroma für den Wein galt nicht als obligatorisch, so dass er im Wesentlichen ohne jedwede Zusätze hergestellt wurde. Das Aroma und die Nebenbeimengungen (außer Spiritus und Wein) waren ein Merkmal des Wodkas.

Kornwein destillierte man aus gegorener Maische. Als Rohstoff für die Herstellung der Wodkas dienten der fertige Kornwein (für Arzneiwodkas nahm man mitunter Traubenwein) und verschiedene Pflanzen sowie auch Honig und Melasse als Süßmittel. Den Kornwein versüßte man im Unterschied zum Wodka nie.

In der Technologie der Aromatisierung, wie sie mitunter auch für den Wein Anwendung fand, bestand der Unterschied darin, dass man die Bestandteile direkt in die gereifte Maische einbrachte, indem es bei der Herstellung wiederum mehrere Varianten gab. Die wohl meistverbreitete Art seiner Herstellung war die folgende: Man setzte den Wodka im Voraus mit den Zutaten an und destillierte ihn dann im Destillationsgefäß.

Allmählich nannte man infolge bestimmter Unterschiede dasjenige Getränk Wodka, das aus Kornwein unter Zusatz pflanzlicher Bestandteile hergestellt wurde, indem das reine Produkt der Destillation ohne Zusatz von Nebenstoffen Kornwein hieß.

In den offiziellen Dokumenten bzw. Zarenerlassen des 17. Jahrhunderts, schienen der Wein und der Wodka bereits als unterschiedliche Getränke auf.[18]

Im Jahre 1663 wurde das Pachtsystem eingeführt, und die Auffüllung der Staatskasse geschah auf dem Wege des Verkaufs alkoholischer Getränke durch Schenken und Gasthäuser, die ihrerseits verpachtet wurden. Der Wodka- und Weinverkauf erfolgte somit bereits in Schenken, was Zeugnis von seiner allgemeinen Konsumation ablegte. Ein Zarenerlass vom Dezember 1674 verhieß: „In der neubürgerlichen Vorstadt, die hinter dem Ustretenskij-Tor der Landesstadt gelegen ist, sind Wodka, Wein, Bier und Met allen Leuten unterschiedlichen Ranges ... zu verkaufen ... und es ist ein Gasthaus zu errichten ..."[19]

Die Gasthäuser wurden durch Wodka- und Weinlieferanten zwecks Weiterverkaufs beliefert. „Und für den Verkauf zum Jahre 1699 sind durch die Weinlieferanten jetzt und in Zukunft, eingedenk des Erlasses des Schatzamtes, guter, doppeltwürziger Wein mit Anis und einfacher schäumender Wein ohne Beigeschmack von Angebranntem und ohne jedwedes Panschen ... und guter, reiner und würziger Anis- und Zitronenwodka herzustellen."[20]

Zum Ende des 17. Jahrhunderts entstand noch eine weitere Sorte Kornwein – der „halbgebrannte" Wein oder auch „Halbbranntwein", wobei er diesen Namen jedoch nicht sofort erhielt. Im November des Jahres 1698 verfügte der Zar, damit wurde es zur Vorschrift gemacht, die Qualität des Weines mit Hilfe des Glühens zu prüfen. Wegen des Diebstahls und angesichts dessen, dass „man Wein mit Wasser panschte und ... in die Schenken statt des guten Weines mit Wasser gepanschten Wein lieferte", wurde vorgeschrieben, „die Erfahrung zu machen", anders gesagt, den Wein ganz einfach zu prüfen.[21]

Das Wesen der „Erfahrung" wurde bereits im Kapitel „Die Alkoholometrie" beschrieben. Zunächst sprach man gewöhnlich von solchem Wein, „der in der Erfahrung mit dem Feuer zur Hälfte verbrennt", d. h. von einem Wein, der zur Hälfte seines Volumens verbrannte, indem man ihn auch als „der erwähnten Probe entsprechend" bezeichnete. Dann tauchte die Bezeichnung „Halbausgebrannter"[22] und erst zu Beginn des 19. Jahrhunderts „Halbgebrannter" oder „Halbbranntwein"[23] auf.

Zar Michael I.

Zar Alexej I., 1744

Zar Peter I., der Große, 1721

Die Herstellung des Kornweines und der Wodkas im 18. Jahrhundert entwickelte sich weiter und vervollkommnete sich. „Uns, die Russen, segnete Gott mit Brot und Honig und dem Wohlsein einer Vielfalt an Getränken. Der Wässerchen gibt es bei uns derart viele, dass keine Zahl sie zu nennen vermag. Biere sind bei uns die edelsten, und der Met ist weit und breit der reinlichst gebraute ..." schrieb zu Beginn des Jahrhunderts (1724) der russische Ökonom und Publizist I. T. Pososchkow.[24]

Anfang des 18. Jahrhunderts (1705) wurde das Pachtsystem der Schankeinnahmen errichtet. Die Politik Peters I. (1672–1725) war auf die maximale Auffüllung der Staatskasse gerichtet. Während seiner Regierung verbot der Zar wiederholt das Brennen „hausgemachten" Branntweines. Er war bemüht, die Einnahmen des Staates zu erhöhen. Allerdings berührte das Verbot des Weinbrennens für den eigenen Bedarf die Interessen der herrschenden Klasse, so dass im Jahre 1716 die Freiheit des Weinbrennens verkündet wurde, indem die Weinbrenner mit einer Gebühr besteuert wurden. Gemäß dem Erlass stand das Recht des Weinbrennens „sowohl den hohen Rängen als auch jedwedem niederen Rang für sich und die Untergebenen frei zu".[25]

Zarin Elisabeth I., 1761

Unter Peter I. erlebte der Weinhandel einen großen Aufschwung. Es entstanden viele neue Einrichtungen des Weinverkaufs, sowohl in Städten als auch auf dem Land: Gasthäuser (Schenken) und Ausschankstände. Ein erheblicher Teil des Kornweines, der in den höfischen Werken hergestellt wurde, wurde unter Umgehung der staatlichen Gasthäuser in Umlauf gebracht. Laut Angaben des so genannten Kammerkollegiums flossen in die Staatskasse die Einnahmen von nicht mehr als 150–200 Tausend Eimern von insgesamt 2,2 Mio. Eimern Wein, die jährlich in den Gutsbrennereien gebrannt wurden.[26]

Mit dem ungesetzlichen Verkauf des Weines befasste sich auch die Kaufmannsgilde. Gemäß einem Erlass vom 19. Februar 1754 wurden die kaufmännischen Weinbrennereien mit einigen Ausnahmen aufgelöst. Im Jahre 1755 wurde ein Beschluss über den Verkauf kleinerer staatlicher Brennereien in private Hände gefasst, womit die staatlichen Weinbrennereien praktisch fast zur Gänze liquidiert wurden. Es begann die Zeit des Adelsmonopols für das Weinbrennen.

Das wichtigste Ereignis der ersten Hälfte des 18. Jahrhunderts, das auf den Zuwachs der staatlichen Einnahmen ausgerichtet war, war die Einführung fixer Verkaufspreise für einfachen und doppelten Wein, Wodka, Bier und andere Getränke unter der Zarin Elisabeth I. (1741–1761/62).[27] Seit dieser Zeit waren die Steigerungen der Wein- und Wodkapreise eine bedeutende Bezugsquelle zur Erhöhung der Staatseinnahmen. Einer strengen staatlichen Kontrolle unterlag auch die Einfuhr von Getränken nach Russland. Einige Verfügungen des Senats in den Jahren 1724 und 1733 beschränkten oder verboten gänzlich den Verkauf ausländischer Spirituosen in russischen Schenken und schrieben vor, nur mit russischen Wodkas zu handeln. „Und dass wie einst nur russische Wodkas in Schenken und freien Häusern verkauft werden mögen, soll das Kammerkontor allerstrengste Aufsicht walten lassen."[28]

Im Verlaufe des 18. Jahrhunderts wechselte die Regierung in Sorge um die Erhöhung der Einkommen des Staates die Kontrollsysteme bezüglich der Herstellung und des Verkaufs der alkoholischen Produktion, indem sie abwechselnd das Monopol und dann wieder die Pacht einführte.

In der ersten Hälfte des 18. Jahrhunderts existierten zwei Arten der Wein- und Wodkaherstellung: die Herstellung von Getränken für den staatlichen Verkauf in Schenken und Gasthäusern und die Herstellung von Getränken für den häuslichen Bedarf. Wein und Wodka für den eigenen Bedarf herzustellen, war lediglich jenen erlaubt, denen dieses Privileg gemäß des Erlasses zustand und die auf dem Land lebten; jedoch war es ihnen strengstens verboten, diese Getränke in die städtischen Häuser zu bringen. Für den „eigenen häuslichen Bedarf" war um die Mitte des 18. Jahrhunderts das Brennen von 30 bis 1000 Eimern Wein pro Jahr je nach dem Rang gestattet, den derjenige innehatte.[29]

Zur Jahrhundertmitte wurden Verbote des Transportes des vom Lande bzw. von den Gütern stammenden Weines und Wodkas in die Stadt aufgehoben, dennoch blieb die Kontrolle seitens der Behörden.

Sowohl für den staatlich kontrollierten Verkauf als auch hinsichtlich des hausgemachten Weines gab es zwei Sorten: einfacher Wein, der mittels des Glühens geprüft wurde und daher als halbgebrannter Wein bezeichnet wurde, und doppelter Wein. Unter Peter I. fand der einfache Wein unter dem Volke großen Zuspruch. Ihn tranken Fürsten, Soldaten und Geistliche. Der einfache Wein durfte bei keinem Fest des so genannten gemeinen Volkes fehlen.

Ungefähr ab der Mitte des 18. Jahrhunderts begann die Herstellung unterschiedlicher Wodkasorten, die durch den Staat sanktioniert wurden. Zuerst erlaubte man, für den Hausgebrauch reifen Wein aus Beeren, Äpfeln oder Birnen herzustellen und den Wodka mit Gewürzen anzusetzen. Der reife Wein, eigentlich eher ein Fruchtlikör, behielt noch einige Zeit diesen Namen, bevor man ein entsprechendes Fachwort ersann.

Im 18. Jahrhundert kannte man folgende Wodkasorten:
1. süßer oder gesüßter Wodka
2. gewöhnlicher Wodka
3. Wodka mit Gewürzen nach Danziger Art[30]

Die süßen Wodkas, Wodkas mit Gewürzen und die gewöhnlichen Wodkas wurden in verschiedenen Varianten hergestellt, wobei jede davon die Eigenschaften der anderen in sich zu vereinigen vermochte. Der einfache gewöhnliche Wodka stellte einfachen, durch Destillation gewonnen Wodka dar.[31] Ferner wurden Orangen-, Anis-, Zitronen-, Kümmel-, Kiefern- und Bojarenwodkas hergestellt. Man trank auch eingeführten Wodka: den Danziger, den französischen und den süßen Wodka aus Riga. Für Peter I. wurden auf besonderes Geheiß süßer Wodka, Tee- und Kaffeewodka und Wodka aus französischem Wein unter Zusatz von Zucker hergestellt.

Als Rohstoff für die Herstellung der genannten Sorten dienten Wein oder der einfache gewöhnliche Wodka (einfacher, im Destillationsgefäß destillierter Wein), Gewürze, Zucker und Honig. Die Fruchtliköre wurden aus Kornwein, Beeren und Früchten hergestellt. Ein bestimmter Alkoholgehalt für den Wodka war, wie überhaupt im Verlaufe des gesamten 18. Jahrhunderts und früher, nicht festgelegt.

Die gewöhnlichen Wodkas, die aus einfachem Wein „gedoppelt" (destilliert) wurden und stärker als einfacher Wein waren, wurden gegenüber dem einfachen Wein zum doppelten Preis verkauft. Der Wodka „nach Danziger Art" galt als Getränk von hoher Qualität, da teure Gewürze zu seiner Herstellung verwendet wurden: „nach Danziger Art süßer Wodka mit den feinsten auserlesenen Gewürzen". Die Flaschen solcher Getränke wurden unter Aufzählung der Gewürzzutaten etikettiert. Solcher Wodka war teuer, eine Flasche kostete 1 Rubel 50 Kopeken.[32]

Wein und Wodka wurden sorgfältig von allen Unreinheiten entledigt. Hierzu verwendete man weit und breit Holzkohle, vor allem von der Birke.

Die Methode der Reinigung des Kornweines mit Hilfe von Holzkohle wurde vom russischen Gelehrten T. E. Lowitz im Jahre 1785 erfunden und wissenschaftlich begründet. Die Adsorptionseigenschaft der Kohle entdeckte T. E. Lowitz, als er seine Erfahrungen mit verschiedenen Lösungen, darunter wässrige alkoholische Lösungen, in die Praxis umsetzte. Er erzielte hiermit erfolgreiche Ergebnisse, indem er Kohle auch bei der Reinigung von Wasser verwendete.[33]

Die Herstellung des Kornweines, der Kornwodkas und anderer Getränke „für den Eigengebrauch" existierte praktisch in allen Perioden der russischen Geschichte. Die Menge der Wodkas, die privatwirtschaftlich erzeugt wurde, stieg gegenüber dem 17. Jahrhundert erheblich an. Das Buch „Der neue und ganz wissenschaftliche Branntweinbrenner ...", das von N. Osipow verfasst wurde, enthält mehr als 50 Sorten von Wodka. In den Rezepturen sind verschiedene pflanzliche Ingredienzien zu finden: Beeren, Früchte, Kräuter, einschließlich Gewürze. Je nach der Rezeptur trugen sie Namen wie: Orangen-, Rosmarin-, Nelken-, Zitronen-, Lorbeer-, Kümmel-, Pfirsich-, Wermut-, Hagebutten-, Vogelbeeren-, Minze-, Wacholder-, Salbei-, Zimt-, Mandel-, Kiefern-, Kirsch-, Apfel- und Lavendelwodka u. a.[34]

Man färbte den Wodka häufig ein, so dass man ihn auch gelber, roter, blauer, lila, ja sogar goldener und silberner Wodka nannte. Den beiden letztgenannten fügte man zerkleinertes Blattgold und Silber hinzu.[35]

Im 18. Jahrhundert fand ebenso die Arzneiwodkaherstellung ihre Fortsetzung: gegen Koliken, Kopfschmerzen, stopfenden Wodka, Brust- und Magenwodka oder Gesundheitswodka. Beliebtheit erfreute sich sogar der „stopfende Wodka des Imperators Karl V.".[36]

Einige Wodkas erhielten den Namen zu Ehren der Erfinder ihrer Rezepte. Die große Bekanntheit erwarb im 18. Jahrhundert der Wodka „Jerofejitsch", benannt nach seinem Erfinder Wasilij Jerofejewitsch Woronow. Er mixte diesen Wodka für den erkrankten Grafen Alexej Orlow, der mit diesem Getränk geheilt wurde. Ein Arzt namens Trofimowskij aus dem Poltawer Gouvernement stellte aus Heilkräutern einen Likör her, der unter dem Namen „Trofimowka" bekannt wurde.[37]

Es gab etliche Rezepte von „Jerofejitsch", die sich in der Zusammensetzung der Kräuter unterschieden. Mitunter wird verlautbart, dass diese Getränke sehr stark gewesen und 70–73 Grad gehabt haben sollen.[38] Ausgehend von den Rezepturen des 18. Jahrhunderts, setzte man allerdings „Jero-

Kümmel

Hagebutte

Ebereschenbeere

fejitsch" für gewöhnlich mit einfachem Wein oder Wodka (einfacher nochmals destillierter Wein) an. Den einfachen Wein prüfte man mit der Methode des „Glühens", wobei der Alkoholgehalt 38–40 % nicht überstieg und der Wodka (einfacher destillierter Wein) um 47 % Alkohol enthielt, keinesfalls jedoch 70 Grad.[39] Der 70 %ige Spiritus lässt sich nur mit Hilfe dreier Destillationen gewinnen. Sehr starken „Jerofejitsch" machte man nur für den Hausgebrauch, jedoch nicht für den Verkauf.

Man stellte auch speziellen Wodka her: den Liebes-, Ehegatten-, den Prachtkerl- und Jungfrauenwodka. Zu gleicher Zeit kam auch die Wodkasorte „Fruchtlikör" auf den Markt. Für den Hausgebrauch machte man ihn mittels eines besonderen Verfahrens.

Die pflanzlichen Ingredienzien übergoss man mit gewöhnlichem Wodka, destillierte das Ganze und füllte es in ein Behältnis um, das fest verschlossen und mit einer anständigen Schicht Teig umschmiert wurde. Dann stellte man es einige Male in den „freien Rauchfang", somit in einen angewärmten Ofen, aus dem man vorher das bereits gebackene Brot entfernt hatte. Nach den Empfehlungen einiger Rezepturen war es notwendig, diesen Vorgang zwölfmal zu wiederholen, d. h. innerhalb von zwölf Tagen, indem man den Wodka anschließend auf natürliche Weise abkühlen ließ, um ihn dann in das endgültige Gefäß zur Aufbewahrung zu gießen.[40]

Hinsichtlich des Alkoholgehaltes war der Wodka sehr vielfältig, was vom Geschmack des Hausherrn, von der Art der Zubereitung und von der Sorte des verwendeten Kornweins abhängig war. Sofern man jedoch die Kräuter mit einfachem Wein übergoss, ohne anschließend zu destillieren, ergab sich ein schwächerer Wodka, dessen Alkoholgehalt zwischen 20 % und 40 % schwankte. Wenn man jedoch die pflanzlichen Ingredienzien mit einfachem oder doppeltem Wein übergoss und anschließend noch einmal destillierte, erhielt man bereits ein Getränk mit 50 % und mehr Alkohol. Derart starke Destillate waren keinesfalls für den staatlichen Verkauf, sondern nur für den Eigenbedarf bestimmt. An die Gastwirtschaften wurden sie mit dem jeweiligen Alkoholgehalt geliefert, jedoch erreichten sie den Verbraucher in einem durch die Schankwirte erheblich verdünnten Zustand.

So rief der Held der Erzählung „Die Herbstjagd" (Autor N. A. Lejkin), Spiridon, aus: „Was für wunderbaren, starken Wodka es immer bei den Herrschaften gibt! Würde man doch solchen Wodka bei uns in der Schenke verkaufen, aber nur Wasser, Wasser gießen einem diese Teufel ein. Dass du die Krätze kriegst!" Daraufhin entgegnete der Baron und Jäger: „Solchen starken Wodka gibt es nicht einmal in den teuren Gastwirtschaften. Bei mir füge ich zu jedem Likör gereinigten Spiritus hinzu."[41]

Die zum Ende des 18. Jahrhunderts im staatlichen Verkauf angebotenen Wodkasorten mit Gewürzen, der süße Wodka und die Liköre verblieben in der Herstellung und im staatlichen Handel auch im 19. Jahrhundert. Und neue Getränke gesellten sich hinzu.

Ab dem Beginn des 19. Jahrhunderts herrschte bis zum Jahre 1863 das Pachtsystem der Schankeinnahmen vor, ausgenommen die Jahre 1819–1826, als der staatliche Verkauf der Getränke, somit das staatliche Monopol, eingeführt wurde.

Ab dem 1. Januar 1863 wurde auf dem gesamten Territorium des imperialen Russlands die Pacht durch das Akzisesystem abgelöst. Insbesondere in dieser Periode bestanden günstige Bedingungen für die Entwicklung der Wodkaindustrie. Ende des 19. Jahrhunderts wurde der staatliche Getränkeverkauf eingeführt. Dieses Monopol wurde ab dem Jahre 1894 bis zum Jahre 1904 allmählich durchgesetzt. Pachtlizenzen vergab man in der Regel für vier Jahre, indem die entsprechenden Bedingungen für diesen Zeitraum vorher veröffentlicht wurden.

Hierin wurden die Gesamtsumme der Pachten, die Rechte der Steuerpächter und der Hersteller der alkoholischen Getränke, die Regeln des Großhandels und des Einzelhandels, das zur Herstellung und zum Verkauf an die Bevölkerung zulässige Sortiment, die Preise der Getränke und die Strafen für die Verletzungen der Pachtbedingungen mitgeteilt. Das Sortiment der Getränke blieb im Laufe der Gültigkeit des Pachtsystems relativ gleich und erfuhr lediglich geringfügige Änderungen.

Der Kornwein wurde in den Brennereien in folgenden Sorten hergestellt: halbgebrannter Wein und schäumender Wein, und ab dem Ende der 1930er-Jahre bis zum Beginn der 1940er-Jahre auch der so genannte Dreiprobenwein. Neben dem Wein produzierten die Brennereien Spiritus: den Doppelspiritus und den Vierprobenspiritus.

Die Besitzer der Branntweinfabriken wie auch die Steuerpächter hatten das Recht, in ihren und in den gepachteten Werken Wodka zu produzieren. Jeglicher Kornwodka wurde aus Kornwein der erwähnten Sorten hergestellt.

Man fuhr in der Herstellung der Frucht- und Beerenliköre fort, indem man zunehmend auch verschiedene „Kräuterbranntweine" herstellte, zu denen auch „Jerofejitsch" gehörte. Der konkrete Alkoholgehalt der Liköre und der Fruchtliköre spielte kaum eine Rolle, jedoch war vorgeschrieben, für ihre Herstellung den Halbbranntwein, den schäumenden Wein oder Kornwodka (einfacher gewöhnlicher Wodka) zu verwenden.

Während der kurzen Periode des staatlichen Monopols (1819–1826) war es erlaubt, einfachen Wodka, Wodka mit Gewürzen, mit Honig oder Zucker gesüßten Wodka, den so genannten Balsam, Cognac, Rum, feine Liköre, Ratafia oder Fruchtliköre der höchsten Güte herzustellen.[42]

Der Wodka wurde auf direktem Wege in versiegelten Behältern zum Verkauf an die Gastwirtschaften geliefert. Es war erlaubt, die Fruchtliköre und „Jerofejitsch" für die Weinverkäufer auch unmittelbar in deren Schankwirtschaften herzustellen.[43] Der in staatlichen Geschäften verkaufte Wodka hatte einen Alkoholgehalt „nicht geringer als Halbbranntwein" zu haben. Die Fruchtliköre und „Jerofejitsch" durften keinerlei Beimengungen enthalten, und der Wodka sollte dieselbe Güte haben, wie jener, der bei den Fabrikbesitzern erhältlich war.[44] „Die Güte" eines Weines wurde weiterhin mit Hilfe des Glühens geprüft.[45]

In der ersten Hälfte des 19. Jahrhunderts wurde der Alkoholgehalt der Getränke wiederholt geändert. Ab 1811 war in den Brennereien stärkerer Wein als Halbbranntwein herzustellen, und zwar der Dreiprobenwein. Diesen Wein nannte man noch Dreibläschenwein oder Spiritus.[46] Diese Neuerung erleichterte die Lieferung der Getränke an die Bestimmungsorte. Solchen Wein lieferte man an die Geschäfte, wo er auf einen Alkoholgehalt des Halbbranntweines verdünnt wurde, um dann zum Verkauf angeboten zu werden.[47]

Während des staatlichen Monopols ersetzte man zur Erleichterung und Vereinfachung des Transports den gewöhnlichen Wodka durch schäumenden Wein. In den Brennereien war es, wie gehabt, erlaubt, den schäumenden und Halbbranntwein sowie Spiritus herzustellen: den Dreiproben-, Vierproben- und auch Doppelspiritus. Der schäumende und Halbbranntwein wurde im Einzelhandel als Getränk verkauft, und der Doppelspiritus wurde an die Haushalte auch für den Bedarf des Handwerks abgegeben.[48]

In den Schankwirtschaften wurde der Wein mit einem nicht geringeren Alkoholgehalt als Halbbranntwein verkauft, dazu Liköre und Fruchtliköre um 2 Rubel teurer als der Wein sowie die bei den Fabrikbesitzern zu einem freien Preis erhältlichen Kornwodkas.[49]

Im Jahre 1822 wurden mit dem Ziel der Verbesserung der Qualität der Getränke bestimmte Alkoholgehalte für die aus Kornwein „nach Art ausländischer Getränke" herzustellenden Branntweinerzeugnisse wie Rum, Cognac, französischer Wodka oder Balsam festgesetzt. Diese Getränke hatten die Branntweinfabrikbesitzer nunmehr mit der gleichen Stärke, somit mit demselben Alkoholgehalt wie gleichartige, aus dem Ausland eingeführte Getränke, herzustellen. Nach dem Hydrometer von Mils durfte ihr Alkoholgehalt nicht geringer als 24 Grad sein.[50]

Etikett „Französischer Wodka", höchste Sorte, Unternehmen Lasutin in Balachna

Nach weiteren fünf Jahren wurde eine Stärke für den einfachen gesüßten Wodka festgelegt, die dem Dreiprobenwein gleichkam. Auf diese Weise legte der Staat zum ersten Mal während der Geschichte der Existenz des Wodkas eine konkrete Stärke für bestimmte Sorten des russischen Wodkas fest.[51]

Vorweg genommen sei angemerkt, dass der Alkoholgehalt der obengenannten Getränke in Umrechnung auf die Volumenanteile des Ethanols (nach dem Alkoholmesser von Tralles) der gleiche war: bei Halbbranntwein 38 %, bei schäumendem Wein 44 %, bei Dreiprobenwein 47 %.[52]

In der ersten Hälfte des 19. Jahrhunderts war die Klassifikation des Wodkas von der Herstellungsweise abhängig, ferner vom Anteil pflanzlicher Ingredienzien und des Zuckers. Die Stärke der Getränke hatte keinerlei Einfluss auf die Klassifikation. Das 19. Jahrhundert brachte bis zu einem gewissen Grade ein Abgehen von dieser Tradition mit sich. In der Zeit der Pachten mit mehreren vierjährigen Perioden wurde vorgeschrieben, bestimmte Wodkasorten entweder mit genau vorgegebener Stärke zu produzieren oder zu ihrer Erzeugung konkrete Sorten des Kornweines zu verwenden. Allerdings gab es niemanden, der die Stärke des fertigen Wodkas in der Praxis geprüft hätte.[53]

Die Wodkasorten wurden in folgende Gruppen unterteilt:

- einfacher Wodka oder Dreiprobenwodka, Gin oder Janiver, hergestellt aus Kornwein;

- süßer Wodka mit unterschiedlichen Gewürzen, hergestellt aus Kornwein;
- Kräuteraufgüsse (Jerofejitsch u. a.), hergestellt aus Kornwein;
- Fruchtliköre aus Früchten und Beeren, hergestellt aus Kornwein, sowie auch die Liköre und Ratafien („Fruchtliköre höchster Güte");
- Wodka „höchster Güte nach ausländischer Art" (ungesüßt): Cognac, Rum, Arak, französischer Wodka, Balsam.

Es wurde zweierlei Kornwein verkauft: Halbbranntwein und schäumender Wein. Aufgüsse und Fruchtliköre hatten keinen vorgeschriebenen Alkoholgehalt, durften jedoch aus Halbbranntwein oder schäumendem Wein gefertigt werden. Diese hatten wiederum einen Alkoholgehalt von 38 % bzw. 44 %. Die fertigen Aufgüsse und Fruchtliköre waren aufgrund der Verwendung des Saftes von Beeren, Früchten und anderen Ingredienzien weniger alkoholhaltig als die Weinsorte, aus der sie zubereitet wurden. Einfacher ungesüßter Wodka kam mit seinem Alkohol dem Dreiprobenwein gleich (47 %).

Gesüßter, mit unterschiedlichen Gewürzen versetzter Wodka hatte zwar keinen bestimmten Alkoholgehalt, allerdings war es den Steuerpächtern auferlegt, Wodka „nach bestem Geschmack und höchster Güte zu fertigen".

Wodkasorten „nach ausländischer Manier" hatten den aus dem Ausland importierten Spirituosen ebenbürtig zu sein, womit sie nach dem Hydrometer von Mils nicht weniger als 24 Grad haben durften.[54]

Da die einfachen Wodkasorten von der Qualität her am schlichtesten waren, entsprachen dieser Sorte die in der Gesetzgebung gebräuchlichen Ausdrücke: gewöhnlicher einfacher Wodka und einfacher Wodka oder Dreiprobenwodka, aus Kornwein hergestellt.[55]

Der einfache Wodka stellte ein sehr primitives Produkt dar: mit Kräutern angesetzter Halbbranntwein ist eine Variante des ungesüßten (bitteren) Wodkas; derselbe Kornwein unter Zusatz von Zucker war bereits ein süßer Wodka.[56]

Auf diese Weise wurden einfache Wodkas als „einfache gesüßte Wodkas" und „einfache ungesüßte Wodkas" klassifiziert.[57]

Eine weitere Gruppe von Getränken waren die süßen Wodkas mit Gewürzen: süße, mit verschiedenen Gewürzen aus Kornwein hergestellte Wodkas; mit Honig oder Zucker gesüßte und mit Gewürzen versetzte Wodkasorten. Diese Gruppe wurde unter Zusatz von Honig oder Zuckersaft und verschiedenen Gewürzen zubereitet.

Eine besondere Gruppe der Wodkas stellten die Wodkas „nach ausländischer Art höchster Güte" dar; man bereitete diese Wodkas in der Tat „wie ausländische" zu, allerdings waren sie nicht identisch, da man zur Herstellung einheimischen Wodkas höchstens Kornwein (Getreidespiritus)[58] verwendete, während echter Cognac aus Traubenspiritus und Rum aus Zuckerrohr u. a. erzeugt wurden.

Man dürfte den Wodka „nach ausländischer Art" wohl eher mit dem Gin vergleichen, den man noch als Janiver bezeichnete (von Jenever, was im Flämischen Wacholder bedeutet). Der russische Gin unterschied sich jedoch von den Wodkasorten dieser Gruppe dadurch, dass er nicht zu den Getränken „höchster Güte" gehörte. Man bereitete ihn „mittels gewöhnlicher Destillation des Kornweines oder Spiritus aus Wacholderbeeren" zu.[59] Der russische Gin war nichts anderes als ein einfacher, ungesüßter Wodka oder schäumender, über Wacholderbeeren destillierter Wein. Zu unterschiedlichen Zeiten war es den Branntweinfabrikanten sogar verboten, den einfachen Wodka und Gin als Getränke niedriger Qualität herzustellen, da sie lediglich Getränke „höherer Sorten" liefern durften.[60]

Im Oktober 1822 wurde für den Wodka „nach ausländischer Art" eine Stärke von 24 Grad nach dem Hydrometer von Mils festgelegt. Während der Periode der Pacht von 1831 bis 1835 wurde die im Verkauf erlaubte Stärke dieser Wodkasorten mit einer Toleranz von 24 Grad bis 28 Grad nach dem Hydrometer von Mils festgelegt. Die Qualität des Gins wurde mit der des einfachen Wodkas und schäumenden Weines (44 %) gleichgestellt.

Darüber hinaus war es den Steuerpächtern erlaubt, den Halbbranntwein und schäumenden Wein mittels Kohle zu läutern und durch Anis, Kümmel und andere „Heilkräuter" zu destillieren, allerdings zu Verkaufspreisen des einfachen Halbbranntweines und schäumenden Weines.[61] In dieser Hinsicht verbesserte sich das Ansehen des Halbbranntweines und des schäumenden Weines. Alle Messungen des Alkoholgehaltes wurden mit dem Hydrometer von Mils durchgeführt, indem man seine Angaben bei der Messung des Alkoholgehaltes von Halbbranntwein noch mit den Resultaten der Prüfung mittels Glühen verglich.

Im Laufe der vier Jahrzehnte war der Alkoholgehalt des Dreiprobenweines und des mit ihm vergleichbaren einfachen Wodkas nicht beständig, sondern er schwankte zwischen 28 Grad bis 33⅓ Grad nach dem Hydrometer von Mils.[62]

Nunmehr erfolgte die Beschaffung des Weines in Spiritus. Sein Transport wurde mit hoher Konzentration des Spiritus erlaubt, und für den Verkauf wurde den Steuerpächtern das Recht eingeräumt, konzentrierten Spiritus zu bestimmten Weinsorten zu verarbeiten.[63] Die Wodka- und Weinsorten blieben hierbei unverändert. Der Verkaufspreis für einen Eimer des so genannten Aufgusses und Fruchtlikörs lag zwei Rubel über dem des Halbbranntweines, indem Wodka zweimal so teuer wie der Halbbranntwein war.

Die Schenken begannen, die Getränke nicht nur vor Ort auszuschenken, sondern auch in versiegelten Glasgefäßen (in kantigen Voll-, Halb-, Viertel- und Achtelflaschen, in runden Voll- und Halbflaschen) außer Haus zu verkaufen.[64]

Das Eingreifen der Steuerpächter, somit der Großhändler, in die Wodkaproduktion wirkte sich auf diesen Industriezweig insgesamt negativ aus. Indem die Großhändler einerseits zu ihrem Vorteil Zugeständnisse in der Gesetzgebung erheischten und somit ungünstige Bedingungen für die Arbeit der privaten Branntweinbrennereien schufen, überfluteten sie andererseits den Markt mit Getränken schlechter Qualität, die man kaum noch als Wodka bezeichnen konnte.

Bis 1807 kauften die Branntweinfabrikanten Wein in staatlichen Magazinen, machten aus diesem Wein Wodka und Fruchtliköre, die sie nach eigenem Ermessen verkauften. Ab dem Jahre 1807 erhielten auch die Großhändler das Recht, Wodka in eigenen Weinbrennereien herzustellen und ihn über die Schenken und Gastwirtschaften zu vertreiben. Für vier Jahre des Pachtsystems (1831–1835) setzten die Steuerpächter eine Verordnung durch, wonach die Fabrikanten den Wein in staatlichen Geschäften zu ortsüblichen Preisen mit einem Aufschlag von einem Rubel als so genannte Assignationsgebühr pro Eimer zugunsten der Staatskasse kaufen mussten. Außerdem waren die Branntweinfabrikanten verpflichtet, dem jeweiligen Großhändler beim Kauf der Erzeugnisse die Akzise zu bezahlen.[65]

Dann folgten neue Einschränkungen für die Branntweinbrennereien. Die Erlaubnis für die Wodkaerzeugung neu entstandener Weinbrennereien wurde nur solchen Unternehmen erteilt, die (in Großstädten) mindestens 5.000 Eimer und in den übrigen Städten nicht weniger als 1.000 Eimer Getränke produzierten. Viele Weinbrennereien mussten zusperren.

Wacholderbeeren

So waren die Branntweinfabrikanten im Vergleich zu den Steuerpächtern bzw. Großhändlern benachteiligt. Die ersteren durften zwar allerlei Kornwodka herstellen, jedoch nicht einfachen Wodka und Gin, deren Herstellung den Steuerpächtern vorbehalten war. Letzteren wurde überhaupt erlaubt, grundsätzlich jeglichen Wodka sämtlicher Sorten herzustellen. Außerdem waren die Steuerpächter zum Zwecke des Verkaufes außer Haus berechtigt, Wodka „höchster Güte nach ausländischer Art", d. h. Rum, Cognac, Gin u. a., zu produzieren.[66]

Die Steuerpächter erwarben Spiritus vom Staat und brachten ihn auf den für den Verkauf notwendigen Alkoholgehalt, d. h., sie verarbeiteten ihn zu bestimmten Weinsorten oder Wein, oder sie verwendeten hierzu Spiritus aus den eigenen Fabriken.[67]

Die Schaffung günstiger Bedingungen für die Steuerpächter ermöglichte ihnen, die Branntweinfabrikanten vom Markt praktisch zu verdrängen und die Gastwirtschaften anstelle qualitativ guter Branntweinerzeugnisse mit schlecht gereinigten so genannten „Pachtaufgüssen" zweifelhafter Konsistenz zu überfluten.

Ab 1847 wurde das System des akzisegepachteten Kommissionshandels eingeführt, das in sich die Bedingungen sowohl der Akzise als auch der Pacht vereinigte. Seine Wirksamkeit wurde in den Zeiträumen von 1847 bis 1851 und von 1851 bis 1855 aufrechterhalten. Für die Zeit von 1855 bis 1859 war die Einführung des freien Getränkeverkaufs vorgesehen, wozu eine spezielle Verordnung vorbereitet und Anfang 1852 sogar erlassen wurde. Jedoch aufgrund von Schwierigkeiten in Verbindung mit dem Krim-Krieg (1853–1856) wurde die Umsetzung des neuen Systems verschoben. Statt dessen erfolgte eine Verlängerung der Wirksamkeitsdauer des vorherigen Akzise-Pachtsystems zunächst für die Jahre 1855–1856, anschließend für die Jahre 1857–1858 sowie später noch für vier weitere Jahre von 1859 bis 1863.

Die Stärke, somit der Alkoholgehalt der Getränke, wurde nach dem System von Tralles mit Hilfe des von Akademiemitglied Hess erfundenen Alkoholmessers gemessen. Nach dem neuen Alkoholmesser entsprach der Alkoholgehalt der Getränke für den Verkauf folgenden Werten: Halbbranntwein 38 % oder 0 Grad; schäumender Wein 44 ¼ % oder 16²/₃ Grad; Dreiprobenwein 47, 4 % oder 25 Grad; Doppelspiritus 74,7 % oder 100 Grad.[68]

Halbbranntwein wurde in zwei Sorten hergestellt: durch Kohle und Sand gereinigter einfacher Halbbranntwein und über „heilsame Gräser" destillierter verbesserter Halbbranntwein.

Für süße Wodkasorten und Aufgüsse war kein bestimmter Alkoholgehalt vorgeschrieben. Erlaubt war, süßen Wodka und Aufgüsse aus Halbbranntwein, schäumendem Wein und Kornwodka (d. h. aus einfach destilliertem Wein) zuzubereiten.

Werbung für den Cognac der S. S. Tamasow Aktiengesellschaft in Kizljar

Das Akzise-Pachtsystem führte in vielen Fällen zum Missbrauch im Handel mit alkoholischen Getränken. So entdeckten zum Beispiel im Oktober 1850 Beamte des Innenministeriums in Sankt Petersburg, wo die Pachten Benardaki, Kokorew, Woronin gehörten, dass sie keinen Halbbranntwein und schäumenden Wein (die billigsten Sorten) zum Verkauf anboten. Im zentralen Großhandel wurde Kornwein nur dem Militär und lediglich auf schriftliche Anweisung der Kommandeure ausgeliefert. Demgegenüber wurden privaten Verbrauchern in großen Posten statt des Weines ein „gereinigter Aufguss" zu 4 Rubel 60 Kopeken und „weißer Wodka" zu 5 Rubel pro Eimer verkauft. In Branntweingeschäften und in den so genannten „Stoffläden" (Verkaufseinrichtungen für den Verkauf außer Haus) war der Schankverkauf entgegen den Regeln in hierzu gesondert eingerichteten Stuben möglich.[69]

Das Gesetz missachtend, verkauften die Steuerpächter gewöhnlichen Halbbranntwein und schäumenden Wein zum Preis von gereinigtem Wein, Wodka, Aufgüssen und Fruchtlikören. Anstelle von Wodka, Aufgüssen und Fruchtlikören wurde „gewöhnlicher, mit Gewürzen leicht eingefärbter Wein" angeboten.[70]

Zeitgenössischen Berichten zufolge soll sich der Halbbranntwein in ihren Händen „nicht nur in Aufgüsse, sondern auch in gesüßten Wodka verwandelt" haben, weshalb der Verkauf von Halbbranntwein mit 10 und 15 Grad unter der normalen Güte zu einem hohen Preis von 8 Rubel beinahe zum Gesetz erhoben wurde".[71]

Die Regierung war gezwungen, in Schenken den Verkauf des Kornweines in versiegelten Gefäßen einzuführen, um Missbrauch, Betrug und falsches Messen gegenüber den Käufern zu beseitigen.[72]

Das System des Akzise-Pachtkommissionshandels wurde mit der Verordnung über die Schankeinnahmen im Jahre 1861 abgeschafft. Bereits nach zwei Jahren wurde ein neues Akzisesystem wirksam. Die Einnahmen des Staates stiegen aus folgenden Gründen: 1. aufgrund der Verbrauchsteuer – der Akzise der hergestellten Getränke – und 2. aufgrund der Schankeinnahmen von den Getränkefabriken und Gastwirtschaften für die Produktion der Getränke aus Wein und Spiritus.

In den Branntweinbrennereien und Schnapsfabriken blieben Wein, Spiritus, Aufgüsse, Fruchtliköre und Kornwodka weiterhin die Hauptproduktionsartikel. Den Fabrikanten war nunmehr gestattet, aus Spiritus und Wein Getränke jedweden Alkoholgehaltes und jedweder Qualität herzustellen. Die Abrechnung gegenüber dem Staat erfolgte jedoch nach der Menge des reinen, somit wasserfreien Alkohols, der im Wein enthalten war.

Die Anforderungen an die Getränke waren eine gute Qualität sowie die Nichtexistenz gesundheitsschädlicher Beimengungen.[73]

Das Brennen von Wein und Spiritus aus Korn, Malz, Zuckerrüben oder Kartoffeln war erlaubt, jedoch ohne Beimischung von Melasse und anderer Zuckerstoffe.

Die Bestimmung des Alkoholgehaltes des Weines (hinsichtlich wasserfreiem Spiritus) erfolgte nach dem Alkoholmesser von Tralles.[74]

Der Groß- und Einzelhandel mit den mittels der Akzise besteuerten Getränken und Erzeugnissen hieraus nahmen seit jener Zeit den Charakter des Freihandels an. Daher legte das Gesetz weder die Preise noch den Alkoholgehalt der Getränke bzw. auch nicht die Anzahl der Orte ihres Verkaufes fest. Weine, Wodkas und andere auf den Markt gebrachte Getränke konnten einen beliebigen, „bei den Käufern gefragten" Alkoholgehalt haben.[75]

Aus Wein und Spiritus zubereitete Getränke – Wodka, Rum, Cognac, Arak, Liköre, Aufgüsse, Fruchtliköre – wurden nicht nochmals mit der Akzise besteuert.

Die Herstellung von Wodka, Fruchtlikören und Aufgüssen, die nicht für den Verkauf, sondern lediglich für den Eigenbedarf bestimmt waren, unterlag keinerlei Einschränkungen.

Den Weinhändlern wurde ermöglicht, in ihren Anstalten nur Fruchtliköre und Aufgüsse zu erzeugen. Laut Verordnung war es zulässig, in allen Städten überall Fabriken für die Produktion verschiedener Wodkasorten, Aufgüsse und Fruchtliköre zu gründen. In den Dörfern war die Gründung derartiger Fabriken während der ersten beiden Jahre nach der Einführung der Verordnung verboten.

Die in den Fabriken hergestellten Wodkas, Fruchtliköre, Aufgüsse und andere Getränke durfte man nur in Glasgefäßen mit Etikett und Siegel der Fabriken verkaufen. Für die Weinhändler konnten die Getränke in Fässern ausgeliefert werden, allerdings auch mit Fabriksiegel sowie in Begleitung einer Probe im eigens hierzu versiegelten Behältnis, das unbedingt mit einem Etikett zu versehen war, aus welchem die Firma, das Datum der Auslieferung, die Bezeichnung und die Menge des Erzeugnisses klar hervorgingen.[76]

Kantige Flasche mit dem Motiv eines Geigers, Anfang 19. Jahrhundert

Flaschen für Branntweinerzeugnisse, 19. Jahrhundert – Anfang 20. Jahrhundert

Spirituosenflaschen, 19. Jahrhundert – Anfang 20. Jahrhundert

Im Jahre 1866 wurden Änderungen im Statut über die Schankeinnahme beantragt. Aufgrund dessen wurde die gleiche Stärke, also der gleiche Alkoholgehalt sämtlicher alkoholischer Getränke, die für den Verkauf bestimmt waren, festgelegt. Wein, Wodka und andere aus Wein und Spiritus gefertigte Getränke durften bei der Aufbewahrung in den Fabrikkellern und Pachtlagern der großrussischen Gouvernements, der Stawropoler Gouvernements, der sibirischen Gouvernements nicht weniger als 40 Grad haben, und im Einzelhandel (derselben Gouvernements) nicht unter 38 Grad nach dem Alkoholmesser von Tralles aufweisen. In den baltischen Gouvernements, im Gebiet von Bessarabien und im Land des Donheeres in den Geschäften und Kellern musste die so genannte Stärke der Getränke mindestens 45 Grad, im Einzelhandel mindestens 43 Grad betragen.[77]

Die der Akzise unterliegenden Getränke wurden nunmehr in gesonderten Fabriken produziert. Wodka, Fruchtliköre, Aufgüsse und andere starke Getränke aus Kornwein und Spiritus durften lediglich in zu diesem Zweck eingerichteten Branntweinbrennereien hergestellt werden. In den Spiritusbrennereien war die Herstellung von Wodka nur nach Unterbrechung des Weinbrennens (das Saisoncharakter hatte) und lediglich aus Wein eigener Produktion gestattet. Die Wodkafabriken und Schnapsbrennereien waren voneinander getrennt zu errichten, da sie in keinerlei Verbindung zueinander stehen sollten. Eine Ausnahme dieser Regel bildeten die bis zum 4. Juli 1861 errichteten Schnapsbrennereien.

Die im Juni 1868 vorgenommenen Änderungen des Statuts über die Schankeinnahme legten den vierziggradigen Alkoholgehalt für Wein und Spiritus bei der Aufbewahrung und beim Verkauf fest. Jedoch war für Wodka, Fruchtliköre und Aufgüsse eine Stärke unter 40 Grad nach dem Alkoholmesser von Tralles zulässig.[78] Dieses Zugeständnis in Bezug auf die Stärke der genannten Branntweinerzeugnisse blieb auch im Statut des Jahres 1878 verankert.[79]

Gemäß einem Rundschreiben des Finanzministeriums vom 9. August 1872 wurde der Glasalkoholmesser von Tralles durch den Metallalkoholmesser mit neun Gewichtsstücken nach dem Vorbild der in England existierenden Alkoholmesser ersetzt. Es war nicht verboten, auch vom Glasalkoholmesser Gebrauch zu machen.

Die Reinigung bzw. Läuterung des Weines und Spiritus wurde in der Akziseperiode, außer in den Schnaps- und Weinbrennereien, auch in den Großlagern erlaubt, was einen Grund mehr für den Missbrauch schuf. Ab der Zeit der Einführung des Akzisesystems erfolgte die Verarbeitung des Weines, Wodkas und der Fruchtliköre in den Fabriken, Großlagern und in den Schnapsbrennereien praktisch ohne Aufsicht seitens der Behörden. Die allfällige Kontrolle betraf lediglich die fristgerechte Bezahlung der Akzise. Die Aufsicht bzgl. der Auslieferung aus den Weinlagern (40 %) wurde vernachlässigt. In die Verkaufsstellen des Einzelhandels gelangten Weine der schlechtesten Qualität. Die Fabriken und Großlager hatten kein Recht, Wein unter 40 % auszuliefern.

Um der Möglichkeit willen, das Gesetz zu umgehen, erwarben die Großhandelslager Patente für die Tätigkeit der Schnapswerke und stellten in dieser Form einfach Wein mit Sirup unter den Bezeichnungen „Anisbranntwein", „Das russische Gute" usw. her. Dieser Ersatzwein gelangte in die Schankhäuser.[80]

Der geläuterte Wein aus den unterschiedlichsten Weinbrennereien wurde mit einem geringeren Alkoholgehalt, als gesetzlich vorgesehen, verkauft. Die Branntweinfabrikanten machten selten Wein mit 35 %, meistens verkauften sie ihn mit 32 % und sogar mit 28 %. Das Volk zahlte Geld für Wasser, und die Staatskasse hatte den Schaden, da der Gewinn in die Taschen der Weinhändler und Fabrikanten floss.

Infolgedessen wurden die Regeln der Herstellung und des Handels mit Wodka im Jahre 1878 gegenüber dem Statut über die Schankeinnahme aus dem Jahre 1876 korrigiert.[81]

Es wurde folgende Verordnung für die Spirituosenherstellung und den Spirituosenhandel verabschiedet: Die Spirituosenfabriken waren berechtigt, a) den mit der Akzise belegten Wein und Spiritus sowohl in kalter Weise als auch mittels Destillation zu läutern, b) aus Wein und Spiritus verschiedene Getränke herzustellen und c) nicht nur Wodkas, sondern auch geläuterten Wein zu verkaufen. Der Getränkeverkauf aus den Fabriken wurde der Gesamtregelung des der Akzise unterliegenden Weinverkaufs aus den Großhandelslagern untergeordnet, indem dieser Wein nicht weniger alkoholhaltig sein durfte, als durch das Gesetz festgelegt war.

In den Regeln aus dem Jahre 1878 war erstmalig eine Definition der Spirituosen gegeben. Jedes Getränk willkürlichen Alkoholgehaltes wurde unter Zugrundelegung der im Weiteren angeführten Regelung als Spirituose qualifiziert: „Getränke aus

Wein und Spiritus, die Fremdstoffe enthalten, gelten als Spirituosen. Ihre Herstellung ist lediglich in Spirituosenfabriken erlaubt." So waren die Unterschiede zwischen den Spirituosen und dem Kornwein deutlich abgegrenzt. Erstens enthalten sie neben Wasser und Alkohol Fremdstoffe. Zweitens haben Spirituosen einen willkürlichen Alkoholgehalt, während Kornwein stets einen konstanten Alkoholgehalt aufweist.

Die Regeln schrieben eine strenge Ordnung der Organisation der Produktion vor. Im Schnapswerk durften die Läuterung des Weines und Spiritus und die Herstellung von Getränken aus Wein und Spiritus erfolgen. In den Regeln existierte noch eine bemerkenswerte Tatsache – der maximale Spiritusgehalt in Fruchtsaftgetränken (nicht mehr als 16 Grad). Die Fruchtsaftgetränke aus Beeren und Früchten, die man lediglich in Schnapsfabriken mit einem Spiritusgehalt von nicht mehr als 16 Grad für den Verkauf herstellte, galten bereits als Spirituosen, womit sie dem Regime der Banderolen als Steuermarken unterlagen.

Die Spirituosenherstellung, die Läuterung des Wodkas und des Spiritus sowie das Abfüllen in Flaschen hatten in der Weinbrennerei in voneinander getrennten Räumen zu geschehen. Die Räume, in denen die Läuterung des Weines und des Spiritus erfolgte, wurden Läuterungsabteilungen genannt. Der Spirituosenhandel erfolgte in Glasflaschen unterschiedlicher Größe, die mit entsprechenden Banderolen beklebt waren.[82]

Obwohl die Raffination des Spiritus und die Herstellung des geläuterten Weines den Branntweinbrennereien verblieben, war diese Form der Produktion völlig von der Herstellung der Branntweinerzeugnisse getrennt. Beide Formen der Produktion unterlagen einer gesonderten und strengen Berechnung.

Allmählich verringerte sich die Anzahl der Branntweinbrennereien und auch die Produktion des 40 %igen Weines ging zurück. Die Spirituosenfabriken wurden wirklich zu Werken der Branntweinerzeugnisse.[83] Hergestellt wurden süße Wodkas der höchsten Sorten, verschiedene Liköre und die bitteren Wodkas der höchsten Sorten, Rum, Cognac, Arrak, Absinth, Kirschwasser, Balsam u. a., die man aus gut raffiniertem Spiritus mit einer Stärke von 60 bis 80 % gewann. Solche Getränke reichte man in prächtigen Porzellanbechern von Marken hoher Qualität. Der Preis der Qualitätserzeugnisse schwankte zwischen 14 und 26 Rubel pro Eimer süßen Wodkas und zwischen 8 und 20 Rubel für einen Eimer bitteren Wodkas.

Für die Herstellung bitteren Wodkas und der Liköre der ersten Sorte verwendete man gewöhnlich den Wein von 40 %, der zweiten Sorte von 35 % und niedriger. Die süßen Wodkas machte man aus noch schwächerem Wein, und für Liköre verwendete man 10–25 %igen Wein. Die Preise für diese Erzeugnisse bewegten sich abgefüllt zwischen 5 bis 8 Rubel, je Herstellungsverfahren und Sorte.[84]

Der Halbbranntwein wurde der Läuterung unterzogen und auch als „geläutert" verkauft. Ihm war, wie in den vorhergehenden Jahren, ein Alkoholgehalt von 40 Grad nach dem Alkoholmesser von Tralles zuzuordnen.

Zu dieser Zeit verschwanden solche Sorten des Kornweines, wie der schäumende Wein und der Dreiprobenwein, gänzlich in der Herstellung und im Verkauf.[85] Das Statut über die Akziseeinnahmen wurde durch das entsprechende Kapitel „Von der Läuterung des Weines und des Spiritus" ergänzt.

Nach der Aufhebung der Pachten und der Einführung des Akzisesystems traten die Regeln für den Einzelverkauf alkoholischer Getränke in Kraft. Diesen Regeln wurden die Prinzipien des freien Handels zugrunde gelegt. In der Folge erhöhte sich rasch die Anzahl der Schankwirtschaften. Die Schankhäuser oder Schenken erfreuten sich größter Beliebtheit.

Flasche aus schwarzem Glas: „Das russische Gute", Spirituosenfabrik Strekalow

Der Ausschank blieb die einträglichste Form des Handels. Um der Trunksucht unter der Bevölkerung entgegenzutreten, schuf die Regierung ab Mitte der 70er-Jahre des 19. Jahrhunderts beim Finanzministerium mehrere Kommissionen zum Zwecke der Verbesserung der Organisation des Schankhandels. Das Ergebnis ihrer Tätigkeit bestand in der Feststellung der Hauptursachen der Trunksucht, die sich infolge der Aufhebung des Pachtsystems immer mehr ausbreitete: der vorherrschende Typ der Schankwirtschaft, das Fehlen einer Aufsicht über den Schankhandel und die Behörden, die diesen Handel regulierten.[86]

Am 14. Mai 1885 wurde das Gesetz „Über den Einzelverkauf der Getränke" verabschiedet. Dieses Gesetz sah die Bildung eines Systems der Regelung der Schankproblematik, die Aufhebung der

Etikett. Der geläuterte Wein № 6 der Spirituosenfabrik der Gebrüder Timofejewskij in Krapiwne

Schankhäuser und ihren Ersatz durch Weinläden, die nur außer Haus verkaufen, sowie die Bestrafung aufgrund einer Verletzung der Regeln des Schankhandels vor.[87]

Im selben Jahr 1885 erschienen die neuen Regeln für die Herstellung und den Handel mit Spirituosen, geläutertem Wein, Spiritus und alkoholischen Fruchtsaftgetränken.[88]

Die Regeln unterteilten noch strenger die Branntweinbrennerei und die Spirituosenherstellung. Untersagt wurde, in den Brennereien Kräuter, Beeren und andere Vorräte in Dünnbiergefäße oder andere Apparate zu legen, die mit dem Destillationsgefäß fest verbunden waren.

Die Anwendung dieses Gerätes in der Branntweinbrennerei und der Schnapsherstellung unterschied sich dadurch, dass man in den Brennereien pflanzliche Ingredienzien während der Dünnbierdestillation in das Dünnbiergefäß legen durfte, während man in den Schnapswerken Kräuter und Gewürze bei der Destillation des fertigen Kornweines verwendete oder hieraus verschiedene aromatische Zugaben (Essenzen u. Ä.) zubereitete. Nun war die Nutzung pflanzlicher Komponenten in der Herstellung des Kornweines verboten. Die Anwendung verschiedener Bestandteile blieb nur der Schnapsherstellung vorbehalten.

Als Spirituosen wurden die aus dem Wein und Spiritus zubereiteten Sondergetränke – Wodka, Fruchtliköre, Liköre u. a. – anerkannt, die man in den Schnapswerken herstellte.

Unter der Läuterung des Weines im Kaltverfahren verstand man in den Großhandelslagern und Brennereien die Läuterung (Filtrieren) des Weines durch Kohle, Sand, Tuch und andere Stoffe, „die sich im Wasser nicht auflösen". So war die Läuterung im Kaltverfahren das Filtern des Weines.

Die Läuterung des Weines und des Spiritus mit der Destillation (im Heißverfahren) erlaubte man den Brennereien und Schnapsfabriken in den speziellen Läuterungsabteilungen sowie auch in so genannten Spirituosenraffinerien. Der Alkoholgehalt des Weines und des Spiritus durfte einen bestimmten Alkoholgehalt nicht unterschreiten.[89]

Der Spiritus galt als raffiniert, wenn er bei der Auslieferung aus dem Werke oder dem Lager einen Alkoholgehalt von mindestens 95 % hatte und bestimmten Anforderungen an Reinheit und Güte gerecht wurde.

Die Prüfung der Qualität des Spiritus im Werk und im Lager wurde von Amtspersonen der Akziseaufsicht vorgenommen. Im Falle eines Protestes seitens der Spiritushersteller bzgl. der Spiritusqualität wurde eine erneute Prüfung im Technischen Komitee des Departements für Verbrauchssteuern durchgeführt.[90]

Das Akzisesystem schuf günstige Bedingungen für die Herstellung qualitativ guter Getränke und ihren Verkauf an die Bevölkerung. Wenn ein Steuerpächter oder Fabrikant früher beabsichtigte, den Alkoholgehalt durch Verdünnen mit Wasser zu senken, konnte er dies mit Hilfe des Zusatzes scharfer, beißender Stoffe vertuschen, jetzt gereichte dies nur zum Nachteil. Erstens erlaubte die Existenz von Zusätzen im Wein, selbigen als Spirituose einzustufen, für die man eine hohe „Banderolensteuer" zu zahlen hatte. Zweitens war es ohnehin verboten, dem Wein in den Brennereien Fremdstoffe beizufügen, so dass es sich um eine Gesetzesverletzung gehandelt hätte.

„... Jetzt, wenn jedweder Wein, der nebenbei ein lösliches Nebenprodukt enthält, als Spirituose klassifiziert und der gesonderten Ergänzungssteuer unterzogen wird ... hat das Auffinden solchen Weines in einer Schankwirtschaft ohne die für die Spirituose bestimmte Banderole eine strenge Bestrafung zur Folge, so dass die genannten Beimischungen aller Wahrscheinlichkeit nach nie wieder verwendet werden."[91]

Im Jahre 1891 erarbeitete das Technische Komitee beim Departement für Verbrauchssteuern eine genauere Definition des Begriffes „Spirituose". Hierin hieß es: „Als Spirituose werden alle Getränke anerkannt, die aus Spiritus willkürlichen Alkoholgehaltes hergestellt werden. Diese Getränke dürfen diverse Nebenstoffe, die dem Spiritus als Produkt des Weinbrennens nicht zueigen sind, nicht enthalten, wie Produkte der Branntweinbrennerei als auch künstlich bei ihrer Herstellung versetzte Getränke."[92]

Als Spirituosen galten Rum, Cognac, Gin, Absinth, Liköre, Wodka, Fruchtliköre und süßer Wodka. Der Alkoholgehalt schwankte bei ihnen nach mehreren Quellen zwischen 20 und 60 Vol.-%, in den seltensten Fällen erreichte er bis zu 70 % (Absinth).[93] Dennoch hätte man die Ziffer 20 % auf „höher als

16 %" korrigieren sollen, da Fruchtsaftgetränke, die mehr als 16 Vol.-% Alkohol enthielten, bereits als Spirituosen erachtet wurden.

Die Konkretisierung des Begriffes „Spirituose" und die scharfe Trennung der technologischen Methoden der Spiritusherstellung (Branntweinbrennerei) sowie der Schnapsherstellung zeugten davon, dass endlich eine deutliche Abgrenzung zwischen diesen Arten von Getränken und ihren Herstellungszweigen vollzogen war. Der Spiritus und der Kornwein, die eigentlich alkoholische wässrige Lösungen darstellen, wurden den Produkten der Spiritusindustrie (Branntweinbrennerei) und die Wodkasorten als alkoholische wässrige Lösungen mit einem Zusatz anderer Bestandteile den Produkten der Spirituosenindustrie zugeordnet.

Das Sortiment der Wodkaproduktion war in der 2. Hälfte des 19. Jahrhunderts recht mannigfaltig und wurde in Privatunternehmen hergestellt. Das Akzisesystem gewährte eine bestimmte Freiheit für die intensive Entwicklung dieses Zweiges. Unter den Bedingungen einer gesunden Konkurrenz erweiterten die Spirituosenfirmen das Getränkesortiment, indem sie ständig neue Getränke kreierten, die Technologie verbesserten, neue Stoffe und Rohstoffe suchten und verschiedenartige Formen der Flaschen und Etiketten ersannen.

Einer der ältesten Betriebe war das Werk des Unternehmers Wladimir Alexandrowitsch Striter in Sankt Petersburg. Diese Fabrik wurde im Jahre 1833 gegründet. In den 1890er-Jahren erzeugte man dort geläuterten Wein, Wodka und Liköre. Das Moskauer Werk von W. A. Striter, das im Jahre 1869 errichtet wurde, produzierte neben Wodka auch Fruchtliköre, Liköre und geläuterten Wein.[94] In der Firma von Striter wurden die berühmten russischen Wodkas „Englischer Bitterer", „Bitterer Chinawein", „Der Bittere", „Russischer Bitterer", „Magenwodka" und „Bergeichenwald" geschaffen.[95]

Das Werk der bekannten Firma P. A. Smirnoff erzeugte in Moskau ab dem Jahre 1864 Liköre, bitteren und süßen Wodka, geläuterten Wein und Tischwein.[96]

Die Aufzählung und die Namen der Smirnoff-Wodkas füllten in der Preisliste des Jahres 1896 mehrere Seiten.[97]

Bittere Wodkas der ersten Sorte № 19: Englischer, Subrowka, Moskauer (aus Kräutern), Moskwitjanka (aus Früchten), Pomeranzenwodka, Wermut, bitterer Magenwodka, Kräuteressenz aus frischen Kräutern u. a.

Bittere Wodkas № 33: Subrowka, Kolganka, Pomeranzenwodka, Wermut, Magenwodka und Kräuterwodka (die beiden letzteren aus frischen Kräutern).

Bittere gefärbte Doppelwodkas der zweiten Sorte № 20; bittere weiße Wodkas der zweiten Sorte № 20; bittere Wodkas der 3. Sorte № 31; bittere Wodkas der 4. Sorte № 21; Beerenwodkas der höchsten Sorte № 7; Beerenwodkas der 1. Sorte № 16 u. a.

Es gab eine Vielfalt an Spirituosenerzeugnissen (bittere und süße Wodkas, Liköre und Fruchtliköre, Rum, Cognac, Gin u. a.), und ihr Alkoholgehalt war äußerst verschieden, „in der Tat den Bedürfnissen der Käufer entsprechend". Laut Angaben des Technischen Komitees im Jahre 1884 hatte der Ebereschenwodka von Striter einen Alkoholgehalt von 28,5 %, der Ebereschendoppelwodka der Gebrüder Timofejewskij 24,6 %, der Ebereschenwodka von Lange 32,7 %, der Doppelmagenwodka von Striter 38,9 %; der Doppelwermut von Striter 37,5 %, der Wermut von Keller 34,8 %, der „Jerofejitsch" von Striter 37 %, der Doppelkräuterlikör von Lange 42,2 %, der Englische bittere Wodka von Keller 39,8 %, von Striter 38,7 %, von Lange 40,5 %; der Schweizer Absinth von Keller 68,2 % und 59,4 %, von Striter 40,8 %; der Schwarze Johannisbeerwodka der 1. Sorte der Gebrüder Timofejewskij 22,6 %, der Johannisbeerwodka von Lange 20,3 %, der bittere Kirschwodka von Striter 21 %, der Kirschwodka der 1. Sorte der Gebrüder Timofejewskij 16,2 %, der Himbeerwodka von Lange 19,7 %.[98]

Im 19. Jahrhundert wurden seitens der russischen Meister der Spirituosenherstellung Wodkas kreiert wie: der „Russische Bittere", der „Englische Bittere", der „Subrowka", der „Bittere Weizenwodka", der „Pfefferwodka", der „Bittere Magenwodka", der „Bergeichenwald", der „Bittere Pomeranzenwodka", Liköre wie „Ebereschenlikör aus Neschin" und „Ebereschenlikör mit Cognac". Sie ließen die russische Schnapsindustrie berühmt werden.

Das Akzisesystem funktionierte bis zum Jahre 1894. Im Jahre 1892 trat S. J. Witte (1849–1915) an die Spitze des Finanzministeriums. Er war derjenige, der in Russland die nächste Schankreform durchsetzte, deren Ziel nicht nur die Auffüllung der Staatskasse, sondern auch die Gesundung der Gesellschaft war.

Etikett „Bergeichenwald", Handelshaus P. Smirnoff in Moskau

Der Tischwein № 10 der Schnaps- und Likörfabrik Striter in Moskau und Sankt Petersburg

Flasche aus dunkelgrünem Glas. „Subrowka“ der Spirituosenfabrik Jemkow

Im Jahre 1893 unterbreitete S. J. Witte dem Staatsrat den Entwurf der Einführung des staatlichen Weinmonopols, und im Sommer 1894 wurde die neue „Verordnung über den staatlichen Getränkeverkauf“ erlassen.[99]

Die Reform des Schanksystems war für mehrere Jahre konzipiert. Zuerst wurde das Monopol lediglich in vier russischen Gouvernements – Perm, Orenburg, Ufa und Samara – eingeführt. Ab dem Jahre 1902 wurde das staatliche Monopol in den Gouvernements des gesamten europäischen Teils Russlands und Westsibiriens und ab 1904 in einem Großteil Ostsibiriens praktiziert.

Während der Umsetzung der Reform wurden 150 staatliche Weinlager errichtet, die mit der besten Ausstattung versehen waren. Die staatlichen Unternehmen wurden nach einheitlichen Projekten in kürzester Zeit erbaut. Flaschen, Flaschenkorken und Etiketten wurden typisiert. Gemäß der Reform wurde der Verkauf von Spiritus, Wein und Spirituosen zur ausschließlichen Domäne des Staates. Gehandelt wurden sie in den staatlichen Weinlagern und Weinläden. Die Branntweinbrennerei verblieb in privaten Händen, jedoch musste der Spiritus aus den Brennereien an den Staat verkauft werden ($^2/_3$ zu staatlich festgelegten Preisen, der Rest mittels Versteigerungen).

Mit der Läuterung des Weines und Spiritus durften sich die Spiritusraffinerien, Spirituosenfabriken und Brennereien beschäftigen, die hierzu über spezielle Läuterungsabteilungen verfügen mussten.

D. P. Konowalow

Die privaten Spirituslӓuterungs- und Spirituosenfabriken für die Herstellung von Schnaps und geläutertem Wein durften Spiritus „ausschließlich vom Staat“ kaufen. Die Brennereien durften nur Wein und Spiritus reinigen, den sie selbst brannten. Zum Verkauf gelangten der Wein und der Spiritus „im mit der Destillation geläuterten Zustand und hatten einen Alkoholgehalt von mindestens 40 Grad“. Der Alkoholgehalt des Weines und sein Preis wurden auf dem Etikett gekennzeichnet. Die Lager und Läden verkauften alkoholische Getränke nur außer Haus und in versiegelten Flaschen eines Volumens von $^1/_{200}$ eines Eimers mit Banderole.[100]

So wurde mit der Einführung des staatlichen Schnapsmonopols für Kornwein der einzige Alkoholgehalt von 40 Vol.-% eingeführt. Den privaten Fabrikanten, die ein breites Spektrum an Qualitätserzeugnissen herstellten, Konkurrenz bietend, strebte der Staat nach einer Verbesserung der Qualität staatlich hergestellter Getränke und begann in den staatlichen Betrieben mit der Erzeugung zweier Weinsorten.

Ab dem Jahre 1895 begann man im Einklang zum Beschluss des Departements für Verbrauchssteuern, neben dem üblich gereinigten Wein den so genannten Wein der höchsten Läuterung – den Tischwein – herzustellen.[101] Beide Sorten des Kornweines, den die Werke produzierten, hatten den festgelegten Alkoholgehalt von 40 Vol.-%.

Mit der Einführung des Monopols erhöhten sich die Ansprüche an die Qualität des Spiritus. Der rektifizierte Spiritus sollte nach dem Alkoholmesser von Tralles einen Alkoholgehalt von 95 Vol.-% haben und einer bestimmten Reinheitsprobe standhalten: dem Versuch mit Schwefelsäure im Verhältnis 10:10. Der rektifizierte Spiritus, der an den Staat verkauft werden musste, durfte kein Furfurol enthalten. Bei der Rektifikation des Spiritus zur ersten Sorte wählte man lediglich 65 %igen Rohstoff, womit diejenige Spiritusmenge gemeint war, die man in das Gefäß des Rektifikationsapparates eingoss, indem 35 % zur wiederholten Destillation gingen.

Für die Herstellung des Tischweines durfte man nur Spiritus der höchsten Qualität (prima-prima) – der Doppelrektifikation – verwenden.[102]

Zum Zwecke der wissenschaftlichen Sicherstellung aller Verfahren der Herstellung und des staatlichen Verkaufs der Getränke, für die Qualitätskontrolle der Getränke und Rohstoffe, die man zur Herstellung brauchte, wurden das Technische Komitee und drei zentrale Labors geschaffen: im Jahre 1897 das Zentrale chemische Labor des Finanzministeriums in Odessa, im Jahre 1898 das Zentrale Labor in Sankt Petersburg und im Jahre 1903 das Zentrale Labor in Moskau. Im Technischen Komitee arbeiteten bekannte russische Gelehrte wie das Akademiemitglied F. F. Belstein und die Professoren A. A. Werigo, N. G. Jegorow, D. P. Konowalow, N. I. Tawildarow, M. G. Kutscherow, der Doktor der Chemie L. N. Schischkow u. a. Die Ergebnisse der Tätigkeit des Technischen Komitees wurden in der jährlichen Ausgabe der Arbeiten des Komitees publiziert.

In der Monopolperiode wurden folgende Sorten Wein angeboten: geläuterter Wein mit 40 % und

Staatliches Weinlager in Nischnij Nowgorod, Anfang 20. Jahrhundert (oben links)

Staatliches Weinlager in Moskau, in der Straße Lesnaja, Abteilung zur Verdünnung von Spiritus mit Wasser (oben rechts)

Staatliches Weinlager in Baranowitschi, Anfang 20. Jahrhundert (unten rechts)

S. J. Witte (unten links)

der Tischwein (Doppelläuterung) mit 40 %; in den südlichen, südwestlichen und nordwestlichen Gouvernements wurde Wein mit 57 % Alkoholgehalt angeboten.

In allen Großhandelslagern war die Erzeugung von 90 %igem und 95 %igem Spiritus nach dem Alkoholmesser von Tralles erlaubt.[103]

Mit der Einführung des staatlichen Monopols verbesserte sich die Qualität der Alkoholproduktion wesentlich, da sämtliche Getränke nur aus rektifiziertem Spiritus hergestellt werden durften. Der Alkoholgehalt der Getränke war höher als in der Periode vor dem Monopol. Der staatliche Spiritus wurde nicht nur qualitativ besser, sondern auch billiger im Vergleich zum Spiritus der Privatunternehmen. Der Monopolmarkt unterminierte die Positionen der privaten Herstellung. W. P. Smirnoff, der Sohn von P. A. Smirnoff, schrieb in Wertschätzung der Rolle des Reformers S. J. Witte: „Wir mussten die eifrigsten Opponenten der Reformen von S. J. Witte sein, weil uns das Monopol großer Einkommen beraubte. Trotz des Bewusstseins, welchen Schaden die Reformen von Witte unserer Sache zufügten, kann ich nicht umhin anzuerkennen: Er war ein kluger Feind unserer Sache. Und er siegte im ehrlichen Konkurrenzkampf".[104]

Sowohl in den privaten als auch in den staatlichen Spirituosenfabriken wurden geläuterter Wein und Tischwein von hoher Qualität hergestellt.

In Russland und weit über die Landesgrenzen hinaus erlangte unter anderem die Produktion der Firmen P. A. Smirnoff, I. A. Smirnoff, A. W. Dolgow, Gebrüder Alexandrow und Gebrüder Timofejewskij allgemeine Bekanntheit.

In den Werken von Smirnoff wurden 330.000 Eimer Wein pro Jahr hergestellt. Etwa die Hälfte dieses Weines verkaufte man mit Tischwein-Etiketten, den restlichen Teil als geläuterten Wein. Die Moskauer Firma P. A. Smirnoff erzeugte Tischwein der ersten Sorte (Weizen) № 40 und № 32, Tischwein der zweiten Sorte (Weizen) № 20, der für die Allrussische Kunst- und Industrieausstellung im Jahre 1882 bestimmt war, Tischwein der zweiten Sorte № 20, Tischwein der dritten Sorte № 31 und Tischwein der vierten Sorte № 21.[105]

Mit dem Ziel, die Qualität des staatlichen Weines und des Spiritus zu verbessern, übernahm das Zentrale Chemische Laboratorium des Finanzministeriums stets die technologischen Kenntnisse privater Firmen für die Produktion von Wein, Spiritus und Wodka, führte eigene Forschungen durch

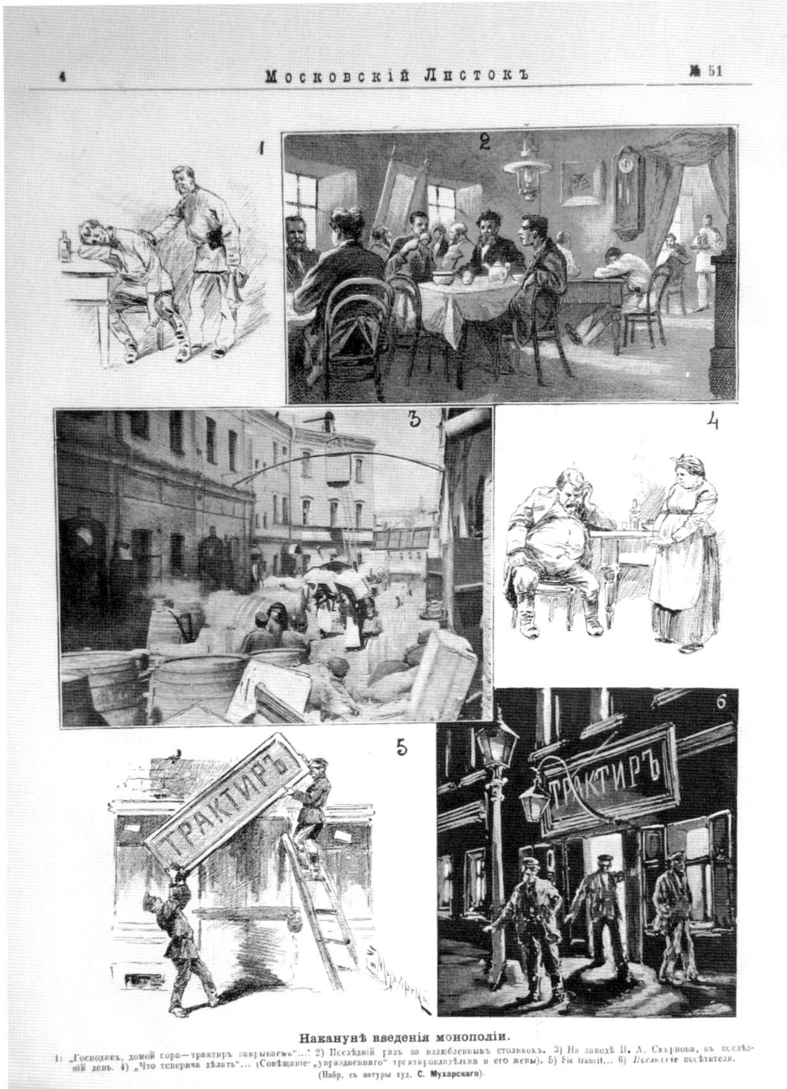

S. Mucharskij
Am Vorabend der Einführung des Monopols
Skizzen nach der Natur, 1901

Titel unter den Zeichnungen:

1. „Gnädiger Herr, es ist Zeit nach Hause zu gehen – wir machen die Schenke zu ...“
2. Das letzte Mal am geliebten Tisch
3. Im Werk von P. A. Smirnoff, der letzte Tag
4. „Was nun ...“ (Beratung des „suspendierten“ Schankwirtes mit seiner Frau)
5. Sic transit ...
6. Die letzten Besucher

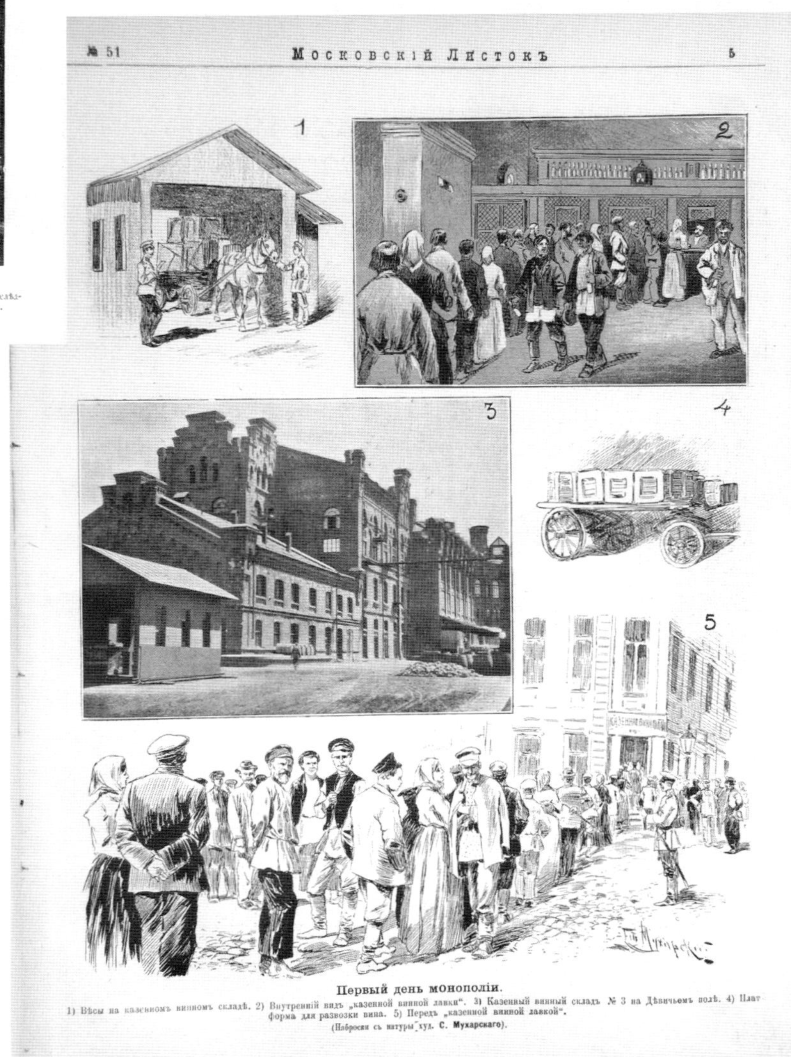

S. Mucharskij
Der erste Tag des Monopols
Skizzen nach der Natur, 1901

Titel unter den Zeichnungen:

1. Waage im staatlichen Weinlager
2. Innenansicht des „staatlichen Weinladens“
3. Staatliches Weinlager № 3 auf dem Mädchenfeld
4. Plattform für den Transport des Weines
5. Vor dem „staatlichen Weinladen“

Etikett. Tischwein № 1 des Handelshauses I. A. Smirnoff Söhne auf der Warwarka

Etikett. Moskauer Tischwein des Großhandelslagers für Wein und Spiritus von A. Zwilling in Odessa

Etikett. Tischwein № 68 der Genossenschaft Marianische Weinbrennerei und Rektifikationswerk in Lipezk

Etikett. Tischwein № 29 der dampfmaschinellen Spirituosenfabrik des Handelshauses Schustow & Sohn in Moskau

(Abbildungen von links nach rechts)

und erstellte Analysen des Wassers, des Spiritus und alkoholischer Getränke. Im Jahre 1897 führten die Gelehrten des Laboratoriums Forschungen des Tischweines zwölf bekannter Firmen durch: Bekman, Striter, Keller, Petrow, Martini, Wolfschmidt, Serebrjakow, Smirnoff, Popow, Tschitscherin, Rabotnikow und Kalaschnikow.

Die Mehrheit der Proben des Tischweines aus privaten Fabriken hatte einen Alkoholgehalt von ungefähr 40 % nach Tralles. Und nur der Wein einiger Firmen überschritt bzgl. des Alkoholgehaltes diese Grenze. Zum Beispiel handelte es sich um Tischwein aus Fabriken von Martini mit 43,38 % und 42,12 %, aus Fabriken von Keller mit 49,71 % oder von Wolfschmidt mit 44,71 %. Die Untersuchungen erfolgten auch in Bezug auf das trockene Restsediment, die Aldehyde und Ester und auf Alkalität, die sich in der Menge der Pottasche widerspiegelte.[106]

Aus den Forschungen des Jahres 1897 ging hervor, dass der staatliche Tischwein reiner als der Wein aus privaten Fabriken war, allerdings stand er diesem hinsichtlich seiner geschmacklichen Qualitäten in bedeutendem Maße nach.[107] Die Analyse des Tischweines privater Firmen zeigte in seiner Konsistenz große Mengen mineralischer Rückstände auf. In diesem Zusammenhang wurde sogar die Frage gestellt, „ob es nicht ratsam wäre, einen solchen Wein als Spirituose einzustufen, wenn er doch größere Beimengungen enthalte, als man eigentlich von einem kohlegefilterten Wein erwarten dürfe …"

Ferner wurde allen Ernstes auch die Frage erörtert, inwieweit es zulässig sei, eine geschmackliche Verbesserung staatlichen Weines unter Verwendung von Zusatzstoffen künstlich herbeizuführen. Diesbezüglich wurde die Meinung geäußert, dass „es wohl kaum angebracht sei, dem Wein, unter welchem ein Gemisch von Spiritus mit Wasser verstanden wurde, Beimengungen als Fremdstoffe hinzuzufügen, da dies ein weites Feld des möglichen Missbrauchs eröffnet hätte".[108]

Zu Beginn des Ersten Weltkrieges wurde im Jahre 1914 zunächst für den Zeitraum der Mobilmachung das Verbot verhängt, Spiritus, Wodka und Spirituosen zu verkaufen, woraufhin ab März 1916 das absolute Verbot des Verkaufes von Spiritus, Wodka und Spirituosen in Kraft trat.[109] Über das Verbot des Jahres 1914 schrieb W. P. Smirnoff: „Danach stieg die Seele in das Paradies auf! Alles brach gleichzeitig zusammen!"[110] Das städtische Volk gewöhnte sich an Eau de Cologne, vergällten Spiritus und Politur, während sich das ländliche Volk auf die Jagd nach dem „Selbstgebrannten" begab.

Die Außerkraftsetzung des Antialkoholgesetzes erfolgte erst in Sowjetrussland.

Wie der Kornwein zum Wodka wurde (1917–1936)

Nach dem Machtantritt der Bolschewiki wurde der Kampf für Nüchternheit zu einem der Ziele der Revolution. Die Schwarzbrenner wurden zu Volksfeinden erklärt, auf Schwarzbrennerei drohte die strafrechtliche Verfolgung, eine Freiheitsstrafe von mindestens 10 Jahren bei gleichzeitiger Konfiszierung des Besitzes.[111]

Im Juni 1917 führte die Akziseverwaltung im Auftrag der Provisorischen Regierung eine Be-

A. E. Archipow
Geheimer Wodkaverkauf

rechnung aller Reste der Produktion in den Schnaps- und Weinlagern des Landes durch. Die Spiritusbrennereien wurden im Februar 1918 und die Schnapsbrennereien im Februar 1919 verstaatlicht.[112]

Im Januar 1920 wurden die Produktion und der Handel mit Spiritus und starken Getränken auf dem gesamten Territorium der Russischen Föderation verboten, was auch den Ausschank betraf. Den stärkeren Getränken wurden alle Erzeugnisse mit einem Alkoholgehalt von über 1,5 % nach Tralles zugeordnet.[113] Sämtliche Vorräte von Wein, Cognac und Schnapsprodukten erklärte die Sowjetmacht zum Staatseigentum.[114]

Die wachsame Aufsicht, die Verfolgung und strenge Bestrafung für die Aufbewahrung und den Verkauf von Wodka und Spiritus und erst recht für das illegale Weinbrennen konnten das Volk vom Alkoholkonsum nicht abhalten. Das Schwarzbrennen blühte in allen Ecken und Winkeln Russlands, allen Verboten und Strafen zum Trotz. Selbstgebrannten brannte man aus Getreide, aus Buchweizen-, Hafer-, Gersten- und Hirsemehl. Die Qualität des Alkohols war äußerst schlecht, oftmals schlechter als unreiner Rohspiritus zur Zeit des staatlichen Weinmonopols. Dabei waren die Kosten für die illegale Branntweinbrennerei bedeutend höher, als sie bei der legalen Industrieproduktion von Spiritus hoher Qualität gewesen wären.[115]

Die Bevölkerung fuhr fort, unreinen Spiritus zu konsumieren, wobei dem Staat nicht nur die Schankeinnahmen entgingen, sondern auch enorme Gelder für die Observierung, für Gerichtsverfahren und sonstige repressive Maßnahmen, die notwendig gewesen wären.

Während des Ersten Weltkrieges sowie in der Zeit des Bürgerkrieges wurden viele Spiritus- und Branntweinbrennereien zerstört und geplündert. Von den 1.905 ehemaligen Spiritusbrennereien (innerhalb der Grenzen der UdSSR von 1927) blieben lediglich 523 erhalten. Das Weinbrennen verlor gänzlich an Bedeutung und stellte in den Jahren 1923 und 1924 nur 1,6 % des Produktionsvolumens der Vorkriegszeit dar.[116]

Der Wiederaufbau der Spiritus- und Schnapsindustrie begann in den 1920er-Jahren. Zuerst war nur erlaubt, Fruchtliköre und Aufgüsse von nicht mehr als 20 % Alkoholgehalt nach Tralles für die Konsumation herzustellen und zum Trinkzwecke zu verkaufen. Dabei war das ausschließliche Recht ihrer Herstellung den staatlichen Branntweinbrennereien vorbehalten, die der Zentralverwaltung der staatlichen Spiritusindustrie unterstanden.[117]

Jäh erhöhte sich die Nachfrage nach alkoholischen Getränken staatlicher Provenienz in Verbindung mit der Belieferung von Wodka „Russischer Bitterer", einem farblosen bis „zartgrünen" 20 %igen Aufguss mit geringen Beimengungen im Sommer des Jahres 1924.[118]

Die Bevölkerung lernte dieses neue Produkt rasch schätzen. „Die Resonanzen seitens der Arbeiter und Bauern sind gut, man sagt, dass er dem Zarenwodka gleiche, leider ist er nur schwach."[119] Der Wodka wurde in der Tat auf der Grundlage der Rezeptur des vorrevolutionären „Russischen Bitteren" hergestellt, doch in der Qualität blieb er weit hinter seinem bekannten Vorgänger zurück. Experten nannten ihn „Surrogat des Kornweines", einfach Kornweinersatz.[120]

Genau ein Jahr darauf wurde die zulässige Stärke der Fruchtliköre und Aufgüsse, auch des Cognacs und der Liköre bis auf 30 % nach Tralles erhöht.[121] Den dreißiggradigen Wodka taufte man im Volksmund „Rykowka". Eigentlich war das eine wichtige Erscheinung, die durch den russischen Schriftsteller Michail Bulgakow zweimal in seinem Tagebuch erwähnte wurde. In der Nacht vom 20. zum 21. Dezember 1924 trug er folgende Notiz ein: „In Moskau trug sich ein Ereignis zu, man hat 30 Grad Wodka, den das Publikum völlig berechtigt ‚Rykowka' nennt. Er unterscheidet sich vom Zarenwodka dadurch, das er schwächer, schlechter im Geschmack und viermal teurer ist." Und noch eine Anmerkung vom 29. Dezember: „Man nennt den Wodka deshalb ‚Rykowka' und auch ‚Halbrykowka', weil er 30 Grad hat, und Rykow, ein ausgesprochener Trunkenbold, trinkt 60 Grad."[122]

Im Oktober 1925 erfolgte die Reorganisierung der Spiritusindustrie, wobei das staatliche Monopol für die Herstellung und den Verkauf stark alkoholischer Getränke festgelegt wurde. Die Kornweinproduktion wurde zur ausschließlichen Domäne des Staates, indem sie in den staatlichen, in verschiedenen Gebieten der UdSSR befindlichen Betrieben konzentriert war. Die allergrößten Betriebe befanden sich in Moskau, Kursk, Saratow und in einigen anderen Städten.[123]

In den ersten Jahren der Sowjetmacht benannte man den Kornwein in Wodka um. Insbesondere ab 1925 wurde er in offiziellen Dokumenten gleichzeitig sowohl Wein als auch Wodka genannt, für den seit Ende des 17. Jahrhunderts eine Stärke von 40 % nach Tralles obligatorisch war. Für den Verkauf an die Bevölkerung begann man nunmehr, „Kornwein (Wodka)"[124], Fruchtliköre und Aufgüsse mit einer Stärke bis zu 40 % und Cognac und Liköre eines Alkoholgehaltes bis zu 60 % nach Tralles herzustellen. Die Produktion von Kornwein (Wodka) und Spirituosen war ausschließlich auf der Basis von rektifiziertem Spiritus zulässig.

Unter Schnapserzeugnissen verstand man unabhängig von ihrem Alkoholgehalt „farbigen Wodka, Aufgüsse, Fruchtliköre u. a.".[125]

Spiritus mit mehr als 40 % Alkohol nach Tralles wurde sowohl roh als auch rektifiziert nur für betriebstechnische, medizinisch-sanitäre und forschungswissenschaftliche Bedürfnisse ausgeliefert.[126]

Die Herstellung solcher Spirituosen wie bittere Aufgüsse, starke Fruchtliköre und Liköre erfolgte in den staatlichen Unternehmen (GOSSPIRIT), in der Aktiengesellschaft „VINTORG" (Weinhandel), in den staatlichen Kellern von Armenien (ARMGOS), im staatlichen Konzernunternehmen der Usbekischen Sowjetrepublik (USBEKVINO) u. a. sowie auch in den genossenschaftlichen Weinwirtschaften, im Fruchtweinverband, in der Genossenschaft Konkordia u. a.[127]

In den Schnapsbrennereien begann man allmählich, das vorrevolutionäre Sortiment der Branntweinerzeugnisse wiederherzustellen. Der größten Nachfrage erfreuten sich der „Russische Bittere", „Neschiner Ebereschenschnaps" № 23, „Stolperdraht" nach kleinrussischer Art, der Wodka „Subrowka", kleinrussischer Fruchtlikör „Pudding", „Englischer Bitterer" und hausgemachter Aufguss „Moosbeer". Die Branntweinerzeugnisse wurden aus rektifiziertem Spiritus und natürlichen Obst- und Beerensäften hergestellt[128] und in Sorten unterteilt – starke bittere Sorten, süße Fruchtliköre, Aufgüsse und halbsüße Sorten.

Zu den starken bitteren Sorten gehörten: die Englische Sorte, Chinasorte, Subrowka, Gebirgseichenwald, Pomeranzensorte, Magensorte und andere Sorten mit einem Alkoholgehalt von bis zu 40 %.

Zu den süßen Fruchtlikören und Aufgüssen gehörten Pudding, Stolperdraht, Himbeerlikör, Preiselbeerlikör, Erdbeerlikör u. a., zu den halbsüßen Neschiner Ebereschenschnaps, Apfelliköre und Moosbeerliköre.

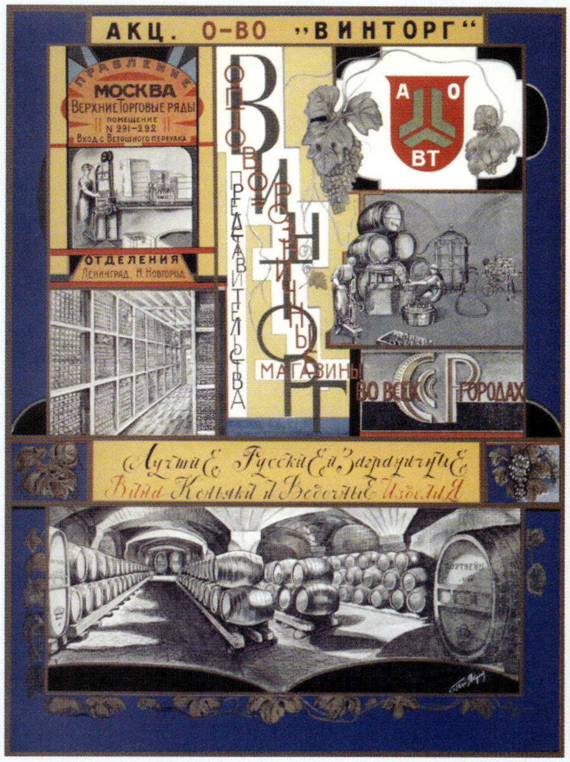

Werbung der Aktiengesellschaft „VINTORG" (Weinhandel), Moskau, Obere Industriezeile

Etikett „Chinawodka" des Wein- und Cognacwerkes unter der Leitung des Volkskommissariats für Obstbau der RSFSR (links)

Etikett „Englischer Bitterer" des Wein- und Cognacwerkes unter der Leitung des Volkskommissariats für Obstbau der RSFSR (unten)

UdSSR **Rat für Arbeit und Verteidigung** **Unionskomitee für Standardisierung.**	**Allunionsstandard** **FLASCHEN** **für Kornwein, Fruchtliköre, Aufgüsse und Traubenwodkas.** **Volumen, Grundabmessungen, Gewicht.**	**OST 102 (I.I.B.): 666.15**

Volumen der Flasche		**Außen-durch-messer des Rumpfes**	**Höhe der Flasche**	**Höhe des zylin-drischen Rumpf-teils**	**Flaschenhals**			**Höhe der Boden-vertie-fung**	**Gewicht 100 Stk. Flaschen**
nominal **l**	**voll** **cm³**	**D** **mm**	**H** **mm**	**H_1** **mm**	**Außen-durch-messer** **d** **mm**	**Innen-durch-messer** **d_1** **mm**	**Streifen-breite** **h** **mm**	**mm**	**kg**
3,00	3200	180	430	215	26	18	20	mindestens 3 mm	113
1,00	1100	81	310	145	26	18	12		47
0,75	825	82	284	130	24	17	11		38
0,50	560	73	261	117	23	16	10		28
0,25	285	59	200	93	20	14	8		17
0,10	120	46	140	66	16	11	7		8,75

Zulässige Abweichungen

Volles Volumen **cm³**	**ABWEICHUNGEN±**					
	für das Volumen **D** **cm³**	**für den Außendurch-messer des Rumpfes** **mm**	**für die Flaschenhöhe** **mm**	**Höhe des zylindrischen Rumpfteils** **mm**	**Innen- und Außendurch-messer des Flaschen-halses** **mm**	**Gewicht 100 Stk. Flaschen** **kg**
3200	60	1,5	10	20	1	3,00
1100	35	1,5	7	15	1	1,50
825	30	1,5	7	10	1	1,25
560	25	1,0	5	10	1	1,00
285	20	1,0	5	10	1	1,00
120	10	1,0	5	7	1	0,75

A n m e r k u n g:
Das Gewicht der mechanisierten Flasche darf höchstens 35 % schwerer sein.

Genehmigt durch das Komitee für Standardisierung beim Rat für Arbeit und Verteidigung am 23. Dezember 1927 als obligatorischer Allgemeiner Standard mit Gültigkeit ab 1. Januar 1928.

Erste Seite der Allgemeinen Standards 102

Proletarier aller Länder, vereinigt euch!

UdSSR Rat für Arbeit und Verteidigung Unionskomitee für Standardisierung.	Unionsstandard Gereinigter Wein (Wodka)	OST 4085 VKS

A. BESTIMMUNG

Gereinigter Wein (Wodka) wird als ein Gemisch rektifizierten Ethylalkohols (OST 116) mit Wasser eines Härtegrades von höchstens 2,5 Grad bezeichnet, das mechanisch gefiltert wird und die für Wein charakteristischen Geschmacks- und Geruchseigenschaften besitzt.

B. Technische Bedingungen

a) Der gereinigte Wein (Wodka) muss rein, farblos, ohne Nebengeruch und Beigeschmack sein, der für den Wein nicht typisch ist.
b) Der gereinigte Wein (Wodka) muss eine Stärke von 43 % bis ± 0,2 % aufweisen.
c) Die festen mineralischen Restbestandteile dürfen 500 mg auf 1 l Wein nicht überschreiten.
d) Die Alkalität des gereinigten Weines darf, umgerechnet auf Natriumkarbonat, 300 mg auf 1 l Wein nicht überschreiten.
e) Die Menge der Aldehyde im Wein darf 0,002 % betragen.
f) Die Menge der Fuselöle darf, umgerechnet auf den absoluten Alkohol, nicht mehr als 0,003 % betragen.
g) Die Menge der Ester darf höchstens 50 mg auf 1 l absoluten Alkohols betragen.
h) Beim Stehen muss der gereinigte Wein weder Niederschläge noch Ringe am Glas absondern.

C. ABFÜLLUNG

1. Das Abfüllen des gereinigten Weines erfolgt in gemäß OST 102 hergestellte Gefäße.
2. Es werden folgende Normen der Volumenunterschreitung festgelegt:
   auf 3 l jeweils 7,5 cm^3
   auf 1 l jeweils 4,0 cm^3
   auf 0,5 l jeweils 2,5 cm^3
   auf 0,25 l jeweils 1,25 cm^3

Genehmigt durch das Unionskomitee für Standardisierung beim Rat für Arbeit und Verteidigung am 26. Dezember 1931 als obligatorischer Allgemeiner Standard (OST) mit Gültigkeit ab 1. März 1932

Erste Seite OST 4085 (WKS)

Пролетарии всех стран, соединяйтесь!

С.С.С.Р. Совет труда и обороны Всесоюзный комитет по стандартизации	ОБЩЕСОЮЗНЫЙ СТАНДАРТ ВИНО ОЧИЩЕННОЕ (водка)	ОСТ/ВКС 4085

А. ОПРЕДЕЛЕНИЕ

Очищенным вином (водкой) называется смесь этилового ректификованного спирта (ОСТ 116) с водой, имеющей жесткость не более 2,5° (нем.), пропущенная через механическую фильтрацию и обладающая характерными для вина вкусом и запахом.

Б. ТЕХНИЧЕСКИЕ УСЛОВИЯ

а) Очищенное вино (водка) должно быть чистым, бесцветным, без посторонних, несвойственных вину запаха и вкуса.
б) Очищенное вино (водка) должно иметь крепость 43% до ±0,2%.
в) Плотныйминеральный остаток не должен превышать 500 мг на 1 л вина.
г) Щелочность очищенного вина не должна превышать 300 мг на 1 л вина из расчета на углекислый натр.
д) Альдегидов в вине не должно быть более 0,002% при расчете на абсолютный алкоголь.
е) Сивушных масел не должно быть более 0,003% на абсолютный алкоголь.
ж) Эфиров должно быть не более 50 мг на 1 л абсолютного алкоголя.
з) При стоянии очищенное вино не должно выделять ни осадков, ни колец на посуде.

В. РОЗЛИВ

1. Розлив очищенного вина производится в посуде, изготовленной согласно ОСТ 102.
2. Нормы недолива устанавливаются следующие:
   Для 3 л. . . . . 7,5 см³
   „ 1 л. . . . . 4,0 „
   „ 0,5 л. . . . . 2,5 „
   „ 0,25 л. . . . . 1,25 „

2-е издание
Июнь 1933

ЗАМЕНЕН

См. на обороте

Утвержден Всесоюзным комитетом по стандартизации при СТО 26 декабря 1931 г. как обязательный с 1 марта 1932 г.

Издание Союзспиртом Наркомснаба СССР. Перепечатка воспрещается

Erste Seite OST 4085 (WKS) im russischen Original

Es wurden folgende Liköre hergestellt: Benediktiner, Chartres, Aprikotin, Curaçao, Crème de Vanille.

Der „Englische Bittere" hatte ein angenehmes duftendes Aroma und einen leicht bitteren, an Schalen von Zitrusfrüchten erinnernden Geschmack. Der „China Bittere" zeichnete sich durch die sehr an Chinin erinnernde Bitterkeit aus. Subrowka stellte einen duftenden Kräuteraufguss dar, Pomeranzenschnaps hatte ein starkes Aroma und den Geschmack von Pomeranzen. Der Magenbitter war ein vielfältiger Aufguss verschiedener Kräuter und Wurzeln.[129]

Kornwein, Fruchtliköre, Aufgüsse und Traubenwodka begann man ab dem 1. Januar 1928 in Flaschen eines vorgegebenen Musters gemäß dem Standard abzufüllen.[130]

Mit dem 1. Dezember 1927 wurde der erste Standard für rektifizierten Spiritus eingeführt. Hiernach nannte man den rektifizierten Ethylspiritus „ein Produkt der fraktionierten Destillation (Rektifikation) von Ethylrohspiritus, der auf dem Weg der alkoholischen Gärung von Kohlenhydrate erhaltenden Stoffen gewonnen wird".[131]

Im Jahre 1928 wurde die Produktion des vor der Revolution bekannten Tischkornweines mit einer Stärke von 40 % nach Tralles wieder aufgenommen, den man als Wodka höchster Reinheit bezeichnete.[132]

Auf diese Weise waren ab 1928 zwei Sorten des Kornweines (Wodka) im Verkauf: Kornwein (Wodka) mit 40 % nach Tralles, Tischkornwein (Wodka höchster Reinheit) mit 40 % nach Tralles sowie Branntweinerzeugnisse (Fruchtliköre, Aufgüsse, Liköre).[133]

Ab 1928 wurden Zucker (20 g) und Natriumbikarbonat (3,7 g) je Eimer 40 %igen Wodkas zwecks Verfeinerung des Geschmacks in die Rezeptur der Wodkaherstellung aufgenommen.[134]

Das Versetzen von Kornwein mit Natriumbikarbonat (Soda) war bereits vor der Revolution durch private Firmen angewandt worden.[135]

Muster der Flaschen für das Abfüllen von Kornwein und Spirituosen, die im Jahre 1934 bestätigt wurden:

1) Flasche des Monopolmusters

2) Flaschen des Figurmusters

1. Linburger
2. „Englischer Bitterer"
3. Pudding
4. Stolperdraht
5. Weinbrand
6. Subrowka
7. Typ Rheinwein
8. Neschiner Ebereschenschnaps
9. Benediktiner

Der gereinigte Wein (Wodka) war gemäß dem ersten Standard des Sowjetstaates um drei Grad stärker als der zaristische Monopolkornwein. Die Bezeichnung „Wein" gemeinsam mit „Wodka" wurde noch einige Jahre verwendet.

Im Jahre 1933 bot man der Bevölkerung Kornwein, Weizenwodka, bitteren Wodka, Fruchtliköre sowie Liköre an.[136] In der Auswahl der Weinbrennereien figurieren Zitronen-, Kümmel-, Orangenwodka, Starka (Alter Wodka) u. a.[137]

Ein Ereignis von großer Tragweite für die Likör- und Branntweinindustrie war im Jahre 1934 das Erscheinen des Buches des Ingenieurtechnologen W. W. Striter, der der Familie des vor der Revolution bekannten russischen Branntweinproduzenten entstammte. Im ersten Teil des Buches wurde die Technologie der Branntweinbrennerei und die Produktion alkoholischer Getränke, darunter bittere Wodkas, Fruchtliköre und Aufgüsse, vorgestellt. Im zweiten Teil wurde die Rezeptur der Firma „Striter" veröffentlicht, obwohl dieser Abschnitt „eine Musterrezeptur" (der sowjetischen Branntweinbrennereien – W. G.) genannt wurde, während der Autor selbst nur beiläufig erwähnte, dass im Buch die vor der Revolution durch diese Firma gelieferten Schnapserzeugnisse vertreten seien. Die Rezepte vieler Erzeugnisse waren von Spezialisten der genannten Firma zusammengestellt worden, erfreuten sich in Russland und im Ausland großer Beliebtheit und waren in der Preisliste vieler russischer Branntweinfirmen vertreten. Der Autor merkte an, dass es gerade im Ergebnis seiner wissenschaftlichen Forschungsarbeit gelungen war, ihre exakten Bestandteile zu klären.[138]

Im Buch waren die Rezepte des Englischen Bitteren Wodkas von 1833 und 1844, des Chininbitteren von 1840, des Magenbitters von 1850, des Russischen Bitteren von 1822 u. a. veröffentlicht. Die Rezepte der alten russischen Wodkas wurden unter Angabe der Stärke angeführt, mit der sie im vorrevolutionären Russland hergestellt wurden. Zum Beispiel hatte der „Birkenwodka" 35 % nach Tralles, der „Englische Bittere" (1833) 37 %, der Chininbittere 38 % usw.

In den Musterrezepten des Volkskommissariats der Nahrungsmittelindustrie erhöhte man die Stärke der Wodkas bis auf die genormten 40 %. Die alten russischen Wodkas wurden den Kategorien der Branntweinerzeugnisse gemeinsam mit Likören, Fruchtlikören und Aufgüssen zugeordnet.[139]

Die durch Versuche des Ingenieurs und Technologen W. W. Striter im Jahre 1934 rekonstruierten Rezepturen der Erzeugnisse der Firma „Striter" wurden zur Grundlage der Arbeit des Laboratoriums der Leningrader Branntweinbrennerei und der Musterrezepte der sowjetischen Branntweinerzeugnisse.

In den Publikationen jener Zeit wurde mehrmals bemerkt, dass sich die komplizierte Likör- und Schnapsproduktion mit langsamerem Tempo entwickelte als die Spiritusindustrie, da man ihre Technologie immer noch geheim halte und sie in den Händen der alten Meister ließe. Diese Meister wollten sie nicht einmal mit den Spezialisten der Abteilung, in der sie tätig waren, teilen.[140]

Das Sortiment der Likör-Schnapserzeugnisse Anfang der dreißiger Jahre war bereits äußerst vielfältig, jedoch war die Qualität nicht immer gleichbleibend hoch. Darum wurde im September 1934 nach einer Weisung der Hauptverwaltung der Spiritus- und Spirituosenindustrie (Hauptspiritus) die Zubereitungsanweisung für Likör- und Schnapserzeugnisse erteilt. Gemäß dieser Instruktion wurden die Preislisten und Rezepturen von 48 Erzeugnisarten bestätigt. Für jeden Betrieb wurde ein bestimmtes Erzeugnissortiment festgelegt. Es war verboten, den Rahmen zu sprengen. Wenn das Werk die Produktion des gesamten bestätigten Sortiments der Liköre, Fruchtliköre und Aufgüsse bewältigte, durfte es die Herstellung neuer Sorten aufnehmen. Allerding mit Erlaubnis der Zentralverwaltung und nach der entsprechenden Bestätigung der Rezeptur der neuen Getränke. In der Instruktion waren der Produktionsplan, die Qualität der Rohstoffe (Spiritus, Wasser, Aufgüsse, Fruchtsäfte, Spiritusdestillate), das Kochen von süßem Sirup, die Zubereitung der Zuckerfarbtöne und des Verschnittes und die Normen des Rohstoffverbrauchs beschrieben.

Für alle Erzeugnisse war ein bestimmter Alkoholgehalt festgesetzt. Die bitteren Wodkas hatten 35 % Alkohol zu enthalten (außer dem Pfefferbranntwein, dessen Alkoholgehalt 30 % betrug). Die Aufgüsse (Liköre) sollten 20–22 % Alkoholgehalt, Fruchtliköre 18–22 %, Dessertliköre (schwach) 25–33 %, die starken Dessertliköre 33–40 % haben. Der genaue Alkoholgehalt für jede Sorte wurde durch die Rezeptur des konkreten Erzeugnisses bestimmt. Die Form der Erzeugnisse wurde ebenso festgelegt. Die Getränke wurden in Flaschen nach dem bestätigten Muster abgefüllt. Das Verkorken der Flaschen war nur mit Flaschenkorken aus Rindenkork gestattet.[141]

Allmählich begann man in der Sowjetunion, neue Sorten von Wodkas zu kreieren. Ab dem Jahre 1935 wurde neben dem 40 %igen Wodka die Produktion von Wodka mit einem Alkoholgehalt von 56 % aufgenommen.[142]

Am 19. Februar 1935 wurden die Herstellung und der Verkauf von Wodka „nach spezieller Bestellung" mit einem Alkoholgehalt von 50 % erlaubt.[143]

Der Begriff „Kornwein" verschwand im Jahre 1936 endgültig aus dem Sprachschatz, und zwar mit der Einführung des neuen Standards für den Wodka, der am 23. Januar 1936 verabschiedet wurde und mit dem 10. Februar 1936 in Kraft trat. Die Definition des Wodkas erfuhr ebenfalls einen Wandel. Nunmehr handelte es sich um „ein farbloses und durchsichtiges Gemisch rektifizierten Ethanols (OST 278), mit Wasser, dessen Härte 2,5 deutsche Grad nicht überschreitet, hergestellt, mit Akivkohle gefiltert und mit den für Wodka charakteristischen Geschmacks- und Geruchseigenschaften".

Dem Staatlichen Standard (GOST) unterlagen drei Sorten: Wodka 40 % wurde aus rektifiziertem Spiritus (OST 278) hergestellt; Wodkas 50 % und 56 % aus Spiritus der Doppelrektifikation gesteigerter Qualität. Die Verwendung des Rektifikats aus Rohmelasse für die Herstellung der beiden letztgenannten Wodkas war unzulässig.[144]

Am 10. Februar 1936 wurde der neue Standard für den rektifizierten Spiritus eingeführt.[145]

Im Labor des Leningrader Likör- und Spirituosenwerkes wurde eine neue Rezeptur der Erzeugnisse für jenes Jahr erarbeitet. Diese Rezeptur und die nach ihr hergestellten Muster wurden als obligatorisch für alle Betriebe des Zweiges bestätigt. Es wurde verboten, für die Herstellung der Liköre, Fruchtliköre und Aufgüsse den aus Zuckermelasse produzierten Spiritus zu verwenden. Einen Teil der Liköre und bitteren Aufgüsse (Liköre) begann man, auf der Grundlage des aromatischen Spiritus

Seite aus der Preisliste der Betriebe von „Hauptspiritus"

(Destillate) herzustellen. Für die Liköre bestimmte man die Zeitspannen der Lagerung, und es wurden Figurflaschen für Liköre von besserer Qualität eingeführt. Für den bitteren Wodka wurde ein höherer Alkoholgehalt von 40 % festgelegt.[146]

Mitte der dreißiger Jahre bildete sich eine bestimmte Klassifikation der Getränke heraus, die so genannte Nomenklatur der Spirituosen, und zwar: bittere Wodkas, süße Spirituosen, zu denen Aufgüsse und Fruchtliköre gehörten, und Liköre.

„Moskauer Spezial" war nur im Jahre 1941 standardisiert. Er enthielt 40 Vol.-% absoluten Spiritus und wurde mit dem essigsauren und doppelkohlesauren Natrium (Speisesoda) gewürzt. Gemäß GOST 239-41 stellte der Wodka ein „Gemisch rektifizierten Ethanols mit Wasser, das mit Aktivkohle und Filterung hergestellt wird", dar.[147]

Anhang

Rezepturen der Herstellung des Wodkas „Englischer Bitterer"

"Englischer Bitterer" (Essenz des Jahres 1833).
Alkoholgehalt 37 Grad nach Tralles.
Die folgenden Ingredienzien werden zerkleinert und gut vermischt:
8,0 kg Pomeranzenschale (trocken, ohne weißes Fruchtfleisch)
9,6 kg Ceylon-Zimt
4,8 kg Kalganwurzel
1,2 kg Zitwerwurzel
1,2 kg Kubeba
1,2 kg Veilchenwurzel
3,6 kg trockene Zitronenschale
1,8 kg Muskat
1,8 kg weißer Ingwer
2,8 kg getrocknete Nelken
2,4 kg Malabarer Kardamon

Die Mischung dieser Wurzeln und Schalen wird mit 246 Liter 50 %igem rektifiziertem Spiritus übergossen und mindestens einen Monat angesetzt. Für die Zubereitung von 615 l des „Englischen Bitteren" (rot) mit einem Alkoholgehalt von 37 Grad nach Tralles werden 0,31 l dieser Essenz und 2,4 l der Pomeranzenessenz hinzugegeben. Die Mischung wird mit Couleur in hellbrauner Farbe eingefärbt.

„Englischer Bitterer" (weiß) wird aus der Destillationsessenz vorbereitet. An Spiritus nimmt man bei allen Verschnitten je nach Alkoholgehalt und Umrechnung rektifizierten Spiritus vom Werk.[148]

„Englischer Bitterer" (rot) mit einem Alkoholgehalt von 35 %, 1934

Auf 10.000 l:

9,15 l Essenz des „Englischen Bitteren" (Exportqualität) oder 4,6 l (gewöhnliche Qualität);

40,0 l Pomeranzenessenz – (Exportqualität) oder 20,0 l (gewöhnliche Qualität);

3480 l Spiritus-Rektifikat – oder je nach Umrechnung.

Dieses Gemisch wird mit chemisch gereinigtem Wasser bis 9.990 l verdünnt, vermischt und durch das mit Wasser (100 l) im Verhältnis 1:10 verdünnte Couleur bis zum Erhalt der braunen Farbe des Verschnittes eingefärbt. Dann wird der ganze Verschnitt bis 10.000 l mit Wasser ergänzt und gemischt. Zur Verfeinerung des Geschmacks werden dem Verschnitt 1.000 cm^3 Zuckersirup beigefügt.

Man prüft und korrigiert dann den Alkoholgehalt. Den Verschnitt lässt man einige Tage abstehen, filtert ihn und füllt ihn ab.

„Englischer Bitterer" (weiß) mit einem Alkoholgehalt von 35 %.

Den Verschnitt macht man in gleicher Weise, jedoch verwendet man Destillationen beider Essenzen des Alkoholgehaltes von 70 %.

Auf 10.000 l:

Essenz des „Englischen Bitteren" (Dest. 70 %) – 10,0 l (Exportqualität) oder 5,0 l (gewöhnliche Qualität);

Pomeranzenessenz (Dest. 70 %) – 42,0 l (Exportqualität) oder 21,0 l (gewöhnliche Qualität);

Spiritus nimmt man je nach Umrechnung des Alkoholgehaltes des Verschnittes – 35 %.[149]

„Englischer Bitterer" mit einem Alkoholgehalt von 40 %, 1936

Dunkelbraune Farbe (je nach Ersatz). Berechnet für 10.000 l des fertigen Erzeugnisses.

1. Aufguss des „Englischen Bitteren":

0,32 kg getrocknete Pomeranzenschale
0,45 kg Ceylon- oder chinesischer Zimt
0,20 kg Kalganwurzel
0,05 kg Kubeba
0,05 kg Veilchenwurzel
0,14 kg Zitronenschale
0,07 kg Muskat
0,07 kg weißer Ingwer
0,11 kg Nelken
0,10 kg Malabarer Kardamon

Man übergießt die Bestandteile mit der Wasser-Spiritus-Flüssigkeit:

zuerst mit einem Alkoholgehalt von 50 % in der Menge von 0,45 l,

dann mit einem Alkoholgehalt von 40 % in der Menge von 0,45 l.

2. Pomeranzenaufguss:

4,00 kg getrocknete Pomeranzenschale
4,2 kg zerkleinerte Pomeranzenkerne
0,01 kg Pomeranzenblüte

Man übergießt die Bestandteile mit der Wasser-Spiritusflüssigkeit:

das erste Mal mit einem Alkoholgehalt von 50 % in der Menge 0,35 l,

das zweite Mal mit einem Alkoholgehalt von 40 % in der Menge 0,25 l.

3. Couleur – 2,00 kg

4. Zucker – 2,00 kg

Verschnitt für 10.000 l des „Englischen Bitteren":

1) Aufguss des „Englischen Bitteren" der ersten und zweiten Abläufe zu gleichen Teilen – 83,0 l;
2) Pomeranzenaufguss für den „Englischen Bitteren" der ersten und zweiten Abläufe zu gleichen Teilen von jeweils 54,0 l;
3) Spiritus-Rektifikat und Wasser – nach Berechnung auf den Alkoholgehalt des Verschnittes in 40 %;
4) Zuckersirup 36 % Baumé – 2,3 kg;
5) Couleur zum Nachfärben (ungefähr) – 2,0 kg.[150]

„Englischer Bitterer" (farblos), 1939 Alkoholgehalt 40 %.

Für 10.000 l:

20,0 l aromatischen Spiritus des „Englischen Bitteren",

30,0 l aromatischen Spiritus der Mandarinenschale,

Spiritus-Rektifikat und Wasser je nach Umrechnung auf den Alkoholgehalt des Verschnitts von 40 %.

Zubereitung des aromatischen Spiritus:

1. „Englischer Bitterer":

Bestandteile in der Menge von 5,8 kg , davon

1,0 kg Pomeranzenschale
1,2 kg Zimt
0,8 kg Kalganwurzel
0,3 kg Veilchenwurzel
0,2 kg Kubeba
0,4 kg Kardamom
1,0 kg Zitronenschale
0,4 kg Muskat
0,5 kg Nelken

Sie werden zerkleinert, mit 40 l Wasser-Spiritus mit einem Alkoholgehalt von 70 % übergossen und bei periodischem Mischen (jedoch nicht weniger

Flasche "Englischer Bitterer" № 20 des Handelshauses Peter Smirnoff in Moskau

als fünfmal) 14 Tage angesetzt und ziehengelassen. Dann wird der Aufguss zusammen mit den Bestandteilen ins Destillationsgefäß gefüllt, um dann nach dem Auffüllen des Wassers alles auf 45 %igen Alkohol zu destillieren. Die Ausbeute an aromatischem Spiritus mit einem Alkoholgehalt bis zu 70 % beträgt etwa 20 l.

2. Mandarinenschale:
Frische Mandarinenschale in der Menge von 15,5 kg wird mit 39 l Wasser-Spiritus-Flüssigkeit mit einem Alkoholgehalt von 60 % übergossen. Diese Flüssigkeit wird im Laufe von 3 Tagen bei periodischem Mischen angesetzt. Dann wird der Aufguss des ersten Aufgusses in der Menge von 33 l abgegossen; das zweite Mal wird dieselbe Schale mit einer 50 % Wasser-Spiritus-Flüssigkeit in der Menge von 27 l übergossen. Den Aufguss des zweiten Vergusses setzt man drei Tage an und mischt ihn periodisch. Dann werden etwa 30 l des Aufgusses, einschließlich des Aufgusses nach dem Auspressen der verbrauchten Schale, abgegossen. Die entstehenden Aufgüsse des ersten und zweiten Vergusses vermischt man miteinander, nachdem man sie mit Wasser bis auf einen Alkoholgehalt von 45 % verdünnt hat, füllt sie ins Destillationsgefäß und unterzieht sie der Destillation. Der Ertrag des aromatischen Spiritus mit dem Alkoholgehalt bis 70 % beträgt etwa 0,3 l. Der Bedarf an Mandarinenschalen für 10.000 l beträgt 15,5 kg.[151]

Anhand der angeführten Beispiele ist ersichtlich, dass sich die Rezepturen des „Englischen Bitteren" nach der Zusammensetzung der Ingredienzien kaum unterscheiden. Nach dem Alkoholgehalt sind der Vorrevolutionswodka und der Wodka 1934 (Rezeptur aus dem Buch von W. W. Striter) schwächer als 40 Grad, und die Wodkas der späteren Rezepturen haben bereits den Standardalkoholgehalt von 40 Grad.

Man erzeugte „Englischen Bitteren" (farbigen) technologisch mit Hilfe des Abstehenlassens der Ingredienzien, der Vermischung, der Färbung mit Couleur und des nachfolgenden Filterns. Den weißen „Englischen Bitteren" erhielt man mit Hilfe des Abstehenlassens der Ingredienzien und der anschließenden Destillation des Aufgusses.

1 Denkmäler der diplomatischen Beziehungen des alten Russland mit den ausländischen Mächten. B.2: 1594 bis 1821. SPb., 1852 .S. 825. Die russisch-belorussischen Beziehungen: Samml. Vortr. 1570 - 1667. Minsk, 1963. S. 124.

2 Russische historische Bibliothek. B. 2. Die Angelegenheiten des Dongebietes 4. Buch. SPb., 1913. Stb. 152. Historische Akten. B.1. SPb., 1841. S. 466 - 467 u. a.

3 Materialien für die Geschichte der Medizin in Russland. Lief. 1. SPb. , 1881. S. 4, 7. Russische Bibliothek. B.29. 4. Buch. SPb., 1913. Stb. 152.

4 Schlichting A., Staden A. Zar und Henker: Die schrecklichen Zeiten des Schrecklichen. Kasan, 1998. S. 145, 162 - 143. Denkmäler der diplomatischen Beziehungen des alten Russlands mit den ausländischen Mächten. B. 2: 1594 bis 1621. SPb., 1852. S. 650, 825. Russische historische Bibliothek. B.32. 2. Buch. SPb., 1908. Stb. 734, 718, 675, 653 - 660, 656. Bibliothek ausländischer Schriftsteller über Russland. B.1. SPb., 1836. S. 50. Historische Akten. B.1. SPb., 1841. S. 466 - 467.

5 Kotoschichin G. Über Russland in der Regierungszeit von Alexej I.. SPb., 1906. S. 76.

6 Russische historische Bibliothek. B.29. 4. Buch. SPb., 1913. Stb. 152.

7 Kotoschichin G. Vom Russland während der Regierung von Alexej I.. SPb., 1906. S. 76.

8 Literatische Denkmäler der diplomatischen Beziehungen des alten Russlands mit den ausländischen Mächten. B.2: 1594 bis 1621. SPb., 1852. S. 650

9 № 1642. Auftrag an den Gast Kirill Lobasnyj bezüglich der Vereinnahmung des Geldschatzes am Moskauer Hofe / SGS RI . Samml1. B 3.

10 Russische historische Bibliothek. B.21. Buch 1., SPb., 1907. Sp. 1121 - 1122.

11 Kotoschichin G. Vom Russland während der Regierung von Alexej I.. SPb., 1906. S. 148.

12 Russische historische Bibliothek. B.21. 1. Buch. Sp. 1591.

13 Historischen Akten .B.3.SPb., 1841. S. 471 - 473.

14 Olearius A. Ausführliche Beschreibung der Reise der Holsteiner Gesandtschaft nach Moskau und Persien in den Jahren 1633, 1636, 1639. Übers. aus dem Deutschen von P. Barsow. M., 1870. S. 87, 89, 94, 180 - 183, 195 - 196, 400.

15 Richter B. Die Geschichte der Medizin in Russland. B.2. M., 1820. S. 173 - 175, 193, 203, 207.

16 Material zur Geschichte der Medizin in Russland . Lief 2., SPb., 1883, S. 482, 489.

17 Material zur Geschichte der Medizin in Russland. Lief 1., SPb., 1881, S. 1 - 40.

18 № 1642. Der Auftrag an den Gast Kirill Lobasnyj zur Vereinnahmung des Staatsschatzes am Moskauer Hofe / SGS RI. Samml.1., B 3.

19 Meitschik. Material zur Geschichte der ehemaligen Moskauer neubürgerlichen Vorstadt / Die Sammlung des Petersburger archäologischen Instituts. 3. Buch. T.3: Die Beilage zum Protokoll der 7. Versammlung. SPb.1880. S. 63.

20 № 1642. Der Auftrag an den Gast Kirill Lobasnyj zur Vereinnahmung des Staatsschatzes am Moskauer Hofe / SGS RI. Samml.1, B. 3.

21 № 1652; № 1655/ SGS RI. Samml.1. B. 3.

22 № 18399 Von den allgemeinen Publikationen der Bedingungen für die Schankpacht ab dem Jahre 1799 / SGS RI. Samml.1.B. 25.

[23] № 23995. Von den Bedingungen der Erhaltung der Schankpacht von 1811 bis 1815 / SGS RI. Samml.1.B. 30.

[24] Pososchkow I.I. Das Buch von der Armut und dem Reichtum und andere Werke. M., 1951., S. 135 - 136.

[25] № 2990 / SGS RI. Samml.1. B. 5.

[26] Angaben zur Schanksteuer in Russland. B.3.SPb., 1860. S. 114.

[27] № 9697. Von den Arten der Unterbindung des Diebstahls von Getränken / SGS RI. Samml.1. B. 13.

[28] № 4468 / SGS RI. Samml.1. B. 5; № 6375 / SGS RI. Samml.1.B. 7.

[29] № 10466 / SGS RI. Samml.1. B. 14.

[30] № 12794 / SGS RI. Samml.1 B. 17, № 12818 / SGS RI. Samml.1. B. 18.

[31] Der russische erfahrene Branntweinbrenner, Destillator. SPb., 1812. S. 142

[32] № 12794 / SGS RI. Samml.1. B. 17.

[33] Lowitz T. E. Von der Verbesserung des Kornweines, ohne Doppelung / Lowitz T. E. Ausgewählte Werke der Chemie und der chemischen Technologie / Red. und Fussn. N. A. Figurovskij., M., 1955. S. 39 - 45.

[34] Osipow N. Der neue und vollständige wissenschaftliche Branntweinbrenner, Bierbrauer, Metbrauer, Branntweinmeister, der jetzt wieder überprüft wird. M., 1796. S. 13 - 65. Drukowtzow S. Ökonomische Belehrung der Adeligen, Bauern, Köche und Köchinnen. SPb., 1777 .S. 33 - 34.

[35] Der russische erfahrene Branntweinbrenner, Destillator. SPb., 1812. S. 207, 211 - 212. Die alte russische Wirtin, Haushälterin und Köchin. SPb., 1794. S. 42. Lewschin W. A. Das ganze Wirtschaftsbuch, das zur inneren Hauswirtschaft sowohl der Stadtbewohner, als auch der Landbewohner, der Wirte und Wirtinnen bestimmt ist. B.2. T.2. M., 1814. S. 80 - 81.

[36] Der russische erfahrene Branntweinbrenner, Destillator. SPb., 1812. S. 196. Lewschin W.A. Die ganze Belehrung, wie man mit Traubenwein ab dem Beginn der Weinlese umgehen muss, die alten Weine erhalten muss, die verdorbenen Weine ordnen muss und wie man verschiedene komplizierte Weine bilden muss. Vom Brauen der Honigweine, der Zusammenstellung verschiedener Essige und schließlich vom Bierbrauen und wie man der Oxydation des Bieres vorbeugen muss. SPb.. 1788. S. 215 - 222.

[37] Pryschow I. Die Geschichte der Schenken in Russland in Verbindung mit dem russischen Volk. SPb., M., 1868. S. 252 - 253.

[38] Pochlebkin W.W. Die Geschichte des Wodkas. M., 2000.S. 257.

[39] Ossipow N. Der neue und ganze russische wirtschaftliche Branntweinbrenner. M., 1796. S. 63. Der russische erfahrene Branntweinbrenner, Destillator. SPb., 1812. S. 212 - 213. № 12708 / SGS RI. Samml.1. B. 17.

[40] Die alte russische Wirtin, Haushälterin und Köchin. SPb., 1794. S. 42 - 44. Der russische erfahrene Branntweinbrenner, Destillator. SPb., 1812. S. 183 - 185.

[41] Lejkin N.A. Die Herbstjagd / Lejkin N.A. Die Sonntagsjäger: Humoristische Erzählungen über die Abenteuer der Jäger aus der Hauptstadt. SPb., 1894. S. 12.

[42] Statut der Schankeinnahme in 29 großrussischen Gouvernements. M., 1818. S. 8.

[43] Statut der Schankeinnahme in 29 großrussischen Gouvernements. M., 1818. S. 26 - 27

[44] Statut der Schankeinnahme in 29 großrussischen Gouvernements. M., 1818. S. 6, 8, 9, 27, 28.

[45] Institution für die Regelung der Schankeinnahme in 29 großrussischen Gouvernements gemäß dem Statut. M., 1818. S. 95.

[46] Von drei Bläschen solchen Weines, den man bei dem Glühen in das Glühgefäß eingoss, verbrannten 2 Bläschen und es blieb ein Bläschen zurück.

[47] № 23995. Von den Bedingungen der Erhaltung der Schankpacht ab 1811 bis 1815 / SGS RI. Samml. 1. B. 30.

[48] № 28034. Statut von der Schankeinnahme. 1819 / SGS RI. Samml. 1. B. 36. № 28006. Von den Preisen für den schäumenden und Halbbranntwein und Spiritus in der Zeit ab 1820 / SGS RI. Samml.1. B. 36.

[49] Angaben zu den Schankeinnahmen in Russland. Bd. 1 - 2. SPb., 1860. S. 78.

[50] № 29210 /SGS RI. Samml.1. B. 38.

[51] № 987. Die höchstbestätigten Bedingungen für die Erhaltung der Schankeinnahmen in 29 großrussischen Gouvernements ab 1827 bis 1831 / SGS RI. Samml.2. B. 2.

[52] № 24058 Vom akzisegepachteten Kommissionshandel für den Verkauf ab 1851 bis 1855 / SGS RI. Samml.2. B. 25.

[53] Die historisch-statistische Rundschau der Industrie von Russland / Red. D.A. Timirjasew. B. 2. Die Erzeugnisse der Fabrik-, Betriebs-, Handwerks- und Heimindustrie. SPb., 1886. S. 35 - 36.

[54] № 3664. Bedingungen für die Erhaltung der Schankeinnahmen in 28 großrussischen Gouvernements und im Kaukasusgebiet von 1831 bis 1835 / SGS RI. Samml.2. B. 5; № 24058 / SGS RI. Samml.2.B. 25 (1).

[55] № 23635 / SGS RI. Samml.1. B. 31; № 3664/ SGS RI. Samml.2. B. 5.

[56] Die historisch-statistische Rundschau der Industrie von Russland / Red. D. A. Timirjasew. T. P. Die Erzeugnisse der Fabrik -, Betriebs-, Handwerks- und Heimindustrie. SPb., 1886, S. 35.

[57] № 24058 / SGS RI. Samml.2. B. 25 (1).

[58] Es handelte sich nicht um die auch in der russischen Produktion weit verbreiteten Traubenwodkas.

[59] № 2894 / SGS RI. Samml.2 .B. 4.

[60] № 36 23 / SGS RI. Samml.2. B. 5.

[61] № 7206 / SGS RI. Samml.2. B. 9. (1).

[62] № 11583 / SGS RI.Samml.2. B. 13 (2)

[63] Berichte zu den Schankeinnahmen in Russland. Tl. 4. SPb., 1860. S. 125.

[64] Berichte zu den Schankeinnahmen in Russland. Tl. 1-2. SPb., 1860. S. 59 - 63

[65] № 3664 / SGS RI. Samml.2. B. 5.

[66] Berichte zu den Schankeinnahmen in Russland. Tl. 4. SPb., 1800. S. 394 - 396.

[67] Berichte zu den Schankeinnahmen in Russland. Tl. 4. SPb., 1860. S. 394 - 395.

[68] № 19614. Über den Akzise-Pachtkommissionshandel für Verkauf von 1847 bis 1851 / SGS RI. Samml.2. B. 21.

[69] Berichte zu den Schankeinnahmen in Russland. Tl. 1-2. SPb., 1860. S. 180. Jakow Georg. Ansichten zur Geschichte und zur heutigen Situation der Schankeinnahmen in den großrussischen Gouvernements / Industrieanzeiger. 1858. № 3. S. 116 - 117.

[70] Berichte zu den Schankeinnahmen in Russland Tl. 1-2. SPb., 1860. S. 203 - 204.

[71] Jakow Georg. Ansichten zur Geschichte und zur heutigen Situation der Schankeinnahmen in den großrussischen Gouvernements / Industrieanzeiger. 1858. № 3. S. 119.

[72] Berichte zu den Schankeinnahmen in Russland. Tl. 1-2. SPb., 1860. S. 201.

[73] Die höchstbestätigte Verordnung über die Schankeinnahme vom 4. Juli 1861. M., 1862.

[74] Der Alkoholmesser von Tralles zeigte, wie viel Grad reiner Spiritus prozentual in einer gegebenen Menge Wein (Eimer) enthalten sind; warum für die mit der Akzise besteuerte Einheit ein Grad, oder 1/100 Teil des Eimers wasserfreien Spiritus als Grundlage genommen wird / Die höchstbestätigte Verordnung über die Schankeinnahme vom 4. Juli 1861. M., 1862. S. 52.

[75] Die höchstbestätigte Verordnung über die Schankeinnahme vom 4. Juli 1861. M., 1862. S. 36 - 72.

[76] № 43801. Über die Änderung und Ergänzung einiger Verordnungen zur Schankeinnahme aus der Branntweinbrennerei / SGS RI. Samml.2. B. 41.

[77] № 43977. Über die Festsetzung des obligatorischen Alkoholgehaltes des verkauften Weines. Änderung, Art. 310 des Status zu den Schankeinnahmen. 1857 / SGS RI. Samml.2. B. 41.

[78] Statut über die Schankeinnahmen (gem. Ausgabe 1867 und in der Redaktion vom 18. Juni 1869) mit der Beilage von Artikeln aus anderen Bänden der Gesetzessammlung, die im Statut als Quellen genannt sind, und mit der Anführung des Rundschreibens über die Akziseschankeinnahme. M., 1873. S. 58
(Fussn. zum Art. 285 des Statuts), 103.

[79] Statut über die Schankeinnahme: mit den bis 1. Januar 1878 vorgenommenen Änderungen. SPb., 1878. S. 166, 238, 280.

[80] Historisch-statistische Übersicht der Industrie Russlands / Unter Red. von D.A. Timirjasew. B.2. SPb., 1886. S. 38 - 39.

[81] № 59162. Über die Einführung der neuen Regeln für die Herstellung von Wodka und für den Handel mit Spirituosen / SGS RI. Samml.2. B. 53.

[82] № 59162. Über die Einführung der neuen Regeln für die Herstellung von Wodka und für den Handel mit Spirituosen / SGS RI. Samml.2. B. 53.

[83] Historisch-statistische Übersicht der Industrie Russlands / Unter Red. von D. A. Timirjasew. B. 2., SPb., 1886. S. 43 - 44.

[84] Historisch-statistische Übersicht der Industrie Russlands / Unter Red. von D. A. Timirjasew. B. 2., SPb. , 1886. S. 45.

[85] № 59162 Über die Einführung der neuen Regeln für die Herstellung der Wodkas und für den Handel mit Spirituosen / SGS RI. Samml.2. B. 53.

[86] Takala I.P. „Die Heiterkeit des alten Russlands". Geschichte des Alkoholproblems in Russland. SPb., 2002. S. 94 - 95.

[87] № 2946 / SGS RI. Samml.3. B. 5.

[88] № 3367. Die Regeln von der Zubereitung und dem Verkauf der Schnapserzeugnisse, des geläuterten Weines und Spiritus und der Fruchtsaftgetränke, die den Spiritus enthalten / SGS RI. Samml.3. B. 5.

[89] № 5233. Von einigen Änderungen in den wirkenden Regeln von der Branntweinbrennerei und von der Änderung der Ordnung der Akzisezahlungen / SGS RI. Samml.3. B. 8.

[90] № 5287. Von den Maßnahmen zur Entwicklung der raffinierten Spiritusindustrie und einigen Änderungen und Ergänzungen der wirkenden Regeln von der Ausfuhr des Spiritus ins Ausland / SGS RI. Samml.3. B. 8.

[91] Terskij N. S. Die Schankeinnahmen und das Akzisesystem in Russland: Historischer Abriss und die gegenwärtige Situation. SPb., 1890. S. 225 - 226.

[92] Die Regeln der Ausgabe von Prämien für die ins Ausland zu exportierenden Spirituosen und den geläuterten Wein. Werke Tech. Kom. 1894. B. 7. S. 76 - 77.

[93] Die Bestimmung des Alkoholgehaltes von Spirituosen / Werke Tech. Kom. 1884. B. 1. S. 276 - 281.

[94] Orlow. P. A., Buddagow S. G. Anzeiger der Fabriken und Werke des europäischen Russlands: Material für die Fabrik- und Werkstatistik. SPb., 1894. S. 648, 651.

[95] Striter W.W. Die Technologie der Branntweinbrennerei und die Herstellung alkoholischer Getränke / Unter Red. von I.M. Gorschkow. L., 1934. S. 66.

[96] Orlow P.A., Buddagow S. G. Anzeiger der Fabriken und Werke des europäischen Russlands: Material für die Fabrik- und Werkstatistik. SPb., 1894. S. 648.

[97] Preisliste ausländischer und russischer Traubenweine, Tischweine, Wodkas, Fluchtliköre und Liköre des Hoflieferanten seiner kaiserlichen Majestät, der höchst bestätigten Genossenschaft von Peter Arsenjewitsch Smirnoff in Moskau, bei der Gusseisernen Brücke. M., 1896. S. 27 - 47.

[98] Die Bestimmung des Alkoholgehaltes von Spirituosen / Werk Tech. Kom. 1884 -1888. B.1. SPb., 1890. S. 277, 280.

[99] № 10766 / SGS RI. Samml.3. B. 14.

[100] № 10766 / SGS RI. Samml.3. B. 14.

[101] № 11154 Von den Preisgrenzen für staatlichen Wein, Spiritus und Spirituosen im Rahmen des staatlichen Getränkeverkaufs Jahre 1895 in den Gouvernements Perm, Ufa, Orenburg und Samara / SGS RI. Samml.3. B. 14; Werke Tech. Kom. 1901. B. 14. Spb., 1903. S. 103

[102] Krschischanowskij W. J. Die Reinheit der staatlichen Getränke, die Methoden ihrer Herstellung und die Qualität der Hauptstoffe, die man gebrauchte. Twer., 1906. S. 12 - 13.

[103] Der staatliche Verkauf des Weines. S P b., 1900. S. 32 - 37.

[104] Smirnoff W. P. Der russische Charakter. M. , 2004. S. 174.

[105] Preisliste ausländischer und russischer Traubenweine, des Tischweines, Wodkas, der Fruchtliköre und Liköre vom Hoflieferanten seiner Kaiserlichen Majestät, der höchstbestätigten Gesellschaft von Peter Arsenjewitsch Smirnoff in Moskau, Bei der Gusseisern Brücke. M., 1896. S. 27 - 30.

[106] Über die Zubereitung des Tischweines / Werke Tech. Kom. 1901. B.14. S. 100 - 101.

[107] Über die Zubereitung des Tischweines / Werke Tech. Kom. 1901. B.14. S. 98 - 104.

[108] Werke Tech. Kom. 1895. B. 8. S. 54.

[109] Takala I.R. „Die Heiterkeit des alten Russlands". Geschichte des Alkoholproblems in Russland. SPb., 2002. S. 167 - 169.

[110] Smirnow W.P. Der russische Charakter. M., 2004. S. 201.

[111] Über die Ausstattung des Volkskommissars für Lebensmittel mit außerordentlichen Befugnissen im Kampf mit der ländlichen, Kornvorräte versteckenden und mit ihnen spekulierenden Bourgeoisie / Sammlung der Gesetze und Verordnung der Arbeiter- und Bauernregierung. 1918.№ 35. Art. 468.

[112] Über die Nationalisierung der Branntweinbrennereien und Spiritus raffinierenden Fabriken / Sammlung der Gesetze und Verordnungen der Arbeiter- und Bauernregierung. Am 15. November 1918. № 82. Art. 866. Über die Ausdehnung der Verordnung über die Nationalisierung der Branntweinbrennereien und Spiritusraffinierung auf die Schnapsbrennereien / Sammlung der Gesetzte und Verordnungen der Arbeit- und Bauernregierung. Am 10. Februar 1919. № 3. Art. 42.

[113] Über das Verbot der Produktion und des Verkaufs von Spiritus, starken Getränken und zu Getränken nicht gehörenden, Spiritusenthaltenden Stoffen auf dem Territorium der RSFSR / Sammlung der Gesetzte und Verordnung der Arbeiter- und Bauernregierung. Am 10. Januar 1920.№ 1 - 2. Art. 2.

[114] Über die Erklärung sämtlicher Vorräte der Weine, Cognac- und Schnapserzeugnisse zum Staatseigentum / Sammlung der Gesetze und Verordnungen der Arbeiter- und Bauernregierung. Am 27. August 1920. № 73. Art. 337.

[115] Lebedew S. Die geheime Branntweinbrennerei in Sibirien / Die Nahrungsmittelindustrie. 1927.№ 7. S. 200 - 201.

[116] Fux A. Die Branntweinindustrie der UdSSR / Die Nahrungsmittelindustrie. 1927.№ 11. S. 337.

[117] Über den Erlaubnisschein für die Herstellung und den Verkauf von Fruchtlikören und Aufgüssen / Sammlung der Gesetze und Verordnungen der Arbeiter- und Bauernregierung. Am 26. Februar 1923.№ 6. Art. 100.

[118] Bromley F.F. Die Produktion der starken Getränke in der UdSSR / Bulletin des Spirituszentrums. 1927.№ 3. S. 33. Bulgakow M. A. Drei Arten der Schweinerei / Bulgakow M.A. Gesammelte Werke in 10 Bänden Bd.2 M., 1995. S. 229.

[119] Schreiben des verantwortlichen Sekretärs der Samarer Gouvernementskomiteees der RKP(b) Litschew vom 22.9.1924 /www.svoboda.org.

[120] Bromley F.F. Die Produktion der starken Getränke in der UdSSR / Bulletin des Spirituszentrums. 1926.№ 1 - 3. S. 23.

[121] Über die Erlaubnis der Herstellung und des Verkaufs der Fruchtliköre, Aufgüsse, des Cognacs und der Likörweine der Stärke von höchstens 30 Grad und über die Feststellung der Höhe der Akzisebesteuerung der erwähnten Getränke / Sammlung der Gesetze und Verordnungen der Arbeiter- und Bauernregierung. Am.15. Dezember 1924. № 26. Art. 233.

[122] Bulgakow M.A. Tagebuch. Briefe. 1914 - 1940. M., 1997. S. 73, 81.

[123] Petrow W.A. Schustow S.N. Die Traubenweine, Cognacs, Wodkas und Mineralwässer. M., 1927. S. 10.

[124] In allen offiziellen Dokumenten schrieb man besonders in der ersten Zeit: „Kornwein", und daneben in Klammern (Wodka).

[125] Über die Höhe der Akzisebesteuerung von Kornwein (Wodka), Cognac und Branntweinerzeugnissen / Sammlung der Gesetze und Verordnungen der Arbeiter- und Bauernregierung. Am 16. September 1825.№ 57. Art. 468.

[126] Verordnung über die Produktion des Spiritus und der alkoholischen Getränke und den Handel mit ihnen / Sammlung der Gesetze und Verordnungen der Arbeiter- und Bauernregierung. Am 16. September 1925. № 57. Art. 426.

[127] Petrow W.A., Schustow S. N. Die Traubenweine, Cognacs, Wodkas und Mineralwässer. M., 1927. S.10, 52 - 53.

[128] Preisliste für Wodka, Fruchtliköre, Aufgüsse und Liköre der Fabriken von GOSSPIRIT. M.

[129] Petrow W.A., Schustow S. N. Traubenweine, Cognacs, Wodkas und Mineralwässer. M., 1927. S. 19.

[130] OST 102. Flaschen für Kornwein, Fruchtliköre, Aufgüsse und Traubenwodka. Hauptdimensionen. Gewicht.

[131] OST 116(VKPP) - 1927. Der rektifizierte Äthylalkohol.

[132] Über die Akzisebesteuerung des Tischkornweines (Wodkas der höchster Reinheit) / Sammlung der Gesetze und Verordnungen der Arbeiter- und Bauernregierung. Am 16. Januar 1928. № 3. Art. 27.

[133] Über die Akzise auf Äthyl-(Wein-)alkohol, Kornwein (Wodka), Spirituosen, Traubenwodka und Cognac / Sammlung der Gesetze und Verordnung der Arbeiter- und Bauernregierung. Am 31. Dezember 1929.№ 76. Art. 725.

[134] Weisung des Spirituszentrums № 243 vom 4. Juli 1928 / Die Spiritus- und Branntweinindustrie. 1937.№ 4. S. 29.

[135] Werke Tech.Kom.1901.B. 14. SPb., 1903. S. 99.

[136] Weisung der Hauptleitung der Spiritus- und Branntweinindustrie der Volkskommissariatsverpflegung der UdSSR Hauptspiritus vom 21. September 1933 № 227 / Das technologische Nachschlagebuch der Spiritusindustrie / Unter Red. von A.P. Sitnikow, N.N. Obrosow, G.I. Fertman. M., L., 1936. S. 620.

[137] Preisliste. L.: Leningrader Branntweinbrennerei, 1936.

[138] Striter W. W. Die Technologie der Branntweinbrennerei und Produktion der alkoholischen Getränke / Unter Red. von I.M. Gorschkow. L., 1934. S. 66.

[139] Der Befehl des Volkskommissariats für Nahrungsmittelindustrie der UdSSR № 1732 von 11. Juli 1936. Über die Maßnahmen nach der Entwicklung der Produktion von hochwertigen Likören, Fruchtlikören und Aufgüssen. –M., L., 1936. S. 12 - 22

[140] Bulletin der Likörproduktion. 1935. № 1. S. 3 - 4,8.

[141] Weisung der Hauptverwaltung der Spiritus- und

Spirituosenproduktion VKPP der UdSSR – „Hauptspiritus" № 243, der 19. September 1934 / Sammlung der Befehle, Verordnungen und Instruktionen für die Schnapsindustrie. M., L., 1934. S. 158 -166.

[142] Von der Einführung der Steuerraten vom Umsatz der Schnapsproduktion. 31. Dezember 1934. № 793 / Das technologische Nachschlagebuch der Spiritusindustrie / Unter Red. von A. P. Sitnikow, N.N. Obrosow, G. I. Fertman. M., 1936. S. 618 - 619.

[143] Von der Einführung der Steuerraten vom Umsatz von Wodka 50 Grad / Sammlung der Gesetze und der Anordnungen der Arbeiter- Bauernregierung der UdSSR. 23. Februar 1935. № 179 / Das technologische Nachschlagebuch der Spiritusindustrie / Unter Red. von A.P. Sitnikow, N.N. Obrosow, G.I. Fertman. M., 1936. S. 619. Die Spiritus- und Likörindustrie in Daten (1918 -1938), Erstellt nach den offiziellen veröffentlichten Angaben von S. N. Karasin. / Die Spiritus- und Spirituosenindustrie. 1938 № 6. S. 45.

[144] OST 279 (VKPP) - 1936. Der Wodka.

[145] OST 278 (VKPP) - 1936. Das rektifizierte Äthanol.

[146] Der Befehl durch das Volkskommissariat der Nahrungsindustrie der UdSSR № 1732 vom 11. Juli 1936. Von den Maßnahmen nach der Entwicklung der Herstellung der hochwertigen Liköre, Fruchtliköre und Aufgüsse. M., L., 1936. S. 3 - 23.

[147] GOST 239 - 41. Die Wodkas 40 %, 50 %, 56 % und der „Moskauer Spezial" 40 %.

[148] Striter W. W. Die Technologie der Branntweinbrennerei und die Herstellung der alkoholischen Getränke. L., 1934. S. 99.

[149] Das technologische Nachschlagebuch der Spiritusindustrie. M., L., 1936. S. 648.

[150] Der Befehl durch das Volkskommissariat der Nahrungsindustrie der UdSSR № 1732 vom 11. Juli 1936. Von den Maßnahmen nach der Entwicklung der Herstellung der hochwertigen Fruchtliköre und Aufgüsse. M., L., 1936. S. 13

[151] Die Rezeptur der Liköre, Fruchtliköre und Aufgüsse und die Instruktion zum Ansetzen und zur Lagerung der Liköre. M., 1939. S. 171.

Kapitel **4**

Die Technologie des Weinbrennens und der Spiritusherstellung

Die Herstellung des Kornweines und Spiritus vom 14. bis zum Anfang des 20. Jahrhunderts

Das Weinbrennen ist die Kunst, die Spiritusteile aus Getreidepflanzen zu extrahieren. Derartige Definitionen finden wir in den Nachschlagewerken aus der Mitte des 19. Jahrhunderts.[1]

In der „Chemischen Technologie" von Rudolf Wagner wird das Branntweinbrennen als „Destillation der Spiritusflüssigkeiten" bezeichnet.[2]

Dmitrij Iwanowitsch Mendelejew, der einen Artikel über das Weinbrennen für die Enzyklopädie Brockhaus und Efron schrieb, beschrieb diesen Prozess folgendermaßen: „Nach der Entdeckung der Destillation des Spiritus oder des Alkohols .... begann man, die in Gärung versetzten Flüssigkeiten durch das Erwärmen der Destillationsgefäße mittels Feuer direkt zu destillieren, wobei man das sich absondernde Gemisch von Dämpfen und Spiritus in Kühlgefäßen oder Schlangenröhren (Kupferrohre) abkühlte und das sich verdichtende, vom dampfförmigen in den flüssigen Zustand übergehende Destillat geradewegs als Getränk verwendete. Dieses Verfahren wurde Brennen genannt. So wurde beispielsweise in Russland seit Alters her der ‚Kornwein' gebrannt, den man aus Dünnbier oder aus mit Hefe gegorenem Getreidemost herstellte, ähnlich der Bierwürze und dem Kwas, und dies mit Hilfe von Malz und Kornmehl. Die Erzeugung solchen Weines ist in Russland seit Menschengedenken bekannt."[3]

Es ist zuverlässig bekannt, dass das Weinbrennen im Altrussland des 14. Jahrhunderts bereits zur Genüge verbreitet war. Wie die Brennerei damals eingerichtet war, wie der Prozess des Branntweinbrennens ablief und mit welcher Einrichtung dies geschah, ist nicht überliefert.

Die Beschreibung der Weinbrenngefäße, der Gebäude, in denen man den Kornwein brannte sowie des unmittelbaren Prozesses des Weinbrennens ist den historischen Quellen des 17. Jahrhunderts und späterer Zeiten zu entnehmen. Die Brennereien nannte man noch „Powarny" („Brauereien"), da man den Wein gewissermaßen kochte und Bier braute.

Im 17. Jahrhundert errichtete man sie entweder gesondert oder als zu einem Schankhof gehörig. Staatliche und private Brennereien existierten nebeneinander. Eine Zeit lang hatten auch Klöster das Recht, Wein zu brennen.

Eine Schenke und ein Gasthof umfassten viele Wirtschaftsgebäude. So sah der Beschreibung nach eine der Schenken und Weinbrennereien im Nishnij Nowgorod des 17. Jahrhunderts aus: „Im oberen Vorort, hinter den Dmitrowskij-Steintoren, gegenüber der Schmiede liegt der hochherrschaftliche Schankhof, darüber die Gemächer, die gute Stube mit der Vorratskammer, der Keller, das Bauernhaus Pjaterotschnaja, eine Brauerei, in der man einen guten Tropfen macht."[4]

Der Wjasemskij-Schankhof bestand im Jahre 1669 aus folgenden Gebäuden: aus zwei Bauernhäusern, wo die Getränke gebraut wurden, einem in die Erde gegrabenen Eiskeller, dem Vorratsraum, der Powarnja, somit der Brauerei und dem öffentlichen Dampfbad, der sogenannten Banja. Der Hof war umzäunt.[5]

Hütte zum Weinbrennen

Lagerraum und die Bauernstube

Zeichnungen auf einer Landkarte der zweiten Hälfte des 16. Jahrhunderts

Solche Schank- und Gasthöfe hatten eine hinlängliche Struktur, da sie über alle notwendigen Räume für die Herstellung des Weines, die Aufbewahrung der Rohstoffe für die Branntwein- und Getränkeherstellung und stellenweise für ihren Verkauf und Ausschank verfügten.

Die Wein- und Bierpowarny, wo man den Wein brannte, das Bier braute und Honigweine herstellte, befanden sich entweder gemeinsam in einem Raum, oder sie waren nach Wein und Bier in zwei gesonderte Räume unterteilt. In der Weinbrennerei befanden sich der Kessel, „um das Wasser zu sieden", ein Kübel und ein Trog mit Wasser, in den die von den Kübeln kommenden Rohre mündeten. Zu den Schankgebäuden gehörte ebenso die Mälzerei, in der sich der Ofen und der Kübel für das Rösten des Roggens befanden. Das Malz trocknete man in der Korndarre, daher war unter dieser Korndarre auch der Ofen.[6]

In der Schankstube verkaufte man so genannte berauschende Getränke. Sie konnte in die „Becherstube", in der man den Wein in Bechern und Schnapsgläsern verkaufte, und in die „Viertelstube" unterteilt sein, wo man den Wein und das Bier wiederum in Vierteln und Achteln eines Eimers, somit in größeren Maßen, ausschenkte. Allerdings konnte es sich lediglich um einen Raum handeln.

Die Keller und Eiskeller waren zur Aufbewahrung fertiger Getränke bestimmt. Eiskeller gab es auch in Privathäusern. Sie wurden im März hergerichtet und dienten den ganzen Sommer über zur Aufbewahrung der Getränke. Alljährlich fuhr man Eis in den Keller, zerhackte es und übergoss es mit Wasser. Wenn das Eis gefror, schüttete man oben eine Schicht Stroh auf, was seinem Auftauen vorbeugte und die Fässer mit den Getränken vor Feuchtigkeit schützte. Beheizbare Vorrats- und Lagerräume, die auch den überwinternden Bienen Unterschlupf gewährten, Vorratskammern und Speicher stellten die Wirtschaftsgebäude dar, in denen man darüber hinaus allerlei Schankvorräte (Korn, vor allem Roggen) und Gerätschaften, wie leere und alte Fässer, Kübel, Zuber und anderes Inventar, unterbringen konnte. In den Korndarren wurden Getreide, Malz, Hopfen getrocknet. Die Schenken oder auch Schankwirtschaften befanden sich in der Mehrheit der russischen Städte auf dem Marktplatz oder unmittelbar daneben und hatten das Aussehen gewöhnlicher städtischer Gehöfte.

Zur Schenke durften andere Gebäude, unter anderem Mühlen, öffentliche Dampfbadehäuser, so genannte Banjas, usw. zugefügt werden. Auf dem Schankhof gab es Gebäude (Bauernstuben) zur Unterbringung angereister Schankwirte sowie auch der Steuerpächter, die sozusagen die Getränkegroßhändler waren.

Der Historiker und Schriftsteller N. I. Kostamarow skizzierte einen solchen Schankhof wie folgt: „Die Schenken wurden gewöhnlich so gebaut: Im Hof erhob sich ein Holzhaus, unter dem sich der Keller zur Aufbewahrung der Getränke befand. Daneben waren die beheizbaren Räume mit einem Ofen zum Überwintern der Bienen, wo man auch die Getränke lagerte; wahrscheinlich war der Ofen dazu da, um heißes Wasser zum Verdünnen des Wodkas zu haben.

Andere Gebäude waren: der Eiskeller, darüber die Trockenanlage, die Powarnja, wo man Arbeiten ausführte und Werkzeuge standen, und schließlich das Bauernhaus, wo der Ladentisch war. An diesem Ladentisch saßen die Steuereintreiber und verkauften den Wein. Das von ihnen gesammelte Geld trug man in die gute Stube, die sich, wie gesagt, über dem Keller befand, und bewahrte es dort auf."[7]

In den großen Städten waren Schankwirtschaften und Powarny, also Brauereien, in verschiedenen Teilen der Vororte anzutreffen. Weinschenken baute man oft bei Wasserbehältern oder neben dem Brunnen. Die Privatweinbrennereien errichteten eigenständige Anstalten, die mit der Schenke nicht verbunden waren. Es ist bekannt, welche Gefäße für das Weinbrennen verwendet und aus welchen Stoffen sie hergestellt wurden. In der Weinschenke gab es in der Regel einen Herd aus Ziegelsteinen sowie das für das Branntweinbrennen notwendige Geschirr: Kupfergefäße und Hauben, Kupferrohre (Schlangenröhren), Dünnbierkübel, Eimer, Eisenkübel.

Im Schankbauernhaus, in der Becherstube, gebrauchte man für den Verkauf des Weines Kupferkessel, aus denen man den Wein schöpfte. Auch verwendete man Fässer (in die der Wein aus dem Destillationsgefäß abfloss), Trichter, Halbkrüge mit einem Fassungsvermögen von ½ Farta ($^{1}/_{10}$ Eimer = 1 Farta), Eimer, Honigschaufeln, Weinschanktische, Fichtentische u. a. m.

In der bereits erwähnten „Viertelstube" gab es folgendes Inventar: die große Kupferkelle, das Weinachtel, Holzviertel eines Eimers (größeres Gefäß), die hölzernen Biertrichter, Weinröhren. Mit Hilfe der Röhren nahm man den Wein zur Prüfung mittels des Glühens aus dem Fass. Außerdem verwendete man in den Weinbrennereien Zuber, Kübel, Leinen, Bastschläuche und verschiedene Fässer. Im 17. Jahrhundert machte man Destillationsgefäße, Röhren und anderes Geschirr aus Kupfer, verzinnte sie, d. h., man überzog sie mit einer dünnen Zinnschicht; die Ritzen an den Verbindungsstellen der Gefäße verschmierte man während des Weinbrennens mit Roggenmehlteig. Der Boden der Destillationsgefäße verschliss allmählich und verlor an Kupfer, das man ständig zulegen musste. Aus Eisen baute man Kessel, Henkel für Kupferkellen u. a.[8]

Eine Vorstellung, wie man Wein zum ersten Mal herstellte, vermittelt „Die Sage von der Entstehung des Weinbrennens": Der Satan setzte sich das Ziel, „das Menschengeschlecht mit Hilfe der Trunksucht zu bezwingen, und entsandte einen Bösewicht zu den Menschen. Dieser Bösewicht trat in der Rolle des ersten Weinbrenners auf. Nach der Hopfenernte bereitete er die Destillationsgefäße vor, goss Dünnbier ein, verkleisterte mit dem Teig Röhren und Kübel, füllte die Kübel mit Wasser, entzündete unter den Destillationsgefäßen das Feuer und begann, mit diesem Feuer zu kochen. Und durch die Röhren tropfte der niederträchtige Trank in die Kübel ..."[9]

Die Weinbrennereien und das Weinbrennverfahren sahen nach einem Augenzeugenbericht ungefähr so aus: Das hiesige Werk (in der Nähe des Dorfes Pudina an der Oka) arbeitete mit 14 Kübeln und 56 Kesseln, die mit Holzdeckeln und kurzen breiten Röhren ausgerüstet waren; jeder Kessel hatte drei Röhren mit der Breite von vier Fingern. Die Kessel und Kübel standen außerhalb des Gebäudes der Weinbrennerei und hatten einen besonderen Deckel, wobei die Röhren durch die Wand des Gebäudes sowie durch eine Rinne liefen, in die für die Abkühlung ständig kaltes Wasser floss.

Aus diesen riesigen Röhren floss der Wein auf eine Holzplatte mit geschnitzten Rundhölzern und von dort aus in die untergestellten offenen Kübel.

„Bei solch schlechter Einrichtung kann man sich leicht vorstellen, wie viel Spiritus verfliegt, umso mehr, dass in solchen Kesseln und in gleicher Art sowohl das Destillat als auch der Wein hergestellt wurden. Auch trotz der vielen undichten Stellen des Gebäudes war es stets von dichtem Dampf angefüllt, so dass man dort selbst bei geöffneten Türen nicht länger als eine Viertelstunde verweilen konnte, ohne betrunken zu sein.

Der heiße Dampf quoll ununterbrochen aus den Röhren und konnte sehr stark sein. Sobald man sich mit einer brennenden Kerze näherte, entzündete sich.

Die Kübel, in denen der Wein gesammelt wurde, waren immer geöffnet, so dass ein Teil des Weines hieraus verdampfte.

Das Destillat aus diesen Kübeln wurde in einem größeren Kübel erfasst, der auch geöffnet war, um es von dort mit Hilfe einer Röhre in jene Kessel zu pumpen, in denen es nochmals destilliert wurde. Die zweimal destillierte Flüssigkeit floss in ein großes, neben dem Feuer stehendes Fass. Das Feuer unterhielt man wegen der Wärme und als Beleuchtung. Darum galt der Wein als besonders gut, wenn doppelt destillierter Wein zwei Drittel jener Stärke enthielt, die der einmal destillierte Wein bei einer rationalen Einrichtung hätte haben können.

Die Besitzer der Werke beachteten diesen Verlust nicht, da ihr Erlös groß genug war. Wenn man in Betracht zieht, dass die Menge des Getreides, das unnütz verschwendet wurde, ein unmittelbarer Verlust für das Land war und dass bei zweckentsprechenden Methoden weniger Getreide aufgewendet worden wäre, konnte man sich nur über jene ärgern, die bei der Einrichtung und Instandhaltung der Werke an den alten Gewohnheiten störrisch festhielten."[10]

Mit Beginn des 18. Jahrhunderts begannen kleine Brennereien mit Holzgerätschaften zu entstehen. Die gesamte Einrichtung, außer dem Kupfergefäß mit seiner Haube und einigen Trennwänden und den Zweigröhren, stellte man aus Holz her. Die Röhren wurden aus einem Stück Fichtenholz, das innen ausgehöhlt wurde, angefertigt. Die Biegungen fertigte man im rechten Winkel. Alle Verbindungen und Spalten verstopfte man mit Werg (= Kurzfasern aus Hanf) und verschmierte sie mit Ton und Teig. K. S. Kropotkin, der diese Brennereien beschrieb, sah im Mogilewer Gouvernement im Jahre 1845 ein solches, noch intaktes Werk, das im Jahre 1775 auf dem Gut der Fürstin Katerina Daschkowa im Städtchen Krugloje errichtet wurde.[11]

Ausführlicher begann man im 18. Jahrhundert bzw. zu Beginn des 19. Jahrhunderts, die Technologien und Methoden des Weinbrennens in der Fachliteratur zu beschreiben. Zu dieser Zeit hatten sich reiche Erfahrungen und Kenntnisse auf diesem Gebiet angesammelt. Viele Prozesse erhielten bereits eine wissenschaftliche Erklärung. Es war bekannt, dass der Erfolg des Weinbrennens sogar vom Standort der Branntweinbrennerei abhing.

Erfahrene Weinbrenner empfahlen, als Standort eine Gegend zu wählen, in der große Getreideernten eingefahren wurden und daher der Besitz großer Mengen eigenen Getreides erlaubt war oder es zu einem niedrigen Preis erhältlich war. Dort, wo sich weithin Wälder erstreckten, wo man eigenes, billiges Holz haben konnte und es gutes Wasser gab, ohne dass das Land zu feucht war.

Die Branntweinbrennereien wurden oft am Ufer von Flüssen, großen Bächen und anderen Quellen reinen natürlichen Wassers errichtet. Als Brennholz verwendete man Birke, Eiche, Ulme, Ahorn, Esche, Erle und auch Kohle (Kohle wurde noch im 17. Jahrhundert gebraucht). Nadelholz, wie Fichte und Tanne, geben wenig Wärme und taugen nicht zur Nutzung. Man empfahl, kein langes Rundholz zu fällen, sondern dicke und dürre Stämme auszusuchen.

Wasser

Seit uralten Zeiten verstanden die Branntweinbrenner, dass die Qualität des Kornweines von Wasser und Getreide abhängt. Der Simbirsker Wojewode Daschkow empfahl dem Zaren Alexei I. in einem Vortrag, die Branntweinbrennereien an den Ufern des Flusses Sura zu errichten, da das „Wasser der Sura zum Weinbrennen passend ist".[12] Ein Mangel an der erforderlichen Menge guten Wassers behinderte die Entwicklung der Produktion. So geschah es im 18. Jahrhundert mit der Schlossweinbrennerei Jamkowitzkij, die nur deshalb nicht erweitert werden konnte, weil es zu wenig guten Wassers, „nur eine Quelle"[13], gab.

Bis zum 19. Jahrhundert hatten die Weinbrenner praktisch keine allgemein zugänglichen wissenschaftlichen Verfahren zur Bestimmung der Brauchbarkeit des verwendeten Wassers und Rohstoffes. Sie richteten sich hauptsächlich nach den überlieferten Erfahrungen und an Leute mit anderen weitergegebenen Kenntnissen.

Die Qualität des Wassers bestimmte man mit Hilfe der einfachsten Erfahrungen und Beobachtungen. „Das Wasser zum Weinbrennen muss fließend, rein, weich, nicht salzig, nicht kalk- oder salpeterhaltig, ohne schlechten Geruch und Fäulnis sein. Es muss zu warmer Jahreszeit kalt und bei grimmigen Frösten nicht zu eiskalt sein. Bei solchem Wasser kann man mit dem Weinbrennen im Frühherbst beginnen und im späten Frühjahr schließen."[14]

Ein anderer Ratschlag eines Weinbrennmeisters lautete: „Hierfür braucht man entweder Flusswasser oder Quellwasser, jedoch keines von beiden ist völlig rein und enthält stets mehr oder weniger lösliche Nebenbestandteile wie Kalk, Gips, verschiedene Salze, Minerale usw. Wenn sich diese Stoffe nur in geringen Mengen mit Wasser verbinden, ist die Wirkung auf die Gärung nicht sehr schädlich; wenn sie jedoch im Überfluss vorhanden sind, so können sie nicht nur die Gärung behindern, sondern sie rufen oft eine sehr schädliche Wirkung hervor."

Das zum Weinbrennen taugliche Wasser muss rein sein, d. h. ohne Farbe, Geruch und Geschmack, und viel Luft enthalten (folglich ist es leicht).

Die Eigenschaften des Wassers bestimmte man nach dem Geschmack, dem Geruch, dem Aussehen und aufgrund einfachster Erfahrungen. Es wurde angenommen, dass Wasser rein ist, wenn es sich auf der Zunge und im Munde nicht zusammenzieht, sondern ein Gefühl der angenehmen Weichheit und erfrischender Kühle bereitet und wenn es sich beim Kochen nicht eintrübt sowie mit Seife gut schäumt.

Die Merkmale der im Wasser enthaltenen Luft entdeckte man im Prozess des Umgießens von einem Glas in ein anderes. Wenn sich viele Bläschen bilden und an den Wänden des Glases haften bleiben, dann schnell nach oben steigen und auftauchend zerplatzen, ist das Wasser reich an Sauerstoff. Aufkochend bildet gutes Wasser eine Menge Luftbläschen, was seine Erklärung hat: „In viel Luft enthaltendem Wasser soll man große Reinheit annehmen; Gemüse und jegliches Grün, das noch so lange in hartem Brunnenwasser gekocht wird, bekommt niemals eine solch derartige Weichheit und Bröckeligkeit, wie in weichem

Flusswasser. Erfahrene Wirtinnen wissen längst, dass man beim Wässern des Mehls für Brotlaibe weiches Wasser dem hartem Wasser vorziehen sollte; auch beim Waschen und Bleichen sind Regen- und Flusswasser besser als Quell- und Brunnenwasser, weil von jenem das Linnen und Tuch weiß, vom anderen gelb werden. Hieraus kann man gerechtfertigt schließen, dass weiches Wasser zum Weichmachen, Lösen und Herausziehen, folglich zur Zubereitung jedweden Stoffes und zur Gärung geeigneter ist als Flusswasser."

Man setzte voraus, dass „fließendes Wasser für das Weinbrennen besser als Quellwasser sei, da es gewöhnlich weniger Mineralanteile und Erdsalze als letzteres enthalte. Es sei nur darauf zu achten, dass es möglichst rein, durchsichtig und nicht zu sehr mit erzhaltigen, faulenden Stoffen vermischt ist, wie es beim durch große Moore oder Siedlungen fließenden Wasser der Fall ist, wo es den Urin und andere Unreinheiten der Tiere aufnimmt oder durch das Wässern des Flachses verdirbt".[15]

Wenn das Wasser von seiner Qualität her dem Weinbrennen nicht entsprach, versuchte man es aufzubessern: durch Filtern des Wassers mittels Sand und Kohle.[16]

Im 19. Jahrhundert erforschte man Wasser bereits sorgfältig. Die Gelehrten des vom Finanzministerium geschaffenen Zentralen chemischen Laboratoriums sowie der Gouvernementlaboratorien nahmen systematische Analysen der Qualität des beim Weinbrennen in verschiedenen Gegenden des Russischen Reiches genutzten Wassers. Auf diese Weise verfolgte der Staat die Qualität des fiskalischen Weines.

Man beobachtete, dass er in manchen östlichen Gouvernements trüb war. Die Ursache war eindeutig: die Härte des in staatlichen Lagern verwendeten Wassers. Sofort traf man Maßnahmen zur Beseitigung dieses Fehlers. „Das für die Zubereitung des Weines verwendete Wasser begann man abzukochen, zu filtern, stellenweise zu destillieren."[17]

Bei der Einrichtung der fiskalischen Weinlager, in denen die Verdünnung von Spiritus vorgenommen wurde, empfahl man, eine Analyse des Wassers durchzuführen. In fiskalischen Lagern taugte Wasser zur Verdünnung von Spiritus, wenn es den folgenden Anforderungen gerecht wurde: Es „muss durchsichtig, farblos sein, darf keinen schlechten Geschmack und Geruch haben, muss eine neutrale Reaktion zeigen und darf beim Stehen, Kochen und Vermengen mit Spiritus keine Niederschläge bilden".[18]

Wenn das Wasser diesen Qualitäten nicht entsprach, empfahl man, es zu reinigen. Wenn auch die Reinigung nicht half, schickte man Proben des Wassers an lokale Laboratorien oder an das zentrale chemische Laboratorium auf der Suche nach einem Verfahren für seine Verbesserung.

In den privaten Weinbrennereien und Spirituosenfabriken maß man dem Wasser eine große Bedeutung bei. Bei der Herstellung von Tischwein verwendete man in der Fabrik und im Großlager von P. A. Smirnoff Wasser aus einem lokalen artesischen Brunnen. In seiner Fabrik nutzte man zur Verdünnung des Tischweines № 32 Wasser aus Mitishenskoje. Und in den Fabriken von Alexandrow (Kasan, Wjatsker Gouvernement) verwendete man destilliertes Wasser zur Produktion aller Sorten von Tischwein.[19]

In den wissenschaftlichen Forschungen des 19. Jahrhunderts wurde die Bedeutung des Wassers nicht nur für die Verdünnung des Spiritus, sondern auch für die Zubereitung des Malzes, der Maische und der Hefe betont. „Nur das reine gute Wasser taugte zur Wässerung des Brotes", schrieb S. I. Sokolow im Jahre 1887, „und jeder Fabrikbesitzer muss vor allem jenes Wasser einer chemischen Analyse unterziehen, das in der Mälzerei gebraucht wird; wenn es einige schädliche Beimengungen enthält, sollte man mit den Ausgaben für die Einrichtung eines Brunnens oder einer Wasserleitung nicht sparen, weil sich diese Ausgaben bei großer Vollkommenheit der Produktion bei Weitem selbst decken."[20]

Man nahm an, dass zur Malzherstellung härteres Wasser besser als weiches geeignet sei, da weiches Wasser das Getreide zum Schaden der Qualität des Malzes stark auslauge.

Im 19. Jahrhundert studierte man den Einfluss verschiedener, im Wasser gelöster chemischer Verbindungen (Ammoniak, Schwefelwasserstoff, Säuren, Chlorkalium, Kochsalz u. a.) auf die Prozesse des Weinbrennens und das Einwirken des Wassers auf die Anlage zum Weinbrennen.[21]

Nach der durchgeführten Erforschung des Tischweines der privaten Fabriken wurde im Jahre 1899 eine Kommission beim Technischen Komitee gebildet, die zu dem Schluss gelangte, dass das „Wasser für die Produktion des Tischweines (es handelt sich um die Produktion des fiskalischen Weines – W. G.) destilliert werden muss, wobei für die Reinigung des Wassers die Destillierapparate und Entsalzungsapparate zu empfehlen sind".[22]

Getreide

Seit uralten Zeiten war das russische Land reich an Brotgetreide, worüber die durch das Moskauer Gebiet, Moskowija, reisenden Ausländer mit unveränderlichem Erstaunen schrieben. Zeugnis hiervon legte R. Barberini ab, der im Jahre 1565 in Russland weilte, wonach das Land reich an verschiedenen Lebensmittelvorräten, allerlei Getreide und Roggen sei. „Dieses Land ist mit Korn, Früchten und allerlei Wild gesegnet. Zwischen der Oka und dem Don bleibt noch eine Besitzung, genannt Rjasan, die ebenso üppig an Korn, Hornvieh, Honig und Wachs, verschiedenstem Wild und besonders an allergrößten Wachteln ist; jedes Korn gibt dort jeweils drei Ähren, weil der Boden außerordentlich fett ist."[23] Der österreichische Diplomat S. Herberstein ergänzte: „Ihre Stiele (des Brotgetreides – W. G.) gedeihen so dicht, dass weder die Pferde durchkommen noch die Wachteln aus ihnen ohne eine gewisse Mühe auffliegen können."[24]

Weizen

Gerste

Im 17. Jahrhundert waren Roggen und Hafer die meistverbreiteten Kornkulturen. Der Weizen wurde in kleiner Menge und nicht allerorts angebaut. Im 16. und im 17. Jahrhundert wurde das Weizenmehl in der Kirche für Hostien genutzt, im häuslichen Leben wurde davon Kalatschi (für das einfache Volk waren sie ein Naschwerk zu Festen), Piroggen und Brot gebacken.

Der Roggen gab eine reiche Ernte in Russland, und man brauchte ihn nicht nur für die Zubereitung verschiedener Gerichte, sondern auch für das Weinbrennen. Ein russischer Dichter und Satiriker des 17. Jahrhunderts äußerte sich nicht ohne Grund, dass das russische Land „vor Roggen strotzt". Der Kornhandel vollzog sich überall, wo es Versteigerungen gab, aber der Hauptabsatz des Getreides auf dem Binnenmarkt entfiel nach Meinung des russischen Historikers N. I. Kostomarow auf das Weinbrennen.[25]

Man benötigte für die Brennereien Winter- und Sommergetreide, man verwendete auch Graupen und Hülsenfrüchte, Buchweizen, Reis, Erbsen u. a. Man brannte den Wein aus verschiedenen Früchten, sogar aus Gemüse. Allerdings gab man Roggen und Weizen den Vorzug, weil man hieraus mehr Wein und eine bessere Qualität erhielt. Das Getreide nutzte man beim Weinbrennen hauptsächlich als Mehl.

Das Getreide für das Weinbrennen suchte man mit Bedacht aus, nach Auswahlkriterien auf der Grundlage langjähriger Erfahrungen.

Nach Meinung der Spezialisten aus der Zeit gegen Ende des 18. Jahrhunderts war erwünscht, dass das Getreide auf gut bewirtschaftetem Land bei mäßig feuchtem und warmem Wetter heranwuchs, damit es reif war und man es bei trockenem Wetter schneiden und in der Korndarre (unter dem Dach) trocknen konnte. Die Körner solchen Getreides sind hart, haben eine dünne Schale, folglich enthalten sie viel Mehl und wenig Kleie; sie sind glatt, glänzend und „springen aus der zusammengedrückten Hand leicht heraus", was von einem guten Gewicht zeugt. Wenn jedoch die Körner nicht glatt sind, sondern runzlig, uneben und sich in der zusammengedrückten Hand halten, fast nicht entgleiten oder wenn man in einen mit ihnen gefüllten Sack nicht einmal eine Hand tief hineingreifen kann, zeugt dies davon, dass die Körner nicht zur vollen Reife gelangten oder durch Feuchtigkeit verdarben, ja sogar größtenteils leer sind. Roggen, Weizen und Gerste sind schwerer, wenn die Körner eher dick und rund sind, als dünn und lang. Solches Getreide enthält mehr Stärke und gibt mehr Wein.[26]

Die Auslese für die Branntweinbrennerei im 19. Jahrhundert konnte man bereits als wissenschaftlich fundiert erachten. Zu jener Zeit wurden die zur Gewinnung von Spiritus verwendeten Rohstoffe eingehend studiert, ihre Vorzüge und Nachteile in wechselseitigem Verhältnis waren geklärt. Die russischen Gelehrten nannten den Roggen den nützlichsten Rohstoff für das Weinbrennen: „Gehen wir nunmehr zum besonders bei uns in Russland in Sachen des Weinbrennens höchst vortrefflichen und wichtigsten Rohstoff über. In der Tat, unter ungewöhnlichen Bedingungen unseres Klimas, wird der Roggen in Russland im Vergleich zu anderen Getreidearten vorzugsweise für die Verarbeitung zu Spiritus angewandt"[27], schrieb Professor M. J. Kittari in seiner Forschungsarbeit „Der Vergleich von Roggen und Weizen" und gelangte zu dem Schluss, dass „der Roggen als Material für das Branntweinbrennen nicht nur dem

Weizen seinen Vorzug abspenstig mache, sondern sogar noch höher stehe". Aus den von ihm angeführten Angaben resultierte, dass ein Pud (= ca. 16,38 kg) des Roggens 59,99 Grad Alkohol und ein Pud des Weizens 59,42 Grad Alkohol ergibt.[28]

Die Wissenschaft jener Zeit erforschte auch die Eigenschaften anderer Branntweinrohstoffe, zum Beispiel von Hafer, Gerste, Reis, Buchweizen, Hirse, Mais, Erbsen, Bohnen oder Linsen.[29]

Zur Wende vom 18. zum 19. Jahrhundert verwendete man in Russland für die Branntweinherstellung die unterschiedlichsten Rohstoffe: Erbsen, Kartoffeln, Möhren, Sellerie, Rote Bete, Rüben, Mais, Kürbis, Birnen, Äpfel, Johannisbeeren, Kirschen, Pflaumen, Waldbeeren, Weintrauben, Molke, Honig, Zucker, Stroh, Moos und viele andere.[30]

Die Qualität des Getreides war von der Sorte und dem Anbaustandort abhängig. Im 19. Jahrhundert herrschte die Meinung vor, dass man den für das Weinbrennen am besten geeigneten Weizen (mit einem höheren Stärkegehalt) auf dem Territorium Russlands im Saratower, Simbirsker, Samarer Gouvernement (Sorte Weißturka), in Estland, im Jaroslawler und Saratower Gouvernement (gewöhnlicher Sommerweizen), im Jekaterinoslawer und Chersoner Gouvernement (Hartweizen), im Rjasaner, Charkower und Tauritschesker Gouvernement (roter Winterweizen) anbaute.

Den gewöhnlichen Winterroggen kaufte man besser in den Gouvernements Rjasan, Wladimir, Poltawa, Tschernigow, Kursk und Tambow. Die Sorte Waza gab es wiederum im Samarer und Archangelsker Gouvernement und den buschigen Roggen im Twerer und Tulaer Gouvernement.

Der beste Hafer der so genannten „kahlen Sorte" gedieh im Rjasaner und Saratower Gouvernement, und die Wladimirer, Tulaer und Twerer Gouvernements waren durch die Sorte „gewöhnlicher Hafer" berühmt; die Twerer, Tulaer und Wladimirer Gouvernements waren durch ihren „Englischen Hafer", die Wologdaer und Wjatsker Gouvernements durch die Sorte „Buschiger" berühmt.

Die guten Gerstesorten gediehen gewöhnlich im Nishnje-Nowgoroder, Wjatsker, Poltawer, Saratower Gouvernement; im Archangelsker, Irkutsker, Jaroslawler war die Sorte „Himalaja" beheimatet. Die Gerste „Kahle Sorte" gedieh im Tambower, Saratower, Olonezker und Jekaterinoslawer Gouvernement; die so genannte „Kaffeegerste" war im Mogilewer Gouvernement und die Gerste „Kahl Zweireihige" im Jaroslawer Gouvernement bekannt.[31]

Die Erzeugung von Spiritus nur aus Getreidekulturen hielt bis 1820 an, als man mehr und mehr die Kartoffel zu verwenden begann. Zur Mitte des 19. Jahrhunderts überwog die Kartoffel bereits gegenüber den Getreidekulturen als Rohstoff für die Branntweinherstellung.[32] Im 19. Jahrhundert, als man ausreichend tiefgründig die Gärprozesse studiert hatte und beherrschte, begann man, künstliche Hefekulturen zu züchten und sie in der Branntweinerzeugung anzuwenden. [33]

In Altrussland gebrauchte man im Weinbrennverfahren traditionell Malz.

Malz

In der Produktion des Kornweines in Russland waren Roggen-, Gersten-[34] und mitunter Weizenmalz[35] die Regel. Unter Malz verstand man das bis zu einem bestimmten Grade keimende Getreidekorn. Zur Herstellung von Malz suchte man stets qualitativ hochwertiges Korn aus. Damit sich die Kartoffeln oder Getreidestoffe der alkoholischen Gärung unterziehen konnten, war die in ihnen enthaltene Stärke in Zucker umzuwandeln.

Die Zuckerbildung erfolgte durch das Einwirken des sich beim Keimen des Korns bildenden Enzyms Diastase auf die Stärke. Damit das Korn gut keimen kann, um gutes Malz zu erhalten, sind folgende Bedingungen notwendig: 1) hinreichende Feuchtigkeit; 2) genügend Sauerstoff; 3) angemessene Temperatur; 4) Entfernung des im Prozess des Keimens des Korns entstehenden Kohlensäuregases.

Der Prozess der Malzzubereitung ging in mehreren Etappen vonstatten: das Mälzen des Kornes, das Trocknen des Malzes und das Dreschen des Malzes. Hergestellt wurde es in Mälzereien. Das zum Mälzen bestimmte Korn schüttete man in einen speziellen Kübel, übergoss es mit Wasser und vermischte es sorgfältig, damit die leeren Körner, die Schale und die mit ins Korn geratenen Verunreinigungen an der Oberfläche schwammen, was zur Gänze abzuschöpfen war. Dann wurde das Korn einige Male mit Wasser gespült, um den Sand zu entfernen. Das Korn wusch man so lange, bis das Wasser völlig rein abfloss. Schließlich übergoss man das Korn mit Wasser, bis dieses das Korn ungefähr eine Handbreit bedeckte, und ließ das Ganze 3–4 Tage quellen. Die Bereitschaft zur Weiterverarbeitung wurde anhand folgender Merkmale bestimmt: Man nahm ein Körnchen zwischen zwei Finger und betrachtete es. Wenn seine scharfen Enden nicht in die Finger stachen, die Schale leicht vom Körnchen abgetrennt und das Körnchen leicht zerdrückt werden konnte, war

Keimende Weizenkörner

man der Ansicht, dass das Korn zur weiteren Verarbeitung bereit sei.

Zu Beginn des 20. Jahrhunderts röstete man das Korn (die Gerste) in eisernen, Zement- und sogar Aluminiumkübeln. Um Schimmelpilze und andere Mikroorganismen abzutöten, gab man zum Wasser Kalkwasser hinzu. Von Zeit zu Zeit drückte man mittels einer Pumpe Luft in den Kübel.

Die Methoden zur Bestimmung der Bereitschaft des Korns waren stets dieselben: beim Drücken der Außenschale mit den Fingern muss sie sich leicht abtrennen lassen, und das Korn muss leicht zu zerdrücken sein; das zerschnittene Korn musste damals beim Zeichnen mit ihm auf einem Brett, ähnlich der Kreide, eine Linie ziehen.[36]

Das verbliebene Wasser ließ man ab und trug das genässte Korn mit Hilfe von Eimern auf die Tenne bzw. Darre in die Mälzerei oder in den Keller, wo es keimen musste.

Man legte das Korn in einer nicht allzu dicken Schicht (in 6–7 Werschock; 1 Werschock = 4,4 cm) in Form rechteckiger Beete. Während des Tages vermischte und wendete man das Korn, damit es seine übermäßige Feuchtigkeit verlor, weshalb man den Raum der Mälzerei gut lüften musste. Nach 2–3 Tagen (anderen Quellen zufolge nach 12–36 Stunden) begann das Korn zu keimen. Während des Entstehens der Keime wendete man sorgfältig das sich unterhalb und oberhalb, innen und zu den Seiten befindliche Korn, um ihm optimale Bedingungen für das Keimen zu schaffen.

Den Keimprozess beendete man, wenn die Stärke der Keime beim Weizen die Hälfte einer Strohhalmbreite, die Keime beim Roggen eine ganze Strohhalmbreite, bei der Gerste zwei Strohhalmbreiten erreicht hatten.

„Das normale Malz hat einen angenehmen Duft, der an den Duft frischer Gurken erinnert. Sofern das Malz einen muffigen oder sauren Geruch hat, bedeutet dies, dass Schimmel oder andere Mikroorganismen im Malz entstanden sind. In diesem Fall taugt dieses Malz nicht mehr zur Zuckerbildung, so dass man es nur noch als Rohstoff für das Weinbrennen zusammen mit Kartoffeln und Korn verwenden kann"[37] – ist in einer Anleitung zum Weinbrennen nachzulesen.

Das herangezogene Malz trocknete man im Trockenraum mit Hilfe eines speziellen Ofens. Damit es gleichmäßig trocknete, wendete man es häufig und sorgsam um. Für die Zubereitung des Kornweines brauchte man getrocknetes Malz (es gab darüber hinaus gedörrtes und vorgetrocknetes Malz, was für die Zubereitung von Weißbier notwendig war).[38]

Das getrocknete Malz häufte man auf und ließ es einige Tage unberührt liegen, damit sich die Wärme und die Trockenheit gleichmäßig auf das ganze Korn verteilen konnten.

Die für die Branntweinbrennerei notwendige Menge an Malz befreite man von den Keimen und fuhr zur Mühle, wo man das aufgeschichtete und nicht aufgeschichtete Korn zu grobem Mehl mahlte. Den restlichen Teil schichtete man auf und bewahrte ihn zwecks späterer Verwendung auf. Später verdrängte die Trommel- und Etagentrockenanlage das manuelle Trocknen.[39]

Zu Beginn des 20. Jahrhunderts verwendete man mechanisierte Mälzverfahren – das Kastenverfahren und das Trommelverfahren.

Beim Kastenmälzen mischte man das genässte Malz in einer Schicht von 8–10 cm in Kästen mit einem Siebboden von einem Quadratmeter Ausmaß. Durch den Siebboden drückte man ständig warme und feuchte Luft. Die Kästen stellte man, wirtschaftlich übereinander gestapelt, in einen Raum, allerdings wendete man das Malz nach wie vor mit der Hand.

Beim Trommelverfahren brachte man das genässte Korn in lange, sich horizontal langsam drehende Trommeln mit Siebständern ein. Durch die Hohlachse mit Öffnungen wurde ständig feuchte Luft in die Trommel gepresst. Dieses Verfahren ersparte Platz und Arbeitskraft.[40]

Die Körner des getrockneten Malzes sind „voll, weich und mehlig", sie haben einen angenehmen süßen Geschmack, sind fast knusprig. Mit diesen Körnern kann man so wie mit Kreide schreiben. Der Farbe nach dürfen sie nicht dunkel sein.

Das Malz für die Branntweinbrennerei kann man sowohl trocken als auch grün verwenden. Jedoch bevorzugte man trockenes Malz, obwohl es eine geringere diastatische Fähigkeit im Vergleich zum Grünmalz hatte. Man glaubte, dass das trockene Malz dem Kornwein, Spiritus oder dem hieraus herzustellenden Wodka ein originelles Aroma verlieh. Dieses Aroma wurde durch die Liebhaber dieser Getränke besonders geschätzt.[41]

Die Technologie des Weinbrennens ist eigentlich die Technologie der Spiritusherstellung, d. h., es handelt sich um Methoden und Prozesse der Verarbeitung verschiedener Arten von Rohstoffen zu Ethylspiritus, die aus vier Hauptprozessen bestanden:

1) die Vorbereitung des Rohstoffs (Korn oder Kartoffeln) durch Zerkochen mit Wasser zwecks Zerstörung der Zellstruktur und Auflösung der Stärke;

2) die Abkühlung der zerkochten Masse und das Mälzen der Maische (Umwandlung der Stärke in Zucker mittels der Malzenzyme). Die im Wasser unlösliche Stärke $C_6H_{10}O_5$ geht in den löslichen süßen, zuckerhaltigen Stoff $C_6H_{12}O_6$ über, oder in „Most, dem man Malz oder die keimenden Körner hinzufügte, die Diastase enthielten, die die Stärke in einen zuckerhaltigen Stoff verwandelt";

3) die Vergärung des Zuckers mit Hefe zu Spiritus (Gärung der Maische), wenn sich der zuckerhaltige Ausgangsstoff $C_6H_{12}O_6$ in Spiritus C_2H_6O und Kohlensäuregas unter dem Einfluss der hinzuzufügenden Hefe spaltet[42];

4) die Destillation des Dünnbiers, wenn sich der Spiritus und ein Teil des Wassers vom übrigen Phlegma oder Treber absondern – die Rektifikationen des Spiritus.

Aber für die Zubereitung des qualitativ guten und billigen Weines brauchte man vorzugsweise Getreidekulturen. Die Vorbereitung des Dünnbiers erfolgte in 3 Schritten. Zuerst knetete man das grob gemahlene Mehl (Korn und Malz) in warmem Wasser im Verhältnis 3 Teile kochenden Wassers auf 2 Teile kalten Wassers. Das Mehl verrührte man sorgfältig mit dem Wasser, und zwar mit Rührlöffeln, die ähnlich wie Bootsruder gemacht waren, um im Teig keine kleinen Klümpchen zu hinterlassen. Dann begann man, mit der Maische zu arbeiten: den erwähnten Teig übergoss man in kleineren Dosen mit kochendem Wasser und rührte ununterbrochen so lange um, bis sich alle Teilchen im Wasser gelöst hatten und die Lösung aussah wie Milch.

Die entstandene Lösung deckte man mit einem Deckel zu und ließ sie 1–2 Stunden je nach Menge stehen. Dann kühlte man die Lösung, verdünnte sie mit kaltem Wasser (2–4 °C) und vermischte alles gut, damit die ganze Lösung die gleiche Temperatur wie kuhwarme Milch bekam. „Davon überzeugte man sich mit Hilfe des Tastsinnes, indem man den Arm bis zum Ellenbogen in das Dünnbier tauchte."[43]

Im 19. Jahrhundert verwendete man zur Vorbereitung der Maische den Apparat von Henze. Das Korn weichte man zunächst im Wasser unter Beigabe einer geringen Menge Schwefelsäure ein, um der Verseuchung des Korns durch jedwede Mikroorganismen entgegenzuwirken. Wenn das Korn ganz weich wurde, schüttete man es in den Apparat von Henze, wo der ganze Inhalt durch unter Druck stehendem Dampf zum Kochen gebracht wurde. Dann schloss man das Ventil der Dampfzuleitung und kochte das Korn unter Druck, bis es zur Weiterverarbeitung fertig war. Das Korn im Apparat von Henze konnte man auch ohne Voreinweichen kochen. Die fertige zerkochte Masse wurde unter kleinem Druck aus dem Apparat von Henze in einen Kübel mit Rührlöffeln geblasen. Dort kühlte sie ab. Die Maische kühlte man bis zu einer bestimmten Temperatur, um die Hefe hinzufügen zu können, dann füllte man Wasser auf.

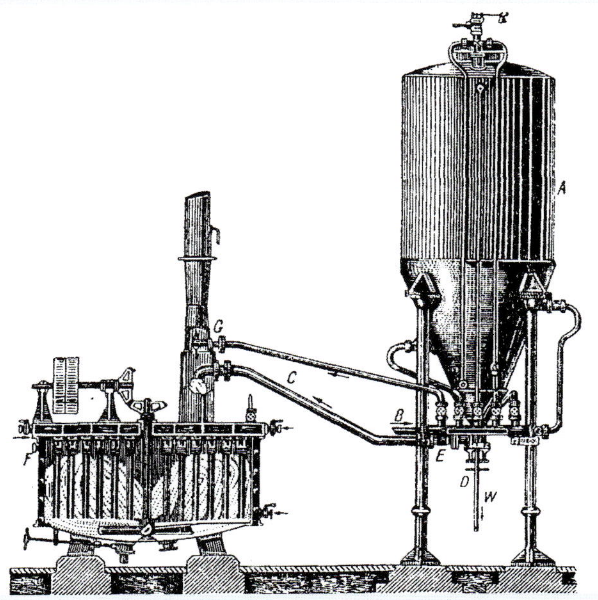

Der Apparat von Henze

Das Gären der Maische

Dem entstandenen Most fügte man den speziell vorbereiteten Hefeteig oder die Hefesorten hinzu, bedeckte ihn und ließ ihn 3–4 Tage gären. Zur Gewährleistung einer qualitativ guten Gärung hielt man eine gleichmäßige Temperatur aufrecht, die nicht geringer als 10 °C sein durfte. Da während des Gärprozesses eine große Menge Kohlensäure freigesetzt wurde, musste man den Raum gut lüften.

Den ausgegorenen Most nannte man Dünnbier (Dünnbierchen). Im Dünnbier befinden sich gewöhnlich 8–12 Vol.-% Spiritus, Wasser, Fuselöle, Säuren, Hefen, Schalen des Malzes, Kartoffeln (falls verwendet), die unverändert gebliebene Stärke, unvergorene Dextrine und andere Stoffe.

Das nächste Stadium des Branntweinbrennens ist die Abspaltung des Spiritus von den genannten Stoffen mit Hilfe der Destillation des Dünnbiers. Im Weiteren sei eine Beschreibung der Vorbereitung der Maische als Auszug aus einer Belehrung zitiert, die auf Geheiß der Fürstin Daschkowa mit den Worten eines alten Weinbrenners niedergeschrieben wurde.

„In den Kübel goss man heißes Wasser, gab dann in kleinen Portionen Mehl dazu und vermischte es ständig mit den Schaufeln. Auf ein Pud Mehl kamen 3 Eimer Wasser. Für das Vermischen eines Viertels brauchte man 5 oder 6 starke Arbeiter. Wenn nach sorgfältigem Vermischen gleichartiger Teig entstanden war, stellte man die Schaufeln in die Maische und schloss den Kübel mit dem Deckel. Den Deckel bedeckte man mit Bastmatten und leeren Säcken. In solcher Stellung befand sich die Maische in Ruhe, bis sie zu ‚gehen' begann (ähnlich dem Teig, den man knetete, um Brot zu backen) und an der Oberfläche Risse zeigte. Hier war die besondere Kunst des Branntweinbrenners gefragt, um zu bestimmen, wann man mit dem ‚Abbrühen' der Maische beginnen konnte. ‚Sobald', sprachen die alten Branntweinbrenner, ‚die Spalten die Dicke einer Gänsefeder haben, ist die Maische zum >Abbrühen< bereit.'

Den aufgequollenen Teig brühte man ab, für ein Pud Mehl nahm man 3 Eimer siedenden Wassers. Selbiges goss man zunächst ganz allmählich hinein, um dann die Dosen zu vergrößern, wobei ständig mit den Schaufeln umgerührt werden musste. Sobald sich eine hinreichende Süße zeigte, verringerte man wieder die Menge des hinzuzugießenden Wassers, um die Maische, wie der Belehrung zu entnehmen ist, nicht zu verbrennen, die während des Entstehens der Süße sehr geschmeidig wurde. Während des Abbrühens versetzte man die Maische in eine Kreisbewegung, zuerst mit den Schaufeln, und wenn sie dann flüssiger wurde, mit Rechen. Eine große Bedeutung maß man dem Drehen der Maische in eine Richtung bei. Man glaubte, dass die Änderung der Drehrichtung der Maische ihre Süße stark herabsetze. Die abgebrühte Maische wurde in demselben Kübel abgekühlt, und nach dem Zusetzen der Hefe wurde sie der Gärung unterzogen. Der Gärprozess dauerte 7 und mehr Tage".

Den Fabrikbüchern ist zu entnehmen, dass man 5–6 Eimer Halbbranntwein aus einem Sack Roggenmehl bekam (d. h. den Wodka um 40 % nach Tralles). Wenn ein Sack 9 Pud hatte, bekam man aus einem Pud 0,55 bis 0,66 Eimer Halbbranntwein 22- bis 26-gradigen wasserarmen Spiritus. Ein solcher Ertrag war kostendeckend, sofern der Gutsbesitzer Arbeit, Rohstoffe und Brennstoffe unentgeltlich hatte. Und später, bis zur Abschaffung der Leibeigenschaft der Bauern (1861), hatten die landwirtschaftlichen Brennereien, mit seltener Ausnahme, die primitivste Ausstattung. Lediglich die Fabriken der Baltischen Gouvernements und eine unbedeutende Anzahl von Werken in den großrussischen Gouvernements waren mit einer verbesserten Apparatur ausgerüstet.

Bereits seit Langem hatte die Regierung die Gutsbesitzer auf die Notwendigkeit hingewiesen, die Methoden in der Branntweinbrennerei zu ändern. Im Weinstatut von Katharina II. wurde auf das Erfordernis hingewiesen, die technische Seite des Weinbrennens zu verbessern. Es wurde erlaubt (Statut appellierte), Kupferdestillationsgefäße herzustellen, jedoch keine eisernen und gusseisernen. ‚Wer solche Destillationsgefäße macht, die in England benutzt werden, dem wird nicht nur zu seinem Vorteil, sondern als einem für den Nutzen des Staates sorgenden Sohn des Vaterlandes Anerkennung zuteil.' Aber die Aufrufe und Ratschläge der Regierung halfen nicht. Die Einrichtung der Mehrheit der Werke blieb noch lange Zeit primitiv. Die Maische bereitete man sowohl in Russland als auch im Ausland bis zum Ende des 19. Jahrhunderts manuell zu. Der Prozess, der während des Vermischens ablief, war noch wenig bekannt, so dass man der ganzen Operation des Knetens nicht sehr große Beachtung schenkte, da man vermutete, die Menge des Ertrages und die Qualität des Produktes seien hauptsächlich von der Destillation und der Gärung abhängig.

Die Praxis schuf besondere Verfahren. Sie standen der Wahrheit näher, als die modernen wissenschaftlichen Ansichten zur zuckerbildenden Fähigkeiten der Diastase.

K. S. Kropotkin kannte den alten Branntweinbrenner Iwan Sokolow, der in den 1830er und 1840er-Jahren einen guten Ruf bei den Gutsbesitzern besaß. Das Werk, das der bereits greise Sokolow leitete, besuchte im Jahre 1857 Professor Iljenkow, um sich vom Wahrheitsgehalt der Gerüchte zu überzeugen. Man munkelte, dass die Erträge für jene Zeit unglaublich hoch waren: aus einem Pud Roggenmehl bekam man 40–42 Grad (gemeint ist reiner Spiritus). Sokolow gebrauchte nie ein Thermometer und bestimmte den Grad der Erwärmung, indem er die Hände in die Maische tauchte. Als Iljenkow die Temperatur mit dem Thermometer bestimmte, zeigte sich, dass Sokolow das Vermischen bei einer Temperatur von 45–47 Grad nach Réaumur (56–58,75 Grad Celsius) vornahm.

Das überraschte Iljenko sehr, weil die Maische nach seinem Dafürhalten bei 55–57 Grad nach Réaumur (68–71,25 Grad Celsius) anzusetzen sei, somit bei höheren Temperaturen. Iljenko war der Ansicht, dass die hohen Ausbeuten bei Sokolow vom sorgfältigen Kneten der Maische und von der rational umgesetzten Gärung und Destillation und nicht von der niedrigen Temperatur des Mischens des Mehls abhingen.

Alle alten Weinbrenner mischten überhaupt bei niedriger Temperatur. Und erst nach der Veröffentlichung der Erfahrungen von Payen mit der Diastase, d. h. ab jener Zeit, als sich die Leute der Wissenschaft in die Bauernarbeit der Branntweinbrennerei einmischten, begann man die Maische bei höherer Temperatur zu machen.[44]

Das Brennen des Branntweines

Das sorgfältig vermischte, fertige Dünnbier goss man aus dem Maischekübel über die Verbindungsrinne in das Destillationsgefäß, das im Ofen eingebaut war, und füllte es zu ungefähr zwei Dritteln mit Dünnbier. Im Ofen unter dem Destillationsgefäß machte man Feuer und bemühte sich, das Dünnbier rasch zum Kochen zu bringen. Das Dünnbier wurde hierbei ständig umgerührt, damit die dichteren Teile auf dem Boden des Destillationsgefäßes keinen Bodensatz bildeten und nicht anbrannten. Wenn das Dünnbier kochte, schloss man das Destillationsgefäß mit dem Deckel und verschmierte mit Ton oder Teig alle Spalten, damit sich die Dämpfe hierdurch nicht verflüchtigen konnten. Unter dem Destillationsgefäß unterhielt man ein schwaches, gleichmäßig loderndes Feuer. Aufmerksam sorgte man dafür, dass das Wasser im Kühlgefäß, durch welches die Schlangenröhren vom Destillationsgefäß verliefen, kalt war und sich nicht erwärmte. Die von Spiritus angereicherten Dämpfe, die aus dem Destillationsgefäß (durch die Haube) stiegen, gelangten in die Röhren, wo sie abkühlten und sich wieder verflüssigten. Diese Flüssigkeit floss in das Auffanggerät (Fässchen). Das Fässchen hatte eine Buchse, auf die man einen Trichter mit einer Flanelleinlage stülpte, so dass durch dieses Wolltuch der ausfließende Raka gefiltert wurde.

In der ersten Viertelstunde der Destillation trat der an Spiritus reiche Raka aus (er enthält ungefähr 4 Teile Spiritus und 9 Teile Wasser). Nach 2,5 Stunden enthielt die destillierte Flüssigkeit 2,5 Teile Spiritus und 10,5 Teile Wasser; noch zwei Stunden später bildete der Gehalt des Spiritus einen Teil auf 12 Teile Wasser, und nach einer weiteren Stunde trat Wasser ohne Spiritus aus.

Die Gärabteilung der Weinbrennerei von L. J. König im Charkower Gouvernement

Nach dem Abschluss des Destillationsprozesses löschte man das Feuer im Ofen, nahm die Kohle heraus, nahm den Deckel (die Haube) vom Destillationsgefäß ab, goss Wasser und die im Destillationsgefäß verbliebenen Treber ein und ließ ihn in den so genannten Bardennik (Futterstall) hinab, der sich außerhalb der Weinbrennerei befand. Die Wände des Destillationsgefäßes reinigte man sorgfältig von den Rinden der vertrockneten Treber. Durch alle Röhren ließ man reines Wasser, um die Dämpfe, den Schleim und andere Rückstände abzuspülen.

Das Ergebnis der Destillation war Raka, aber das war noch kein Wein. Raka enthielt Spiritus, Wasser, Fusel und viele andere schädliche Beimischungen, so dass man den Raka noch einmal destillieren musste, um den Spiritus von den schädlichen Stoffen zu trennen und reinen Kornwein zu erhalten.

Raka destillierte man wie das Dünnbier. In das gereinigte Destillationsgefäß oder in ein spezielles Weingefäß goss man Raka ein, so dass 6 Werschock leeren Raumes blieben, legte den Deckel darauf, verkittete ihn und zündete unter dem Destillationsgefäß ein starkes Feuer an. Wenn der Raka zu kochen begann, verkleinerte man das Feuer und destillierte langsam bei mäßigem Feuer, jedoch intensiverer Abkühlung. Die zuerst austretende Flüssigkeit, die man „Sprung" oder „Köpfchen" nannte, und die von trüber weißlicher bis manchmal grünlicher Farbe war, sammelte man gesondert. Diesen sehr starken, unangenehm riechenden und auch schmeckenden Spiritus fügte man dem Raka bei der zweiten Destillation hinzu. In den Auffangbehälter begann man, nur die reine, durchsichtige Flüssigkeit (den Mittelteil, den man manchmal „abgenommener Wein“ nannte) zu sammeln. Allmählich verringerte sich die Spiritusausbeute in der austretenden Flüssigkeit. Sobald der Spiritus im Destillat („dem Schwanzteil“) weniger als $^2/_{16}$ – $^2/_{15}$ enthielt, sammelte man ihn gesondert. Den den schwachen Spiritus enthaltenden Schwanzteil, genauso wie den Sprung, fügte man dann dem Raka zwecks neuerlicher Destillation bei. „Je kälter und gleichmäßiger die Destillation von Anfang bis Ende durchgeführt wird und je gleichmäßiger das Feuer unter dem Kessel unterhalten wird, desto angenehmeren und reineren Geschmack hat der Wein, vorausgesetzt, dass ... er nicht mehr Wasser als Spiritus enthält.“[45] Auf diese Weise konnte man bei Verwendung eines Qualitätsrohstoffes, guter Maische und guter Destillation einen Wein mit einem Alkoholgehalt von ungefähr 50 % gewinnen. Aber solchen Wein bekam man bei Weitem nicht immer. Oft war ein ganz einfacher Kornwein, der um 5–10 % unter 40 % lag, das Ergebnis.

Wenn man beim Weinbrennen ein stärkeres Getränk herstellen wollte, destillierte man den Wein noch einmal. Alkoholische Flüssigkeiten, die über 50 % Alkohol enthielten, nannte man im 19. Jahrhundert Spiritus.[46]

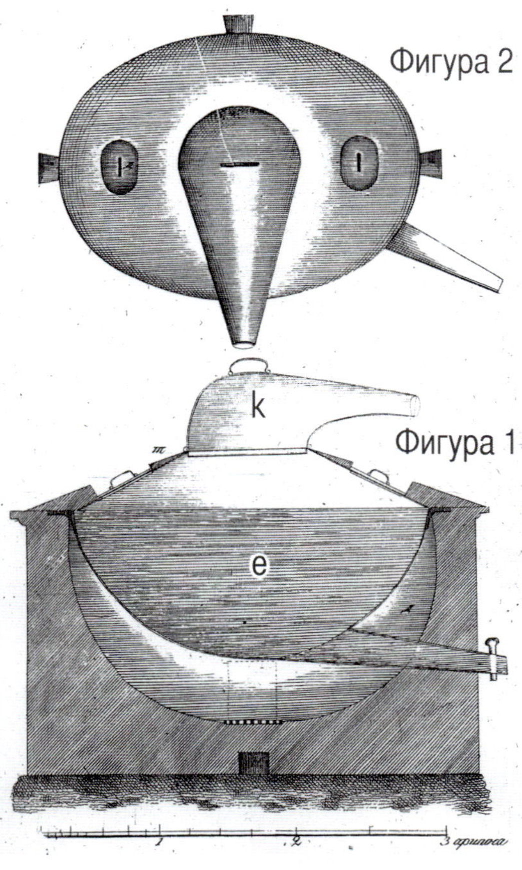

Das Dünnbierdestillationsgefäß. Abb. 1 – Profil des Kessels und des Ofens; e – Kessel; k Haube mit dem Rüssel und der Klammer. Abb. 2 – Haube

Das Schema der Branntweinbrennerei sah ungefähr so aus:

DÜNNBIER → RAKA → KORNWEIN → SPIRITUS

Dieser Technologie entsprach auch eine bestimmte Einrichtung. Zuerst waren es die einfachsten, aus einem Destillationsgefäß bestehenden Apparaturen. Die Verfahren der Gewinnung von Spiritus waren bis zur Mitte des 19. Jahrhunderts ziemlich primitiv.

Die Destillationsapparate

Einfache Destillationsapparate

Der traditionell einfachste Destillationsapparat bestand aus einem Dünnbier-(Destillations-)Gefäß mit Haube und dem Kühlgefäß.

Das Dünnbiergefäß war ein Kupferkessel, eingekittet in den Ofen. Sein Oberteil war mit der Haube verschlossen, einem Deckel mit Kopfbalken in Form eines gebogenen Kupferhorns, das mit einer breiten Rohrmuffe zur Öffnung des Deckels befestigt wurde und mit ihm ein Ganzes bildete. Das andere Ende dieser Kupferröhre war durch den engen Teil mit der Kupferschlangenröhre verbunden – einer spiralförmigen Röhre, die sich in einem Kübel mit kaltem Wasser befand (gewissermaßen in einem Kühlschrank).

In einem solchen Destillationsgefäß konnte man nur eine Destillation – von Dünnbier in Raka – vornehmen. Dann musste man das Destillationsgefäß öffnen, reinigen, mit Raka füllen und wieder destillieren, um schließlich den Wein gewinnen zu können. Der Wein floss sofort über die Schlangenröhre in das Fass oder in ein besonderes Auffanggerät ab, falls man ihn noch einmal destillieren musste.

Die Destillation von Raka zu Wein konnte man in einem anderen von der Konstruktion her gleichen Destillationsgefäß durchführen, im Weindestillationsgefäß. Dünnbier- und Weindestillationsgefäße konnten gesondert existieren, konnten jedoch auch miteinander verbunden werden. Dann floss der bei der Destillation im Dünnbierdestillationsgefäß gewonnene Raka durch die Röhre in das Weindestillationsgefäß. Dort wurde der Raka erneut destilliert. Der Kornwein, den man im Ergebnis der Destillation von Raka in Einzeldestillationsgefäßapparaten gewann, konnte nicht sehr stark sein. In der Regel lag er nach dem Alkoholgehalt unter 40°, mitunter um 10–15°; sehr selten (in Kombination von qualitativ guten Rohstoffen, gutem Wasser und einer erfolgreichen Destillation) war der Alkoholgehalt etwas höher als 40°.

Die einfachste Verbesserung des technologischen Prozesses war die vorherige Erwärmung des Dünnbiers, die man im Apparat von Dorn anwendete.

Der Apparat von Dorn

Er bestand aus einem flachen Destillationsgefäß (A) mit einer Raumhaube, dem Vorerhitzer (C) mit der Schlangenröhre (g) und dem Kühlschrank (E) mit der Schlangenröhre (p). (hh) – der Deckel des Erhitzers mit der Röhre, durch die die Achse (l) des Mischergeräts führte; (e) – die Röhre, um die Maische in den Erhitzer zu gießen; (m) – der Hahn für die Regulierung der Füllung des Erhitzers.

Nachdem alle Hähne beim Erhitzer, außer (m), geschlossen waren, goss man in den Erhitzer das Dünnbier aus dem Gärungskübel über (l) ein, bis das Dünnbier aus dem Hahn (m) zu fließen begann. Das Dünnbier senkte man durch den Hahn (e) ins Destillationsgefäß ab. Nach dem Schließen des Hahnes (e) zündete man unter dem Destillationsgefäß ein starkes Feuer an, oder man leitete einen starken Dampfstrahl in das Destillationsgefäß, sofern man die Destillation mittels Dampf durchführte.

Dann füllte man wieder den Erhitzer an und schloss den Hahn (m). Wenn der Inhalt des Destillationsgefäßes zu kochen begann, wurden die sich absondernden Spiritusdämpfe durch die mit der kalten Maische umgebene Schlangenröhre (g) in den Rektifikator (D) geleitet, wo sie kondensierten. Die kondensierte Flüssigkeit sammelte sich im Rektifikator (D). Je nachdem, wie das Dünnbier im Erhitzer C erhitzt wurde, traten immer mehr und mehr nicht kondensierte Dämpfe in den Rektifikator, wobei die hier angesammelte Flüssigkeit zum Kochen kam und destilliert wurde. Dabei traten die sich bildenden Dämpfe durch die Seitenröhre in die Schlangenröhre des Kühlers, wo die vollständige Kondensation und Abkühlung erfolgte.

Die Destillation dauerte so lange, bis das Destillat 35 % oder 40 % nach Tralles anzuzeigen begann. Dann öffnete man den Hahn (r) und maß mit dem Alkoholmesser die in einer kleinen, an der Haube befestigten Schlangenröhre kondensierende Flüssigkeit. Wenn diese Flüssigkeit keinen Spiritus mehr enthielt, wurde die Destillation abgebrochen.[47]

Wie schon gesagt, erzeugen Apparate solchen Typs (des periodischen Ablaufes) Spiritus mit schwachem Alkoholgehalt (ungefähr 60 % nach Tralles). Nach der Beendigung der Destillation wiederholte man den Prozess.

Der Apparat von Pistorius war von der Konstruktion her komplizierter, allerdings produktiver.

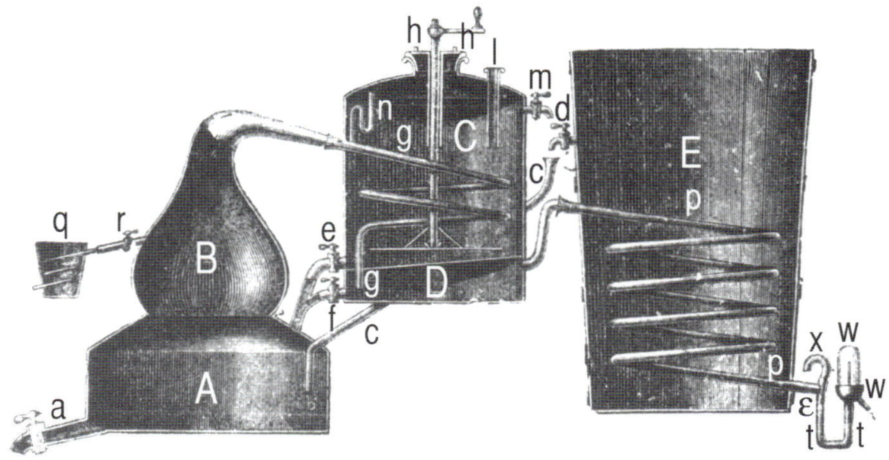

Der Apparat von Dorn

Der Apparat von Pistorius

Er bestand aus zwei Destillationsgefäßen, dem Vorerhitzer, dem mit ihm verbundenen Rektifikator und dem Dephlegmator. Pistorius führte als erster den Apparat ein, wo die Rektifikation mit der Dephlegmation zum Zwecke der Steigerung des Alkoholgehaltes des gewonnenen Destillats sowohl aus Getreide als auch aus Kartoffeln verbunden war. (Abbildung siehe Seite 76.)

Das in den Kübel (Q) einzugießende, mit der Pumpe (R) zu pumpende Dünnbier drang zunächst in den Heizapparat (FG) vor. Im Heizapparat wurde die kalte Flüssigkeit durch die Dämpfe, die die Kessel (A) und (D) absonderten, erwärmt und diese Dämpfe dephlegmiert. Die Wärme der Verflüssigung des Wassers, die im Gemisch mit Spiritusdämpfen enthalten ist, ging nicht verloren und wurde zum Vorwärmen des zu destillierenden Dünnbiers nützlicherweise verwendet. Die Dephlegmation erfolgte auch unter Zuhilfenahme des Tellerapparates (H), auf den eine „Schicht" Wasser floss. Jener Teil der Dämpfe, der im Prozess der Dephlegmation in den flüssigen Zustand überging, floss in das Destillationsgefäß (D) ab und wurde dem Dünnbier dieses Destillationsgefäßes beigemischt. In regelmäßigen Zeitabständen, wenn aus dem Destillationsgefäß (A) nur Wasserdämpfe austraten (der ganze Spiritus war bereits in das Destillationsgefäß [D] destilliert), entleerte man die Schlempe und ließ nach dem Schließen des Ventils der Verbindungsröhre (M) den Inhalt des Destillationsgefäßes (D) ein. Und in letztgenanntes ließ man aus (GF) das vorgewärmte Dünnbier ein. Im Destillationsgefäß (D), wo die Erwärmung durch die Rauchfänge der Feuerung und die aus dem Destillationsgefäß (A) kommenden Dämpfe des Dünnbiers erfolgte, vollzog sich einerseits die Aussonderung des Dampfgemisches von Spiritus und Wasser, andererseits die Kondensation der Dämpfe, die sich durch die Röhre (B) aus dem Des-

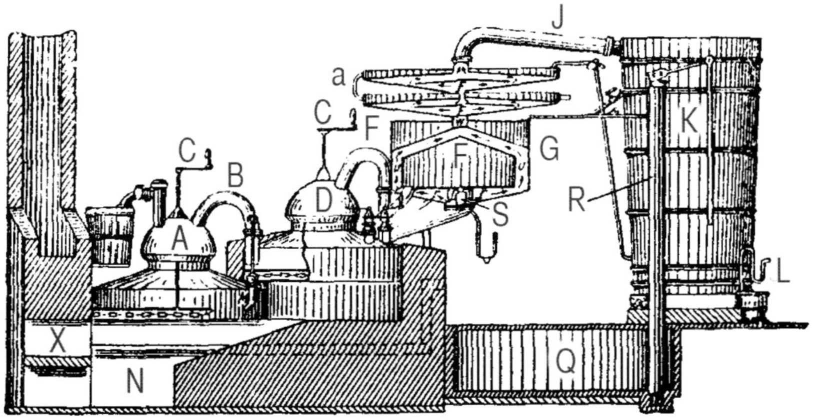

Фиг. 3. Перегонный винокуренный аппарат Писториуса, действующий периодически. Нагревается топкою ***NX*** **и снабжен ректификационным кубом** ***D*****, подогревателем** ***F*****. дефлегматором** ***H*** **и холодильником** ***K*****.**

Der Apparat von Pistorius

tillationsgefäß (A) absonderten; folglich diente das Destillationsgefäß (D) zur Rektifikation. Die Rührer (C und C) mit den ins Dünnbier getauchten Ketten verhinderten die Sedimentierung und das Anbrennen seiner festen Bestandteile.

Auf diese Weise bewegte sich das Dünnbier in Richtung von (G) nach (A) und verlor unter allmählicher Erwärmung seinen Spiritus, wobei sich die in (A) mittels des Erhitzers (N) bildenden Dämpfe in entgegengesetzter Richtung bewegten und allmählich Wasser abgaben, indem sie auf die immer kälter werdenden Teile der Apparatur trafen. Zum Schluss traten die Spiritusdämpfe aus dem Tellergerät in den Kühler (K) ein und verwandelten sich in seinen kupfernen, von kaltem Wasser umgebenen Röhren in die durch (L) in den Aufnehmer abfließende Flüssigkeit.

Die mittlere Stärke des gewonnenen Spiritus betrug zwischen 80 Vol.-% und 85 Vol.-%. In der Anfangsvariante hatte der Destillierapparat von Pistorius nur ein Destilliergefäß und ergab ein Destillat von nur 40–45 % nach Tralles.[48]

Eine grundsätzliche Vervollkommnung der Destillierapparate war die Erfindung der ununterbrochen funktionierenden Geräte (Rektifikationsgeräte), die gleichmäßig, ohne Unterbrechung, arbeiteten, Spiritus des gewünschten Alkoholgehaltes und einer höheren Reinheit ergaben, durch die eintretenden Dämpfe (aus dem Dampfkessel) erwärmt wurden, weniger Brennstoff verbrauchten und weniger Wartung erforderten. Es gab viele Systeme dieser Art, wobei das Augenmerk auf die Beschreibung zweier Typen beschränkt sei. In England wurde das Gerät von A. Coffey verwendet, in anderen Ländern wandte man zumeist den in Frankreich erfundenen Säulenapparat des Systems von Savalle an.

In allen diesen Geräten floss das Dünnbier ununterbrochen zuerst durch Röhren (zwecks Vorwärmung), wurde durch die Dämpfe des Wassers und durch Spiritus erhitzt (und dephlegmiert), um dann über eine Kaskade nach unten zu fallen. Auf immer heißere Dämpfe treffend, gab das Dünnbier all den Spiritus ab und ging allmählich in Schlempe über, die ständig aus dem Gerät floss.

Die sich gleichzeitig in Gegenrichtung bewegenden Dämpfe, die auf die Kaskade des fallenden Dünnbiers stießen, entrissen ihm den Spiritus und kondensierten selbst, so dass zum Schluss nur noch Dämpfe mit geringer Wassermenge verblieben, die in den Kühler eintraten, wo sie sich zu flüssigem gekühlten Spiritus verwandelten.

Die Apparate von A. Coffey zeichneten sich durch ziemlich große Ausmaße aus (zum Beispiel betrug die Höhe 13 m und der quadratische Querschnitt jeder Säule war 6 x 4 m). Innerhalb von vierundzwanzig Stunden ergab ein solcher Apparat bis zu 2.000 Eimer Spiritus. Die ersten ununterbrochen arbeitenden Apparate nach A. Coffey, die bereits um 1834 verwendet wurden, arbeiteten ausschließlich auf der Basis flüssiger Maischen, die vor der Destillation leicht durchgesiebt werden konnten. Sie ergaben mit Mühe einen Spiritus einer Stärke von mindestens 85 Vol.-%. (Abbildung siehe Seite 79.)

Die späteren Modelle dieses Gerätes hatten folgende Einrichtung: Die erste Rektifikationssäule (B) enthielt viele (etwa 40) Reihen oder Schichten Röhren mit einem Durchmesser bis 14 cm, bei denen sich das von der Pumpe (C) aus dem Reservoir (D) durch die Röhre (E) gepumpte Dünnbier in der Säule nach oben bewegte. Wenn während der Destillation der Zufluss des Dünnbiers zu verringern war (mit Hilfe des Hahns der Zuleitungsröhre), öffnete man den Hahn der Röhre (F).

Die linke Trennsäule (A), Analysator genannt, nahm das erwärmte Dünnbier auf, das über die Röhre (q) auf eine Reihe kupferner durchlöcherter Platten stieg, auf denen eine Schicht Dünnbier (mit einer Höhe von 4 cm) verblieb. Der Überschuss floss auf die daruntergelegenen Platten. Durch diese Schichten des Dünnbiers drangen die sich im Dampfkessel (H) bildenden Dämpfe. Beim Durchdringen des Dünnbiers entriss ihm der Wasserdampf sämtlichen Spiritus, wobei die flüssige Schlempe durch die Röhre (K) abgeleitet wurde. Die Spirituswasserdämpfe gingen durch die Röhre

(LM) von der einen Säule (A) in die rechte Säule (B) über und wurden hier unter allmählichem Anstieg zu Lasten des erwärmten Dünnbiers dephlegmiert und rektifiziert, da sie oberhalb einer langen Reihe von Trennwänden verliefen, die Reihen der Dünnbier enthaltenden Röhren teilten. Der in der rechten Säule (B) entstehende und viel Wasser und Fusel enthaltende Lutter (so genannter Raubrand) floss in den Aufnehmer (N) ab, und von hier stieg er mit Hilfe der Pumpe (O) durch die Röhre (p) in der linken Säule (A) nach oben, wo er sich mit dem Dünnbier vermischte.

Die in der Säule (B) aufsteigenden, Wasser verlierenden Dämpfe passierten die Röhre (Q) und den Kühler (R), wo sie in den flüssigen Zustand übergingen, und von dort bewegten sie sich in das mit Glas verschlossene Auffanggerät, wo der Alkoholmesser schwamm, und schließlich in den Aufnehmer (P).

Das Gerät von A. Coffey war für die Destillation des Dünnbiers, das man aus für die meisten Brennereien Russlands kennzeichnenden zähflüssigen Maischen gewann, wenig brauchbar. Eine breite Anwendung fand in Russland der kupferne, ununterbrochen arbeitende Destillierapparat des Systems von Savalle, der so genannte belgische Apparat. Die Apparate dieses Systems wurden erfolgreich in Weinbrennereien angewandt, die große Mengen Spiritus bei langem Brennintervall herstellten. Sie ergaben einen starken und relativ reinen Spiritus bei geringem Brennstoffverbrauch. (Abbildung siehe Seite 80.) Die Hauptteile des Apparates: 1) Säule (A), in deren Oberteil das in (D) vorgewärmte Dünnbier eintritt und wo dieses Dünnbier beim Abstieg über eine Kaskade durch den Einfluss des von unten eintretenden Dampfes Spiritus verliert und sich in Schlempe umwandelt; 2) Rektifikationssäule (B), in der der Spirituswasserdampf viel an Wasser verliert und zu Lutter wird; 3) Luttersäule bzw. Raubrandsäule (c), die unter der Rektifikationssäule angeordnet ist; 4) Dephlegmator (D), der zu gleicher Zeit zur Vorwärmung des Dünnbiers dient; 5) Kühler (E), der die den Dephlegmator passierenden Dämpfe starken Spiritusgehaltes kondensiert.

Die Pumpe (F) pumpte das Dünnbier durch die Röhre (G) in die Schlangenröhre des Dephlegmators. Das erwärmte Dünnbier ging durch die Röhre (r) in die Säule (A), die durch horizontale Trennwände in viele Kammern unterteilt war, die durch vertikale, zu beiden Enden und peripher geöffnete Röhren miteinander verbunden waren, so dass das untere Ende jeder Röhre in die an der unteren Trennwand stehende Flüssigkeit getaucht war und das obere Ende über der oberen Trennwand herausragte, damit sich an ihr geringe Flüssigkeitsmengen absetzen konnten.

Auf diese Weise fiel das Dünnbier allmählich in der Säule (A) hinunter, wo durch selbiges der Wasserdampf für die endgültige Ausscheidung des Spiritus hindurchtrat. Im Zentrum jeder Trennwand befanden sich die über die Flüssigkeit hinausragenden und mit Deckeln abgedeckten Röhren. Diese Deckel zwangen die Dämpfe, durch die Flüssigkeit jeder Trennwand einzudringen. Hier erfolgte in jeder Kammer die Rektifikation, wobei die austretenden Dämpfe bis zu 40 Vol.-%. Spiritus enthielten und das die Sohle der Säule erreichende Dünnbier all seinen Spiritus verlor.

Zwecks Bestimmung des Umfanges des Spiritusverlustes wurde ein Teil der Dämpfe aus den unteren Kammern in einen kleinen Kühler geleitet (i). Wenn in den Dämpfen der untersten Kammer Spiritus festgestellt wurde, erhöhte man die Wasserdampfmenge. Die Schlempe floss durch die Röhre (h) in ein Gefäß mit dem ihren Ausfluss automatisch regelnden Schwimmer.

Die aus (A) und (B) durch die Röhre (s) austretenden Dämpfe durchquerten die Schichten der an den Trennwänden befindlichen und aus schwachem, aus dem Dephlegmator (D) fließendem Spiritus bestehenden Flüssigkeit so, wie sie in (A) das Dünnbier durchqueren, allerdings mit dem Unterschied, das hier die zentrale Öffnung mit dem Deckel fehlte und in den Trennwänden Öffnungen (Löcher) perforiert waren (bei den oberen Trennwänden mit kleinerem Durchmesser als bei den unteren), durch die der Dampf hindurchtrat, indem er an jeder Trennwand eine Schicht des wässrigen, von oben abfließenden Spiritus passierte.

Der englische Apparat von Aneas Coffey für die Destillation gesiebten Dünnbiers

H – Dampfkessel; B – Dephlegmator (nach englischer Nomenklatur – Rektifikator); A –Analysator ; R – Kühler; S – Aufnehmer

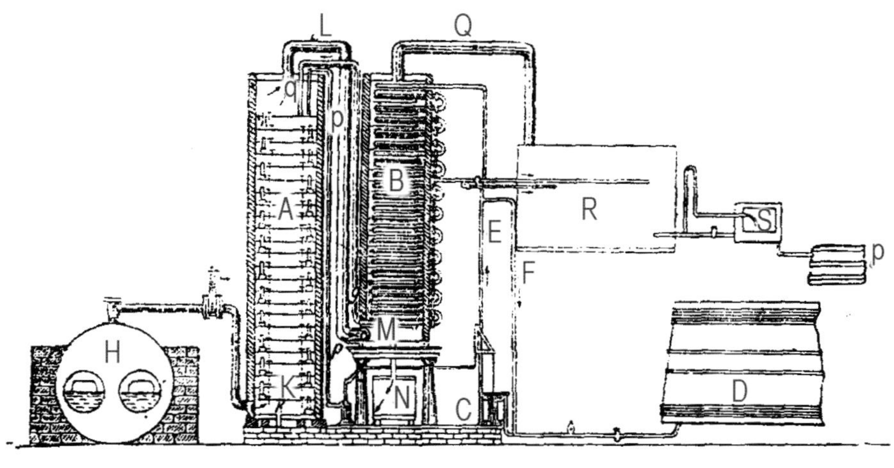

Фиг. 4. Английский прибор Коффи для перегонки цеженной бражки. *H* паровик, *B* дефлегматор (по английской номенклатуре: ректификатор), *A* анализатор. *R* холодильник и *S* сборник

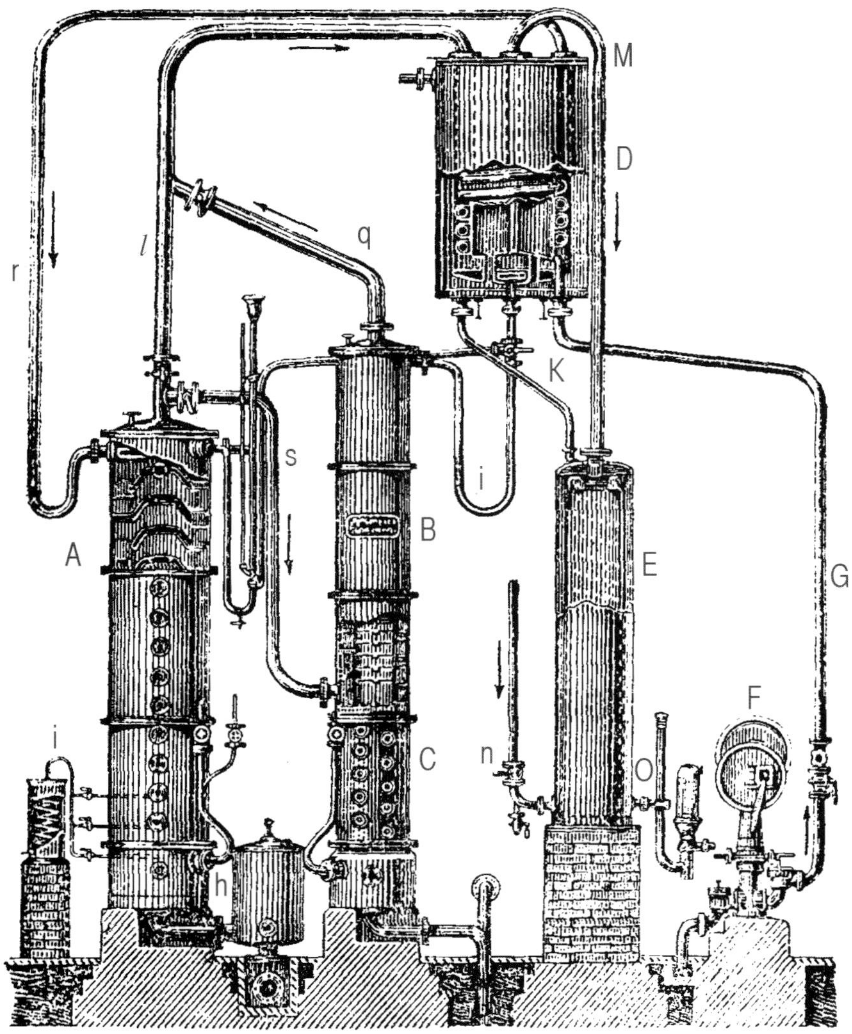

Der ununterbrochen arbeitende Destillierapparat des Systems von Savalle.

Man pumpte das Dünnbier mit Hilfe der Pumpe (F) nach oben. Das Dünnbier ging in den Erhitzer und Dephlegmator (D) und dann durch die Röhre (r) in die Destilliersäule (A). Durch die Röhre (h) floss die Schlempe aus. Die Dämpfe aus (A) durch (s) gelangten in den Rektifikator (B), Dephlegmator (D) und Kühler (E)

Unter Verlust von Spiritus gelangte die an Fusel reiche, abfließende Flüssigkeit (so genannter Raubrand bzw. Lutter) in die Säule (C), und der sich mit Spiritus anreichernde und Wasser verlierende Dampf durchlief die Röhre (q) in den Dephlegmator (D). Hier erfolgte der Zerfall des Dampfes (in Lutter, d. h. schwachen Spiritus, sowie stark spiritushaltige Dämpfe) nicht nur unter dem Einfluss der kaltes Dünnbier von (G) nach (A) führenden Schlangenröhre, sondern auch unter Einwirkung des im Kühler (E) gewärmten und aus ihm (zur Einsparung kalten Wassers) durch die Röhre (K) um den Dephlegmator herumfließenden Wassers. Die im Dephlegmator gebildete Flüssigkeit floss durch die Röhre (i) in die Säule (B), und die Dämpfe gingen durch die Röhre (M) in den Kühler (E) zur Abflussöffnung (O).

Das kalte, für die endgültige Abkühlung der Dämpfe und des flüssigen Spiritus dienende Wasser floss in den unteren Teil des Kühlers durch die Röhre (n).

Der Vorzug der nonstop arbeitenden Apparate bestand darin, dass sie ohne Unterbrechung arbeiten konnten, bis das Dünnbier und der Dampf zugeführt werden. Sie ergaben aus dem Dünnbier sofort hochgradigen Spiritus – bis 98 % – und ermöglichten somit die Gewinnung von Spiritus einer bestimmten Stärke und eines bestimmten Reinheitsgrades, indem der Alkohol in verschiedenen Stadien der Destillation ausgewählt wurde. Der Spiritus aus dem oberen Teller der Rektifikationssäule hatte die höchste Stärke- und Reinheitsstufe, im Gegensatz zu dem auf niedrigeren Tellern abgenommenen Spiritus.

Das Dünnbier hatte in derartigen Apparaten einen geringeren Gehalt an Fuselölen. In den Zweisäulengeräten gelangte der für das Dünnbier nachteilige Fusel im Vergleich zu den Geräten mit einer Säule und periodisch arbeitenden Apparaturen nur teilweise in das Dünnbier. Die Grundmenge des Fusels blieb in der Luttersäule (C), aus der der Rest des Spiritus gebrannt wurde und wo das Wasser und der Fusel gesammelt wurden.

So gesehen, war das 19. Jahrhundert ein Jahrhundert der Errungenschaften für die Branntweinindustrie, da in dieser Zeit qualitative Veränderungen in Technik und Technologie der Spiritusherstellung geschahen. Die Anwendung der ununterbrochen arbeitenden Apparate ermöglichte es, einen Spiritus von hoher Qualität zu gewinnen. Dank der Verwendung von Dampf statt Feuer bei der Destillation wurde der Prozess weniger energieintensiv und weniger aufwändig.[49] Außerdem brannte die Maische beim Dampfverfahren nicht an, und man konnte sie höher konzentrieren, um einen reineren und stärkeren Spiritus zu erhalten. Mit einem Dampfkessel und folglich mit einer Feuerung konnte man mehrere Destillierapparate gleichzeitig betreiben, was eine Menge Brennstoff zu sparen half.

Die Dampfapparate konnten aus billigerem Material gefertigt werden, und sie dienten länger als bei der Erwärmung mit offenem Feuer. Der für die Destillation gebrauchte Dampfkessel konnte gleichzeitig das Wasser für die Zubereitung der Maische, für das Kochen der Kartoffeln und des Getreides erwärmen.

Die technische Ausrüstung der Fabriken der Branntweinindustrie in Russland blieb für das Jahr 1880 auf relativ niedrigem Niveau, und dies ungeachtet der großen Anzahl von Erfindungen im Bereich des Weinbrennens. „Die Mehrheit der Branntweinapparate und -geräte wird bei uns noch immer vor Ort durch die Weinbrenner und Bauleute selbst errichtet. Wo es nur möglich ist, werden diese Geräte aus Holz (zum Beispiel tragbare Destilliergefäße usw.) gefertigt, und Kupfer wird nur dort verwendet, wo man ohne selbiges mit Bestimmtheit nicht auskommen kann (zum Beispiel für Röhren, Dephlegmationsteller u. a. m.). Fast alle solche Fabriken zeichnen sich durch eine irrationale Anordnung aus, verbrauchen sehr viel Brennstoff und haben nicht wenige andere Unzulänglichkeiten."[50]

Die Situation änderte sich wenig im nachfolgenden Jahrzehnt. Nach Angaben des Technischen Komitees beim Departement für Verbrauchsteuern gab es in den Jahren 1888–1889 in Russland 2.145 Branntweinfabriken, von denen 2.100 im eigentlichen Sinne Brennereien und 45 Hefebrennereien waren. Diese Fabriken verarbeiteten folgenden Rohstoff: 1) Kornvorräte (Getreide) und Kartoffeln (1.485 Fabriken); 2) Kornvorräte, Kartoffeln und Melasse (20 Fabriken); 3) nur Kornvorräte (603 Fabriken, davon 45 Hefebrennereien); 4) Kornvorräte und Melasse (32 Fabriken); 5) nur Melasse (5 Fabriken).[51]

Wie war die technische Ausstattung der russischen Brennereien? (Zu den russischen Gouvernements gehörte auch das Polnische Zarenreich.)

Von der allgemeinen Anzahl der Fabriken hatten 542 keinen Dampfkessel; 1.602 Fabriken waren mit einem Dampfkessel bestückt (74,7 %), darunter waren 639 Fabriken mit einfachen hölzernen Dampfkesseln und 963 mit metallischen Hochdruckdampfkesseln ausgestattet. Bei der Einrichtung der Maischebottiche konnte man die Fabriken in zwei Gruppen unterteilen: a) 297 Fabriken mit Maischebottichen ohne Rührer (13,8 % der Gesamtzahl); b) 1.847 Fabriken mit Maischebottichen mit den Rührern. Die Maische wurde in 305 Fabriken manuell mit Rührlöffeln, Rudern oder Ähnlichem gemischt, in 750 Fabriken unter Anwendung eines Pferdezuges, in 25 Fabriken mit Hilfe eines Wassermotors und in 1.064 Fabriken mittels einer Dampfmaschine.

Je nach den Systemen der Destillierapparate traf man eine Unterteilung in Fabriken mit Destilliergefäßsystem (1.318 Fabriken) und in Fabriken mit ununterbrochen arbeitenden Destillierapparaten (826 Fabriken).

Von den 1.318 für die Destillation Destilliergefäße verwendenden Fabriken hatten 1.220 Fabriken Apparate mit zwei Destilliergefäßen des Systems von Pistorius: bei 953 Fabriken waren diese Apparate mit Dephlegmationstellern ausgestattet, hatten jedoch keine Rektifikationssäulen; die Apparate von 267 Fabriken hatten sowohl Dephlegmationsteller als auch Rektifikationssäulen. Von den übrigen 98 Fabriken mit Destilliergefäßen waren in

Werbung der Maschinenbau-, Eisen-, Kupferkessel- und Gießfabrik Franz Krull in Revel (links)

- Spiritus raffinierende Fabriken
- Brennereien
- Forstwirtschaftliche Fabriken und Mühlen. Rektifikationsapparate des Systems „Savalle" und „Vernix". Franz Krull. Revel. Maschinenbau-, Eisen-, Kupferkessel- und Gießfabrik. Gegründet 1865
- Referenzen und positive Reaktionen auf erste Anforderung
- Apparate „Perrier"
- Dampfmaschinen
- Dampfkessel aller Größen und Konstruktionen
- Mit zwei Säulen ununterbrochen arbeitender Dünnbierdestillierapparat des Systems von „Krull"

Werbung der Firma W. Schukowskij in Sankt Petersburg (rechts)

- W. Schukowskij
- Amerikanische Lokomobile, Motoren
- Dampfkessel und Dampfmaschinen von kleinsten bis größten Ausmaßen
- Vollständige Einrichtung von Mühlen mit Dampf-, Wasser- und Petroleummotoren zum Mahlen von Roggen, Weizen, Hafer, Gerste, Erbsen u. a. m. für bäuerliches und kommerzielles Mahlen. Die künstlichen Mühlsteine von Josif Perann brauchen nie einen Schmied und geben schönes Mehl
- Vollständige Einrichtung von Sägewerken, Ziegelfabriken, Ölmühlen und Brennereien
- Vervollkommnete Turbinen
- Referenzen, Angaben und Preislisten werden kostenlos versandt

Die Dünnbierdestillationsabteilung der Brennerei von L. J. König im Gut Gutjanskoe des Charkower Gouvernements. Zur Wende vom 19. zum 20. Jahrhundert

60 Fabriken Apparate des Systems von Gall und in 38 Fabriken Apparate mit einem Gefäß installiert.

Es gab 826 Fabriken, die mit ununterbrochen arbeitenden Destillierapparaten ausgestattet waren und 38,5 % der Gesamtanzahl der Fabriken darstellten. Auf 698 Fabriken entfielen Apparate mit einer Säule, auf 82 Fabriken Apparate mit zwei Säulen, bei 44 Fabriken handelte es sich um Apparate des Systems von Ilges und bei 2 Fabriken des Systems von Coffey.[52]

Noch nach 10 Jahren vollzogen sich folgende Änderungen in der technischen Ausrüstung der Werke. Nach Angaben des Technischen Komitees, gab es in Russland in den Jahren 1898–1899 insgesamt 2.049 Werke, davon 41 Hefebrennereien.

Die Werke verwendeten nachstehende Rohstoffe: 1.763 Werke Kornvorräte und Kartoffeln. 197 (zuzüglich die 41 Hefebrennereien) nur Kornvorräte. 28 Werke Kornvorräte, Kartoffeln und Melasse. 16 Werke Kornvorräte und Melasse. 4 Werke nur die Melasse.

Von der verarbeiteten Gesamtrohstoffmenge (3.702.380 Pud) stellten Kartoffeln einen Anteil von 68,2 % dar; ferner Roggen 10,4 %, Grünmalz 8 %, Mais 6,7 % Melasse 2,9 %, Trockenmalz 1,6 %, Hirsemehl 1,1 %, Weizen 0,4 %, Gerstenmehl 0,2 %, Hafermehl 0,2 %, verschiedene Kornvorräte 0,2 %, Stärke 0,1 %.

Die Anzahl der Werke, die mit Dampfbetrieb ausgerüstet waren, betrug 1.888, davon waren 332 Werke mit Holzdampfkesseln und 1.556 Werke mit Metallhochdruckdampfkesseln ausgerüstet. Ohne Dampfkessel arbeiteten lediglich 161 Werke.

Die Anzahl der Werke, die primitive Maischekübel ohne Mischer verwendeten, verringerte sich bis auf 78, mit gewöhnlichen Mischern waren 658 Werke ausgerüstet. Die Mehrheit gebrauchte jedoch Maischebehälter verbesserter Konstruktionen – ohne Wasserfilter 2, mit Wasserfilter 1.311.

Manuell mischte man die Vorräte nur in 76 Werken, den Pferdezug gebrauchte man in 374 Werken, Wassermotoren fanden in 23 Werken Anwendung und in 1.576 Werken wurde die Maische mit Hilfe von Dampfmaschinen gemischt.

In 766 Werken verwendete man Destillationsgefäße. 1.283 Werke waren mit den ununterbrochen arbeitenden Apparaturen ausgerüstet.

Von den 766 Werken mit Destillationsgefäßsystemen hatten 742 Zweidestillationsgefäß-Apparate von Pistorius, davon hatten 503 Apparate mit Dephlegmationstellern, jedoch ohne Rektifikationssäulen. Andere 239 Werke hatten Apparate mit Dephlegmationstellern und Rektifikationssäulen.

Von den insgesamt 1.283 Werken, die über ununterbrochen arbeitende Destillationsgefäßapparate verfügten, funktionierten Einsäulenapparate in 1.077 Werken, Zweisäulenapparate in 136 Werken, in 46 Werken waren Apparate von Ilges, und in 24 Werken waren Apparate von Perrier installiert.[53]

Somit war im Verlaufe von 10 Jahren eine erhebliche schrittweise Verringerung der Handarbeit in der Mehrheit der russischen Brennereien zu verzeichnen. Auch die Technologie der Kornwein- und Spiritusproduktion erfuhr bedeutende Veränderungen.

Mit Hilfe der ununterbrochen arbeitenden Apparate gewann man Spiritus von einer Stärke von mindestens 90 % und mit einem hohen Reinheitsgrad.

Wie reinigte man nun früher den Kornwein und Spiritus?

Die Läuterung des Kornweines

Der in Apparaten mit einem Destillationsgefäß und in ununterbrochen arbeitenden Apparaten gebrannte Wein enthielt Fuselöl und andere schädliche Beimengungen und bedurfte einer zusätzlichen Läuterung.

Die Verfahren der Raffination des Weines und des Spiritus entwickelten sich so, wie die Technologie und Technik der Erzeugung und die wissenschaftlichen Kenntnisse in diesem Bereich des Weinbrennens.

In Veröffentlichungen des 18. und 19. Jahrhunderts gibt es viele Rezepte für das „Ausmerzen des schlechten Geschmacks und Geruchs im Kornwein". Die wohl meistverbreitete Methode war die doppelte Destillation des Weines.[54] Der Alkoholgehalt und die „Güte" (Reinheit) des Kornweines waren lange Zeit Synonyme. „Wenn man einen einfachen Wein nehmen und ihn destillieren will, so destilliere man eine Hälfte dieses Weines (was man gedoppelten Wodka nennen möge), und aus diesem Doppelwein destilliere man wieder ein

Drittel, den man Dreierwodka oder reinsten und stärksten Wein nennt", heißt es in einer Publikation des 18. Jahrhunderts.[55]

Das Kochbuch erteilt folgenden Ratschlag: „Wenn du erfahren willst, ob der im Ergebnis der fünffachen Destillation des Kornweines mit pflanzlichen Ingredienzien auf schwachem Feuer gewonnene Wodka gut und stark ist, gib in ein Tongefäß einen Löffel Staubpulver, gieße gewonnenen Wodka hinzu und zünde es mit einem Holzspan an. Wenn der Wodka zusammen mit dem Staub verbrennt, ist er sehr stark, und wenn das Pulver nicht aufflammt, destilliere noch einmal über das Destillationsgefäß."

Zahlreiche Rezepte des 18. Jahrhunderts für die Herstellung des Wodkas stützen sich auf Ratschläge bezüglich der Anwendung verschiedener Stoffe organischen und anorganischen Ursprungs für die Reinigung der Getränke.[56] Sie sollten angeblich mit den schädlichen Beimischungen, die im Spiritus enthalten sind, reagieren und das Getränk raffinieren, reinigen. Zu diesem Zweck verwendete man für die Verbesserung des Wodkas frischbackenes Brot, Milch, Molke, Rinder- oder Hammelbrühe, rohes Rindfleisch, rohe Eier, Fischleim, Kochsalz, Soda, Pottasche u. a.[57]

Das Mitglied der Freien ökonomischen Gesellschaft S. Drukowzow riet, bei der Destillation des Wodkas mit Wacholderbeeren versetzten Kornwein aus Sommergetreide zu verwenden. Ferner schlug man vor, diesen Wein mit beliebigen anderen Zusätzen (Kräuter, Blumen, Nüssen, Obstschalen, Tannenzapfen, Beeren und sogar mit einem Ameisennest) zu destillieren, indem für die Reinigung empfohlen wurde, in das Destillationsgefäß Fleischbrühe vom Rind oder Hammel, Milch oder Molke oder etwas Traubensaft hinzuzufügen.[58]

In einer der Anweisungen für die Zubereitung des Wodkas enthalten alle Rezepte als läuternden Zusatz Salz.

Zum Beispiel empfiehlt ein Rezept für die Zubereitung von Rosmarinwodka: „Nimm auf 28 Pfund Wodka ein Pfund Rosmarin, eine Handvoll Salz, destilliere sachkundig und süße mit 3 Pfund Zuckersaft."[59]

Bei der Herstellung des süßen Wodkas empfiehlt der Verfasser des Rezeptes, für die Reinigung in das Destillationsgefäß direkt bei der Destillation 1,5 Pfund weißen, heißen und frischbackenen Brotes, ein Pint[60] (= ca. ein halber Liter) roten Weines und ein Pint Kuhmilch hinzuzugeben.[61] Für die Reinigung der Liköre von der Trübheit fügte man Milch und Eiweiß hinzu, ließ alles einige Tage abstehen, dann goss man das geklärte Getränk ab.[62]

Im Allgemeinen verwendete man in Russland auch mechanische Reinigungsmethoden: die Filterung durch verschiedene Stoffe, Papier, Durchlassen durch einige Naturstoffe.

Es war bereits die Rede davon, dass während des Austritts des Raka bei der Destillation des Dünnbiers in den Trichter zum Filtern Flanell untergelegt wurde. Manchmal fügte man dem destillierten Wein Salz bei, das Salz löste sich auf, dann filterte man es durch Baumwollgewebe. Diese Vorgangsweise entfernte die Trübung im Wein.[63] Den fertigen Wodka filterte man häufig mittels dicken, grauen Papiers.[64]

Um sich der unangenehmen Düfte im Wein zu entledigen, benutzten die Weinbrenner die Methode des Zusatzes einiger pflanzlicher Ingredienzien bei der Destillation von Raka: Pomeranzenschale, Anis, Kümmel, Kardamom und die bereits erwähnten Wacholderbeeren.[65] Die aromatischen Ingredienzien läuterten zwar nicht den Wein, jedoch übertünchten sie seinen unangenehmen Duft.

Im 18. Jahrhundert begann man, für die Reinigung des Kornweines Holzkohle zu verwenden. Im Jahre 1785 entdeckte T. J. Lowitz die Erscheinung der Adsorption von Lösungsbeimengungen durch Kohle. Dies war eine Spitzenleistung auf dem Gebiet der Wissenschaft. T. J. Lowitz experimentierte mit verschiedenen Stoffen.

In der Praxis löste seine Erforschung der Anwendung von Kohle für die Reinigung des Kornweines regstes Interesse aus. Er gelangte zu dem Schluss, dass die Bearbeitung des Kornweines mit Kohle seine Geschmacksqualitäten enorm steigerte, von „angebrannten und fettigen Teilchen" (Fuselöle) befreite.

Neben der Entdeckung der Adsorptionseigenschaft der Kohle gab T. J. Lowitz wichtige Empfehlungen für die Anwendung der Kohle: Sie muss „glühend" sein und „zerkleinert" sein. Wenn man solche Kohle dem Kornwein hinzufügt, gut „schüttelt" und abstehen lässt, wird der Wein von „dem ihm eigenen widerlichen Geruch" befreit. T. J. Lowitz läuterte den Wein, indem er ihn mit der Kohle ansetzte.[66]

In der Praxis brachte man die Kohle häufig in den Dünnbierkessel ein, aber dieses Verfahren war we-

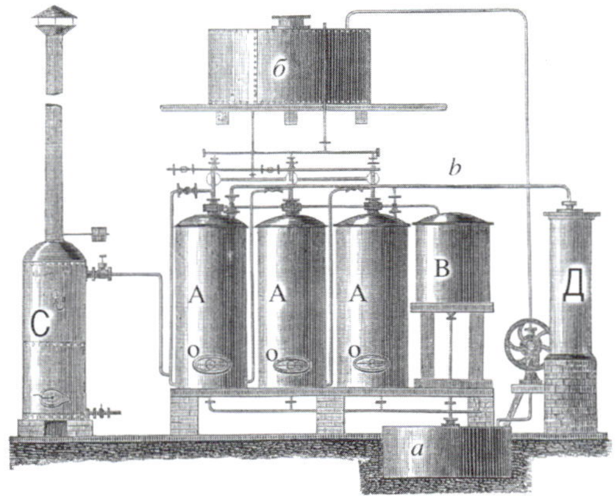

Die Filtrationsbatterie zur Reinigung des Spiritus (Kornweines) vom Fuselöl

C – Dampfkessel für das Durchblasen der Kohle, die die Absorptionsfähigkeit verloren hat.

D – Kühlbehälterschrank, wohin der Dampf vom Dampfkessel in die Röhren stieg und dort gekühlt wurde.

19. Jhdt. – Beginn des 20. Jhdt.

nig effektiv. Ein optimales Ergebnis erzielte man bei der Reinigung des schon fertigen Weines mit Hilfe seiner Filtrierung durch Birkenkohle. Die Menge der zu verwendenden Kohle und die Anzahl der Filterungen konnten verschieden sein. Zum Beispiel nahm man für einen Eimer Wein ¼ Pfund Kohle.

Die Reinigung des Weines erfolgte auch in bestimmten Stadien der Erzeugung. Mit diesem Ziel teilte man das Destillat in Fraktionen, indem man die gut geläuterten von den weniger geläuterten trennte. So machte man es auch mit dem destillierten Raka. Die Brennereien des Herrn Lunin im Rjasaner Gouvernement beschreibend, meldete I. I. Sacharow, dass man im Werk den Raka in „drei Güten" unterteilte.

Den ersten Teil des ausgeschieden Raka destillierte man zu Wein, den zweiten Teil (ungefähr ebenso viel) und den dritten kleinsten Teil fügte man dem Raka beim nächsten Brennen für die wiederholte Destillation hinzu. Dabei sammelte man jeden der drei Teile Raka gesondert, damit der Schnapsgeruch des letzten Teils „den schlechten Duft" des ersten Teiles nicht vergiftete.[67]

Zu Beginn des 20. Jahrhunderts raffinierte man den Spiritus in dreierlei Weise: mittels kalter Raffination, der Destillation (Rektifikation) und mit Hilfe verschiedener Stoffe.

Für die Gewinnung des Spiritus von extra hoher Qualität kombinierte man diese Verfahren der Raffination. Um die Ergebnisse verschiedener Methoden der Raffination vergleichen zu können, führen wir Angaben des Jahres 1893 an: Der Gehalt an Fuselöl im Rohspiritus beträgt 1,3 %, im durch die Kohle filtrierten Spiritus 0,2 %, im rektifizierten Spiritus 0,06 %, im durch Kohle gefilterten und anschließend rektifizierten Spiritus ist das Fuselöl überhaupt nicht mehr vorhanden.[68]

1. Die kalte Raffination des Spiritus mittels Filterung durch Holzkohle

Die Anwendung der Holzkohle für die Raffination des Weines und des Spiritus war verbreitet und mannigfaltig. Den Wein destillierte man, indem man die zerkleinerte Kohle direkt ins Destillationsgefäß im Verhältnis 1 Pfund Kohle auf 48 Pfund Wein einbrachte. Wenn der Wein bei solcher Proportion nicht genügend geläutert war (was durch „Verschmieren des Weines zwischen den Handflächen" bestimmt wurde), vergrößerte man die Menge der Kohle bis zur Erreichung eines zufriedenstellenden Ergebnisses.[69]

Für die Raffination des Spiritus zu Beginn des 20. Jahrhunderts verwendete man die Filtrierung durch spezielle Gefäße, die mit zerkleinerter Kohle angefüllt waren. Gewöhnlich handelte es sich um Metallzylinder (A). Diese Zylinder waren miteinander durch ein Röhrensystem verbunden. Jeder Zylinder hatte zwei Öffnungen: oben zum Füllen der Kohle, unten für die Entnahme.

Die Überlaufröhren waren so angeordnet, dass man den Spiritus in jeden Filter füllen und jeden Filter vom Prozess der Filtration ausschließen konnte, ohne ihn zu unterbrechen. Der letzte im System der Filter war ein Sandfilter (B), wo der Wein von den Kohleteilchen geläutert wurde. Im Behälter (a) vermischte sich der Spiritus mit dem Wasser, dann wurde er in den Behälter (b) gepumpt, von wo er in die Kohlefilter geleitet wurde.

Oft wurde er in gewöhnlichen Kübeln gefiltert, in die man die ausgeglühte und zerkleinerte Kohle schüttete, um dann den Wein hinzuzugießen und ihn einige Zeit abstehen zu lassen. Dann wurde über einen Sandfilter gefiltert, um ihn vom Kohlestaub zu reinigen. Sofern man keinen Wein, sondern starken Spiritus herstellten wollte, destillierte man ihn nach der Filterung noch einmal.

Vor dem Filtern durch die Kohle verdünnte man den Spiritus mit Wasser bis auf 25–45 Vol.-%, mitunter erwärmte man ihn auf 20–25 °C.[70]

Die Sorte der Kohle beeinflusste die Qualität des Weines. Für die Reinigung wurde vorwiegend Birkenkohle verwendet, obwohl Linden- und Kiefernkohle die größere Reinigungsfähigkeit besaßen. Lindenkohle verwendete man jedoch selten, da sie sehr teuer und vor allem brüchiger war und schneller zerfiel.

Die Kiefernkohle enthält viele Teerstoffe, die man nur durch das Glühen entfernen kann. Das ist mit zusätzlichen Kosten verbunden.

Vor dem Einschütten in den Filter zerkleinerte man die Kohle bis zur Größe einer Haselnuss. Durchschnittlich benötigte man für die Raffination eines Eimers einer 10 %igen Spirituslösung ein Pfund Kohle. Man glaubte, dass der Wein mit der Kohle nicht länger als 1½–2 Tage in Kontakt sein müsse.

Der Großteil des geläuterten Weines, den die Bevölkerung zu Beginn des letzten Jahrzehntes des 19. Jahrhunderts konsumierte, wurde lediglich mittels Kohlefilterung geläutert.[71]

2. Die Raffination des Spiritus mit Hilfe verschiedener chemischer Stoffe[72]

Chemische Methoden der Spiritusraffination wandte man in der Regel in Verbindung mit der Rektifikation an. Der Rohspiritus wurde der Bearbeitung durch chemische Reagenzien unterzogen. Diese Reagenzien unterteilte N. I. Tawildarow nach dem Charakter ihrer Reaktion in vier Gruppen:

1) alkalische Reagenzien – Kalk, Soda, Pottasche, Ätznatron. Man gab sie unmittelbar in das Destillations- und auch Rektifikationsgefäß oder behandelte mit ihnen den Spiritus vorläufig in einem gesonderten Behälter;
2) Säuren – wie Schwefel-, Salz- und Essigsäure, die nach ihrer Reaktion lediglich den Geruch des Spiritus änderten (das Fuselöl „übertünchten"), indem sie mit dem Alkohol Äther bildeten;
3) oxidierende Reagenzien, die man für die Bearbeitung des Spiritus vor der Rektifikation verwendete. Ihre Reaktion besteht in Umwandlung der Aldehyde in Säure. Zu ihnen gehören Salpetersäure, Silbernitrat, Kaliumpermanganat u. a. m.;
4) sogenannte Mittelsalze und indifferente Stoffe – wie Kochsalz, Glaubersalz (Natriumsulfat), Kupfervitriol, Alaune u. a. m. sowie auch Milch, Planzenfette oder gewöhliche Natriumseife.[73]

Zum Beispiel nahm man Kaliumpermanganat (das „mineralische Chamäleon") und Ätznatron. Den Spiritus goss man in einen mit Mischern ausgestatteten Kübel, goss die Hälfte der Ätznatronlösung dazu und setzte innerhalb einer Minute in kleinen Dosen unter ständigem Rühren die Kaliumpermanganatlösung zu. Dann ließ man die Mischung etwa 20–30 Minuten abstehen, wobei sie in dieser Zeit farblos wurde. Dann goss man in die Mischung den zweiten Teil der Ätznatronlösung und ließ alles vierundzwanzig Stunden stehen. Der auf derartige Weise behandelte Spiritus wurde anschließend destilliert.

Mitunter verband man die chemische Reinigung mit der Kohlefilterung und der Destillation. In den Wein goss man konzentrierte Schwefelsäure (0,5–1 Pfund pro 40 Eimer Wein) und gab Kohle hinzu. Nach der Destillation wurde der Wein gut gereinigt, unter anderem auch durch Schwefelsäure.[74]

Die Raffination des Rohspiritus mit Hilfe des „mineralischen Chamäleons" und des ätzenden Alkalis waren seit dem Jahre 1906 gang und gebe.[75] Forschungen hinsichtlich der Reaktion von Kaliumpermanganat und der Alkalien mit Spiritus, Aldehyden, Äther und anderen Verbindungen, die zum Rohspiritus gehörten, unternahm noch in den Jahren 1905–1910 eine Gruppe von Professoren. In Sortierkübel goss man Spiritus und verdünnte ihn mit Wasser bis zur Stärke von etwa 80 % nach Tralles.

In einem gesonderten kleinen Kübel für etwa 120–130 l löste man in warmem Wasser kalziniertes Soda im Verhältnis 1,3–1,5 kg auf jeweils 10.000 Liter Spiritus. Nach der vollen Auflösung des Sodas goss man die Lösung in die Sortiereinrichtung und mischte sorgfältig. Dann bereitete man ebenso eine Lösung des Kaliumpermanganats (des so genannten „mineralischen Chamäleons") vor und goss sie allmählich in das Sortiergerät bei ständigem Rühren. Dann ließ man das Sortiergerät etwa 1,5–2 Stunden stehen. Vor dem Ablassen der Ladung[76] in das Destillationsgefäß gab man in den Sortierkübel eine Lösung kaustischen Sodas (Ätznatron, Natriumhydroxid) hinzu (160–180 g auf jeweils 10.000 Liter Spiritus) und vermischte alles gut.

Die Gesamtlösung ließ man in das Destillationsgefäß abfließen und erwärmte alles auf 60–65 °C, indem man sie anschließend eine halbe Stunde stehen ließ. Dann begann man zu destillieren. Dieses Verfahren ermöglichte es, die Ergiebigkeit von Spiritus der ersten Sorte bedeutend zu vergrößern und die Qualität des rektifizierten Spiritus zu erhöhen.[77]

3. Die Raffination des Spiritus mit Hilfe der Destillation, seine Rektifikation

Die wohl meist verbreitete und verfügbarste Methode der Reinigung des Kornweines war die Methode der Destillation. Den Wein destillierte man mehrere Male mit oder ohne Zusatz von Wasser. Im Ergebnis jeder nachfolgenden Destillation erhöhte sich nicht nur die Stärke des Spiritus, sondern es erfolgte auch die Raffination, somit die Reinigung vom Fuselöl.

Bei der Destillation des Weines wandte man Kombinationen mit anderen Methoden der Läuterung an. In das Destillationsgefäß gab man verschiedene Zusätze: Kohle, pflanzliche Bestandteile

(Beeren, Wurzeln, Kräuter, Gewürze, Früchte, Obst), mineralische und organische Stoffe. Die Zusätze läuterten den Wein vom Fuselöl und verliehen ihm einen angenehmen Geschmack, Duft und Weichheit.[78]

Ab Mitte des 19. Jahrhunderts begann man, für die Raffination des Spiritus die Rektifikationsapparate zu verwenden. Die Rektifikation oder auch heiße Raffination erfolgte in Apparaten verschiedener Systeme. Diese hatte wesentliche Auswirkungen. Für den rohen und rektifizierten Spiritus waren bestimmte Anforderungen an die Qualität festgelegt. Ab dem Jahre 1883 galt als der rektifizierte Spiritus derjenige Spiritus, der eine Stärke von mindestens 95 % hatte. Zur Prüfung der Reinheit des Spiritus wurde im Jahre 1885 die Probe nach Savalle eingeführt. Sie stützte sich darauf, dass völlig reiner Spiritus, wenn man ihn mit Schwefelsäure gleichen Volumens mischt und die Mischung zum Sieden bringt, farblos bleibt. Wenn der Spiritus nicht rein ist, Fuselöl und andere Beimengen enthält, färbt er sich umso mehr, je mehr er derartige Beimengungen enthält. Zuerst bestand die Reinheitsprobe im Verhältnis 9 cm^3 Säure auf 10 cm^3 Spiritus. Nach dem Sieden musste die Mischung völlig farblos bleiben.

Mit der Einführung des staatlichen Monopols wurden die Kriterien für den Spiritus strenger. Die Herstellung des Kornweines wurde lediglich aus rektifiziertem Spiritus gestattet. Der Rohspiritus mit einem Fuselölgehalt über 1 % wurde im staatlichen Handel nicht akzeptiert. Später wurde der zulässige Gehalt des Fuselöls auf 0,8 % vermindert.

In der Zeit des Monopols wurde die Reinheitsprobe des rektifizierten Spiritus in der Proportion 10 cm^3 auf 10 cm^3 festgelegt. Mit dem Ziel der Aufdeckung von Fremdgeschmack und Nebengerüchen wurde die Probe mit Kaliumpermanganat eingeführt. Der gute Spiritus musste im Verlaufe von 50 Minuten den durchsichtigen Himbeerfarbton beibehalten. Die Stärke des rektifizierten Spiritus wurde mit mindestens 95 % festgelegt. Die Anwesenheit von Furfurol wurde nicht vorausgesetzt.

Für die Herstellung des Tischweines durfte man lediglich Spiritus der Doppelrektifikation verwenden. Der Prozess der nochmaligen Rektifikation war ebenfalls reglementiert. Der auf 40–45 % verdünnte rektifizierte Spiritus wurde zunächst der kalten Raffination unterzogen, indem man mindestens ein Pfund Kohle für einen Eimer Lösung verwendete, wobei die Kohle mit der Flüssigkeit nicht länger als vierundzwanzig Stunden in Berührung sein durfte. Dann rektifizierte man die Lösung ein zweites Mal, indem man nur die Mittelfraktionen des Spiritus mit 65 Vol.-% verwendete. Für die Bestimmung der Mittelfraktion wurde die maximale Grenze des Aldehydgehaltes mit 0,0005 % festgelegt.[79]

Der Kornwein, der in der Zeit des Monopols aus rektifiziertem Spiritus gewonnen wurde, wurde ebenfalls der Läuterung unterzogen. Das Schema der Läuterung des staatlich kontrollierten Weines umfasste eine Reihe von Operationen:

a) Den Rohspiritus filterte man vorweg durch Kohle (0,5 Pfund auf einen Eimer);
b) das Filtrat rektifizierte man in Apparaten von Savalle, wobei man nicht mehr als 65 % des Rektifikates der ersten Sorte entnahm;
c) das verdünnte Rektifikat der ersten Sorte filterte man erneut durch Holzkohle (1 Pfund auf einen Eimer Wein) und rektifizierte unter Entnahme von höchstens 60 % der ersten Sorte;
d) den gewonnenen Spiritus „Prima-Prima" unterzog man der Zweiphasenfiltration und ließ ihn 1–2 Tage in einem Sammelkübel „ziehen".

Das Studium der Prozesse und Ergebnisse der Läuterung des „staatlichen" Weines in den Jahren 1899–1900 zeigte, dass er im Ergebnis der vielfachen Kohlefilterungen einen hohen Gehalt an Pottasche aufwies (aufgrund der Auflösung der Ascheteilchen), so dass die Filtration des Rohspiritus vor der Rektifikation völlig nutzlos war. In Auswertung dieser Schlussfolgerungen wurde ein anderes Schema der Raffination konzipiert:

a) Die Gewinnung des Rohspiritus „Prima-Prima" mittels Rektifikation ohne Vorfiltration (diesen Spiritus ergaben die Apparate von E. Barbe);
b) die Verdünnung des Spiritus für den Tischwein mit Hilfe von destilliertem Wasser und für den gewöhnlichen Wein mittels Trinkwasser oder aufbereitetem Wasser;
c) die Durchführung einer einmaligen ununterbrochenen Filterung;
d) die Verwendung von höchstens 0,5 Pfund Kohle pro Eimer Wasser zur Filtration;
e) die Festlegung der Filtergeschwindigkeit im Rahmen von 5 bis 10 Eimern für jede Kammer;
f) die empfohlene Verwendung von Birken- oder Lindenkohle bei einem Mischungsverhältnis frischgebrannter und erneuerter Kohle von 1:1;
g) die Herstellung von festen Glasflaschen für das Abfüllen.[80]

Von den Privatfirmen erfreuten sich Weine von P. Smirnoff, I. Smirnoff, der Witwe von M. A. Popow, von A. Dolgow und I. Alexandrow besonderer Be-

Werbung der Kupfer-Eisenkessel- und Maschinenbaufabrik von Müller, Fugelsang & Co. in Moskau, 1897.

Komplette Ausrüstung von landwirtschaftlichen Betrieben und Brennereien nach dem neuesten und billigsten System, von Rektifikations-, Spirituosen- und Zuckerfabriken, Brauereien und anderen ähnlichen Werken und Fabriken

Erstellung von Projekten, Plänen und Zeichnungen

nach eigenem privilegierten System

Rektifikationsapparate „Savalle" des von uns verbesserten Systems

Ununterbrochen arbeitende Dünnbierdestillationsgefäße und Rektifikationsapparate „Perrier", die unmittelbar aus dem Dünnbier 92 % Spiritus ergeben, frei von Fusel und flüchtigen Beimengungen

Staatlich anerkannter Rektifikationsspiritus

Läuterungsgerätschaften für die Läuterung des Weines im Kaltverfahren

Die Maische-Kältemaschine von der eigenen Konstruktionen mit der Wasserkühlung und dem Zentrifugalvermischen

Die Maische-Kühlmaschinen eigener Konstruktion mit Wasserkühlung (für die Maischen bis 120 Pud)

Dampfkocher „Henze", von uns verbessert, für das Kochen von Kartoffeln und verschiedenem Getreide

Dampfkessel aller Systeme mit Boilern, Batteriekessel eigener besonderer Konstruktion, Wasserleitungssysteme „Steinmüller", Kessel des Systems „Lachapelle"

Dampfmaschinen „Tange" mit verbessertem Regulator

Vakuumapparate

Verdampfungsapparate

Defekationskessel

Hand-, Antriebs- und Dampfpumpen

Injektoren, Kesselspeiser, Kondensiergefäße (beides privilegiert)

Zisternen für die Aufbewahrung von Spiritus, Petroleum u. a. m.

Verschiedene Kupfer und Eisenbehälter

liebtheit. Beide Firmen von Smirnoff erzeugten Wein aus rektifiziertem Spiritus, den man mit Quellwasser aus Mytishenskoje verdünnte und über Kammern mit jeweils 7–8 Filter laufen ließ.

Die genossenschaftliche Firma „Dolgow & Co" verwendete für den Tischwein einen mittels Rektifikation von Rohspiritus hergestellten Spiritus, der vorweg kohlegefiltert worden war. Für das Rektifikat der ersten Sorte wählte man höchsten 60–65 %. Den Tischwein № 30 erzeugte man aus doppelt rektifiziertem Spiritus. Kohle wurde in geringen Mengen verwendet. Die Verdünnung erfolgte mit destilliertem Wasser unter Zugabe von ½ Pfund Soda auf 100 Eimer Wasser. Der Wein dieser Firma verdrängte im Wolgagebiet und in vielen südlichen Gouvernements den Wein der Moskauer Firmen.

Im Handelshaus Alexandrow verwendete man für den Wein pasteurisierten Spiritus, der mittels des Apparates von E. Barbe gewonnen wurde. Zur Verdünnung nahm man destilliertes Wasser und für das Filtern frisch ausgeglühte Kohle in der Menge von ½ bis ¾ Pfund. Die Batterie bestand aus 8 Filtern. Die Weine von Dolgow und Alexandrow brauchten keine verstärkte Filtration, da sie aus reinem (rektifiziertem) Spiritus und destilliertem Wasser erzeugt wurden.[81]

Zu Beginn des 20. Jahrhunderts gelangten die Mitglieder des Chemischen Labors von Sankt Petersburg unter Berufung auf die Ergebnisse vieler Forschungen zu dem Schluss, dass „man alle Bemühungen auf die Gewinnung eines guten Rektifikates richten sollte, wonach die Filtration eine Nebenrolle spielen dürfte."[82] Die Praxis bestätigte die Richtigkeit dieser Schlussfolgerung.

Die „staatlichen" Getränke hatten in der Mehrheit der Fälle keine schädlichen Beimengungen, bzw. „erreichte dieser Gehalt nicht jene maximalen Grenzen, die von der Hygiene zugelassen wurden".[83]

Von den in Russland zum Ende des 19. Jahrhunderts und zu Beginn des 20. Jahrhunderts gebräuchlichen Rektifikationsapparaten bevorzugten die Experten des Technischen Komitees die Apparate des Systems von E. Barbe, die bis zu 90 % Rektifikat der ersten Sorte ergaben. Die Qualität des Rektifikates war sehr hoch.[84]

Sowohl Privatfirmen als auch die staatlichen Weinlager jener Zeit schenkten der Rektifikationstechnologie große Beachtung. Viele Branntwein- und Spirituosenfabrikanten kauften und errichteten in ihren Werken Apparate ausländischer Provenienz. Die ausländischen Apparate waren jedoch teuer und entsprachen nicht immer den russischen Bedingungen des Weinbrennens. So konnten beispielsweise belgische, ununterbrochen arbeitende Destillationsgefäße nur flüssiges Dünnbier destillieren.

In der zweiten Hälfte des 19. Jahrhunderts erzeugte man die Technologie zur Branntweinherstellung bereits in Russland, hauptsächlich in Moskauer Unternehmen (Werke von Hekman, Müller und Fugelsang, Hammer, Herbot), in Sankt Petersburg (San-Galli), in Kasan und Warschau, in Odessa und Charkow. Viele russische Werke begannen Apparate für die Branntweinerzeugung aus ungemahlenem Getreide und Kartoffeln zu liefern (und diese Apparate fanden breiteste Anwendung).

In ihnen wurde der Rohstoff durch Dampf in den batterieförmig zusammengestellten Kesseln zerkocht. Die in der Fabrik von Müller und Fugelsang hergestellten Apparate dieses Types zeichneten sich durch viele Verbesserungen im Vergleich zu anderen aus: sie hatten eine Ablaufröhre, die den Austritt der völlig zerkleinerten Produkte sicherstellte. Der Maischebottich mit einem Doppelboden ermöglichte es, die Maische mit kaltem Wasser zu kühlen und ihn als Kühler zu verwenden. Die Produktion und Anwendung der ununterbrochen arbeitenden Dünnbierdestillier-Rektifikationsapparate in der Branntweinbranche war eine gewaltige Errungenschaft des vergangenen Jahrhunderts. Zu Beginn des 20. Jahrhunderts wurde dieser Apparatetyp in der russischen Branntwein- und Spirituosenindustrie bereits im Allgemeinen angewandt. Die meist verbreiteten von ihnen waren die Apparate von Barbe und Guillaume. Die Apparate von Barbe hatten zwei Tellersäulen – eine Dünnbier-Epürationssäule und eine Destillier- und Rektifikationssäule, und bei jeder von ihnen waren ein Dephlegmator und ein Kühler für Ätherspiritus und das Mittelprodukt (nicht pasteurisierter Spiritus) vorhanden. Der Apparat war mit einem besonderen Kühler für den pasteurisierten Spiritus und einem Kühler mit vier Schlangenröhren für zwei Sorten Fuselspiritus und die kondensierenden Dämpfe aus der Schlempe und dem Destillat ausgestattet. Zur Beobachtung bei laufendem Betrieb sowohl der zwischenzeitlichen als auch der endgültigen Spiritusprodukte aus den Kühlern hatten sie spezielle Lampen mit Ventilen zur Regulierung des Flüssigkeitsdurchlaufes.

Eine komplizierte Technologie stellten die Dünnbierdestillier- und Rektifikationsapparate des Systems von Guillaume dar. Die Apparate hatten eine Dünnbiersäule, eine Arbeitssäule (Epürationssäule) für die Separation der Äther und Aldehyde, eine Destilliersäule für den epürierten Spiritus, eine Rektifikationssäule mit dem Dephlegmator, Kühler und dem Spiritusakkumulator, eine Abschlusssäule für den Spiritus der ersten Sorte mit Dephlegmator, Kühler und Wasserregler und eine zusätzliche Säule für die Ausscheidung des Fusels und des Spiritus zweiter Sorte mit dem Dephlegmator. Der Apparat war zur Kontrolle der Ausbeute an Rektifikationsprodukten mit Lampen bestückt.[85]

Die Existenz verschiedener, mit Dephlegmatoren und Kühlern ausgestatteter Säulen ermöglichte, in bestimmten Stadien der Destillation unterschiedliche Produkte auszuscheiden. Derartige Apparate ermöglichten, mehrere Destillationsprodukte zu gewinnen: rektifizierten Spiritus, somit von Aldehyden, Fuselöl und Äther gereinigten Spiritus; der Spiritus der zweiten Sorte, der von der Qualität her dem Rohspiritus ähnlich ist, somit äther- und aledehydreichen Spiritus; Fusel oder fuselreichen Spiritus; eine leichtgradige Spiritusflüssigkeit mit Fuselölgehalt.

Die Apparate des Systems von Guillaume ergaben bis zu 98,5 % rektifizierten Spiritus und die Apparate von E. Barbe bis zu 92–97 % Spiritus. Der Alkoholgehalt des rektifizierten (pasteurisierten) Spiritus erreichte 97 %, und jener der zweiten Sorte 94 %.[86]

Als Bezeichnung des rektifizierten Spiritus der ersten Sorte wurde zunehmend der Begriff „pasteurisierter Spiritus" angewendet. Unter diesem Begriff verstand man einen aus ununterbrochen arbeitenden Rektifikationsapparaten gewonnenen Spiritus „höchster Qualität". In diesen Apparaten befand sich der Spiritus auf einem der oberen Teller der Rektifikationssäule in siedendem Zustand (auch Pasteurisierung genannt) und wurde in heißem Zustand in den Kühler abgeleitet.[87] In seinen Eigenschaften stand er dem Spiritus der Doppelrektifikation in nichts nach.

Bei der damals existierenden Reinigung des russischen rektifizierten Spiritus erachtete es das Technische Komitee als möglich, die Norm der für die Reinigung des (gereinigten) „Volks-"Weines verwendeten Kohle von 0,5 auf 0,2 Pfund pro Eimer herabzusetzen. Die Reinigung durch Kohle war geblieben, nicht weil der Wein eine Reinigung erforderlich machte, sondern mit Rücksicht auf die Notwendigkeit, die Geschmackseigenschaften einzuhalten, die dem Wein durch das Filtern verliehen wurden.[88]

Die technische Ausstattung der Weinbrennereien und Spiritusreinigungsanstalten erreichte in den

Jahren 1913–1914 einen hohen Stand. Im Russischen Reich gab es damals 3.029 Fabriken, in denen 3.065 Destillierapparate arbeiteten; 92,79 % davon waren Apparate des ununterbrochen funktionierenden Systems. Die Anzahl der Dünnbierdestillier- und Rektifikationsapparate der für jene Zeit neuesten Technologien des Typs von Barbe, Guillaume, Rauser und Ilges erreichte 67.[89]

Die Technologie der Spiritusherstellung: Das 20. Jahrhundert

Klassifikation des Spiritus

Im Einklang zu den gegenwärtigen normativen Dokumenten besteht folgende Klassifikation des Spiritus: Rohethanol, rektifiziertes Ethanol, Trinkethanol. Je nach den Arten des Rohstoffes unterteilt er sich in Lebensmittelspiritus und technischen Spiritus. Technischer Spiritus wird aus Holz oder aus Erdölprodukten mittels der chemischen Hydrolyse hergestellt. Die Verwendung von technischem Spiritus ist für Nahrungszwecke verboten.

Je nach der Reinigungsstufe wird der Lebensmittelspiritus in nachstehenden Sorten hergestellt: Spiritus erster Sorte, höchster Reinigung, „Basis", „Extra", „Lux", „Alpha".

Trinkethanol erhält man auf dem Wege der Verdünnung von Spiritusrektifikat höchster Reinigung bei enthärtetem Wasser bis zu einer Stärke von 95 %. Die Realisierung eines solchen Spiritus ist nur in den Gebieten des hohen Nordens erlaubt.

Charakteristik der Grund- und Hilfsrohstoffe

Für die Spiritusproduktion verwendet man folgende Rohstoffe:

a) stärkehaltige Rohstoffe – alle Arten von Getreidekulturen, Kartoffeln;
b) zuckerhaltige Rohstoffe – Rübenzucker-, Rohr-, Rohmelasse, Rohzucker, in seltenen Fällen Zuckerrüben, Früchte, Beeren und ihre Verarbeitungsprodukte.

Zur Herstellung von Malz verwendet man hochwertige Getreidekulturen – Gerste, Roggen, Hafer, Hirse.

Die Qualität des Getreiderohstoffs wird nicht genormt. Seine grundlegende Charakteristik ist der Gehalt an Stärke. Je höher diese Kennziffer ist, desto höher ist die Effektivität der Produktion.

Im 20. Jahrhundert, wie auch früher, trifft man eine vorherige Schätzung des gesunden Getreides „organoleptisch". Das Getreide hoher Qualität kann man an der Farbe, dem Geruch und dem Aussehen feststellen. Die Gerste muss eine hellgelbe Farbe haben, dunklere Gerste ist jedoch zulässig. Guter Hafer ist von weißer oder gelber Farbe. Hirse darf eine rote, gelbe, graue, weiße Farbe haben. Der Roggen hat eine gelbe oder grüne Farbe verschiedener Schattierungen. Qualitätsgetreide einer jeden Kultur hat seinen charakteristischen Geruch, darf weder muffig noch nach Schimmel riechen, wobei das Fehlen jedweder Nebengerüche bezeichnend ist.

Die Qualität des bei der Spiritusproduktion zerkochten Getreides ist nicht reglementiert. Wünschenswert ist, dass das Getreide gesund, von hohem Stärkegehalt ist, eine Feuchtigkeit von 14–17 % je nach der Kultur aufweist und kaum verunreinigt ist.

Für die Geruchsprobe gibt man auf die Handfläche eine geringe Menge Getreide und erwärmt es mit dem Atem oder schüttet es in ein Glas, begießt es mit Wasser von einer Temperatur von 60 °C und deckt das Glas zu.

Nach 2–3 Minuten gießt man das Wasser aus und untersucht das Getreide mit dem Geruchssinn. Zur Feststellung des Geschmacks zerkaut man einige Körner.

Die Farbe des Getreides vergleicht man mit dem Etalon.

Für die Verunreinigungsprobe nimmt man eine Handvoll Körner und zwingt den leichten Kehricht, durch leichte Kreisbewegungen mit der Hand im Laufe von ein bis zwei Minuten nach oben zu gelangen, indem die schwereren Kehrichtteile nach unten absinken. Dann lässt man die Körner durch die gespreizten Finger rinnen, indem man anhand des auf der Handfläche zurückbleibenden Kehrichts in etwa die Stufe der Verunreinigung beurteilen kann.

Die Feuchtigkeit des Getreides stellt man anhand folgender Merkmale fest: feuchtes Getreide hat keinen Glanz, es ist matt, weniger schüttfähig; trockenes Getreide läuft zwischen den Fingern der Hände frei ab, während sich feuchtes Getreide eher als Klumpen hält. Beim Greifen mit der Hand in trockenes Getreide spürt man eine gewisse Kühle, während man bei feuchtem Getreide feuchte Wärme empfindet, indem das Einzelkorn an der Hand haften bleibt. Zerschneidet man ein Korn der Feuchtigkeit von 14–15 % auf fester Fläche mit einem Messer, springen beide Hälften nach dem Durchtrennen voneinander weg. Bei einem Korn mit einer Feuchtigkeit von 16–17 % fallen die Hälften nicht ab. Ein Korn einer Feuchtigkeit von mindestens 17 % lässt sich zerdrücken.

Man unterscheidet vier Stufen der Beschädigung des Getreides:

1) Getreide, das aus dem Stadium der biologischen Ruhe kommt, mit Malzgeruch;
2) Getreide mit schimmlig muffigem Geruch;
3) Getreide mit faulig muffigem Geruch;
4) Getreide mit starker Selbsterwärmung und von braunschwarzer Farbe.

In die Spiritusbrennereien gelangt Getreide unterschiedlicher Qualität, und zwar defektes frostgeschädigtes und ausgedörrtes, nicht ganz reifes Getreide, das dem Frost und der Dürre ausgesetzt war, ferner feuergetrocknetes bzw. angebranntes Getreide, sehr feuchtes Getreide (durchnässtes) Getreide sowie das auf dem Feld unter der Schneedecke überwinternde Getreide.[90]

Alle Arten des in die Produktion gelangenden Getreides werden von Staub, Erde, Steinen, metallischen und anderen Beimengungen gereinigt. Das für die Herstellung von Malz vorgesehene Getreide wird darüber hinaus von Spreu, Kornbruchstücken und Unkrautsamen befreit.

Die sich von der Stärke (Breite) und von den aerodynamischen Eigenschaften (Segelfläche) der Körner einer konkreten Kultur unterscheidenden Beimengungen werden im Luftsiebseparator separiert. Kleine Metallsplitter, die im Getreide nach der Reinigung in den Luftsiebseparatoren enthalten sind, entfernt man mit Hilfe magnetischer und elektromagnetischer Separatoren.

Die sich in der Länge des Korns von der Hauptkultur unterscheidenden Beimengungen bzw. Fremdkörper entfernt man mit Hilfe spezieller Maschinen, die man Trieur nennt. Je nach der Bestimmung gibt es zwei Arten dieser Maschinen: Kornradeseparatoren lesen aus der Hauptkultur die halben Körner und die kugelförmigen Fremdkörper heraus, z. B. die Samen der Kornrade; die Haferseparatoren sondern die Körner der Hauptkultur (z. B. Gerste oder Roggen) aus ihrer Mischung mit langen Körnern (z. B. Hafer) aus.

Das für die Herstellung von Malz vorgesehene Getreide (außer der Hirse) wird in den Sortiermaschinen in drei Sorten unterteilt. Die erste und zweite Sorte braucht man zur Malzerzeugung, die dritte Sorte wird zerkocht.[91]

Für die Spirituserzeugung kann auch ein defekter Rohstoff verarbeitet werden. Hieraus erhält man durch die Anwendung spezieller technologischer Verfahren ebenfalls qualitativ guten Spiritus.

Die Qualität der Kartoffel für die Spiritusproduktion wird durch Normen geregelt, und zwar hinsichtlich der grundlegenden Merkmale. Wenn jedoch die Kartoffel hiervon Abweichungen aufweist, kann sie als nicht dem Standard entsprechend verarbeitet werden. Die wichtigste Charakteristik der Kartoffeln ist ihr Stärkegehalt.

In der modernen Spiritusindustrie sind die Hauptqualitätsmerkmale der frischen, für die industrielle Verarbeitung vorgesehenen Kartoffeln durch Standards festgelegt. Die Knollen müssen unverletzt, trocken, rein, nicht keimend, ohne Erkrankungen, von beliebiger Form und natürlicher Farbe sein, und in der Dimension einen Durchmesser von mindestens 3 cm haben, sowie mindestens 14 % Stärke enthalten.

Zulässig sind Kartoffeln, die zu höchstens 1,5 % mit Erde verklebt sind, von den 4 % der Knollen einen Durchmesser von 2 bis 3 cm haben und 2 % der Knollen von der Phytophtora (in von dieser Krankheit betroffenen Gebieten) befallen sein dürfen. Kartoffeln werden in Masseeinheiten ohne Fremdkörper und nach ihrem faktischen Stärkegehalt angenommen.

Bei der Annahme der Kartoffeln bestimmen die Vertreter des Werkes ihre Qualität in jeder Partie, wobei jede beliebige Menge von homogenen, gleichzeitig durch denselben Lieferanten gelieferten Kartoffeln zu verstehen ist. Das Augenmerk wird vor allem auf die äußeren Merkmale gerichtet: die Dimension der Knollen, das Vorhandensein von Erkrankungen, mechanischen Beschädigungen.[92]

Für die Umwandlung der Stärke in gegorene Kohlehydrate wird eine fermentative Hydrolyse mit Hilfe von Fermentpräparaten oder Malz durchgeführt.

In modernen Unternehmen wird Malz aus Gerste, Roggen, Hirse und Hafer hergestellt. Das Getreide muss von hoher Qualität sein und den in Tabelle 1 angeführten Anforderungen entsprechen.

Malz wird in den Spiritusfabriken aus verschiedenen Getreidearten hergestellt, jedoch am häufigsten aus Gerste und Hirse. Die Fermentie-

Tabelle 1 – Die Charakteristik der Getreidequalität[93]

Kennwerte	Roggen	Gerste	Hafer	Hirse
max. Feuchtigkeit, %	15,5	15,5	16,0	15,0
max. Verunreinigung (Getreide und Unkraut) in %	5,0	5,0	5,0	5,0
max. Unkrautbeimengung in %,	2,0	2,0	2,0	3,0
davon max. in %	-			
mineralische Beimengungen	-	0,2	0,2	0,2
Kiesel	-	0,1	0,1	-
Schlacke, Erz	-	0,05	0,05	-
Schädliche Beimengungen	-	0,2	0,2	0,2
Kornbrand und Mutterkorn	-	0,1	0,1	-
Bitterling, Kronwicke, Thermopsis (Lupine), Schwindellolch, Schnurbaum (gemeinsam und getrennt)	-	0,05	0,05	
Heliotrop (Sonnenwende) und Trichodesma incanum	-	unzulässig	unzulässig	unzulässig
Kornrade	-	0,3	0,2	-
Fremdgetreide max. in %	-	3,0	3,0	4,0
kleine Körner max. in %	-	5,0	-	-
Keimfähigkeit auf fünf Tage min. in %	-	92	92	92
Keimenergie für drei Tage min. in %	85*	85	85	85
Natur, g/l min.	685	565	420	-
Verseuchung mit Speicherschädlingen	unzulässig, außer 1 bis 20 Stk. Milben auf 1 kg Getreide			

* am vierten Tag.

rungspräparate, bei denen gewöhnlich Schimmelpilz- oder Bakterienkulturen zur Anwendung kommen, sind entweder in den Fermentierungshallen der Spiritusfabriken oder in spezialisierten Unternehmen für die Herstellung von Fermentpräparaten erhältlich.

Aus Malz gewinnt man Malzmilch, die man in die gekühlte zerkochte Masse einbringt, indem man das zerkleinerte, frisch aufgekeimte Malz mit Wasser im Verhältnis 1:3 bis 1:3,5 mischt, dann wird es mit Formalin desinfiziert. Man verwendet Fermentpräparate für das Zuckersieden in der Regel miteinander oder mit Malz vermischt.

Als Hilfsrohstoff werden in der Spiritusproduktion Schwefelsäure zur Reinigung der Hefe, Speisesalze als Phosphor- und Stickstoffquellen für das Kultivieren der Hefe, die Schaumlöscher (Oleinsäure) für das Löschen des Schaums bei der Gärung und Desinfektionsmittel (Chlorkalk, Formalin usw.) verwendet.

Wasser

Bei der Spiritusproduktion wird das Wasser für das Zerkochen des Getreides, das Nässen des Getreides bei der Malzherstellung, zum Begießen des Malzes, für die Zubereitung der Malzmilch u. a. benötigt. In allen Fällen wirkt sich die chemische Zusammensetzung des Wassers wesentlich auf den Ablauf der technologischen Prozesse aus. An das Wasser werden für die technologischen Ziele dieselben Anforderungen wie an das Trinkwasser gestellt. Seine Härte darf 7 mg äqu/l nicht übersteigen. Natürliches, diesen Anforderungen nicht genügendes Wasser, wird einem Aufbereitungsprozess unterzogen: Es wird durch Quarzsand gefiltert, mitunter auch mit Koagulation, mit Chlor desinfiziert, im Notfall mittels Sodakalk- oder Ionitverfahren weicher gemacht.

Je niedriger der pH-Wert des Wassers ist, desto schneller und vollständiger wird der stärkehaltige Rohstoff zerkocht. Eine übermäßig hohe Härte des Wassers beim Nässen des Malzgetreides verzögert seine Keimung und vermindert die Qualität der Malzmilch.[94]

Neben den grundlegenden Rohstoffen werden für die Spiritusproduktion auch Hilfsstoffe verwendet, die das Reifen der Hefe, das Keimen des Getreides und die Steigerung der fermentativen Aktivität des Malzes beeinflussen. Ebenso verwendet man Säuerungs-, Wasch- und antimikrobielle Mittel.[95]

Die Technologie der Spiritusproduktion

Sie umfasst die nachstehenden, aufeinander folgenden Stadien:

1) die Aufbereitung des stärkehaltigen Rohstoffs;
2) das Zerkochen;
3) das Zuckersieden der zerkochten Masse;
4) die Vorbereitung der Hefe;
5) die Gärung des Zuckermostes;
6) die Ausscheidung des Spiritus aus dem Dünnbier und seine Rektifikation (die Reinigung von Fremdstoffen).

Die Aufbereitung des Rohstoffs umfasst seine Reinigung und Zerkleinerung. Das Getreide aus dem Kornspeicher wird von metallischen Fremdkörpern und Unkrautbeimengungen gereinigt und auf den Hammer- oder Walzquetschen zu Teilchen von weniger als 3 mm Durchmesser zerkleinert. Die Wirksamkeit des Kochprozesses erhöht sich mit zunehmender Zerkleinerung.

Die Kartoffeln werden von Beimengungen befreit und gewaschen. Das Entfernen der Beimengungen, Steine, des Strohs usw. geschieht auf einem hydraulischen Förderer, über den die Kartoffeln mit Hilfe von Wasser in die Produktion gelangen. Dann wäscht man sie in der Kartoffelwaschmaschine und zerkleinert sie auf den Hammerquetschen oder in Kartoffelreiben. Im entstehenden Kartoffelbrei dürfen die Partikel nicht mehr als 3 mm Durchmesser haben.

Anschließend unterzieht man den Rohstoff der wasserthermischen Weiterverarbeitung.

Das Zerkochen des stärkehaltigen Rohstoffes

Beim Zerkochen erfolgen strukturell-mechanische und chemische Veränderungen im Rohstoff. Der Rohstoff wird einer Wasser- und Wärmebehandlungsverarbeitung zugeführt. Im Ergebnis dieser Bearbeitung wird die hierin enthaltene Stärke für die Zuckerumwandlung vorbereitet. Man zerkocht den Rohstoff unter erhöhtem Druck und zerkleinert ihn in speziellen Maschinen. In den Spirituswerken wendet man auch die mechanische fermentative Bearbeitung des Rohstoffs an. Ihr Wesen besteht darin, dass man den zerkleinerten Rohstoff (nach dem Durchdrücken durch ein Sieb mit Öffnungsdurchmessern von 1 mm) mit Wasser und verdünnenden Fermenten mischt und bis auf 60–100 °C für die Verkleisterung, Auflösung und die teilweise Fermenthydrolyse der Stärke erwärmt.[96]

Das Zerkochen bereitet den Rohstoff – durch die Zerstörung der Zellstruktur und der Auflösung der Stärke bei hoher Temperatur – auf die Fermentierung vor. Das Zerkochen des stärkehaltigen Rohstoffes geschieht durch unmittelbare Einführung von gesättigtem Hochdruck-Wasserdampf. Dieser Prozess wird wasserthermische Bearbeitung des Rohstoffes genannt.

Die vollständige Auflösung der Stärke ist bei einer Temperatur von 150–160 °C in Abhängigkeit der Herkunft erreicht. Zum geringen Teil entstehen Spaltungsprodukte der Stärke: Dextrine, Maltose, Glykose.

Gegenwärtig erfolgt der Prozess des Zerkochens in einem periodischen, zur Hälfte unterbrochenen oder ununterbrochenen Verfahren. Bei dem meistverwendeten ununterbrochenen Zerkochen wird die breiige Kartoffelmasse zunächst durch nochmalige Sekundärdampfzuführung erwärmt, dann durch gesättigten Dampf bis zur Erreichung der Kochtemperatur erhitzt, indem der Kartoffelbrei bei dieser Temperatur und bei gleichzeitiger Bewegung im Kochapparat belassen wird.

Die Fermente

Die Malzgewinnung

Die Fermente stellen spezifische Katalysatoren der Eiweißnatur dar. Sie haben Einfluss auf die Ablaufgeschwindigkeit chemischer Reaktionen, gehören jedoch nicht zum Finalprodukt. In der Bierherstellung verwendet man sie, zusammen mit Malz, für die Zuckerumwandlung der Stärke. Die Malztechnologie besteht im Nässen und Keimen des Korns, im Trocknen des Malzes und in der Entfernung der Keimlinge. In den Betrieben verwendet man auch ungetrocknetes Rohmalz. Das Malz lässt sich nicht lange aufbewahren, so dass nur eine solche Menge hergestellt wird, die für den Gebrauch notwendig ist.

Die Hauptanforderung, die an das Malz gestellt wird, ist die Fähigkeit, die Stärke möglichst rasch in Zucker umzuwandeln. Dafür muss er drei Enzyme kumulieren: α-Amylase, β-Amylase und Dextinase. Das aus verschiedenen Getreidearten gewonnene Malz enthält unterschiedliche Mengen eines jeden Fermentes. Industriell wird häufig eine Mischung dreier Malzsorten hergestellt: aus Gersten-, Hirse- und Hafermalz. Im Bedarfsfall wird das Gerstenmalz durch Roggenmalz ersetzt.

Zur Malzgewinnung wird das Korn zunächst genässt. Hierdurch wird es feucht und kann von den letzten Resten des Staubes und kleiner Beimengungen durch Waschen gesäubert werden. Das Nässen erfolgt mittels Wasser und Luft, indem die

Sättigung des Korns mittels Wasser und Lüftung reguliert wird.

Während des Befeuchtens laufen physikalisch-chemische und biologische Prozesse ab, die zu Veränderungen im Korn führen. Es quillt auf, nimmt an Volumen zu, aus dem harten und brüchigen wird dadurch weiches und elastisches Korn. Zur Intensivierung des Kornkeimens kommen Biostimulatoren zum Einsatz. Aus dem fertigen Malz wird Malzmilch hergestellt. Das Malz wird desinfiziert, dann wird das stark zerkleinerte Malz mit einer Formalinlösung vermischt. Anschließend wird Malzmilch mit reinem Wasser verdünnt und in den Ausgabebehälter gepumpt.[97]

Die Verzuckerung der zerkochten Masse

Die zerkochte Masse des Korns oder der Kartoffeln verzuckert (hydrodylisiert) man mittels der Fermente des Malzes und durch Schimmelpilzkulturen. Das Ziel der Verzuckerung ist die Gewinnung des Mostes oder der uns bereits bekannten „Maische".

Die Verzuckerung der zerkochten Masse erfolgt in der Regel im ununterbrochenen Prozess. Dieser Prozess besteht aus folgenden Operationen: die Abkühlung der zerkochten Masse bis auf eine bestimmte Temperatur, die Vermischung dieser Masse mit der Malzmilch (Mikrobenkultur), die Verzuckerung der Stärke, die Abkühlung des Mostes bis auf die Anfangstemperatur der Gärung und das Pumpen des Mostes in die Fermentierungs- und Hefeabteilungen der Fabrik.[98]

Beim Verzuckern des zerkochten Rohstoffes verwandelt sich die Stärke mit Hilfe der Fermente in Kohlenhydrate (Glykose, Maltose usw.), was das grundlegende Ziel des gegebenen Stadiums ist. Die Verzuckerung erfolgt periodisch oder nach dem ununterbrochenen Schema. Der gewonnene verzuckerte Most hat einen Trockenmasseanteil von 16–18 %, davon 13–15 % Gärungszucker. Dann kühlt man den verzuckerten Most in Wärmeaustauschern oder mit Hilfe eines Vakuums bis auf die Temperatur der Gärung (18–22 °C) ab.[99]

Das Kultivieren der Spiritushefe

Der Zucker, der im Most enthalten ist, wird durch die Hefe zu Spiritus gegoren. Die in der Produktion des Spiritus verwendete Hefe muss eine hohe Gärungsenergie haben (schnell und vollständig den Zucker vergären), beständig gegenüber ihren Stoffwechselprodukten sowie den Stoffwechselprodukten fremder Mikroorganismen sein und die hohe Konzentration der Salze und trockener Stoffe, die sich im Most befinden, ertragen.

Man vergärt den Most mit der Hefe der Art *Saccharomyces cerevisiae*, der so genannten Spiritushefe, die man zu Beginn der Produktionssaison aus der reinen, in Reagenzgläsern aufbewahrten Kultur vermehrt.

Die Vergärung des Mostes

Der Most wird in die Gärungsapparate geleitet, wo der in ihm enthaltene Zucker mit der Hefe zu Spiritus vergoren wird. Der gärende Most heißt Dünnbier. Der Spiritusgehalt im reifen Dünnbier, ausgedrückt in Vol.-% (wie in der wässrigen alkoholischen Lösung), wird Dünnbierstärke genannt.

Die technologische Einrichtung und die Räume in den Hefe- und Gärabteilungen des Werkes müssen absolut sauber sein, indem die Thermometer und Zuckermesser in einem Behälter mit einer Formalinlösung aufbewahrt werden.[100]

Im Gärungsstadium erfolgt die Zuckervergärung, und Spiritus und Kohlensäuregas bilden sich. Neben den Hauptprodukten der Gärung sammeln sich die so genannten höheren Alkohole, Säuren, Aldehyde, Äther, Glyzerin und andere Beimengungen an. Die Zusammensetzung und die Menge der Beimengungen sind von den Parametern der Gärung, der Rohstoffart, der Hefesorte und anderen Faktoren abhängig. So fallen bei der Verwendung eines defekten Rohstoffes Formaldehyd, Propion- und Fettaldehyde, Akrolein und Diazetyl an. Sie verleihen dem Spiritus einen brennenden und bitteren Geschmack. Bei der Infektion der Umwelt verwandeln die fremden Mikroorganismen den Zucker in Säuren. Das führt zur Senkung des Alkoholertrages und zur Verschlechterung seiner Qualität. In den Herstellungsbetrieben wendet man hauptsächlich das ununterbrochene Durchflussverfahren, das Durchfluss-Rezirkulationsverfahren und das zyklische Verfahren der Mostvergärung an.

Der Prozess der Gärung wird in geschlossenen Gärtanks realisiert. Die Hefe wird in der Menge von 6–8 % des Mostvolumens beigegeben. Der Gärprozess dauert 3 Tage, das entstehende Kohlensäuregas nimmt eine gewisse Menge Spiritus und Zusatzstoffe mit sich auf, die aufgefangen werden. In verschiedenen Perioden wird die Temperatur der Gärung auf einem Niveau von 25–30 °C gehalten. Hierzu ist in den Gärapparaten eine Schlangenröhre zur Abkühlung eingebaut.

Nach der Vollendung des Prozesses wird das reife Dünnbier mit einem Alkoholgehalt von 8–8,9 Vol.-% in die Dünnbierrektifikation geleitet.

Die Destillation und Rektifikation des Spiritus

Das Dünnbier stellt eine Mehrkomponentenmischung dar, zu der Wasser (82–90 % Masse), Trockenbestandteile (4–10 % Masse), Ethanol mit den begleitenden Beimengungen (5-9 oder 6–10 % Masse) gehören. Die flüchtigen Beimengungen betragen durchschnittlich nicht mehr als 0,5 % des Spiritusvolumens, doch sind es 70 an der Zahl. Sämtliche flüchtigen Beimengungen lassen sich in vier Gruppen aufteilen: Alkohole, Aldehyde, Säuren und Äther. Nicht zu vergessen sind ferner die Gruppen der salpetrigen und schwefelhaltigen Stoffe.

Wenn man sich das Dünnbier als die Zweikomponentenmischung vorstellt, die aus der leichtflüchtigen Fraktion (Spiritus mit den flüchtigen Beimengungen) und der schwerflüchtigen Fraktion (Wasser mit nicht flüchtigen Komponenten) besteht, wird sich die Teilung dieser Mischung den Gesetzen der Destillation unterwerfen. Bei der Erwärmung geht die flüchtige Fraktion in die Dampfphase über, und nach der Kondensation wird sie im flüssigen Aggregatzustand abgeleitet. Die schwerflüchtige Fraktion verbleibt im Destillationsgefäß. Während der Teilung dieses Zweikomponentengemisches gewinnt man den Rohspiritus, der den Hauptanteil der Fremdstoffe enthält, und die Schlempe. Der Rohspiritus enthält 88 % Spiritus und eine hohe Konzentration an Fremdstoffen bzw. Beimengungen. Er ist kein eigenständiges Produkt und wird für die Gewinnung des Rektifikationsspiritus in den Rektifikationsapparaten der Spiritus- und Spirituosenwerke genutzt. In den modernen Betrieben gewinnt man das Spiritusrektifikat direkt aus dem Dünnbier mittels der Dünnbierrektifikationsanlagen im ununterbrochenen Verfahren, ohne den Rohspiritus zu separieren.

Nach den chemischen Eigenschaften untergliedert man die flüchtigen Beimengungen in Alkohole, Aldehyde, Äther und Säure. Nach dem Grad der Flüchtigkeit bilden die Beimengungen vier Gruppen: Im Fachjargon sind es die Vor-(Kopf-), Schwanz-, Zwischen- und Endbeimengungen. Die Kopfbeimengungen haben eine geringere Siedetemperatur als Spiritus und verdampfen in erster Linie. Zu ihnen gehören Essigaldehyd und Fettaldehyd, Akrolein, Diäthyläther, Essigmethyläther und Essigäthyläther u. a. Die Schwanzbeimengungen (Essigsäure, Furfurol) haben stets eine geringere Flüchtigkeit als Spiritus.

Die Zwischen- und Endbeimengungen haben den Charakter der Kopf- oder Schwanzbeimengungen, je nach der Konzentration des Spiritus im Gemisch. Die Zwischenbeimengungen sind bei niedrigen Konzentrationen des Spiritus flüchtiger. Ihre Hauptvertreter sind die höheren Alkohole (Isoamyl-, Isobutyl-, Propylalkohol), Isobaldrian-, Isoamyl-, Essig- und Isoamyläther. Die Endbeimengungen haben eine große Flüchtigkeit bei hohen Spirituskonzentrationen. Ihr typischer Vertreter ist der Methylalkohol.

Die Rektifikation ist ein Prozess der Trennung der flüchtigen Flüssigkeiten in Komponenten oder die Komponentengruppen (Fraktionen) mit Hilfe des mehrfachen zweiseitigen Masse- und Wärmeaustausches zwischen den sich im Gegenstrom bewegenden Dampfströmen und Strömen leichter Flüssigkeiten. Die notwendige Bedingung des Rektifikationsprozesses ist die unterschiedliche Flüchtigkeit (Elastizität des Dampfes) der einzelnen Komponenten.

Bei der Wechselwirkung der sich nach dem Gegenstromprinzip bewegenden Ströme im Prozess der Rektifikation erfolgt die Diffusion der leichtflüchtigen Komponenten (LFK) aus der Flüssigkeit mit dem Dampf und der schwerflüchtigen Komponenten (SFK) aus dem Dampf mit der Flüssigkeit.

Der Verbindungsmodus der Ströme kann abgestuft (in Tellersäulen) oder ununterbrochen (in Aufsatzsäulen) sein. Die speziellen Kontakteinrichtungen (Teller oder Aufsätze) in den Säulen schaffen die Bedingungen, die zur maximalen Wechselwirkung der dampf- und leichtflüssigen Ströme beitragen. Dann sondern sich die Ströme voneinander ab, und der Prozess setzt sich mit Hilfe der neuen Verbindung bereits auf einer anderen Stufe mit den anderen flüssigen Dampfströmen fort.

Im Ergebnis der sich auf den aufeinanderfolgenden Tellern (Stufen) wiederholenden Verbindung der Ströme der Flüssigkeit und des Dampfes verändern sich ihre Zusammensetzungen wesentlich. Der Dampfstrom bereichert sich bei der Bewegung von unten nach oben an den leichtflüchtigen Komponenten, und der flüssige Strom, der von oben nach unten abfließt, verliert die leichtflüchtigen Komponenten und bereichert sich an den schwerflüchtigen Komponenten. Letztlich stellt der in den oberen Teil der Säule austretende Dampf mehr oder weniger reine leichtflüchtige Komponenten dar. Ihre Kondensation ergibt das Destillat. Und im unteren Teil der Säule konzentriert sich die relativ reine, schwerflüchtige Komponente, der so genannte Retortenrest.

Das grundlegende Element der Rektifikationssäule ist eine Kontakteinrichtung, mittels derer der Prozess des Masseaustausches zwischen dem

Dampf und der Flüssigkeit abläuft. Die Konstruktion der Kontakteinrichtung soll den intensiveren Austausch mit den Massen der Flüssigkeit und des Dampfes gewährleisten.

In der Praxis der Spiritusproduktion verwendet man in der Regel die Tellerkontakteinrichtungen. Die Teller der Rektifikationssäulen können Kappen-, Gitter-, Ventil-, Schuppen-, Gitter-Ventil-, Jalousieteller und andere sein. Die Durchlassfähigkeit der Säule bezüglich des Dampfes und der Flüssigkeit charakterisiert die Produktivität der Säule.[101]

Das Ausscheiden des Spiritus aus dem Dünnbier und seine Raffination (Rektifikation) erfolgen in Dünnbierrektifikationsanlagen, die mindestens aus drei Säulen (auch Kolonnen genannt) bestehen: der Dünnbier-, Epurations- und Rektifikationssäule. In der Dünnbiersäule trennt man die Spiritusdämpfe mit den Beimengungen vom Dünnbier, das vorher vom Kohlensäuregas befreit und vorgewärmt wurde. Im Kühler werden die Wasser-Spiritusdämpfe kondensiert, und sie gehen in Gestalt des Dünnbierdestillats mit einem Alkoholgehalt von 20–25 % in die Epurationssäule, wo das Destillat von den Kopfbeimengungen, dem Teil der oberen Zwischenbeimengungen und den Endbeimengungen befreit wird. Zusammen mit dem Teil des Ethanols werden diese Beimengungen im Kühler kondensiert und als Nebenprodukt der Dünnbierrektifikation, das man die Kopffraktion nennt, geführt. Die Fülle der Ausscheidung der Beimengungen bestimmt man gewöhnlich nach dem Aldehydgehalt im Epurat (nicht mehr als 0,0005 Vol.-% in Umrechnung auf den reinen Spiritus).

Der Epurat-Spiritus geht in die Rektifikationssäule. Hier erfolgen die Destillation, die Stärkung (Anreicherung) des Spiritus und seine Entnahme im oberen Teil der Säule und auch die Abtrennung der Schwanz- und Zwischenbeimengungen (des Fuselöls) und die Ergänzungsraffination von den Kopf- und Endbeimengungen. Die Nebenprodukte der Rektifikation (die Kopffraktion, das Fuselöl) enthalten die große Menge Ethanol, das man mitunter mit Hilfe zusätzlicher Säulen absondert.

Rektifikationsspiritus kann man entweder aus Rohspiritus oder direkt aus dem Dünnbier gewinnen. In der Spiritusindustrie gewinnt man das Rektifikat ausschließlich aus dem Dünnbier, was wirtschaftlich als zweckmäßiger erachtet wird. Die Gewinnung des Rektifikationspiritus direkt aus dem Dünnbier wird in ununterbrochen arbeitenden Dünnbierrektifikationsanlagen vorgenommen, in denen man den Spiritus aus dem Dünnbier absondern und ihn von den flüchtigen Beimengungen befreien kann.[102]

Die organoleptische Bewertung des Spiritus

Die organoleptische Bewertung des Rektifikationsspiritus wird von der Degustierkommission vorgenommen. Nach diesen Kennziffern bzw. Merkmalen müssen alle nach dem staatlichen Standard GOST klassifizierten Spiritussorten den in Tabelle 2 angeführten Anforderungen entsprechen.

Tabelle 2

Eigenschaft	Charakteristik
Äußeres Aussehen	durchsichtige Flüssigkeit ohne Fremdpartikel
Farbe	farblose Flüssigkeit
Geschmack und Geruch	charakteristisch für jedes Ethanol, das aus dem entsprechenden Rohstoff gewonnen wird, ohne Beigeschmack und Geruch von Fremdstoffen

Die organoleptische Bewertung der Spiritusqualität sowie der Qualität des Wodkas und der Spirituosen wird mittels einer zehnstufigen Bewertungsskala durchgeführt: Bewertet werden Farbe und Durchsichtigkeit (Klarheit) mit 2 Punkten, der Duft bzw. der Geruch mit 4 Punkten sowie der Geschmack mit 4 Punkten.

Alkohollager

Die höchste Bewertung – 10 Punkte – wird dem Spiritus verliehen, der folgende Charakteristiken bzw. Eigenschaften hat: tadellose Durchsichtigkeit 2 Punkte; normaler reiner Spiritusduft (ohne jeglichen fremden Geruch) 4 Punkte; normaler Geschmack des Spiritus, ohne scharfen, brennenden oder süßlichen Beigeschmack bzw. Bitterkeit 4 Punkte.

Die Farbe und die Durchsichtigkeit stellt man visuell in mattem Gegenlicht fest. Zu diesem Zwecke nimmt man zwei gleiche Reagenzgläser von gleicher Glasfarbe. In ein Reagenzglas gießt man 10 cm^3 des zu analysierenden Spiritus, in das andere Reagenzglas gießt man 10 cm^3 destilliertes Wasser. Dann bestimmt man verschiedene Abweichungen von der Farbe und legt das Vorhandensein der mechanischen Beimengungen (Fremdstoffe) fest.

Geschmack und Duft

Der zu prüfende Spiritus wird zunächst mit enthärtetem (aufbereitetem) Wasser auf 40 Vol.-% bei einer Temperatur von 20 °C verdünnt, dann wird das Ganze in einer Flasche des Volumens von 500 cm^3 geschüttelt und in die Degustiergläser eingeschenkt.

Die Prüfung der Spiritusqualität nach dem Geruch und dem Aroma, außer der Probe im Weinglas, kann auch durch Zerreiben einer geringen Menge Spiritus zwischen den Handflächen und das anschließende Einatmen seiner Verdunstungen erfolgen. Eine solche Untersuchung wird ab dem Zeitpunkt der Spiritusprobenentnahme auf die Handfläche bis zu seiner vollständigen Verflüchtigung durchgeführt. Dies ermöglicht, die ersten sich leicht verflüchtigenden Fraktionen (Äther), die Zwischenfraktionen und die stabilen Endfraktionen (wie Fuselöl) festzustellen.

Nach der Bewertung des Geruchs und des Aromas des Spiritus prüft man seinen Geschmack, indem man zu bestimmen hat, ob er den normalen Spiritusgeschmack oder einen aufdringlichen und brennenden Geschmack hat, ob er bitter oder süß ist, was zur Gänze von der Art und der Qualität des Ausgangsrohstoffes abhängig ist.

In den Tabellen 3 und 4 wird die Punktbewertung von Ethanol aus dem Nahrungsrohstoff angeführt.[103]

Tabelle 3

Eigenschaft	Organoleptische Charakteristik	Gesamtnote
Äußeres Aussehen (Farbe und Durchsichtigkeit)	farblose durchsichtige Flüssigkeit	2,0 (ausgezeichnet, gut)
	farblose Flüssigkeit mit leichter Opaleszenz*	1,5 (befriedigend)
	nicht durchsichtige, trübe Flüssigkeit	< 1,5 (unbefriedigend)
Geruch	charakteristisch für die gegebene Spiritussorte aus dem entsprechenden Rohstoff, ohne Nebengeruch	3,6–4,0 (ausgezeichnet)
	charakteristisch für die gegebene Spiritussorte aus dem entsprechenden Rohstoff, jedoch zu wenig ausdrucksstark	3,0–3,5 (gut)
	charakteristisch für die gegebene Sorte, kaum ausdrucksstark	2,5–2,9 (befriedigend)
	hat einen nicht charakteristischen Nebengeruch	< 2,5 (unbefriedigend)
Geschmack	charakteristisch für die gegebene Sorte, weich	3,6–4,0 (ausgezeichnet)
	charakteristisch für die gegebene Sorte, jedoch etwas aufdringlich	3,0–3,5 (gut)
	charakteristisch für die gegebene Sorte, jedoch aufdringlich, brennend	2,5–2,9 (befriedigend)
	nicht charakteristisch für die gegebene Sorte, fremder, grober, untypischer Beigeschmack	< 2,5 (unbefriedigend)

*Die Opaleszenz ist eine leichte, im Gegenlicht sichtbare Trübung des Getränkes

Tabelle 4 – Allgemeine Punktbewertung

Prädikat	Gesamtpunkte	Bedingungen für die Vergabe des Prädikats
Ausgezeichnet	9,2–10,0	hat für alle Eigenschaften das Prädikat „Ausgezeichnet"
Gut	8,0–9,1	hat Eigenschaften der Prädikate „Ausgezeichnet" und „Gut"
Befriedigend	6,5–7,9	hat Eigenschaften der Prädikate „Befriedigend", „Gut" und „Ausgezeichnet"
Unbefriedigend	< 6,5	hat mindestens eine Eigenschaft des Prädikats „Unbefriedigend"

Physikalisch-chemische Kennziffern der Spiritusqualität

Das Rohethanol

Gemäß GOST 131-67, je nach Rohstoff, gewinnt man das Rohethanol

a) aus Korn, Kartoffeln oder Korn und Kartoffeln;
b) aus einem Gemisch von Korn, Kartoffeln, Zuckerrüben und Melasse, Rohzucker, eines anderen, kohlenhydrathaltigen Nahrungsrohstoffes in verschiedenen Verhältnissen;
c) aus Melasse.

Bohnenkulturen werden nicht verwendet.

Nach den physikalisch-chemischen Merkmalen hat der Rohspiritus den Anforderungen zu entsprechen, die in Tabelle 5 angeführt sind.

Tabelle 5

Bezeichnung der Kennziffer	Norm für den Spiritus		
	Aus Korn, Kartoffeln, oder aus Korn und Kartoffeln	Aus einem Gemisch von Korn und Kartoffeln, Zuckerrüben, Melasse, Rohzucker und einem anderen zucker- und stärkehaltigen Lebensmittelrohstoff	Aus Melasse
min. Volumenanteil des Ethanols, %,	88	88	88
max. Massekonzentration der Aldehyde, umgerechnet auf Essigaldehyd in reinem Spiritus, mg/dm^3	300	300	500
max. Massekonzentration für Äther, umgerechnet auf Essig-Ethyl-, in reinem Spiritus, mg/dm^3	500	500	700
max. Volumenanteil des Methylspiritus, umgerechnet auf reinen Spiritus, %	0,13	0,13	–
max. Massekonzentration des Fuselöls, umgerechnet auf das Gemisch von Isomyl- und Isobutylspiritus (3:1) in reinem Spiritus, mg/dm^3	5000	5000	5000

Anmerkung: Die Beigabe von Kopf- und Schwanzabfällen der Rektifikation zum Rohspiritus und auch von Zwischendestillaten bei der Verarbeitung der Abfälle der Spirituosenherstellung ist nicht erlaubt. [104]

Das Rektifikationsethanol hat nach den physikalisch-chemischen Eigenschaften den Anforderungen zu entsprechen, die nachstehend in Tabelle 6 angeführt sind.

Tabelle 6

Kennziffer	Norm für den Spiritus						
	1. Sorte	höhere Raffination	„Basis"	„Extra"	„Lux"	„Alpha"	Methoden der Analyse
max. Volumenanteil Ethanol, %	96,0	96,2	96,0	96,3	96,3	96,3	GOST 5964
Reinheitsprobe mit Schwefelsäure	entspricht						GOST 5964
max. Oxidationsprobe , bei 20 °C	10	15	20	20	22	20	GOST 5964
max. Massekonzentration des Essigaldehyds, umgerechnet auf reinen Spiritus, mg/dm³	10	4	5	2	2	2	GOST 51698
max. Massekonzentration des Fuselöls: 1-Propanol, 2-Propanol, Isobutylalkohol, 1-Butanol des Spiritus, umgerechnet auf reinen Spiritus, mg/dm³	35	8	5	6	6	6	GOST 51698
Isoamyl und Isobutylspiritus (3:1), umgerechnet auf reinen Spiritus, mg/dm³	15	4	5	3	2	2	GOST 5964
max. Massekonzentration der zusammengesetzten Äther, umgerechnet auf reinen Spiritus, mg/dm³	30	15	13	10	5	10	GOST 5964 oder GOST 51698
max. Volumenanteil des Methylspiritus, umgerechnet auf reinen Spiritus, %	0,05	0,05	0,05	0,03	0,03	0,003	GOST 5964 oder GOST 51698
max. Massekonzentration freier Säuren (ohne CO_2), umgerechnet auf reinen Spiritus, mg/dm³	20	15	15	12	8	12	GOST 5964
max. Massekonzentration des trockenen Restes, umgerechnet auf reinen Spiritus, mg/dm³	–	–	15	–	–	–	in Aussicht
max. Massekonzentration der flüchtigen Stickstoffbasen, umgerechnet auf Stickstoff in 1 dm³ reinen Spiritus, mg	–	–	1,0	–	–	–	

Anmerkung: Die Anwesenheit von Furfurol im Spiritus ist nicht zulässig.[105]

Die Anforderungen an den Rohstoff und an die Hilfsstoffe

Die Spiritussorten „Lux", „Extra" und „Basis" gewinnt man aus verschiedenen Arten des Korns und aus einem Gemisch von Korn und Kartoffeln (die Menge der Kartoffelstärke in der Mischung darf bei der Herstellung des Spiritus „Lux" 35 % sowie bei der Herstellung des Spiritus „Extra" und „Basis" 60 % nicht überschreiten).

Den Spiritus „Alpha" gewinnt man aus Weizen, Roggen oder einem Gemisch von Weizen und Roggen.

Spiritus der Höchstraffination und der 1. Sorte wird je nach dem Ausgangsrohstoff hergestellt:

- aus Korn, Kartoffeln oder aus einem Gemisch von Korn und Kartoffeln;
- aus einem Gemisch von Korn, Kartoffeln, Zuckerrüben, Melasse, Rohzucker und einem anderen zucker- oder stärkehaltigen Nahrungsmittel in verschiedenen Verhältnissen;
- aus Melasse;
- aus der Kopffraktion des Ethanols, die bei der Herstellung des Spiritus aus dem Nahrungsrohstoff gewonnen wurde.[106]

Bei der Herstellung des Rektifikationsethanols verwendet man Hilfsstoffe, die zur Anwendung in der Spiritusindustrie vom Ministerium für Gesundheitswesen Russlands genehmigt wurden.

Trinkethanol 95 % ist eine Mischung des Rektifikationsethylakohols der höchsten Raffination mit enthärtetem Wasser, das einer Filtration unterzogen wurde. Nach den physikalisch-chemischen Eigenschaften hat der Spiritus den Anforderungen zu entsprechen, die in Tabelle 7 angeführt sind.

Tabelle 7

Kennziffer	Norm	Methode der Analyse
Der Volumenanteil des Ethanols, %	95 ± 0,2	GOST 5964
max. Massekonzentration des Essigaldehyds, umgerechnet auf reinen Spiritus, mg/dm^3	4,0	GOST R 51698
max. Massekonzentration des Fuselöls: (1-Propanol, 2-Propanol, Isobutylalkohol, 1-Butanol, Isoamylspiritus), umgerechnet auf reinen Spiritus, mg/dm^3	8,0	GOST R 51698
max. Massekonzentration der zusammengesetzten Äther, umgerechnet auf reinen Spiritus, mg/dm^3	15,0	GOST R 51698
max. Volumenanteil des Methylspiritus, umgerechnet auf reinen Spiritus, %	0,05	GOST P 51698
max. Massekonzentration der freien Säuren (ohne CO_2), umgerechnet auf reinen Spiritus, mg/dm^3,	15,0	GOST P 51698
Existenz von Furfurol	unzulässig	GOST P 51710

Für die Herstellung des Trinkspiritus verwendet man Rektifikationsethanol der höchsten Raffination gemäß GOST P 51652-2000, der aus Korn, Kartoffeln oder aus einem Gemisch von Korn und Kartoffeln gewonnen wird.[107]

1 Burnaschew W. Die Erfahrung des terminologischen Wörterbuchs. B.1. SPb., 1845. S. 94. Das Lexikon. B. 10. SPb., 1837. S.317.

2 Wagner R. Die chemische Technologie / Übersetzung aus dem Deutschen, ergänzt von W. Tisengolt. 3. Ausgabe , SPb., 1902. S. 1125.

3 Enzyklopädie Brockhaus und Efron. B. 6. S. 466.

4 Statistischer Almanach und Chronik der Stadt Nishnij Nowgorod des 17. Jahrhunderts / Russische historische Bibliothek. B. 17. SPb., 1898. S. 88.

5 Ergänzungen zu historischen Akten. B. 5. SPb., 1853. S. 433 - 434.

6 Rajew D.W. Die Gastwirtschaften der Städte Westsibiriens: Zweite Hälfte des 17. Jahrhunderts - Anfang des 18. Jahrhunderts, Nowosibirsk, 2005. S. 100 - 101.

7 Kostomarow N.W. Gesammelte Werke. 8. Buch. B.19: Skizze des häuslichen Lebens und des Wesens des Volkes in Großrussland im 17. und 18. Jahrhundert und die alten Standesvertretungen. SPb., 1906. S. 41.

8 Material zur Geschichte der Medizin in Russland. 1. Ausgabe SPb., 1881. S. 5, 6, 22.

9 Die Denkmäler der alten russischen Literatur, herausgegeben von G. Kuschelew-Besborodko. 1. Ausgabe: Legenden, Sagen, Märchen, Erzählungen, Parabeln. SPb., 1860. S. 137.

10 Ilisch F. Vollständige Anleitung für das Weinbrennen, Brauen und die Honigweinherstellung. SPb., 1862. S. 22 - 23.

11 Kropotkin K.S. Historischer Abriss der Herstellung berauschender Getränke: Weinbrennerei nach den neuesten Verfahren. SPb., 1889. S. 351 - 353.

12 Zaozerskij A.I. Das Zarenstammgut des 17. Jahrhunderts: Aus der Geschichte der Wirtschafts- und Kanzleipolitik des Zaren Alexej Michailowitsch. M., 1937. S. 23.

13 Indowa E. I. Die Schlosswirtschaft in Russland. Die erste Hälfte des 18. Jahrhunderts. M., 1964. S. 250.

14 Sacharow I.I. Der die zur Einrichtung von Weinbrennereien und zur Herstellung des Branntweines niedergeschriebenen Zeugnisse entdeckende Wirt und Weinbrenner SPb., 1808. S. 2.

15 Engelman G.I. Die Beschreibung der nützlichsten Weise des Branntweinbrennens mit Hilfe von Feuer und Wasserdämpfen. SPb., 1827. S. 26 - 27.

16 Engelman G.I. Die Beschreibung der nützlichsten Weise des Branntweinbrennens mit Hilfe von Feuer und Wassersdämpfen. SPb. 1827. S. 26 - 29.

17 Über die Zubereitung des Tischweines / Werke Tech. Komitee. 1901. B.14. S. 97.

18 Die Vorschrift für die Untersuchung des Wassers vor dem Kochen, und für die Entnahme von Wasserproben für die chemische Analyse / Werke Tech.Kom. 1895 . B.8. S. 174.

19 Über die Zubereitung des Tischweines/Werke Tech. Kom. 1901. B.14. S. 98, 100.

20 Sokolow S.I. Die Branntweinbrennerei: Anleitung für russische Branntweinfabrikbesitzer, Branntweinbrenner und Dienstgrade der Akziseaufsicht. SPb., 1887. S. 112.

21 Die Erfolge der Branntweinbrennerei. 1888 - 1889. SPb., 1888. S. 1 - 12.

22 Über die Zubereitung des Tischweines / Werke Tech. Kom. 1901. B.14. S. 108.

[23] Barberini R. Die Reise nach Moskowija von Rafael Barberini im Jahre 1565 / Die Erzählungen von Ausländern über Russland im 16. und 17. Jahrhundert / Übers. der Manuskripte von W. Ljubitsch- Romanowitsch. SPb., 1843. S. 13, 36.

[24] Herberstein S. Aufzeichnungen über Moskowija. M., 1988. S. 136

[25] Kostomarow N.I. GS. Buch 8. B. 20. Abriss des Handels des Moskauer Staates im 16. und 17. Jahrhundert. SPb., 1906. S. 68, 362.

[26] Engelman G.I. Die Beschreibung der vorteilhaftesten Weise des Branntweinbrennens mit Hilfe von Feuer und Wasserdämpfen. SPb., 1862. S. 254.

[27] Kittari M.J. Öffentlicher Kursus des Branntweinbrennens, vorgetragen auf Einladung des Finanzministeriums. SPb., 1862. S. 254.

[28] Kittari M.J. Öffentlicher Kursus der Branntweinbrennens, vorgetragen auf Einladung des Finanzministeriums. SPb., 1862. S. 259.

[29] Die Erfolge der Branntweinindustrie: 1888 - 1889. SPb., 1888. S. 45 - 55.

[30] Der russische erfahrene Branntweinbrenner, Destillateur. SPb., 1812. S. 87 - 103.

[31] Kittari M. J.Öffentlicher Kursus der Branntweinbrennens, vorgetragen auf Einladung des Finanzministeriums. SPb., 1862. S. 290 - 294.

[32] Ljalin L.M. Kurze Anleitung zur Branntweinbrennerei . Pg., 1922. S. 4.

[33] Sokolow S.I. Die Branntweinbrennerei: Anleitung für russische Branntweinfabrikbesitzer, Branntweinbrenner und Ränge der Akziseaufsicht. SPb., 1887. S. 167 - 183. Die Erfolge der Branntweinindustrie: 1888 - 1889. SPb., 1888. S. 140 - 176.

[34] Ergänzungen zu den historischen Urkunden. B.5. SPb., 1853. S. 421. Engelman G.I. Die Beschreibung der höchstnützlichsten Weise des Branntweinbrennens mit Hilfe von Feuer und Wasserdämpfen. SPb., 1827. S. 36. Zacharow I.I. Der Wirt und Branntweinbrenner, der die zur Einrichtung der Weinfabriken und zur Produktion der Branntweinbrennerei gehörenden Angaben entdeckt. SPb., 1808. S. 53.

[35] Der russische erfahrene Branntweinbrenner, Destillateur. SPb., 1812. S. 52.

[36] Ljalin L.M. Kurze Anleitung zum Branntweinbrennen. Pg., 1922. S. 50 - 51.

[37] Ljalin L.M. Kurze Anleitung zum Branntweinbrennen. Pg., 1922. S. 56.

[38] Engelman G.I. Die Beschreibung der einträglichsten Weise der Branntweinbrennerei mit Hilfe von Feuer und Wasserdämpfen. SPb., 1827. S. 38.

[39] Ljalin L.M. Kurze Anleitung zum Branntweinbrennen Pg., 1922. S. 57.

[40] Ljalin L.M. Kurze Anleitung zum Branntweinbrennen. Pg., 1922. S. 56 - 57.

[41] Ljalin L.M. Kurze Anleitung zum Branntweinbrennen. Pg. , 1922. S.73

[42] Mendelejew D.I. Die Branntweinbrennerei / Mendelejew D. I. Die Werke. B. 16.M., L., 1951. S. 369 - 370.

[43] Engelman G.I. Die Beschreibung der einträglichsten Weise der Branntweinbrennerei mit Hilfe von Feuer und Wasserdämpfen. SPb., 1827. S. 42 - 44. Der russische erfahrene Branntweinbrenner, Destillateur. SPb., 1812. S. 53 - 55.

[44] Kropotkin K.S. Historischer Abriss der Herstellung berauschender Getränke: Das Branntweinbrennen nach neuesten Verfahren. SPb., 1889. S. 353 - 355.

[45] Engelman G.I. Die Beschreibung der einträglichsten Weise der Branntweinbrennerei mit Hilfe des Feuers und den Wasserdämpfe. SPb., 1827. S. 64.

[46] Wagner R. Die chemische Technologie / Die Übersetzung aus dem Deutschen und Ergänzungen von W. Tisengolt. SPb., 1902. S. 1125.

[47] Kropotkin K. S. Historischer Abriss der Herstellung berauschender Getränke: die Branntweinbrennerei nach neuesten Verfahren. SPb., 1889. S. 64 - 65.

[48] Mendelejew D. I. Die Branntweinbrennerei / Mendelejew D.I. Die Werke. B. 16. S. 387 - 388. Wagner R. Die chemische Technologie / Übersetzung aus dem Deutschen, ergänzt von W. Tisengolt. SPb., 1902. S. 1134 - 1135.

[49] Sich in Dampf verwandelnd, bildet Wasser ein Volumen, das 1600mal größer als sein ursprüngliches Volumen ist, d.h. ein Krug Wasser bildet 1600 Krüge Dampf. Dieser Dampf enthält soviel Wärme, dass er, wenn man ihn durch Wasser einer Temperatur von 0oC hindurchschickt, ein solches Volumen Wassers zum Sieden bringt, das an Volumen 5,6 mal mehr als das für die Erzeugung des Dampfes verwendete Wasser hat. D.h., wenn man 1 Krug Wasser in Dampf verwandelt und ihn durch 5,6 Krüge Wasser einer Temperatur von 0oC hindurchlässt, werden nicht nur diese 5,6 Krüge Wasser zum Kochen gebracht, sondern auch der verwendete Dampf wandelt sich wieder in Wasser um. Somit erhält man hierbei 6,6 Krüge kochenden Wassers. / Jonson J. I. Anleitung zum Branntweinbrennen und zur Zubereitung süßeren und bitteren aromatischen Wodkas, Ratafia, Likör, künstlichen Rums, Araks, Kognaks und Eau de Cologne. SPb., 1859. S. 235.

[50] Übersicht der Erfindungen, Entdeckungen und Vervollkommnungen bei allen Fragen der Branntweinindustrie. Ausg. 1. SPb., 1880. S.19.

[51] Die Übersicht der technischen Situation der Brennereien in Russland nach statistischen Angaben der Jahre 1888 -1889 / Werke Tech. Kom. 1889. B.2. SPb., 1891. S. 125.

[52] Übersicht der technischen Situation der Brennereien in Russland nach statistischen Angaben der Jahre 1888- 1889/ Werke Tech. Kom. 1889. B. 2. SPb., 1891. S. 129 - 133.

[53] Übersicht der technischen Situation der Brennereien in Russland nach statistischen Angaben der Jahre 1898 -1899./ Werke Tech. Kom. 1899. B. 12. S. 281-295.

[54] Von der Abneigung gegenüber dem Beigeschmack von Angebranntem bei Wodka/ Ökonomisches Magazin. 1782. Bd. 10. № 34. S. 125-126.

[55] Schleret F.A. Die Apotheke oder die Wissenschaft, verschiedene Arzneien sowohl für die innere Anwendung, als auch für den äußerlichen Gebrauch zusammenzustellen. Bd. 1-2. M., 1793. S. 347

[56] Das vollständige Kochbuch. Bd. 3. M., 1791. S. 93-94.

[57] Vom Fischleim/ Ökonomisches Magazin. 1782. Bd.12. № 91, S. 198-199.

[58] Drukowzow S. Ökonomische Belehrung für Adlige, Bauern, Köche und Köchinnen. SPb., 1777. S. 33-34.

[59] Die volle Belehrung, wie man mit Traubenweinen seit dem Anfang des Sammelns der Weinbeeren verfahren muss, wie man die alten Weine erhalten muss, die verdorbenen Weine verbessern muss, und wie man verschiedene komplizierte Weine bilden muss. Vom Schwelen der Honigweine, der Destillation des Wodkas, der Zusammenstellung verschiedener Essige und schließlich vom Bierbrauen und wie man Bier vor der Oxidierung u. a. m. schützen muss.M. 1788. S. 215-220.

[60] Das Pint (auch die Pinte) ist eine Raumeinheit. In Großbritannien bildet ein Pint 0,568261 dm^3, in den Vereinigten Staaten von Amerika bildet ein Pint 0, 473179 dm3.

[61] Das vollständige Kochbuch. Bd.3., M. 1791. S. 95.

[62] Inosemzew M.A. Der Verkäufer und Hersteller des Kornweines und verschiedener Spiritusgetränke. M., 1863. S.29.

[63] Der russische erfahrene Branntweinbrenner, Destillateur. SPb., 1812. S. 14.

[64] Das vollständige Kochbuch. Bd. 3. M., 1791. S. 78-91.

[65] Vom Gießen des Weines auf Früchte, um den Korngeschmack wegzunehmen, und von verschiedenem Wodka und Spiritus./ Ökonomisches Magazin.1781. Bd.8. № 85. S. 97-103.Der russische erfahrene Branntweinbrenner, Destillateur. SPb., 1812. S.14. Ökonomisches Magazin. 1781. Bd. 7.№53. S. 15-16. Ökonomisches Magazin. 1781. Bd.6. №30. S. 63-64.

[66] Lowitz T.Je. Von der Verbesserung des Kornweines, ohne Destillation/ Lowitz T.Je.
Ausgewählte Werke der Chemie und der chemischen Technologie/ Red., Artikel und Anmerkungen von N.A. Figurowskij. M., 1955. S. 39-45.

[67] Sacharow I.I. Der Wirt und Branntweinbrenner, der die Kenntnisse für die Einrichtung der neuen Brennereien und für die Produktion der Branntweinbrennerei entdeckt. SPb., 1808. S. 104.

[68] Tawildarow N.I. Ziel und Mittel der Gewinnung von reinem Spiritus./ Werke Tech. Kom. 1893. B.4. S. 368.

[69] Der russische erfahrene Branntweinbrenner, Destillateur. SPb., 1812. S. 116.

[70] Ljalin L.M. Kurze Anleitung für das Branntweinbrennen. Pg., 1922. S.180.

[71] Tawildarow N.I. Ziel und Mittel der Gewinnung von reinem Spiritus / Werke Tech. Kom. 1893. B.4. S. 367.

[72] Titel und Klassifikation der Stoffe sind ohne Änderungen nach der Arbeit des Mitglieds des Technischen Komitees Tawilardow N.I./ Werke Tech. Kom. 1893. B. 4. S.341-375.

[73] Tawilardow N.I. Ziel und Mittel der Gewinnung von reinem Spiritus /Werke. Tech. Kom. 1893. B. 4. S. 361-365. Inozemzew M.A. Der Verkäufer und Hersteller des Kornweines und verschiedener Spirituosen. M., 1863. S. 21, 29.

[74] Der russische erfahrene Branntweinbrenner, Destillateur. SPb., 1812. S. 118.

[75] Der Vortrag des ständigen Mitgliedes von der chemischen Vorbearbeitung des Rohspiritus, der für die Rektifikation in den staatlichen Spiritusraffinationabteilungen und Werken geht./ Werke Tech. Kom. 1908. B. 19. S.116.

[76] Ladung – Volumen der Flüssigkeit, die in das Destillationsgefäß gegossen wurde.

[77] Sitnikow A. Die Chemische Reinigung des Spiritus in Verbindung mit der Rektifikation // Die Rationalisierung der Branntweinindustrie.M.; L., 1931. S. 165, 167

[78] Der russische erfahrene Branntweinbrenner, Destillateur. SPb., 1812. S. 118.

[79] Von der Reinheitsprobe des Spiritus./ Werke Tech. Kom. 190./ B.12. S. 43 -46.

[80] Werigo A. A. Von der Zubereitung des Tischweines./ Werke Tech. Kom. 1903 .B. 14. S. 127-128, 132.

[81] Über die Zubereitung des Tischweines./ Werke Tech. Kom. 1903. B. 14. S. 98 -103. Krschishanowskij W.J.
Die Reinheit der staatlichen Getränke, die Methoden ihrer Herstellung und die Qualität der Hauptstoffe. Twer, 1906.S. 93-95.

[82] Werigo A.A. Von der Erforschung des Tischweines der Privatfirmen und des staatlichen Weines./Werke Tech. Kom. 1903. B. 14. S.120.

[83] Krschishanowskij W. J. Die Reinheit der staatlichen Getränke, die Methoden ihrer Herstellung und die Qualität der Hauptstoffe. Twer, 1906. S. 127.

[84] Krschishanowskij W. J. Die Reinheit der staatlichen Getränke, die Methoden ihrer Herstellung und die Qualität der Hauptstoffe. Twer, 1906. S. 78-90.

[85] Wvedenskiy W.W. Über die Einrichtung und Verfahren der Sicherung von Dünnbierdestillier- und Rektifikationsapparaten/ Werke Tech. Kom. 1909. B. 22. S. 12, 14.

[86] Wvedenskiy W.W. Über die Einrichtung und die Verfahren der der Sicherung von Dünnbierdestillier- und Rektifikationsapparaten/ Werke Tech. Kom. 1909. B. 22. S. 18,22.

[87] Vorschlag des Vorsitzenden der bautechnischen Inspektion zur Zubereitung des Tischweines aus pasteurisiertem Spiritus/ Werke Tech. Kom. 1909. B. 27. S. 47.

[88] Vorschlag des Vorsitzenden der bautechnischen Inspektion zur Zubereitung des Tischweines aus pasteurisiertem Spiritus / Werke Tech. Kom. 1909. B. 27. S. 52.

[89] Übersicht der technischen Situation der Brennereien in Russland nach statistischen Angaben der Jahre 1913-1914/ Werke Tech. Kom. 1909. B. 27. S. 115-123.

[90] Die Technologie des Spiritus/ W.L. Jarowenko, W.A. Marintschenko, W.A. Smirnoff u. a. ; unter der Red. von Prof. W.L. Jarowenko. M., 1999. S. 40-41.

[91] Die Technologie des Spiritus/ W. L. Jarowenko, W. A. Marintschenko, W.A. Smirnoff u. a.; unter der Red. von Prof. W.L. Jarowenko. M., 1999. S. 61-64.

[92] Die Technologie des Spiritus/ W. L. Jarowenko, W. A. Marintschenko, W.A. Smirnoff u. a.; unter der Red. von Prof. W.L. Jarowenko. M., 1999. S. 38.

[93] Die Technologie des Spiritus/ W. L. Jarowenko, W. A. Marintschenko, W.A. Smirnoff u. a.; unter der Red. von Prof. W.L. Jarowenko. M., 1999. S. 39-40.

[94] Die Technologie des Spiritus/ W. L. Jarowenko, W.A. Marintschenko, W.A. Smirnoff und andere; unter der Redaktion von Prof. W.L. Jarowenko. M., 1999. S. 30.

[95] Die Expertise der Getränke / W.M. Posnjakowskij, W.A. Pomosowa, T. F. Kiseljowa, L.W. Permjakowa. Nowosibirsk, 2002. S. 15.

[96] Die Technologie des Spiritus / W.L. Jarowenko, W.A. Marintschenko, W.A. Smirnoff und andere. Unter der Redaktion von Prof. W.L. Jarowenko. M., 1999. S. 75.

[97] Die Technologie des Spiritus / W.L. Jarowenko, W.A. Marintschenko, W.A. Smirnoff und andere; unter der Redaktion von Prof. W. L. Jarowenko. M., 1999. S. 122 - 146.

[98] Die Technologie des Spiritus / W.L. Jarowenko, W.A. Marintschenko, W.A. Smirnoff und andere; unter der Redaktion von Prof. W. L. Jarowenko. M., 1999. S. 185.

[99] Die Expertise der Getränke / W. M. Posnjakowskij, W.A. Pomosowa, T. F. Kiseljowa, L.W. Permjakow. Nowosibirsk, 2002. S. 16.

[100] Die Technologie des Spiritus / W.L. Jarowenko, W. A. Marintschenko, W. A. Smirnoff und andere; unter der Redaktion von Prof. W.L. Jarowenko. M., 1999. S. 293 - 249.

[101] Die Technologie des Spiritus / W.L. Jarowenko, W. A. Marintschenko, W.A. Smirnoff und andere; unter der Redaktion von Prof. W.L. Jarowenko. M., 1999.S. 296 - 303.

[102] Die Technologie des Spiritus/ W. L. Jarowenko, W.A. Marintschenko, W.A. Smirnoff und andere; unter der Redaktion von Prof. W.L. Jarowenko. M., 1999. S. 297 - 369. Die Expertise der Getränke / W. M. Posnjakowskij, W.A. Pomosowa, T.F. Kiseljowa, L.W. Permjakow. Nowosibirsk, 2002. S. 17 - 18.

[103] Die Expertise der Getränke / W.M. Posnjakowskij, T. F. Kiseljowa, L.W. Permjakow. Nowosibirsk, 2002. S. 23 - 24 .

[104] Staatlicher Standard GOST 131-67. Rohäthanol.

[105] Staatlicher Standard GOST R 51652 - 2000. Rektifikationsäthanol aus Nahrungsrohstoff. Technische Bedingungen

[106] OST 10-217-98. Die Fraktion des Kopfäthanols. Die technischen Bedingungen.

[107] GOST P 51723-2001. Das Trinkäthanol 95 %. Die technischen Bedingungen.

Kapitel 5

Technologischer Prozess, Ausrüstung und Rohstoffe für die Wodkaherstellung

Russischer Wodka in der Zeit des 16. Jahrhunderts bis zum Beginn des 20. Jahrhunderts

Die ersten Erwähnungen des Wodkas stammen, wie bereits gesagt, vom Anfang des 16. Jahrhunderts. Es ist bekannt, dass unter dem Zaren Alexei I. (1645–1674) Wodka in der Apothekerkanzlei, in einem Speziallabor gemacht wurde: „In der Apothekerkanzlei, in einer alchimistischen Branntweinküche, wo man allerlei Wodkas (Wässerchen) zubereitet ..."[1] Sie wurden von den Meistern der „Wodkazubereitung" gemacht. So wurde Jerofej Muchanowskij, der verschiedene Kräuter, Blumen und Wurzeln für die „Wodkazubereitung" pflückte und Wodkas machte[2], auf Erlass von Alexei I. im Jahre 1663 nach Nishnij Nowgorod entsandt. Einer der Wodkameister, Vaska Schilow (er machte Wodka, Spiritus usw.), der auch das Apothekerhandwerk und die Alchemie studiert hatte, bat den Zaren sogar, das Amt, das er ausübte, Destillateur nennen zu dürfen.[3]

Detaillierte Beschreibungen der Herstellungsverfahren für verschiedene Wodkasorten im 16. Jahrhundert blieben nicht erhalten. Anfang des 17. Jahrhunderts existierten für die zweite der drei möglichen Destillationen spezielle Öfen. Für die Destillation verwendete man Kupfergefäße, deren Innenfläche verzinnt wurde. Der Deckel und die Gefäßröhren wurden mit Teig verschmiert, um den Austritt des Dampfes zu verhindern. Die Öfen wurden mit Holzkohle oder Brennholz geheizt. Wodka wurde mit Kräutern, Wurzeln und Blumen, mit Zucker oder Zuckersaft, Melisse und Honig destilliert. Verwendet wurde einfacher Wein, Bojarenwein oder doppelter Kornwein.[4]

Im 18. Jahrhundert wurde seine Herstellung bereits eingehend beschrieben. Einerseits kann man sich ein Bild vom technologischen Schema der Herstellung von Wodka machen, der ein Produkt der Destillation des Kornweines unter Hinzufügung der Geschmacksingredienzien und aromatischer Komponenten war. Andererseits erhielt man im Ergebnis der ersten Destillation des Dünnbiers mit den Trebern Raka. Das Ergebnis der Rakadestillation war Kornwein. Wenn man diesen destillierte, bekam man Wodka, indem man Gewürze, Kräuter und sonstige Komponenten hinzufügte. Das Schema der Wodkadestillierung sah also wie folgt aus:

DÜNNBIER (Treber) → Raka → Kornwein → Kornwein + Ingredienzien → Wodka

Im 18. Jahrhundert nannte man das Herstellungsverfahren von Wodka im Unterschied zur Branntweinbrennerei (die eigentlich auch eine Destillation ist) „Destillierung": „Im beschränkten Sinne, und besonders in den Haushalten, verstand man unter Destillierung die Herstellung von Wodka, wohlriechendem Wasser, Likören, Essenzen aus verschiedenen Kräutern, Blumen u. Ä.". Wodkas wurden sowohl in den Branntweinbrennereien, wo Kornwein gebrannt wurde, als auch in speziellen Labors destilliert. Die Behälter, die verwendet wurden, waren aus Lehm oder Kupfer gefertigt, jene der Labors bestanden aus Glas. Die aus

Lehm und Kupfer gefertigten Behälter (unter der Bedingung, dass sie gut verzinnt waren) wurden jedoch bevorzugt, da die Glasbehälter den hohen Temperaturen nicht standhielten, so dass diese vor allem für die Kleinproduktion von Wodka verwendet wurden.[5]

Die Destillationsbehälter für die Wodkaproduktion waren den Behältern für die Branntweinbrennerei ähnlich. Die Hauptsache hierbei war ein Kupfergefäß. Das Gefäß für die Wodkaproduktion war etwas kleiner, als das für das Weinbrennen, sein Hals war ein wenig länger. Die Innenfläche des Gefäßes wurde verzinnt.

Der Deckel für das Gefäß war aus Kupfer gemacht, innen hing ein kleiner Sack mit verschiedenen Kräutern für das Aroma. Der Deckel konnte aus Glas gemacht sein (er wurde in den Labors verwendet), wobei es zwei Typen gab: mit und ohne Tülle. Der erste wurde für die Destillation verwendet, der zweite hieß „dichter Deckel" und wurde für das Ansetzen verwendet.

Die Verbindungsröhren sowie die Gefäße für das Branntweinbrennen machte man aus Zinn oder Kupfer. Der Kühler für die Dampfabkühlung unterschied sich kaum vom Kühler für das Branntweinbrennen. Der Behälter war eine große Glaskugel mit einer Röhre (für kleine Mengen Wodka), allerdings verwendete man in der Produktion in der Regel gewöhnliche Fässer mit Stöpseln. Die Stellen, wo die Komponenten miteinander verbunden waren, wurden mit Teig oder mit Lehm und Alabaster verkittet. Der Destillationsvorgang von Wodka unterschied sich vom Weinbrennen fast gar nicht.

Das Gefäß für die Wodkazubereitung wurde nicht in den Ofen eingebaut, um es leichter säubern zu können.[6] Wodka wurde mit Zuckersaft gesüßt und mit speziell vorbereiteten Farbstoffen gefärbt. Hier ist das Rezept der Zubereitung von Kümmelwodka: 3 Pfund Kümmel zerkleinern, ins Destillationsgefäß schütten, 2 Eimer einfachen Kornweines hinzufügen und destillieren, danach mit Zuckersirup süßen.

Aniswodka wurde zum Beispiel auf folgende Weise zubereitet: 2 Pfund Anis, 24 Solotnik Fenchel (1 Solotnik = 4,265 g), je 20 Solotnik Pomeranzenschale und weißen Zimt, je 6 Solotnik weißen Ingwer, Zitronenschale und Kochsalz – all das zerkleinern, in eine Flasche schütten und 1 ½ Eimer Mittelwein[7] hinzufügen, dann verkorken und 1 ½ Wochen ziehen lassen. Den Aufguss im Gefäß destillieren und mit Zuckersirup süßen.[8]

Statt die Gewürze unmittelbar ins Gefäß zu legen, fügte man dem Wein oft aromatisches Wasser hinzu, welches vorher vorbereitet wurde. Um es zuzubereiten, legte man Gewürze ins Wasser und ließ sie in einem gut verkorkten Behälter ziehen. Danach wurde dem gewonnenen Aufguss Wasser hinzufügt, und die ganze Mischung wurde im Gefäß destilliert. Dem hierbei gewonnenen Aufguss fügte man einfaches Wasser und mit Gewürzen angesetztes Wasser hinzu und destillierte das Gemisch zum zweiten und dritten Mal. Das Ergebnis der dreifachen Destillation war konzentriertes aromatisches Wasser, das mit ätherischen Ölen angereichert war und dem Wodka als Aromastoff beigegeben wurde.[9]

Damit die Getränke schmackhaft aussahen, wurden sie gefärbt. Die Farbstoffe waren ganz verschieden: grün, blau, rot, gelb, violett, hellblau, braun usw. Um einen grünen Farbstoff zu bekommen, nahm man Melisse, Minze, Meerrettichblätter oder Ehrenpreis/Veronika. Die Komponenten musste man zerkleinern, in eine Flasche Wein schütten und bei mäßiger Wärme ziehen lassen. Der gefärbte Aufguss wurde behutsam abgegossen, damit kein Niederschlag verblieb, und bis zum Gebrauch aufbewahrt. Einen roten Farbstoff gewann man aus mit hochrotem Sandelholz oder mit Heidelbeeren angesetztem Wein. Safran, Saflor, gelber Ingwer und gelbes Sandelholz waren Rohstoffe für einen gelben Farbstoff. Um einen hellblauen Farbstoff zu bekommen, setzte man Wein mit Flockenblumen oder Blaubeeren an, um einen violetten Farbstoff zu bekommen, machte man dasselbe mit den Samen der Sonnenblumen.[10]

In der Wodkaerzeugung waren ursprünglich viele Technologien bekannt. Um Wodka zu erhalten, wurde folgendes gemacht: a) Man setzte Kornwein mit den Ingredienzien an und destillierte ihn; b) Kornwein wurde angesetzt und danach im Gefäß destilliert; c) der Wein wurde in einem Gefäß destilliert, auf dessen Deckel kleine Säckchen mit Gewürzen oder Kräutern befestigt wurden; d) die Gewürze wurden dem Treber hinzugefügt und dann erfolgte die Destillation; e) aromatisches Wasser und aromatischer Spiritus wurden dem Wein hinzugefügt.

Den gewonnenen Aufgüssen oder dem destillierten Wein fügte man Zuckersirup hinzu, dann färbte und filterte man alles.

Die Wodkazubereitung auf dem Wege der Destillation von Aufgüssen oder Trebern mit pflanzlichen Komponenten nannte man heißes Herstellungsverfahren. Die Wodkazubereitung, die mit der Destillation nichts zu tun hatte, nannte man kaltes Herstellungsverfahren.

Vor dem 18. Jahrhundert unterschied man keine bestimmten Wodkasorten. Ihre Namen lieferten nur über die Komponenten Informationen, die dieser oder jener Wodka enthielt, sowie über seine Farbe und den Zweck, zu welchem das Getränk zubereitet worden war.

Zum Ende des 18. Jahrhunderts (1765) wurden in der Gesetzgebung süße Wodkas erwähnt. Die Produktion dieser Wodkas entwickelte sich im Weiteren bei gleichzeitiger Entstehung einiger neuer Wodkasorten. Das Unterscheidungsmerkmal süßer Wodkas war, unabhängig von der Sorte, der stets hohe Zuckergehalt. In kleinen Portionen wurde Zucker jedoch auch bitteren würzigen Wodkas beigefügt, um die Bitterstoffe auszugleichen.

In einer der Anleitungen aus der ersten Hälfte des 19. Jahrhunderts hieß es: „Die Zubereitung süßer Wodkas besteht in der Sättigung einfachen Wodkas mit Zucker und Duftstoffen. Derartige verbesserte Wodkas werden im Handel als Cremes, Liköre, gewöhnliche und süße Doppelwodkas bezeichnet."[11] Alle diese Getränke unterschieden sich durch die Mengen des zu ihrer Herstellung nötigen Zuckers, aromatischer Komponenten und des Alkohols. In den Zubereitungsmethoden süßer Wodkas wurden ab und zu Veränderungen vorgenommen.

Kornwein und Spiritus, die man im Produktionsvorgang verwendete, wurden zuerst mit Wasser im Verhältnis 50 : 50 bis auf 40 % (nach dem Tralles-Koeffizienten) verdünnt und danach mit Holzkohle raffiniert. In der Wodkazubereitung benötigte man gut raffinierten Wein.

Die Zubereitung süßen Wodkas bestand aus drei Etappen: Spiritus wurde a) mit Duftstoffen gesättigt, b) gesüßt und c) gefärbt.

Um süßen Wodka aromatischer zu machen, verwendete man Pflanzen, die ätherische Öle enthielten: Kümmel, Anis, Wacholderbeeren, Zitronenschale, bittere Mandeln, Pfefferminze, Pomeranzenwurzel usw. Ätherische Öle wurden aus den oben erwähnten Pflanzen durch zwei Methoden gewonnen: Sie wurden im Gefäß mit Wasser destilliert, wodurch man aromatisches Wasser erhielt, oder mit Kornwein, wobei als Ergebnis aromatischer Spiritus entstand.

Aus einer anderen Gruppe aromatischer Pflanzen bekam man nicht nur ätherische Öle, sondern auch Bitterstoffe. Dies sind Pomeranzenfrüchte und -schalen, Gewürznelken, Vanille, Kardamom, Kalgan, Zitwersamen, Beifuß usw. Die Pflanzen, die zu dieser Gruppe gehören, gab man dem Spiritus bei, den man danach in der Kälte oder Wärme ziehen ließ. Der gewonnene Extrakt, der ätherische Öle und Bitterstoffe enthielt und ein wenig gefärbt sein konnte, wurde dem Wodka hinzugefügt, ohne ihn in der Regel zu süßen.

Erdbeeren, Himbeeren, Kirschen, Pfirsiche und Äpfel wurden zerkleinert, der Saft wurde ausgepresst, mit starkem Spiritus vermengt und, falls notwendig, gesüßt. Auf diese Weise machte man Ratafia: Wodka mit Beerensaft. Manchmal fügte man neben dem Saft auch zerstampfte Beerensamenkerne hinzu.

Für die Zubereitung klaren, ungefärbten oder wenig gefärbten Wodkas nahm man den besten Zucker, was bei der Zubereitung der Getränke dunkler Farben oder einfacher Sorten nicht erforderlich war. In der Regel wurde Zucker in Form eines Zuckersirups verwendet, der gekocht wurde. Dabei schöpfte man sorgfältig den Schaum ab, damit der Sirup rein, klar, ohne jeglichen Geruch und ohne Nebengeschmack war.

Zum Süßen von Cremes nahm man etwa ein Pfund Zucker auf jedes Quart (= ca. 1,14 Liter); für Liköre ¾ Pfund Zucker; für Doppelwodka etwa 4–6 Lot (1 Lot = 16,6 g); für einfache (gewöhnliche) Wodkas 2 Lot Zucker. Somit waren Cremes die süßesten und aromatischsten Wodkas. Danach folgten Liköre, dann Doppelwodka und gewöhnlicher Wodka.[12]

Werbung für Getränke der Gesellschaft Beckman & Co. in Sankt Petersburg

Doppelwodkas unterschieden sich von Cremes und Likören dadurch, dass sie weniger Zucker enthielten und zu ihrer Herstellung keinerlei hochwertige und kostspielige Komponenten verwendet wurden, wie es im Gegensatz hierzu bei der Produktion von Cremes und Likören der Fall war. Spiritus für Doppelwodkas wurde nicht so gründlich raffiniert, wie für Liköre. Die Spiritusstärke für Doppelwodkas erreichte 45–48 % nach dem Tralles-Koeffizienten, „sofern der Preis der Wodkas nicht dazu anhielt, einen schwächeren Spiritus zu verwenden".[13] Für Cremes und Liköre, die viel Zucker enthielten, verwendete man einen nicht so starken Spiritus, wie es für Doppelwodkas üblich war.[14]

Gewöhnliche Wodkas wurden auf dieselbe Weise gemacht wie Doppelwodkas. Für die letzteren nahm man jedoch zweimal so viel Zucker wie für die ersten. Gewöhnlichen Wodka konnte man aus Doppelwodka gewinnen, man brauchte ihn nur mit Wein zu verdünnen, dessen Stärke 40–45 % nach Tralles betrug. Derart gewonnene gewöhnliche Wodkas hatten jedoch nicht den angenehmen Geschmack, den die normalerweise zubereiteten Getränke hatten.[15]

Die Mischung der Komponenten erfolgte in Bottichen, die einen Deckel und einen Ablasshahn im unteren Teil hatten. Zuerst goss man in einen Bottich Spiritus (oder Wein), der mit den Gewürzpflanzen oder dem Spiritusaufguss destilliert wurde, dann wurde er, falls notwendig, mit Wasser verdünnt, danach mischte man alles und fügte in kleinen Portionen eine Farblösung hinzu, bis die erwünschte Farbenintensität erreicht wurde.

Während des 19. Jahrhunderts verwendete man für die Zubereitung aromatischer Wodkas immer noch das Weindestillationsverfahren mit Hilfe von Gewürzen und Kräutern, jedoch verbreiteter waren die Kaltverfahren der Herstellung. Sie basierten auf der Verwendung von Extrakten oder Gewürzessenzen und ätherischen Ölen. Das Kaltverfahren war im Vergleich zum Heißverfahren einfacher und erzielte keine schlechten Resultate.

Bittere aromatische Wodkas wurden fast ausschließlich aus Extrakten (Essenzen) gemacht.[16] Als Rohstoffe für diese Wodkas dienten Wein oder Spiritus, Gewürze, ätherische Öle, Zucker, Farbstoffe und Wasser. Jeder dieser Stoffe wurde einer bestimmten Vorbereitung unterzogen oder wurde speziell zubereitet.

1. Wein oder Spiritus

Der wichtigste Rohstoff für die Wodkazubereitung ist möglichst gut raffinierter Spiritus. Bei der Zubereitung von Wodka mit Essenzen nahm man Spiritus, der eine Stärke von etwa 60 % nach Tralles hatte. Für Liköre und Getränke, denen mittels ätherischer Öle Aroma verliehen wurde, wurde Spiritus von einer Stärke von 80–90 % nach Tralles verwendet, weil sich ätherische Öle schlecht in Spiritus auflösen, dessen Stärke geringer als 80 % ist.[17]

2. Gewürze und aromatische Öle

Es wurde bereits erwähnt, dass Gewürze in zwei Kategorien eingeteilt werden: aus den einen gewinnt man nur ätherische Öle, aus den anderen sowohl ätherische Öle als auch Bitterstoffe.

Ätherische Öle wurden aus den Pflanzenteilen durch zwei Methoden gewonnen: a) durch die Destillation mit Wein und b) durch die Destillation mit Wasser. Man legte Gewürze in ein Gefäß, goss gut raffinierten Wein hinzu, ließ alles ein paar Stunden (oder Tage) ziehen und destillierte dann, indem man am Ende des Destillationsvorgangs die Temperatur erhöhte, da der Siedepunkt ätherischer Öle höher ist als der von Alkohol. In diesem Falle war es nachteilig, starken Spiritus zu verwenden.

Einen noch größeren Effekt hatte die Destillation dieser Ingredienzien in reinem Wasser. Man destillierte auf dieselbe Weise, wie es bei der Destillation mit Spiritus der Fall war, und zwar so lange, bis das Destillat den Geruch der mit Wasser destillierten Pflanzen verlor.

Im 19. Jahrhundert konnte man ätherische Öle in den Wodkabrennereien nicht unmittelbar zubereiten, sondern musste sie kaufen. Allerdings war zu beachten, dass die Öle von guter Qualität, frisch und nicht ranzig waren.[18] So bot das Geschäft mit Apothekerutensilien und chemischen Stoffen von A. Bruns in Moskau zu günstigen Preisen „die besten englischen Fruchtessenzen verschiedener Sorten, französische Duftstoffe für Liköre, ätherische Öle, erstklassige Pomeranzen- und Zitronenschalen, verschiedene Farbstoffe und Sonstiges, was für die Zubereitung der Wodkas und Liköre notwendig ist".[19] Manche Wodkabrennereien erzeugten selbst Essenzen zum Verkauf, beispielsweise das Unternehmen von A. Wolfschmidt in Riga.[20]

Für die Zubereitung von Extrakten (Essenzen), die ätherische Öle und Bitterstoffe enthielten, wurden die Gewürze einige Zeit mit Spiritus angesetzt, der eine Stärke von etwa 50 % nach Tralles hatte, dann wurden die Gewürze entfernt.

Für die Zubereitung von klarem, reinem Wodka, wenn man Extrakte bekommen wollte, verwendete man keinen starken Spiritus, denn unter seinem Einfluss auf die Gewürze gingen neben Äther auch Teerstoffe in die Lösung über, die nach der Verdünnung des Spiritus mit Wasser eine Trübung der Lösung verursachten.

Wenn man farbige Wodkas zubereitete, die nicht unbedingt klar sein mussten, oder wenn man wollte, dass Teerstoffe in den Wodka übergingen, um ihm einen bitteren Geschmack zu verleihen, nahm man Spiritus der höchsten Stärke. Derart zubereitete Extrakte wurden für die Herstellung bitteren Wodkas verwendet.

Für die Zubereitung von Likören verwendete man keine Extrakte, da sie mehr oder weniger gefärbt waren – Liköre sollten farblos oder ein wenig gefärbt sein. Dafür wurden in der Regel Duftwasser und Spiritussorten verwendet, die man durch eine besondere Destillation erhielt. Diese aromatischen Flüssigkeiten wurden jedoch nicht selten durch ätherische Öle ersetzt.[21]

Extrakte für die Zubereitung aromatischen Wodkas

Extrakte aus Kardamomsamen, Muskatnuss, Gewürznelken, Zimt oder gedörrten, grünen Pomeranzen wurden durch das Ansetzen mit Spiritus mit einer Stärke von 60–70 % nach Tralles im Verhältnis von $^1/_3$–$^1/_2$ Stauf (= Humpen = ca. 0,5 Liter) Spiritus zu $^1/_2$ Pfund Gewürzen zubereitet. Zu diesem Zweck legte man Gewürze in einen Glasbehälter, die vorher zerkleinert wurden, goss Spiritus hinzu und deckte die Öffnung mit einer angebundenen nassen Blase ab, die mittels einer Nadel durchlöchert wurde. Die Mischung stand so bei angemessener Temperatur 10–12 Tage, dann wurde der Spiritus abgegossen und die Gewürze wurden mit einer Presse ausgepresst. Der ausgepresste Extrakt wurde gefiltert und zu dem anfänglich abgegossenen Aufguss hinzugefügt. Den Extrakt bewahrte man in einer gut verkorkten Flasche auf, bis er gebraucht wurde. Wenn man den Extrakt aus Beifußblättern machte, nahm man doppelt so viel Spiritus.[22]

Extrakte für Liköre

Für die Zubereitung von Likören verwendete man meistens ätherische Öle oder man destillierte Spiritus mit Duftstoffen, was ermöglichte, farblose Getränke zu erhalten.

Als Extrakte für Liköre wurden nur Amber und Vanille mit Spiritus angesetzt. Auf ein Lot Vanille oder Amber (sie wurden vor dem Ansetzen zerkleinert) nahm man etwa $^1/_6$ einer Literflasche Spiritus, der eine Stärke von etwa 75 % nach Tralles hatte.

Duftwasser

Sie waren unterschiedlich: Rosenwasser (aus den Rosenblüten), Orangenwasser (aus den Pomeranzenblüten), Nelkenwasser (aus Gartennelken), Zimtwasser, Melissenwasser (aus Melissenblättern), Pfefferminzwasser, Salbeiwasser und Lavendelwasser. Für die Zubereitung von aromatischem Wasser, das für die Likörproduktion bestimmt war, nahm man 4 Pfund Duftstoff in Form von frischen Blättern und Blumen und ein Pfund getrockneter Rohstoffe (Zimt, getrocknete Kräuter usw.). Die Komponenten wurden mit 8 Stauf Wasser und $^1/_3$ Stauf Spiritus destilliert. Als Ergebnis bekam man 4 Stauf aromatischen Wassers.[23]

Zucker

Zucker für die Likörzubereitung wurde in Form des Streuzuckers verwendet; um aber ein besseres Ergebnis zu bekommen, machte man daraus Sirup. Als Sirup löst sich Zucker in Spiritus besser auf. Die mit Sirup zubereiteten Getränke lassen sich leichter abklären.

Hier ist das Rezept für Sirup aus einem Pud Zucker, der für die Zubereitung farbigen Wodkas und von Likören bestimmt war: In einem gut gereinigten Kessel löste man bei mäßigem Feuer in 20 Pfund Wasser $^2/_3$ Pfund Würfelzucker und $^1/_3$ Pfund gelbe Fruchtbonbons auf. Danach wurde zur Lösung das Eiweiß von 10 frischen Eiern, das mit Wasser zu Schaum geschlagen wurde, hinzugefügt. Dann mischte man alles und entfachte ein größeres Feuer, bis die Flüssigkeit kochte. Sie wurde ein paar Minuten gekocht, dann durch Wollstoff gefiltert, der vorher angefeuchtet und ausgewrungen wurde, in einen Steintopf gegossen und nach der Abkühlung in gut verkorkten Flaschen kühl aufbewahrt.

Lavendel

Salbei

Für die Produktion von farblosen Likören höchster Sorten verwendete man $^2/_3$ besten Würfelzuckers und $^1/_3$ weiße Fruchtbonbons (oder nur Würfelzucker allein) und bereitete Sirup nach dem beschriebenen Rezept zu.[24]

Wasser

Naturwasser entsprach ziemlich selten den Anforderungen der Wodka- und insbesondere der Likörherstellung. Das hierin aufgelöste Salz konnte eine Veränderung der Farbe, mitunter auch des Geschmacks verursachen. Aus diesem Grunde wurde Naturwasser oft der Destillation unterworfen, das Brunnenwasser und Wasser aus Flüssen wurde gekocht. Für Wodkas und Liköre nahm man nur mildes Wasser. Als sehr mildes Wasser galt zum Beispiel das Wasser aus der Newa.

Hier sei ein Beispiel der Zubereitung von süßem aromatischen Doppelwodka genannt:

Englischer Wodka

Für 1 $^3/_4$ Pfund Pomeranzenschale, $^3/_4$ Pfund Kalgan, 1 $^3/_4$ Pfund Enzian, $^1/_4$ Pfund Tausendgüldenkraut, $^1/_4$ Pfund Quassia, $^1/_4$ Pfund kanadischen Knoblauchs nahm man 1 $^1/_2$ Eimer Spiritus und ließ alles 3 Tage ziehen. Anschließend, nach dem Abgießen des Aufgusses und dem Auspressen der Gewürze, fügte man 2 Eimer Spiritus, 7 Pfund Zucker und 2 $^{1}/_{6}$ Eimer Wasser hinzu.[25]

Einfacher gesüßter, aromatischer Wodka wurde wie Doppelwodka zubereitet, der Unterschied dabei war nur, dass für Doppelwodka doppelt so viele Duftstoffe, Gewürze und Zucker im Vergleich zu einfachem genommen wurden, die Mengen von Alkohol blieben hierbei gleich.[26]

Ungesüßter und bitterer aromatischer Wodka

Bitterer Wodka wurde mit Hilfe von Zutaten zubereitet, die den Getränken einen bitteren Geschmack verliehen. Wenn man einen intensiveren bitteren Geschmack des Wodkas erzielen wollte, wurde beim Süßen weniger Zucker hinzugefügt. Indem man die Zuckermenge regulierte, bekam man die erwünschte Bitterkeitsintensität. Wodka, der überhaupt keinen Zucker enthielt, wurde auch hergestellt.

Ratafien und Fruchtliköre

Schwarze Johannisbeere

Ratafia ist Wodka aus raffiniertem Wein und Fruchtsaft. Ratafien sind Fruchtlikören ähnlich. Für die Zubereitung von Fruchtlikören setzte man Früchte oder Beeren mit Wein an. Je nach Verbrauch des Getränkes fügte man dem Aufguss zusätzlich Wein hinzu. Ratafien wurden in zwei Etappen zubereitet: Spiritus mischte man mit ausgepresstem Saft, und zusätzlich goss man ihn unmittelbar auf die Früchte. Ratafien wurden stets mit Zucker gesüßt. Fruchtliköre konsumierte man sowohl gesüßt als auch ungesüßt.

Ratafien wurden aus saftigen Früchten gemacht: Kirschen, Himbeeren, Johannisbeeren, Erdbeeren usw.[27] Für Kirschratafia nahm man: 18 $^{1}/_{3}$ Stauf Spiritus (85 % nach Tralles), 18 $^{1}/_{3}$ Stauf Saft von Sauerkirschen und 30 Pfund Zucker.

Den Kirschsaft erwärmte man mit dem Zucker, bis sich der Zucker auflöste. Der Schaum wurde ständig abgeschöpft, während Spiritus hinzugefügt wurde. Wenn man der Ratafia einen pikanten Geschmack bzw. ein besonderes Aroma verleihen wollte, fügte man die zerkleinerten Kirschkerne hinzu. Um Ratafia höchster Qualität zu bekommen, verwendete man keinen Zucker, sondern Zuckersirup.[28]

Für die Zubereitung von Fruchtlikören wurden ausschließlich reife Früchte genommen. Mit ihnen füllte man ein Fass, übergoss sie mit Wein und ließ sie ein paar Monate ziehen. Hierdurch entzog der Alkohol den Früchten ganz allmählich den Saft. Je nach Verbrauch des Fruchtlikörs, fügte man Wein hinzu, bis er von den Beeren und Früchten den Geschmack, das Aroma und die Farbe annahm.

Liköre

Liköre sind mit Blumen, Kräutern oder Gewürzen angesetzte Wodkas. In Likören wird das Wodka-Aroma mit dem Aroma der pflanzlichen Komponenten gesättigt. Wenn Arzneipflanzen angesetzt wurden, wurden diese Liköre Kräuterliköre genannt.

Die Zubereitung von Likören aus Blumen nahm viel Zeit in Anspruch. Dafür pflückte man im Frühling die Blüten verschiedener Pflanzen: Veilchen, Rosen, Nelken, Orangen, Pomeranzen, Jasmin, Myrte, griechischer Dill, Pfirsiche, Johannesbeeren. Das Pflücken erfolgte bei sonnigem Wetter, man wählte nur volle Blüten aus, entfernte die Blütenkelche und füllte damit Flaschen; jede Pflanze wurde in eine gesonderte Flasche gelegt. Die Flaschen wurden mit Spiritus gefüllt, so dass die Blüten zur Gänze bedeckt waren, danach ließ man alles eine Woche lang ziehen. Dann wurde der Aufguss gefiltert und in gut verkorkten Flaschen aufbewahrt, bis alle benötigten Blüten gepflückt und angesetzt waren. Später mischte man alle diese Aufgüsse in einer Flasche, fügte Zuckerwasser hinzu und setzte sie der Sonne aus. Nach dem Ansetzen war der Likör fertig.[29]

Jeder aromatische Wodka war nach der Zubereitung mehr oder weniger trüb und wurde erst nach einiger Zeit klarer. Wenn man Wodka unmittelbar nach der Zubereitung trinken wollte, wurde er abgeklärt und von der Trübung gefiltert. Dafür gab es viele Varianten: man konnte ihn mit dem Eiweiß, mit Alaun oder mittels Filter durch verschiedene Filtrationsstoffe abklären.

Im 19. Jahrhundert war in der Wodkaproduktion eine Technologie der Zubereitung von Getränken aus Fruchtsaftgetränken (Wasser-Spiritus-Aufgüsse mit Früchte- und Beerenkomponenten) verbreitet. Fruchtsaftgetränke wurden im Voraus in großen Mengen zubereitet und je nach Bedarf verwendet: entweder Fruchtsaftgetränke gleichartiger Beeren oder eine Mischung aus Fruchtsaftgetränken verschiedener Beeren.

Beeren wurden von den Inhabern der Branntweinbrennereien unmittelbar am Ort der Branntweinbrennerei erworben. Sie wurden sorgfältig ausgelesen, gewaschen und in mit starkem Spiritus gefüllte Fässer gelegt. Dieser Aufguss war eigentlich das Fruchtsaftgetränk. Es ist bekannt, dass Beeren in einzelnen Gouvernements, zum Beispiel im Kiewer und Podoler, erworben wurden, wo die

Bauern große Gärten besaßen, und dass der Beerenverkauf für sie eine einträgliche Einkommensquelle war.[30] Die Gesellschaft von P. A. Smirnoff kaufte die Beeren in der Moskauer Umgebung. Eines Tages brachte man süße Ebereschenbeeren aus dem Dorf Neweshino, die Pjotr Arsenjewitsch Smirnoff sehr gut gefielen. Um der Konkurrenz das Geheimnis nicht preiszugeben, wurde dem Getränk, das aus diesen Beeren gemacht wurde, der Name „Neshinskaja rjabina" („Neshiner Ebereschenbeere") gegeben.[31]

Die Zubereitungstechnologie von Fruchtsaftgetränken ist der Zubereitung von Extrakten oder Essenzen ähnlich. Statt Kräutern und Gewürzen wurden Beeren verwendet. Hier ist eines der Rezepte:

Fruchtsaftgetränk aus Schwarzen Johannisbeeren

In ein sauberes Fass, das im Keller auf einem Untersatz stand, legte man Johannisbeeren und ein Pud Heidelbeeren und füllte es mit drei Eimern Spiritus (80 %). Das Fass wurde nicht bis zum Rand gefüllt. Dann goß man zusätzlich 40 %igen Kornwein ein, so dass sich die Beeren ganz in der Flüssigkeit befanden, wobei das Fass immer noch nicht bis zum Rande gefüllt war. Es wurde mit einem Stöpsel verkorkt. Nach sieben Tagen setzte man einen Abgusshahn ein und goss die Flüssigkeit ab. Der abgegossene Spiritus wurde erneut in dasselbe Fass auf die dort verbliebenen Beeren gegossen. Nach 10 Tagen goss man die Flüssigkeit wieder ab und dann wieder ein. Wenn im Fass zu wenig Flüssigkeit blieb, fügte man noch Wein hinzu. Danach wurde das Fass sorgfältig verkorkt und mit Harz versiegelt. Das Fass stand so bis zum Gebrauch des Inhaltes.[32]

Wodka aus Fruchtsaftgetränk der Schwarzen Johannisbeere

In ein Gerät zur Raffinierung, das mit einem Abgusshahn versehen war, schüttete man 20 Pfund zerkleinerte Birkenkohle, goss 2 Eimer Spiritus (96 %), 1 Eimer mildes Flusswasser und 1 Eimer Fruchtsaftgetränk aus Schwarzen Johannisbeeren hinzu und ließ alles einige Zeit ziehen. Der fertige Wodka sollte klar sein. Wenn aus dem Hahn eine vollkommen reine und klare Flüssigkeit floss, so war der Wodka fertig und man konnte ihn in Flaschen abfüllen. (Ein Rezept des Kiewer Wodka- und Kellermeisters Sergej Alexejewitsch Besmjenov.)[33]

Schema der Wodkaproduktion nach Striter

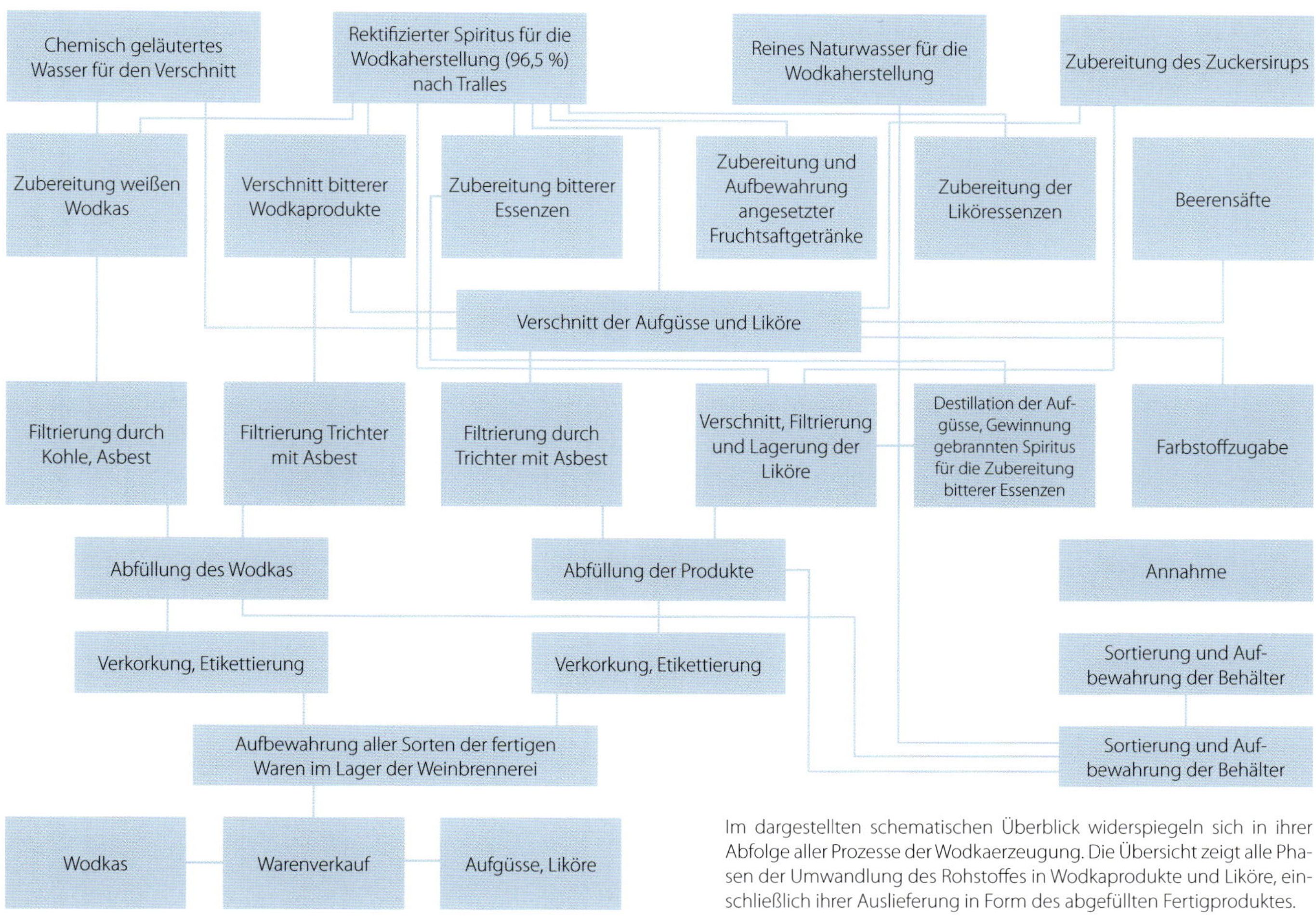

Im dargestellten schematischen Überblick widerspiegeln sich in ihrer Abfolge aller Prozesse der Wodkaerzeugung. Die Übersicht zeigt alle Phasen der Umwandlung des Rohstoffes in Wodkaprodukte und Liköre, einschließlich ihrer Auslieferung in Form des abgefüllten Fertigproduktes.

Die Zubereitungstechnologie der Getränke aus Fruchtsaftgetränken ermöglichte es, Produkte hoher Qualität zu erzeugen, indem sie praktisch von fast allen bekannten Wodkafirmen zum Ende des 19. Jahrhunderts bzw. zu Beginn des 20. Jahrhunderts verwendet wurde.

Laut den Daten des Akziseamtes ist es bekannt, dass sich im Juni 1917 in den Lagerhäusern des Handelshauses P. A. Smirnoff 815,5 Tausend Liter Fruchtsaftgetränke befanden.[34]

Dann folgt eine verhältnismäßig detaillierte Beschreibung der Wodkazubereitung, deren Verfasser Wladimir Wladimirovitsch Striter ist. Die Zubereitungstechnologien der Branntweinbrennerei von W. A. Striter, die von W. W. Striter beschrieben sind, vermitteln uns eine Vorstellung davon, wie Wodkas in den bekanntesten Branntweinbrennereien Russlands um die Wende vom 19. zum 20. Jahrhundert produziert wurden. Die in dieser Zeit entwickelten Technologien wurden zur Grundlage der Wodka- und Likörproduktion in der UdSSR in den 1930er-Jahren.

W. W. Striter beschrieb das heiße und das kalte Produktionsverfahren zur Herstellung von Wodka. Das Heißverfahren war mit der Destillation der Komponenten in einem Gefäß verbunden, das Kaltverfahren mit der Verwendung von Fruchtsaftgetränken[35] und Wodkaessenzen oder Extrakten. Die letzteren sind in der modernen Wodka- und Likörindustrie als Aufgüsse bekannt.[36]

Wir halten uns an dieser Stelle nicht mit dem Heißverfahren auf, da es bereits eingehend beschrieben wurde, und gehen sofort zum Kaltverfahren über, das seinerzeit weitaus verbreiteter war. Unter dem Kaltverfahren der Herstellung von Wodka verstand man die Produktion der Spirituosen aus Halbfabrikaten – Aufgüssen und Fruchtsaftgetränken – die man gewann, indem man Kräuter und Beeren mit Spiritus (mit einer Stärke von 30 % bis 60 % nach Tralles) ansetzte und ziehen ließ. Derart gewonnene, mit Spiritus angesetzte Beerensaftgetränke, Kräuter- und Wurzelessenzen mischte man im bereits bekannten Verhältnis mit auf 40 % verdünntem Spiritus oder unmittelbar mit Spiritus und Wasser in Verschnittfässern, die aus Eichenholz bestanden, oder in Behältern, deren Rauminhalt mehrere hundert Dekaliter (1 Dekaliter = 10 Liter) umfasste.

Nachdem die gewünschte Farbintensität und Süße der Getränke (nach dem Verschnitt) erreicht wurde, ließ man die Getränke abstehen, dann filtrierte man sie und füllte sie in den Branntweinbrennereien in Flaschen ab, um ihnen dann den entsprechenden Namen zu geben.[37]

Das Wasser, das man sowohl für den Gärungsprozess als auch für die Herstellung des Wodkas selbst verwendete, musste klar und rein sein, durfte keinen Geruch haben und lediglich geringe Mengen von löslichen Kalk- und Magnesiumsalzen sowie anderen Salzen enthalten, da diese das Wasser hart machten und beim Sieden die Bildung von Kesselstein hervorriefen. Darüber hinaus verlieh hartes Wasser den Getränken einen scharfen Geschmack.

Wodkaprodukte, die mit hartem Wasser zubereitet werden, verlieren im Ruhezustand die Klarheit, werden trübe, wobei sich in den Flaschen ein Kalkbelag, auch in Form von Ringen an den Wänden, absetzt. Aus diesem Grunde wurde jedes Wasser, das bei der Wodkazubereitung verwendet wurde, mechanisch – durch Filtration – gereinigt, wobei anschließend alle hierin gelösten Salze entfernt wurden.

Die Härte des Wassers wurde auf der Basis chemischer Analysen und mittels Verdampfen festgestellt, indem als Maßeinheit der deutsche Härtegrad zur Anwendung kam, der anzeigte, wie viele Milligramm Salze in jeweils 100 cm^3 Wasser gelöst waren. Die Härte kann konstant und variabel sein und in verschiedenen Jahreszeiten bei demselben Wasser unterschiedlich sein.

Für die Reinigung des Wassers von Salzen verwendete man vielfältigste Methoden, wovon zu nennen wären:

a) das Sieden des Wassers – Eliminierung der Salze in Form von Kesselstein nach der Abkühlung;
b) die Destillation, nach der alle Salze im Gefäß bleiben;
c) die kalte oder chemische Reinigung des Wassers durch Hinzufügung von Kalk- und Karbonsäurelösungen, die während der Reaktion mit den im Wasser gelösten Salzen Niederschläge bilden, die sich aus dem Wasser durch Filtration oder Abstehenlassen leicht entfernen lassen.

Das Abstehenlassen und die Reinigung des Wassers erfolgten in Holzwassertanks (aus Eichen- oder Birkenholz) mit einem geneigten Boden und einem Abflussloch für den Niederschlag. An der Wand des Tanks, etwa 3,5 cm oberhalb des Bodens, befand sich eine Öffnung für das Abgießen des reinen, abgestandenen Wassers. Die Destillation und das Sieden erfolgten in einem Metallbehälter.

W. W. Striter unterstrich: In der Produktion ist nur gut gereinigtes Wasser erforderlich, um die Qualität und Klarheit des Wodkas und seine langzeitige Lagerung zu gewährleisten.[38]

Frucht- und Beerensaftgetränke

Für ihre Zubereitung wurden Beeren mit Hilfe von Beerenshreddern zerkleinert. In das Oberteil des Shredders füllte man Beeren und zermahlte sie zwischen zwei Walzen. Die bereits zermahlten Beeren sammelten sich im unteren Teil des Shredders. Anschließend gelangten sie in eine Beerenpresse.

Gedörrte oder getrocknete Beeren und Früchte wurden nach der Zerkleinerung in Fruchtsaftfässern (aus Eichenholz) angesetzt. $^3/_4$ des Fassvolumens füllte man mit Beeren oder Früchten, den Rest füllte man mit Spiritus (40–60 % nach Tralles) bis zum Rand. Für jedes Fass erstellte man einen Pass, in welchem die Menge der enthaltenen Beeren und des eingefüllten Spiritus angegeben war sowie das Datum der Füllung des Fasses. Nach 8–10 Tagen des Ansetzens bekam man ein Spiritusbeerensaftgetränk, das durch den Hahn in die für das reine Beerensaftgetränk bestimmten Fässer gefüllt wurde. Hierbei handelte es sich um ein Beerensaftgetränk, das nur einmal angesetzt wurde. Die zurückgebliebenen Beeren setzte man dann zum zweiten Mal mit Spiritusflüssigkeit an, wobei der Spiritus jedoch nicht mehr so stark wie beim ersten Ansetzen sein durfte. Dann machte man dasselbe zum dritten Mal. In Abhängigkeit von den Früchte- und Beerensorten konnte man Spiritus drei bis fünf Mal ansetzen. Ebereschenbeeren lassen beispielsweise ein fünfmaliges Ansetzen zu.

Das Spiritusbeerensaftgetränk hatte eine Stärke von 17–18 % bis 26–27 % nach Tralles. Fruchtsaftgetränke sollten nicht milder als 13–14 % nach Tralles sein. Im Großen und Ganzen sollte ihr Alkoholgehalt die Stärke der aus ihnen zubereiteten Getränke nicht mehr als um 5-6 % übersteigen. Abweichungen von dieser Norm könnten einen Niederschlag extraktiver Stoffe oder Pektine sowie eine Trübung der Produkte während der Lagerung verursachen.[39]

Für jeweils 200 kg gedörrte Beeren nahm man 280–300 Liter rektifizierten Spiritus (45–50 % nach Tralles). In solchem Verhältnis ließ man Kirschen, Pflaumen, Backpflaumen, Ebereschenbeeren, Himbeeren, Erdbeeren, Moosbeeren, Süßkirschen, Heidelbeeren, Sumpfbrombeeren, Preiselbeeren, Äpfel, Birnen, Aprikosen, Pfirsiche, Granatäpfel, Quitten, Ananasse und Bananen ziehen.

Nur reife und sehr gute Beeren und Früchte wurden für die Frucht- und Beerensaftgetränke ausgelesen. Ferner durften sie in der Branntweinbrennerei nicht länger als 2–3 Tage aufbewahrt werden. Der Saft der ausgepressten Beeren (wenn er nicht sofort mit der Spirituslösung gemischt wurde) wurde mit Schwefelanhydrid, das als Flüssigkeit verwendet wurde, gemischt und auf solche Weise in Fässern aufbewahrt. Bevor ein solcher Saft in der Produktion verwendet wurde, unterzog man ihn der Entschwefelung mittels Wasserstoffperoxid.[40]

Die Zubereitung von Wodkaessenzen

Wodkaessenzen oder Extrakte bitterer Wodkaerzeugnisse und Liköre bereitete man aus Kräutern und Wurzeln zu. Der Rohstoff wurde im Voraus eingehend getrocknet, zerkleinert und mit verschiedenen Pflanzen nach dem jeweiligen Getränkerezept gemischt. Trockene Pflanzenkomponenten mischte man mit Spiritus (mindestens 40 % nach Tralles) und ließ das Ganze 8 Tage lang ziehen; danach war die Essenz gebrauchsfertig.

Himbeeren und Brombeeren

Für weiße Wodkasorten destillierte man bereits angesetzte Essenzen in einem Gefäß, in dessen Mitte sich ein zylinderförmiges Drahtnetz befand, in das man Wurzeln, Kräuter, Früchte und Beeren legte. Während der Destillation stand der Inhalt des Drahtzylinders unter dem Einfluss der Spiritus- und Wasserdämpfe, die später ätherische Öle der destillierten Essenz und Pflanzen enthielten. Indem die Dämpfe kurz danach durch den Kühlungsapparat strömten, kondensierten sie zu einer Flüssigkeit, die Spiritus und alle flüchtigen Komponenten der Wurzeln, Kräuter, Früchte und Beeren als ätherische Öle enthielt. Man destillierte die Kräuter und Wurzeln mit Spiritus, dessen Stärke mindestens 65 % nach Tralles betrug, und bekam ein farbloses Destillat.

Der Destillationsvorgang erfolgte über mäßigem Feuer im Gefäß für die Essenzzubereitung. Bei der Erhitzung des Destillationsgefäßes mittels Dampf oder eines Wasserbades unterhielt man eine Temperatur bis zu 105 °C.

Alle Destillate der Kräuter und Wurzeln wurden in einem kühlen Raum in Glasflaschen aufbewahrt.

Bevor der Verschnitt der künftigen Produkte zusammengestellt wurde, stellte man die Stärke der Essenzen oder Fruchtsaftgetränke mit Hilfe

Handpresse für Beeren (oben)
Hydraulische Antriebspresse (unten)

der Verdampfung fest; danach errechnete man die Quantität und Stärke des für den ganzen Verschnitt nötigen Spiritus. Die Qualität des Wodkas hing in vielem von der Qualität der Essenzen ab. Die Zusammensetzung der Essenzen (das Rezept) war stets ein Geheimnis der Hersteller und diente als Merkmal, das eine Gesellschaft von der anderen unterschied.[41]

Bei der Herstellung bitteren Wodkas verwendete man sehr oft Pomeranzen- und Chinarinde, Zimt, Gewürznelken, Muskatnuss, Muskatblüte, Orangenblüte, Wacholder, Beifuß, Kalgan, Wurzeln von wohlriechendem Kalmus, Lorbeerblätter, Sellerie, Dill, Vanille, Safran, Steinklee, Schafgarbe, Johanniskraut, Schneeballbeeren, Kardamom, Pomeranzennüsschen usw.[42]

Die Herstellung von bitteren Wodkaprodukten basierte auf der Mischung von Spiritus (35–40 % nach Tralles) mit Essenzen aromatischer Kräuter und Wurzeln.

Ins Verschnittgefäß goss man 40 %igen Spiritus oder rektifizierten Spiritus, dessen Quantität in Abhängigkeit von der für den Verschnitt nötigen Spiritusmenge errechnet wurde; danach fügte man je nach Rezept eine gewisse Menge einer oder mehrerer Essenzen hinzu. Zu den verschnittenen Produkten gab man so viel Wasser hinzu, wie es für die Erreichung der gewünschten Menge und Stärke erforderlich war. Dabei rührte man heftig die verschnittenen Produkte um, anschließend wurde ihre Stärke festgestellt. Wenn nötig, fügte man Farbstoff, Spiritus oder Wasser hinzu. Die verschnittenen Produkte wurden zum Schluss noch einmal gemischt.

Schließlich nahm man eine Probe der schon fertigen Produkte, um ihre Stärke festzustellen. Wenn sie 35 % betrug, dann war dies ausreichend. Die verschnittenen Produkte ließ man noch ein paar Tage in Ruhe stehen, danach wurden sie filtriert und in Flaschen abgefüllt.

Auf diese Weise bereitete man die bekannten bitteren Wodkas zu: Pschenitschnaja Wodka (Weizenwodka), Anglijskaja gor'kaja (Englischer bitterer Wodka), Chinnaja gor'kaja (Bitterer Chinawodka), Subrowka (Wisentwodka), Gornyj dubnjak (Eichenwodka), Jerofejitsch, Gor'kaja pomerantsewaja (Bitterer Pomeranzenwodka), Anglijskaja belaja (Englischer weißer Wodka), Travnaja (Kräuterwodka), Kola u. a.[43]

Für den einfachen Russischen Bitteren (Russkaja gor'kaja), Weizen- (Pschenitschnaja) und Kornwodka (Chlebnaja) existierte eine besondere Technologie. Um einen besseren Geschmack zu erzielen, filtrierte man diese Getränke durch Asbest oder Birkenkohle, dann durch Sand.

Die Filtration erfolgte in hohen verzinnten Kupferzylindern, die hintereinander durch Röhren und Hähne verbunden wurden. Solch ein System konnte aus 6 bis 8 Zylindern bestehen, die mit Kohle gefüllt waren, und einem, der Sand enthielt. Für die Filtration benutzte man je 5–20 g Kohle pro Dekaliter.[44]

Aufgüsse und Liköre

Beim Verschnitt der „halbtrockenen" Liköre, außer Essenzen, Spiritus und Wasser, fügte man zudem Zuckersirup hinzu. Zu diesen Getränken gehörten der berühmte Ebereschenbeerenlikör (Rjabinowaja nastojka) und der bittere Pomeranzenlikör (Gor'kaja pomerantsewaja).

Noch eine Gruppe bildeten die Frucht- und Beerenliköre. Sie unterschieden sich durch die große Menge an Beeren- oder Fruchtsaft und Zucker und waren nicht besonders stark. In Abhängigkeit davon, welche Früchte und Beeren bei der Zubereitung verwendet wurden, erhielten die Getränke ihre Namen. Weit und breit bekannt waren die Kiewer Kirsch-, Himbeeren-, Schwarze und Rote Johannisbeeren- und Quittenfruchtliköre, der Neshiner Ebereschenbeerenlikör, der kleinrussische oder ukrainische Fruchtlikör, der fürstliche Fruchtlikör und viele andere.

Bei der Produktion dieser Liköre wurden die Verschnitte sehr sorgfältig durchgeführt, man glich den Geschmack ab, indem man die Liköre abstehen und die Pektine absetzen ließ. Zur Probe nahm man das Produkt aus dem oberen und unteren Teil des Behälters. Das Produkt aus beiden Teilen musste gleiche Mengen von Zucker, Saft und Spiritus enthalten.

W. W. Striter vertrat die Meinung, dass „die Hauptvoraussetzung für alle aufgezählten Wodkasorten die Beständigkeit des Geschmacks jeder Sorte war".[45]

Technische Ausrüstung

Das Kernstück der Wodkaproduktion war der Destillationsapparat. Die Raffination von Spiritus, der für die Wodkaproduktion bestimmt war, und die Reinigung des Kornweines erfolgten mit Hilfe des Kaltverfahrens durch Sand- und Kohlefilter. Ab der Mitte des 20. Jahrhunderts wurden die Raffination und die Reinigung in Rektifikationsapparaten durchgeführt.[46]

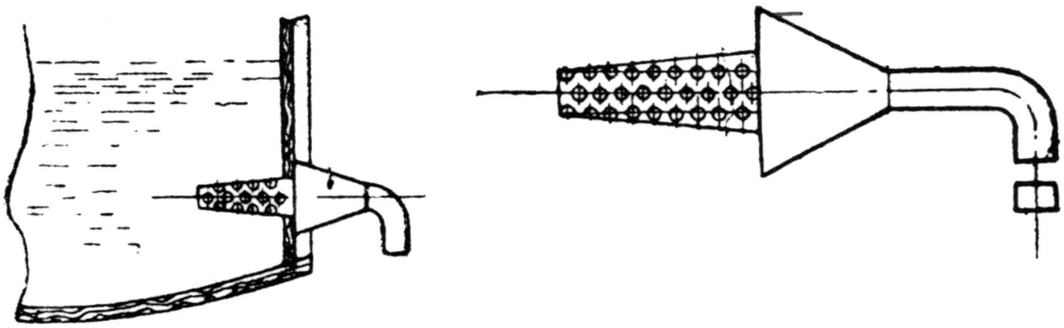

Laut Gesetz durfte man Wodka in den Branntweinbrennereien auf zweierlei Weise herstellen:

1) durch Beigabe der aromatischen Kräuter unmittelbar in das Dünnbier bzw. in das Destillationsgefäß für Dünnbier. Ab 1885 war dieses Produktionsverfahren jedoch verboten;
2) durch Beigabe der Gewürze in einem besonderen Apparat, der unmittelbar mit dem Destillationsapparat so verknüpft wurde, dass die Dämpfe durch die Kräuter strömten und sich mit ätherischen Ölen sättigten.[47]

Im Hinblick auf die Produktionsprozesse kann die technische Ausstattung für die Wodkazubereitung in mehrere Gruppen untergliedert werden:

a) Fruchtsaftgetränkezubereitung
b) Verschnitt
c) Sortierung
d) Filtration
e) Druck- und Aufbesserungstechnologie
f) Spül- und Abfüllanlagen

Für Fruchtsaftgetränke verwendete man Fässer mit Hähnen; darin wurden eigentlich Fruchtsaftgetränke zubereitet, d. h., Frucht- und Beerensaft oder gedörrte Früchte wurden mit Spiritus einer bestimmten Stärke angesetzt. Frucht- und Beerensaft bekam man mit Hilfe von Walzshreddern und Schraubpressen.

Das fertige Fruchtsaftgetränk wurde durch Hähne in Fässer für fertige Fruchtsaftgetränke gefüllt. Die Hähne bestanden aus Weißblech, das mit englischem Zinn verzinnt wurde.

Die Mischung der Komponenten erfolgte in besonderen Behältern – in Behältern für den Verschnitt, deren Fassungsvermögen 250–350 Eimer war. In der Regel waren es große Eichenholzfässer; jedes von ihnen enthielt während des Ansetzens eine besondere Produktsorte und war mit einem Hahn und einer Öffnung versehen, durch die man die Komponenten des Verschnitts einfüllte. Man verwendete auch Behälter mit Deckeln und Hähnen sowie verzinnte Kupferreservoirs mit Hähnen.[48]

Bei der Entgegennahme von Spiritus für die Wodkaproduktion benutzte man verzinnte Eisenfässer oder Messgefäße, deren Fassungsvermögen in Eimern gemessen wurde. Man maß die Spiritustemperatur und -stärke mit Hilfe eines Alkoholmessers und verglich die Ergebnisse mit den Daten der Begleitpapiere (Spiritusstärke und -menge waren angeführt). Die Entgegennahme des Spiritus erfolgte in Anwesenheit eines Beamten des Akziseamtes.[49]

Nachdem die Produkte verschnitten, angesetzt und im Labor geprüft worden waren, wurden sie filtriert. Zu diesem Zweck verwendete man Säcke aus einem Tuch, aus welchem man ansonsten Soldatenuniformen nähte, die mit fein zerkleinertem Papier (nicht geleimtem Filterpapier) gefüllt waren. Oder das Produkt wurde durch Metallsiebfilter des Typs „Trichter" oder „Gigant" der Fabriken von Seitz und Kalisch (Deutschland) gefiltert. In solchen Sieben erfolgte die Filtration durch gereinigte Asbestmasse. Asbestfilter wurden für die Filtration sowohl der süßen als auch der bitteren Produkte verwendet. Manche Wodkasorten (Russischer bitterer Wodka – „Russkaja gor'kaja" usw.) ließ man nicht nur durch Asbest hindurch, sondern auch durch Kohle- und Sandfilter, was den Geschmack der Getränke erheblich verbesserte. Kohle- und Sandfilter waren hohe, verzinnte Kupferzylinder, die durch ein Netz von Röhren und Hähnen miteinander verbunden waren.

Ein solches Gerät bestand aus 6 oder 8 Zylindern, die mit zerkleinerter Kohle gefüllt waren, in die der Wodka mit Hilfe von Pumpen durch einen Gummischlauch aus dem Destillationsgefäß in dieses Gefäß gepumpt wurde. Der Wodka durchlief alle Kohlefilter, zum Schluss durch den Sandfilter.[50]

Nach der Filtration und mehreren Tagen der Lagerung füllte man das Getränk in Flaschen ab.

Fruchtsaftgetränkehahn (oben links)
Drehtrommel „Golf" der Fabrik Seitz für das heiße Vorspülen der Flaschen vor der Spülung (oben rechts)
Elektrisches Bürstengerät des Systems „Polfram" (unten)

Dafür gab es in den Branntweinbrennereien eine gesonderte Waschabteilung, in der die Flaschen zunächst vorgespült und dann von Hand mit Hilfe von Flaschenbürsten in einem Waschtrog gespült wurden. In der Mitte des Waschtrogs wurden Flaschen mit Hilfe von „Spritzen" gespült, die wie Metallschnuller aussahen. Wenn der Flaschenhals auf diese Schnuller drückte, spritzten die Spritzröhrchen Wasser hinein. Beim automatisierten Spülen wurden Flaschen zuerst in speziellen Trommeln des Systems „Golf" „eingeweicht", danach kamen sie in die mechanischen Spülmaschinen des Systems „Polfram". Diese Maschine hatte Flaschenbürsten und Bürsten, die sich um die Außenseite der Flasche drehten, während sich im Inneren die Flaschenbürsten drehten, durch die Wasser eingespritzt wurde.[51]

Die fertigen Produkte füllte man in die sauberen Flaschen mittels der Abfüllmaschinen, die wie längliche, innen verzinnte Kupferkästen mit einem Deckel aussahen. Die Maschine wurde mit Ablassschnullern versehen, über denen sich Messgläser befanden, deren Fassungsvermögen der Größe der Flaschen entsprach. Ein spezieller Mechanismus verband diese Gläser mit einem Hebel, der sich außerhalb der Maschine befand. Durch die Hebelbewegung in eine Richtung wurden die Messgläser gefüllt, bei Bewegung in die andere Richtung wurde der Wodka in die Flasche gefüllt.

Um Essenzen zu bekommen, die bei der Produktion des „weißen" bitteren Wodkas benutzt wurden, destillierte man im Destillationsgefäß Spiritus, der mit Kräutern und Wurzeln angesetzt worden war. Das Gefäß hatte in seiner Mitte ein zylinderförmiges Drahtnetz, in welchem sich Wurzeln, Kräuter, Früchte usw. befanden.

Schematische Darstellung des Zuckerkessels, den man über offenem Feuer wärmte (oben)

Schema des Dampfkessels mit einer Schlangenröhre für das Zuckersieden (unten)

Destillationsgefäß für die Essenz-Zubereitung (unten rechts)

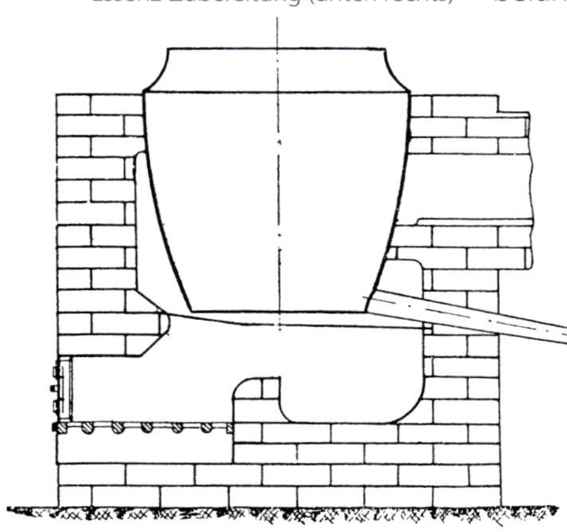

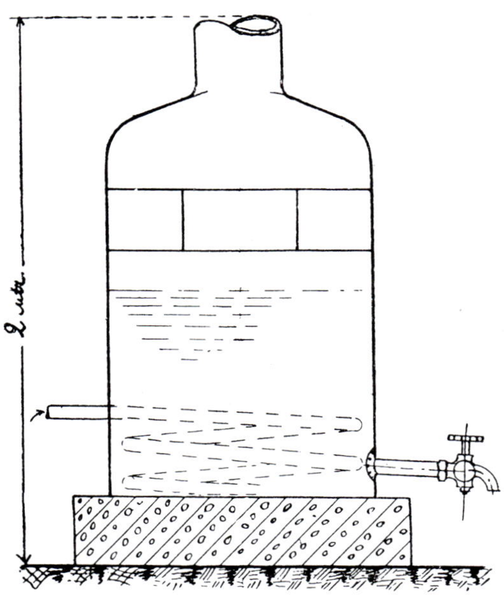

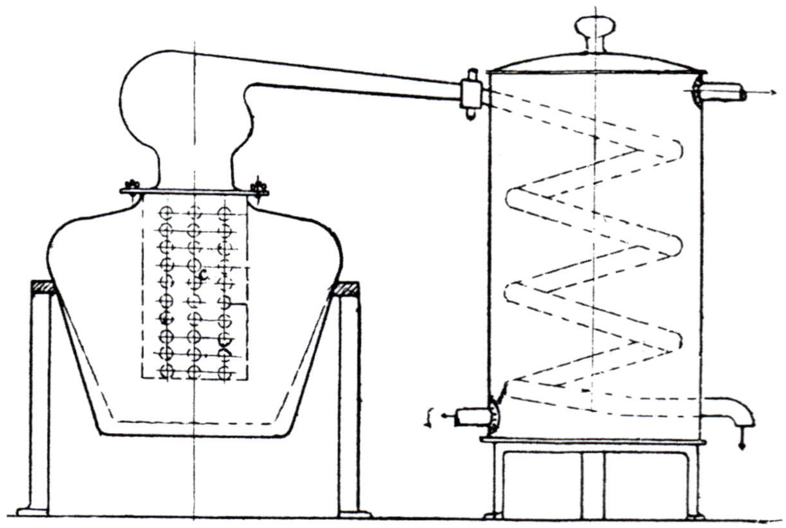

Zuckersirup für das Süßen des Wodkas kochte man in Kupferkesseln, deren Innenfläche verzinnt war. Der Kessel wurde mit Dampf erhitzt, seltener über offenem Feuer.

Den Zucker, der mit Wasser gemischt wurde, rührte man mit einem mechanischen Rührwerk oder einem so genannten Ruder.

Zum Ende des 19. Jahrhunderts und zu Beginn des 20. Jahrhunderts erzeugten die meisten Branntweinbrennereien Wodka aus gut raffiniertem, rektifiziertem Spiritus, der in denselben Brennereien mit Hilfe neuester Rektifizierungsapparate des Systems von Savalle, Ilges usw. gewonnen wurde.

Der Stolz der russischen Wodkaindustrie

Die Wodkaindustrie Russlands vollbrachte in der zweiten Hälfte des 19. Jahrhunderts sehr große Leistungen. Nachdem 1863 das Akzisesystem eingeführt worden war, begann sich die Wodkaproduktion in raschem Tempo zu entwickeln – die Zahl der neu gebauten Branntweinbrennereien und die Anzahl der hergestellten Wodkaprodukte stiegen ebenso wie die Qualität der Produkte. Gerade zu dieser Zeit wurden viele bekannte Wodkafirmen gegründet.

Ein Impuls für diese umwälzenden Ereignisse zum Ende der 70er und zu Beginn der 80er-Jahre des 19. Jahrhunderts war die Einführung der Banderolensteuer für Wodka und ihr obligatorischer Verkauf in den Glasflaschen.[52] Die Produktion der Branntweinbrennereien wurde zunehmend ins Ausland exportiert. Im Jahre 1889 betrug das Exportvolumen für Wodka (ohne Spiritus und Kornwein) 186.000 Rubel.[53] Die allrussischen und internationalen Messen begannen, eine bedeutende Rolle für die Entwicklung der Wodkaindustrie zu spielen.

Die größten Branntweinbrennereien brachten dem Staat hohe Gewinne, indem sie die Akzise- und Banderolensteuer entrichteten. Im Jahre 1895 floss in die Staatskasse die Akzise nachstehender Wodkafirmen:

Gesellschaft P. A. Smirnoff –
8.244.032 Rubel 84 Kopeken
Gesellschaft der Nachfolger der Witwe M. A. Popows –
5.010.255 Rubel 8 Kopeken
Handelshaus Serebrjakow –
1.326.009 Rubel 66 Kopeken
Handelshaus von Schustow & Sohn –
1.093.815 Rubel 93 Kopeken
Handelshaus P. A. Smirnoff & Söhne –
990.873 Rubel 55 Kopeken
Handelshaus Striter –
649.679 Rubel 89 Kopeken u. a.[54]

Unter den hervorragendsten Wodkafirmen Russlands sind zweifellos folgende Firmen hervorzuheben: die Firmen P. A. Smirnoff, I. A. Smirnoff, N. L. Schustow, F. Striter, I. W. Alexandrow, A. W. Dolgow, A. Wolfschmidt, der Witwe von M. A. Popow u. a. Jede dieser Firmen entwickelte einzigartige Getränkerezepturen und Herstellungstechnologien. Die Leistungen der Wodkaindustrie des 19. Jahrhunderts bildeten die feste Grundlage für die Entwicklung der sowjetischen Wodka- und Likörindustrie.

Das allerhöchst anerkannte Handelshaus von P. A. Smirnoff, des Hoflieferanten Ihrer Kaiserlichen Majestät

Unter den größten Industrie- und Handelsunternehmen Russlands war die Firma von Pjotr Arsenjewitsch Smirnoff besonders bekannt. Ihr Inhaber galt mit Recht als der Wodkakönig Russlands.

Pjotr Arsenjewitsch stammte aus der Familie eines hörigen Bauern und begann seine Tätigkeit „im Dienste" seines Onkel Iwan Alexejewitsch in dessen Weinkellern. Nachdem Pjotrs Vater Arsenij genug Geld gespart hatte, eröffnete er seinen eigenen Keller und befasste sich mit dem Getränkehandel. Pjotr Arsenjewitsch diente bei seinem Vater als Handlanger.

Nachdem das Akzisesystem in Russland eingeführt worden war, bestand die Möglichkeit, mit der Herstellung von Wodkaprodukten hoher Qualität zu beginnen. Iwan Alexejewitsch Smirnoff (1806–1873) kaufte die Branntweinbrennerei am Bersenewskij-Ufer in Moskau, und Arsenij Alexejewitsch (1800–1877) rüstete seinen Keller in der Straße Pjatnitzkaja zu einer Branntweinbrennerei um (später ging die Brennerei in die Hände von Pjotr Arsenjewitsch Smirnoff, dem Kaufmann dritter Gilde, über).

In diesem Haus, das „Bei der Gusseisernen Brücke" hieß, befanden sich über längere Zeit das Hauptkontor, die Branntweinbrennerei und das Geschäft der Firma von P. A. Smirnoff, später war hier der Sitz der Gesellschaft P. A. Smirnoff.

Um die wachsende Nachfrage der Käufer befriedigen zu können, musste die Produktion bereits nach 10 Jahren wesentlich erweitert werden.

Das Wappen des Hoflieferanten Ihrer Kaiserlichen Majestät

Branntweinbrennerei von I. A. Smirnoff in Moskau am rechten Bersenewskij-Ufer, 1884

Das Haus der Smirnoffs und die Branntweinbrennerei in der Pjatnitskaja-Straße

N. W. Smirnoff, P. A. Smirnoff, P. P. Smirnoff

Im Jahre 1873 wurden die Produkte zur internationalen Messe nach Wien geschickt. Der Erfolg übertraf alle, ja sogar die anspruchsvollsten Erwartungen. Die Produkte der Branntweinbrennerei erhielten die höchste Auszeichnung – das Ehrendiplom.

Nachdem die Firma auf einer europäischen Messe bestanden hatte und ihre Produkte die Anerkennung der Alten Welt erzielt hatten, begannen die Inhaber der Firma daran zu denken, ihre Produkte auch in der Neuen Welt zu positionieren. Zu diesem Zweck schickte die Firma ihre Getränke nach Übersee zu einer Messe nach Philadelphia (1876). Hier verlieh die Expertenkommission den Getränken von P. A. Smirnoff die höchste Auszeichnung.[55]

Flasche des „Neshinskaja rjabina № 23" [1.Sorte] des Handelshauses von Pjotr Smirnoff in Moskau

Die führende Rolle der Branntweinbrennerei von P. A. Smirnoff in Russland festigte sich endgültig im Jahre 1877, als ihr die höchste Regierungsauszeichnung zuteil wurde – das Staatswappen.

Nach einem weiteren Jahr errang die Firma auf der Pariser Weltausstellung gleichzeitig zwei Goldmedaillen: für den gereinigten Tischwein, Wodka, Fruchtliköre und Liköre und gesondert für die Lagerung der Traubenweine.

An der Allrussischen Messe in Moskau im Jahre 1882 beteiligten sich fast alle Branntweinbrenner Russlands. Der Firma von Smirnoff, die bereits im Besitz eines Staatswappens war, wurde aus diesem Anlass das Zweite verliehen. Dem Firmeninhaber P. A. Smirnoff wurde durch Ihre Kaiserliche Durchlaucht allergnädigst die Goldmedaille mit dem Ordensband des Hl. Andrej des Erstberufenen überreicht.

Das Jahr 1886 brachte P. A. Smirnoff den Titel des Hoflieferanten Ihrer Kaiserlichen Majestät, indem der Firma das dritte Staatswappen zuteil wurde. Im selben Jahr wurde die Branntweinbrennerei bereits zum zweiten Mal mit zwei Goldmedaillen auf der Pariser Messe ausgezeichnet.

Zwei Jahre darauf verlieh die Jury in Barcelona der Firma eine Goldmedaille, und die spanische Regierung würdigte den Branntweinfabrikanten mit einer persönlichen Auszeichnung: dem Orden der Heiligen Isabella, der für besondere Verdienste in der Industrie verliehen wurde. Gleichzeitig wurde P. A. Smirnoff durch den russischen Zaren Alexander III. mit dem Titel Kommerzienrat geehrt.

Mitte der 80er-Jahre errichtete Pjotr Arsenjewitsch am Owtschinnikow-Ufer sechs neue Weinbrennereigebäude, die er mit der neuesten Technologie ausstattete, und in die er die Getränkeproduktion verlagerte. Das neue Unternehmen zeichnete sich durch eine hohe Rentabilität und hohe Qualität der Produkte aus. (In den 20er-Jahren des 20. Jahrhunderts gehörte diese Branntweinbrennerei der Vintorg AG. Das Gebäude existiert auch heute noch als Sitz der Aktiengesellschaft Kornet AG.)[56]

Auf der Weltausstellung in Paris im Jahre 1889 erfuhr die europäische Öffentlichkeit erstmals vom Likör „Neshinskaja rjabina" (Neshiner Ebereschenbeerenlikör), der eine exklusive Kreation des Unternehmens P. A. Smirnoff war.

Dieser Likör war eine eigene Kreation der Branntweinbrennerei von P. A. Smirnoff. Für dieses Getränk und seine ausgezeichnete Qualität wurde die Brennerei mit der Großen Goldmedaille gewürdigt.

Um die ganze Liste der Auszeichnungen darzustellen, erwähnen wir noch die Londoner Messe im Jahre 1892. Sie ergänzte die Kollektion der Auszeichnungen mit einem Ehrendiplom und einem besonderen Zeichen. Auf der Messe in Brüssel wurde der Firma Smirnoff die Goldmedaille verliehen. Letztlich wurde im Jahre 1895 der Gründer der Branntweinbrennerei, der vorher bereits mit etlichen Orden dekoriert worden war, mit dem Orden der Hl. Anna 2. Grades geehrt.

In den 90er-Jahren des 19. Jahrhunderts war die Firma P. A. Smirnoff ein mächtiges Unternehmen, das Spirituosen herstellte und verkaufte. Der Produktionsumfang der Gesellschaft erreichte 17.000.000 Rubel pro Jahr, dabei entrichtete sie 9.000.000 Rubel an Steuern zugunsten der Staatskasse. In der Branntweinbrennerei arbeiteten 1.500 Beschäftigte. Sie war mit Dampfmaschinen mit 6 Kesseln und Gleichstromgeneratoren ausgestattet, die Elektroenergie für alle Räume der Brennerei lieferten.

Für die Weinreinigung verbrauchte man mehr als 240.000 Pud Holzkohle pro Jahr. Die Brennerei stellte bis zu 150.000 Flaschen Getränke (verschiedener Größe) pro Tag her, pro Jahr erreichte die Zahl der Flaschen 45.000.000.

Um einen derart riesigen Bedarf an Glasflaschen zu decken, hatte die Firma 7 vertraglich gesicherte Glashütten, wobei jede von ihnen bis zu 7.000.000 Flaschen produzierte. Die Ausgaben für die Verkorkung waren unglaublich riesig: 120.000 Rubel pro Jahr; die Etiketten und Aufkleber für die Produkte und Traubenweine eigener Abfüllung druckte man in 4 gesonderten Werkstätten in einer Auflage bis zu 100.000.000 Stück jährlich.

Täglich wurden die Produkte der Firma P. A. Smirnoff an die Kunden mit Hilfe von 200 Gespannen ausgeliefert (für die berühmten Läden „Louvre" in Paris spannte man bis zu 45 Pferde täglich ein).[57]

Die Flaschen waren bei Smirnoff ungewöhnlich, mitunter besaßen sie eine geradezu wunderliche Form. Bitterer Wodka „Sibirskaja" (Sibirischer) wurde in Flaschen aus weißem oder schwarzem Glas in Form eines Bären abgefüllt, „Severnaja" (Nördlicher) in Flaschen in Form einer Karausche. Cognacs und Liköre verkaufte man in Karaffen und Krügen verschiedener Formen, so genannte Balsame in Tonkrügen. Man verwendete Flaschen mit einem schmalen Unter- oder Oberteil, einem langen oder kurzen Hals, „demonstrativ schlanke" oder umgekehrt „angenehm beleibte". Manchmal umwickelte man sie mit einem Strohband oder bestäubte sie verschiedenfarbig.

Für die Flaschenherstellung benutzte man verschiedenes Glas: bernsteingelb-goldiges, dunkel- oder hellgrünes, schwarzes. Sogar wenn die Konkurrenz Getränke in Flaschen derselben Form abfüllte (z. B. in Form eines Bären), so waren diese Bären mit Sicherheit unterschiedlich. Beispielsweise legten die Bären von Schustow die Pfoten an die beiden Körperseiten, während die Bären von Smirnoff die Pfoten über der Brust verschränkt hielten.[58]

Neben der Spiritus- und Weinproduktion bildeten Fruchtliköre einen wesentlichen Bestandteil der Produktion der Gesellschaft Smirnoff. Alle diese Fruchtliköre wurden ausnahmslos aus reinem Beerensaft ohne jedwede so genannte Surrogatzusätze zubereitet; für ihre Produktion benötigte man eine riesige Menge Rohstoffe, weshalb die Firma Smirnoff riesige Mengen von Himbeeren, Johannisbeeren, Erdbeeren, Preiselbeeren, Kirschen, Moosbeeren und anderen Beeren und Früchten aufkaufte. Ebereschenbeeren wurden auf Ersuchen der Firma in großen Flechtkörben von fast allen Einwohnern verschiedener Bezirke gesammelt, 700 Menschen pflückten und wuschen mit gefiltertem Wasser Zehntausende Pud dieser Beeren.

Wenn wir alle Beschäftigten und Angestellten der Weinbrennerei, die Fuhrleute, Packer, Arbeiter, die Arbeiter in den Glashütten, in den lithographischen Werkstätten, in den Holzkistenfabriken, all die Menschen, die sich ihr täglich Brot mit dem Transport der Beeren verdienten, in Betracht ziehen, betrug die Zahl aller bei der Produktion tätigen Menschen etwa 25.000.

Wie schon erwähnt, genoss eine besondere Popularität der Fruchtlikör aus Neshiner (genauer aus Neweshiner) Ebereschenbeeren, der eine eigene Erfindung der Firma war. Wie groß die Nachfrage nach dem beliebten Getränk war, lässt sich schon allein daran ableiten, dass die Branntweinbrennerei im Jahre 1896 mehr als 2.000 Fässer „Neshinskaja rjabina" (Neshiner Ebereschenbeerenlikör) pro Jahr herstellte. Das Geheimnis des erstaunlichen Erfolges dieses von der Firma P. A. Smirnoff hergestellten Getränkes lag darin, dass man für seine Produktion reinen Ebereschenbeerensaft verwendete.

Bemerkenswert war auch der Erfolg des berühmten Tischweines № 21, der sich der allgemeinen Anerkennung erfreute und in allen Regimentern, Offizierskasinos und Teestuben für Soldaten nicht wegzudenken und sowohl bei der Ostseeals auch bei der Schwarzmeerflotte bekannt war.

Pjotr Arsenjewitsch Smirnoff beschäftigte sich selbst mit der Produktionstechnologie und erfand neue Sorten. Das Sortiment an Wodka, Aufgüssen, Likören und anderen Produkten war in der Tat kolossal: Davon zeugen 400 Produktnamen.[59]

Hier sind einige Beispiele. Es gab **bittere Wodkas** in figuralen Flaschen, die folgende Namen hatten: Jägerwodka, Fruchtwodka, Chinesischer Wodka, Meereswodka, Waldwodka, Persischer Wodka, Französischer Wodka, Wolgawodka, Deutscher Wodka, Sibirischer Wodka № 35 (in Flaschen in Form eines weißen Bären) und einfacher Sibirischer Wodka (in Flaschen in Form eines schwarzen Bären),

Flasche in Form eines Bären aus schwarzem Glas

Ein Stauf ¼ Eimer aus blauem Glas mit vier Wappen des Handelshauses Pjotr Smirnoff in Moskau

Bitterer Afghanischer Wodka, Nördlicher Wodka (in Flaschen in Form einer Karausche), Kamawodka, Schwarzer Rigabalsam, Chinawodka u. a.

Bittere Wodkas der 1. Sorte unter der № 19: Das waren folgende Wodkasorten: Englischer Wodka, Wisentwodka („Subrovka"), Moskauer Wodka (aus Kräutern), Moskauwodka (aus Früchten), Orangenwodka, Blätterwodka („Listovka"), Beifußwodka, bittere Kräuteressenz aus frischen Kräutern gegen Magenschmerzen, Pfefferlikör, Pomeranzenwodka, Fruchtwodka, Zitronenwodka, Kaffeewodka, Minzewodka, Teewodka, Maiwodka aus Kräutern.

Bittere Wodkas unter der № 33: Wisentwodka („Subrovka"), „Kolganka", Pomeranzenwodka, Beifußwodka, Kräuterwodka und Wodka gegen Magenschmerzen (die beiden letzteren – aus frischen Kräutern).

Bittere Doppelwodkas der 2. Sorte unter der № 20, *Die Bunten* genannt: Pomeranzenwodka, Beifußwodka, Wodka gegen Magenschmerzen, Kräuterwodka, Orangenwodka, Zwiebackwodka, Englischer Wodka, Pfefferwodka („Pertsovka").

Bittere weiße Doppelwodkas der 2. Sorte unter der № 20: Pomeranzenwodka, Beifußwodka, Zitronenwodka, Kümmelwodka, Aniswodka, Minzewodka, Birkenwodka, Himbeerwodka, Englischer Wodka.

Bittere Wodkas der 3. Sorte unter der № 31: Pomeranzenwodka, Kräuterwodka, Wodka gegen Magenschmerzen, Beifußwodka, Englischer Wodka, Blätterwodka („Listovka"), Aniswodka, Ananaswodka, Orangenwodka, Zwiebackwodka, Minzewodka.

Bittere Wodkas der 4. Sorte unter der № 21: „Jerofejitsch" (Wodka von Jerofej), Pomeranzenwodka, Ingwerwodka, Wodka gegen Magenschmerzen, Fruchtwodka, Beifußwodka, Pfefferwodka, Himbeerwodka, Kräuterwodka, Zitronenwodka, Minzewodka, Teewodka, Birnenwodka, Kaffeewodka, Aniswodka, Rum, Orangenwodka, Balsam, Wacholderwodka, Ananaswodka.

Beerenwodkas der Spitzensorte unter der № 7: Ebereschenbeerenwodka, Johannisbeerwodka, Himbeerenwodka, Kirschenwodka.

Beerenwodkas der 1. Sorte unter der № 16: Ebereschenbeerenessenz, Ebereschenbeerenlikör, Kirschwodka, Johannisbeerwodka, Himbeerwodka, Erdbeerwodka.

Beerenwodkas der 3. Sorte unter der № 17: Ebereschenbeerenessenz, Kirschwodka, Johannisbeerwodka, Himbeerwodka.

Süße Wodkas der 1. Sorte unter der № 27: Allasch, Doppelkümmel, Ekau, Aniswodka, Kümmelpur (bitterer).

Süße Wodkas der 2. Sorte unter der № 24: Doppelkümmel, Minzewodka, Curaçao, Zitronenwodka, Kümmelwodka, Aniswodka, Pomeranzenwodka, Ananaswodka, Orangenwodka.

Süße Wodkas der 3. Sorte unter der № 25: Doppelkümmel, Minzewodka, Curaçao, Zitronenwodka, Kümmelwodka, Aniswodka, Pomeranzenwodka, Ananaswodka, Orangenwodka, Ingwerwodka.

Süße Wodkas der 4. Sorte unter der № 32: Kümmel, Minzewodka, Curaçao, Zitronenwodka, Kümmelwodka, Aniswodka, Pomeranzenwodka, Ananaswodka, Ingwerwodka, Orangenwodka.

Neben den aufgezählten Wodkasorten existierten noch **süße Fruchtliköre** der 1. Sorte unter der № 11, der 2. Sorte unter der № 12, der 3. Sorte unter der № 13 und der 4. Sorte unter der № 14, Liköre, Dessertliköre.

Besonders stolz war man auf die Getränkeserie **Neshiner Ebereschenbeere („Neshinskaja rjabina")**, die den **Neshiner Wodka der Spitzensorte № 30**, den **Neshiner Wodka der 1. Sorte № 23** und **Ebereschenbeerencreme** umfasste.[60]

Außer Wodkas stellte die Gesellschaft P. A. Smirnoff folgendes her: Spiritus und 4 Sorten Tischwein, die verschiedene Produktionsverfahren bezeichneten:

- der 1. Sorte (Weizenwein) – № 40 und № 32
- der 2. Sorte (Weizenwein) – № 20
- der 2. Sorte – № 20
- der 3. Sorte – № 31
- der 4. Sorte – № 21

Im Jahre 1894 wurde „Die Vereinigung der Branntweinbrennerei, des Wein-, Spirituslagers und des Lagers der russischen und ausländischen Weine P. A. Smirnoff in Moskau" gegründet.

Im Jahre 1897 stellte die Firma ihre internationale Anerkennung erneut unter Beweis – mit dem Titel des Hoflieferanten des Königs von Schweden und Norwegen Oskar II. sowie im Jahre 1910 mit dem Titel des Hofes des spanischen Königs. Zum

Ende des Jahrhunderts eröffnete die Firma Weingeschäfte in Paris, London, New York. Die Getränke von Smirnoff wurden in Charbin, Schanghai und anderen Städten der Welt gehandelt.[61]

Auf der Allrussischen Industrie- und Kunstmesse in Nishnij Nowgorod 1896 wurde der Firma von P. A. Smirnoff das Recht eingeräumt, auf ihren Etiketten und Schildern das vierte Wappen zu präsentieren, und zugleich wurde der Firmeninhaber mit dem Orden des Hl. Wladimir 4. Grades ausgezeichnet.

Im gleichen Jahr wurde der Firma der Titel des Lieferanten des Großfürsten Sergej Alexandrowitsch verliehen, der damals Moskauer Generalgouverneur war.[62]

Von der Einführung des Weinmonopols im Jahre 1894 wurden die Wodkafirmen schwer getroffen, so dass sich das Produktionsvolumen der Gesellschaft P. A. Smirnoff fast auf ein Fünfzehntel verringerte. Vom Monopol wurden nicht nur die Firmen, sondern auch die Gesundheit von Pjotr Arsenjewitsch Smirnoff in Mitleidenschaft gezogen. Anfang 1898 wurde er krank, wobei jegliche ärztliche Hilfe vergeblich war. Er starb am 29. November 1898 an Herzversagen und hinterließ ein Fünfzehnmillionenvermögen, eines der größten in Russland.[63] Nach dem Tode des Oberhauptes der Firma teilten seine Erben das ihnen zufallende immobile Vermögen unter sich auf.

Die von Pjotr Arsenjewitsch gegründete Gesellschaft wurde aufgelöst, statt dessen gründeten die Brüder Pjotr, Nikolaj und Vladimir das Handelshaus Gebrüder Smirnoff, das alle Rechte der ehemaligen Gemeinschaft übernahm.

Wodka und Weine des Handelshauses wurden nach den Originalrezepten der Firma P. A. Smirnoff hergestellt. Dennoch hatte das Handelshaus nicht einmal drei weitere Jahre Bestand. Nikolaj Petrowitsch und Wladimir Petrovitsch lehnten eine weitere Beteiligung ab, so dass als einziger Inhaber Pjotr Petrowitsch Smirnoff übrigblieb. Er verstarb jedoch im April 1910, und seine Witwe trat das Erbe an. Im Jahr 1917 heiratete sie einen Italiener und verließ Russland.[64]

Das Handelshaus „N. L. Schustow & Söhne"

Die Firma wurde 1863 von Nikolaj Leontjewitsch Schustow in Moskau gegründet.

Im Jahre 1896 firmierten seine Söhne Nikolaj Nikolajewitsch, Pavel Nikolajewitsch, Sergej Nikolajewitsch und Wassilij Nikolajewitsch die Firma zur Anteilsgesellschaft „N. L. Schustow & Söhne" um, deren Jahresumsatz im Jahre 1913 bereits an die 10 Millionen Rubel betrug.[65]

Nikolaj Leontjewitsch Schustow, der mehr als 20 Jahre lang als Verkäufer in Brot und Dienst stand und so zu allen Wodkasorten und Weinen über umfangreiche Erfahrungen verfügte, eröffnete eine Branntweinbrennerei auf Marossejka, im Hause von Botkin, präziser gesagt, in einer Schmiede, die Botkin ihm vermietete. Hier befand sich die Branntweinbrennerei etwa 2 Jahre. Große Mittel für die Entwicklung der Produktion standen nicht zur Verfügung (in den ersten Jahren produzierte man 20.000–50.000 Eimer Wodka), wobei Nikolaj Leontjewitsch bereits von Anfang an entschlossen war, sein Bestes für die Erreichung einer hohen Qualität der Getränke zu geben. Diese Politik half der Branntweinbrennerei Schustow nicht nur im Konkurrenzkampf zu bestehen, sondern auch bedeutende Erfolge zu erringen. Im Jahre 1865 verlegte N. L. Schustow den Sitz seiner Gesellschaft in die Mjasnitskaja Straße, in das Haus von Nilus, wo die Brennerei bis 1880 blieb. In jenem Jahr kaufte N. L. Schustow ein Grundstück in der Straße Bolschaja Sadovaja. Hier wurde das Betriebsgelände durch den Erwerb der anliegenden Grundstücke wesentlich vergrößert.[66]

Um seine Getränke auf dem Markt zu positionieren, wo es bereits damals eine große Konkurrenz gab, unternahm N. L. Schustow eine für die damalige Zeit beispiellose Werbekampagne.

Gegen ein Entgelt wurden Studenten eingestellt, die in verschiedene Schenken mit folgender Aufgabe geschickt wurden: Sie sollten ganz einfach Schustow-Getränke bestellen. Wenn diese nicht vorrätig waren, war es den Studenten erlaubt, noch „anspruchsvoller" zu werden und ein wenig „Radau" zu machen. Dank diesem ungewöhnlichen Werbefeldzug erfuhren die Bediensteten der Schenken von der Existenz der Schustow-Getränke, die billig, jedoch von hoher Qualität waren und zunehmend erfolgreich verkauft wurden.[67]

Als die drei Söhne von Nikolaj Leontjewitsch begannen, sich an der Gesellschaft zu beteiligen, widmete die Firma zunehmend ihre besondere Aufmerksamkeit der Produktion von Wodka, Likören und Fruchtlikören, indem sie sich das Ziel setzte, sie der allgemeinen Konsumierung zuzuführen und ggf. ausländische Produkte vom Markt zu verdrängen. Alle ihre Getränkesorten, die von der Firma selbst erfunden wurden, lenkten die allgemeine Aufmerksamkeit auf sich und wurden schon beim Erstverkauf abgesetzt. Die Nachfrage stieg von Jahr zu Jahr.

N. L. Schustow, der Gründer der Firma in Moskau.

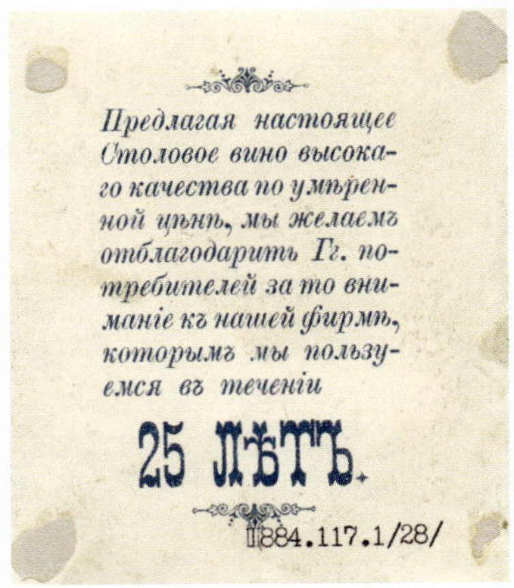

Etikett und die Rückseite des Etiketts „Tischwein № 0 der Dampfbranntweinbrennerei von N. L. Schustow & Sohn in Moskau"

Flasche des Handelshauses N. L. Schustow & Sohn in Moskau

Der Werbungsdrang der Firma Schustow ließ mit den Jahren nicht nach. Gedichte und Prosa, Zeichnungen, Anzeigen, humorvolle und witzige Szenen, Feuilletons, die zum Kauf ihrer Produkte animierten, wurden in den meist gelesenen Zeitschriften, populären Zeitschriften und Ausgaben für Geschäftsleute, in Zeitungen, Nachschlagewerken, Theaterprogrammheften und in Texten von Theaterstücken veröffentlicht.

Die Zeitschrift „Satirikon" (1912) veröffentlichte in jeder Ausgabe (insgesamt gab es 52 Ausgaben im Jahre 1912) die Werbung von Schustow-Getränken: Weichselkirschlikör („Spanka"), „Spotykatsch", Likör aus gedörrten Ebereschenbeeren, Likör aus zerstampften Beeren („Tolkatschicha") und Cognac.

Hier ist ein Beispiel der Werbung in Form eines witzigen Gedichts unter dem Titel „Ein Ausländer in Russland":

Du wirst entzückt! Der Raum wird größer!
Die Ausländerinnen süßer!
Und die Natur wird voller Pracht,
wenn du ´nen Schluck von „Spanka" machst.[68]

W. P. Smirnoff erinnerte sich: „Es gab im Reich keine einzige Straßenbahn oder Pferdebahn, auf deren Dach kein Schild ‚Cognac von Schustow' thronte! Von Schallplatten ertönten die Stimmen von Bim und Bom: ‚Geben Sie uns Cognac von Schustow!' Diese Schallplatten vergab man zu Werbezwecken gratis. Das war durchaus geschmacklos, trug allerdings Früchte! Alle kauften Cognac von Schustow, als ob alle den Verstand verloren hätten".[69]

Man griff nach Werbemethoden, die auch heute Anwendung finden. Zum Beispiel führten Smirnoff und Schustow wegen des Namens „Spotykatsch" einen gerichtlichen Prozess. „Die Schustows haben", so W. P. Smirnoff, „den Prozess als gute Werbung verwendet, indem sie fast täglich alle über die Gerichtsverhandlungen auf dem Laufenden hielten ..."[70] Eine derart aggressive Werbung half der Firma, schwierige Zeiten zu überstehen.

Im Jahre 1896 wurde dieses Handelshaus in eine Gesellschaft mit einem Kapital von einer Million Rubel umgewandelt. Zum Direktor wurde der ältere Sohn von Nikolaj Leontjewitsch, Nikolaj Nikolajewitsch Schustow, bestellt. Der Firmengründer selbst war damals schon schwer krank, und zwei Jahre darauf verstarb er. Zum Ende des Jahrhunderts bestand der Vorstand der Handels- und Industriegesellschaft „N. L. Schustow & Söhne" aus den 4 Söhnen von Nikolaj Leontjewitsch, Sergej, Nikolaj, Pavel und Wassilij.

Die Söhne setzten das Werk des Vaters in würdiger Weise fort und erweiterten die Aktivitäten der Firma. Im Jahre 1899 erwarb die Gesellschaft die Cognacbrennerei des Kaufmanns Nikolaj Tairov im armenischen Jerewan, dann die Cognacbrennerei in Kischinjow. Nunmehr verlangten die „Strohmänner" Cognac von Schustow bereits in Europa und in den USA. Und wieder griff diese Art der Werbung. Viele westliche Restaurants kauften Cognac aus Russland.[71]

Der Cognac half der Firma Schustow, die schwierigen Jahre des staatlichen Monopols zu überdauern. Im Jahre 1901 erschienen in der Presse Nachrichten über die Einschränkung der Produktion gereinigten Weines aufgrund des Monopols und über die Erhöhung der Cognacproduktion.[72]

In der Cognacproduktion, die eine große Berühmtheit genoss, war die Firma Anfang des 20. Jahrhunderts etwa das viertgrößte Unternehmen im Welthandel dieses Getränkes, und in der Wodka- und Likörproduktion der Spitzenqualität gehörte sie zu den führenden Firmen.[73]

Etikett des Nordmoosbeerenlikörs (links)
Etikett des Sauerkirschenlikörs № 6 (Mitte)
Etikett des mit Cognac angesetzten Neshiner Ebereschenbeerenlikörs (rechts)

Werbung für Getränke der Firma Schustow in der Zeitschrift „Satirikon"

NOCH EINE EIGENSCHAFT

- Ich kann Ihnen beweisen, dass „Spotykatsch" von Schustow das Leben verlängert!
- Womit beweisen Sie das denn?
- Haben die alten Römer „Spotykatsch" getrunken?
- Nein.
- Na, Sie sehen ja, sie sind alle ausgestorben!

KONTRAST

- Wieso bist du so traurig?
- An meiner Stelle wärst du es auch. Schon fast 2 Wochen esse ich nur trocken.
- Du Armer! Und ich, ich ernähre mich von „Trockenwodka".
- Was ist das?
- Ganz einfach: Zum Frühstück, zu Mittag und zu Abend nehme ich ausschließlich „Trockene Ebereschenbeere" von Schustow.

Eine Pferdebahn mit der Werbung für Cognac der Firma N. L. Schustow in Moskau auf der Marossejka

Moderner Wodka: Klassifikation und Produktionstechnologie

Wodka und spezielle Wodkasorten stellen starke Spirituosen mit einem Alkoholgehalt von 40–45 %, 50 % und 56 % dar, die durch Aufbereitung der Spiritus- und Wasserlösung mit Hilfe eines Adsorbers gewonnen werden, mit oder ohne Hinzufügung von Ingredienzien (Zucker, Invertzucker, Honig, Zitronensäure, Natriumhydrokarbonat, Natriumazetat usw.) und mit nachfolgender Filtration.[74]

Bei der Erschaffung neuer Wodkasorten geht man von den Anforderungen an ihre Originalität, Harmonie, Ausdrucksstärke des Geschmacks und Geruchs aus und benutzt neue Kombinationen von Komponenten, indem man die Bräuche und andere Bedingungen dieser oder jener Region in Betracht zieht.

Spezielle Wodkasorten haben eigene Spezifika, denn sie enthalten besondere Komponenten, die den Geschmack und den Geruch bestimmen. Wodka unterteilt man in Abhängigkeit von dem bei ihrer Herstellung verwendeten Spiritus und Zusätzen in Wodka und speziellen Wodka. Eine besondere Gruppe stellen die für den Export bestimmten Wodkasorten dar.

Spezieller Wodka enthält verschiedenartige Geschmacks- und Aromazusätze, die den Geschmack, Geruch und das Aroma verbessern.

Charakteristik der Rohstoffe und Materialien für die Wodkaproduktion

Die wichtigsten Qualitätsfaktoren sind die Rohstoffe und der Raffinierungsgrad der Spiritus- und Wassermischung (Sortierung). Rohstoffe für die Wodkaproduktion werden in Haupt- und Hilfsrohstoffe unterteilt.

Zum Grundstoff gehören rektifizierter Ethylalkohol und Wasser. Hilfsstoffe sind Geschmackszutaten (Natriumhydrogenkarbonat, Natriumazetat, Zucker, Honig, Zitronensäure, Kaliumpermanganat und andere), die den Geschmack des Wodkas lieblicher machen.

Für die Produktion des Wodkas verwendet man in den Fabriken rektifizierten Ethylalkohol aus pflanzlichen Rohstoffen. Hierbei handelt es sich um folgende Spiritussorten: „Extra", „Luxus", „Basis" und „Alpha", sämtlich höherer Raffination. Spiritus höherer Reinheit wird aus Getreide, Kartoffeln oder aus einer Mischung von Korn und Kartoffeln oder aus einer Mischung von Korn, Kartoffeln, Zuckerrüben und Melasse in verschiedenen Proportionen hergestellt. „Extra", „Luxus", „Basis" werden aus verschiedenen Arten von Korn und aus einer Mischung von Korn und Kartoffeln produziert. „Alpha" wird aus Weizen, Roggen oder aus einer Mischung von Weizen und Roggen hergestellt, wobei die Anforderungen an den Spiritus durch den Staatlichen Standard R 51652 – 2000 vorgegeben sind.[75]

Links: Spiritus- und Wodkabrennerei Striter in Sankt Petersburg am Kanal Obwodnoj. Foto: um 1900

Unten: W. A. Striter

Die Klarheit, der Geschmack und die Haltbarkeit des Wodkas hängen in hohem Maße von der Komposition von den im Wasser enthaltenen Verunreinigungen ab. An das Wasser werden vor allem hohe Anforderungen bei den chemischen Grundeigenschaften, wie Härte, Alkalinität, Oxidationsbereitschaft und den Gehalt an Trockenresten, gestellt.

Die Qualität des Wassers für die Wodkaherstellung wird durch den Staatlichen Standard (GOST) R 51355 – 99 und die Gesundheitsvorschriften und Normative 2.1.4.559 – 96 „Trinkwasser. Hygienische Anforderungen an die Beschaffenheit des Wassers aus der zentralen Trinkwasserversorgung. Qualitätskontrolle." geregelt. Natürliches Trinkwasser mit einer Ausgangshärte bis 1 mol/m^3 kann für die Produktion von Wodka ohne zusätzliche Enthärtung verwendet werden, wobei Wasser mit einer Ausgangshärte von mehr als 1 mol/m^3 auf mindesten 0,2 mol/m^3 mit einem pH-Wert von 5,5 bis 7,8 enthärtet wird.[76]

Im Regelfall entspricht natürliches Wasser selten allen Normen, und für die Herstellung von qualitativ gutem Wodka bereitet man das Wasser auf. Um verbessertes Wasser zu gewinnen, wird normales Trinkwasser gegebenenfalls enthärtet, entsalzen, von Eisen befreit und filtriert.

Das Schema der Wasseraufbereitung hängt von der Ausgangsqualität des Wassers ab. Das Wasser wird mittels Sandfilter oder keramischer Filter filtriert, wenn die Konzentration der gelösten Stoffe mehr als 5 mg/dm^3 beträgt. Die Koagulation des Wassers ist erforderlich, wenn das Wasser eine Trübung aufweist, die durch den Sandfilter nicht entfernt werden kann (z. B. organische Eisensalze, Huminsäuren und andere).

Als Koagulant verwendet man Tonerde oder Eisenvitriol. Die Koagulation der Verunreinigungen erfolgt in einem Becken mit Rührstock unter Beigabe von 5 % einer Lösung des Koagulanten im alkalisch reagierenden Medium, das mit kalziniertem Soda oder Kalk zubereitet wird. Dann lässt man das Wasser etwa 2–3 Stunden abstehen und filtert es anschließend mit Sandfilter.[77]

Anforderungen an Roh- und Werkstoffe

Für Herstellung von Wodka und Spezialwodka verwendet man:

- rektifizierten Ethylalkohol höherer Reinheit, die Spiritussorten „Extra", „Luxus", „Basis" und „Alpha";
- Trinkwasser mit einer Härte bis zu 1 mol/m^3 für natürliches, nicht enthärtetes Wasser und bis zu 0,2 mol/m^3 bei aufbereitetem bzw. enthärtetem Wasser sowie mit einem pH-Wert von 5,5 bis 7,8;
- holzartige, gebrochene Aktivkohle der Marken BAU-A und DAK gemäß GOST 6217 sowie KAU-B;

- Raffinade und raffinierter Streuzucker, Natriumhydrokarbonat, holzchemische Essigsäure, Essigsäure, Nahrungszitronensäure, Salzsäure, Milchsäure, Speisesalz, Kaliumpermanganat, Trockenmagermilch, destilliertes Glyzerin, Kartoffelstärke, Naturhonig;

- aromatische Alkohole und Aufgüsse aus aromatischem pflanzlichen Rohstoff und rektifiziertem Ethylalkohol der Feinreinigung entsprechend den betrieblichen technologischen Reglements für die Produktion von Wodka und Spirituosen;

- ätherische Öle, Aromen, Lebensmittelzusatzstoffe und andere Arten von Nahrungsmitteln und Stoffen, die seitens des staatlichen sanitär-epidemiologischen Dienstes in Russland von Gesetzes wegen zugelassen sind.[78]

Etikette von Wisentwodka („Subrovka") der Branntweinbrennerei Striter in Moskau

Das Wasser spielt eine hauptsächliche Rolle in der Produktion von Wodka, denn es macht 60 % des Volumens dieses alkoholischen Getränkes aus, was eine gute Qualität des bei der Produktion verwendeten Wassers mit direktem Einfluss auf die Qualität des Wodkas voraussetzt. Der Ausgangszustand des Wassers diktiert auch die Art der Aufbereitung des Wassers.

Die Aufbereitung des Wassers[79]

Das Wasser wird durch Abklärung und Filterung geklärt. Bei Vorhandensein von Trübungen, die man nicht eliminieren kann, werden Koagulationsmittel verwendet (z. B. Aluminiumsulfat, Eisensulfat und andere). Nach dem Vermengen mit den Koagulationsmitteln wird das Wasser abgeklärt und durch Sandfilter filtriert.[80]

Hartes Wasser wird enthärtet. Hierzu entfernt man die Kalzium- und Magnesiumionen, andere zweiwertige und dreiwertige Kationen. Hartes Wasser zeigt eine Trübung beim Mischen mit Spiritus wegen der Ausfällung der Härtebildner (Magnesiumsalz und Kalziumsalz), die sich im Alkoholwassergemisch schwer lösen (was als Test für die Aufdeckung verfälschten Wodkas genutzt werden kann).

Zur Enthärtung des Wassers benutzt man ausgiebig ein Verfahren, begründet im Austausch von Ionen Ca^+ und Mg^+ gegen Na^+ und H^+ beim Passieren das Wasser durch Kunstharzionenaustauscher. In neuester Zeit wird das gegenosmotische Verfahren für Enthärtung des Wassers in Likör- und Wodkafabriken verwendet. Das Wasser passiert unter sehr hohem Druck (osmotischem) die halbdurchlässigen Membranen, im Ergebnis teilt sich die Mischung in ihre Komponenten. Durch eine Membran geht Lösungsmittel (Permeat) hindurch, und die gelösten Stoffe werden in Form von Ionen, Molekülen und kolloidalen Teilchen (Konzentrat) durch die Membranen zurückgehalten.[81] Mit Hilfe von halbdurchlässigen Membranen werden 90–100 % der gelösten Stoffe dem Wasser entzogen. Das eisenhaltige Wasser kann mit Hilfe von Quarzfiltern enteist werden.

Für die Behandlung der Sortierung, um die organoleptischen Merkmale des Wodkas zu verbessern, benutzt man spezielle Adsorptionsmittel, die dem Spiritus Beimengungen entziehen und in zusammengesetzten chemischen Vorgängen beim Kontakt mit alkoholisch-wässeriger Lösung beteiligt sind. Hierzu verwendet man gebrochene aktive Holzkohle, im Wesentlichen Birken- oder Buchenkohle der Marken BAU-A und DAK (Staatlicher Standard GOST 6217 – 74). Als Adsorptionsmittel benutzt man Steinkohle der Sorte KAU-B und UAK-2.[82] Neben dem Spiritus und dem Wasser bringt man – entsprechend den Rezepturen – verschiedene Ingredienzien in den Wodka ein: Zucker, Säuren, Salze, Glyzerin, Nährmittelzusatzstoffe. Dem Spezialwodka werden vor allem aromatische Alkohole und Aufgüsse aus aromatischem Rohstoff hinzugefügt.

Technologischer Prozess der Wodkaherstellung

Der Prozess der Wodkaherstellung umfasst neben der Verwendung von Alkohol und aufbereitetem Wasser mehrere Verfahrensschritte: die Vorbereitung der Sortierung,[83] die Vorfiltration[84], die Behandlung (Reinigung) der alkoholisch-wässerigen Lösung mit Aktivkohle oder modifizierter Stärke[85], ferner die Filtration des Wodkas, die Einbringung der Ingredienzien, sofern durch die Rezeptur vorgesehen, die Standardisierung des Alkoholgehaltes, das Mischen, die Sicherheitsfiltration, das Abfüllen des Wodkas in die Verkaufsverpackung, die Abfertigung des Endproduktes.

Vorbereitung der Sortierung[86]

Wasser mit Spiritus mischt man in geschlossenen Apparaten – in so genannten Sortierbottichen, wohin das Wasser und der Spiritus im Selbstfluss gelangen. Das Durchmischen erfolgt mittels spezieller Rührwerke, durch das Umpumpen im Sinne von „Umschichtung" mit Druckluft oder durch andere Verfahren. Dabei nimmt man eine Probe, um den Alkoholgehalt[87] der Sortierung festzustellen. Je nach dem Ergebnis der Probe mischt man Wasser oder Spiritus hinzu. Die Ingredienzien können in diesem Stadium in den Bottich gegeben werden, in dem auch alle notwendigen Korrekturen erfolgen. In kleineren Betrieben führt man auch das Aktivkohle-Verfahren in den Sortierbottichen durch.

Aus dem Sortierbottich wird die Sortierung mit Hilfe einer Pumpe in den Druckbottich gepumpt, von wo aus sie im Selbstfluss zur Filtration gelangt.

Grobfiltration mittels der Vorfilter

Die Vorfiltration der Sortierung erfolgt in den mit Quarzsand gefüllten Vorfiltern. Das Ziel der Vorfiltration ist die Trennung mechanischer Beimischungen. Im Regelfall sind es einige Quarzsandfilter unterschiedlicher Größe – fein, mittelfein und groß. Die Sortierung erfolgt durch die Sandfilter von oben nach unten.

Die Behandlung der Sortierung mit Aktivkohle ist eines der wichtigsten Stadien, in welchem die organoleptischen Eigenschaften des Wodkas gebildet werden. Die Sortierung passiert eine Schicht Aktivkohle mit einer bestimmten Geschwindigkeit (höchstens vierzig Dekaliter pro Stunde). Dabei erfolgen quantitative und qualitative Veränderungen der Beimengungen des Spiritus in Folge von Adsorptions- und Oxidationsverfahren: die Verringerung der Aldehydmenge, der Menge höherer Alkohole, die Erhöhung der Konzentration der Äther. Diese Veränderungen führen zur Verbesserung der organoleptischen Eigenschaften und zur Verringerung der Oxidationsfähigkeit. In den Kohlesäulen geht die Sortierung von unten nach oben, und die Kohle befindet sich dort im suspendierten Zustand. Je nach der Verschlechterung des Wirkungsgrades der Kohlesäule regeneriert man die Kohle mit Dampf oder Kaliumpermanganat.

Anstelle der Behandlung mit Aktivkohle (oder zusätzlich) kann man die Sortierung mit modifizierter Stärke reinigen.

Filtration des Wodkas

Den Wodka aus den Kohlesäulen leitet man in die Sandfilter zur Nachfiltration, um mögliche mechanische Beimischungen und mitgerissene Kohleteilchen zu entfernen.

Korrektur des Alkoholgehaltes des Wodkas

Der Alkoholgehalt des filtrierten Wodkas wird in speziellen Bottichen durch Wasserzusatz und Spirituszusatz korrigiert. Entsprechend den Rezepturen fügt man hier Ingredienzien (Zusatzstoffe) hinzu. Dann überprüft man erneut den Alkoholgehalt des Wodkas. Vor der Abfüllung erfolgt ein Nachfiltern bzw. eine Kontrollfilterung, und schließlich geht der Wodka in die Flaschenabfüllanlage.

Abfüllen des Wodkas

Den Wodka füllt man in automatischen Füllanlagen ab. Diese Füllanlagen bestehen aus einer Flaschenreinigungsanlage, einem Automaten für die Abfüllung und das Verschließen und einem Etikettierautomaten. Mitunter sind entsprechende Geräte für das Entnehmen der Flaschen und ihre Verpackung in Kisten installiert.[88]

Abnahmevorschriften, Probenahme und Produktionsprüfung

Jede Partie Wodka wird vom Produktionswerk kontrolliert und in den bestimmten Stadien einer Prüfung unterzogen: organoleptische Prüfung, Analyse der physikalisch-chemischen, hygienischen Qualitätswerte und Sicherheitswerte sowie auch Identifikation und Expertise der Begleitdokumente, der Verpackung und der Kennzeichnung. Die Abnahme, die Probenahme und die Produktionsprüfung erfolgen gemäß dem Staatlichen Standard GOST 5363 – 93.[89]

Den Wodka nimmt man partienweise ab. Die Partie ist ein durch dasselbe Qualitätszertifikat fixierter Wodka derselben Bezeichnung und desselben Abfülldatums. Das Qualitätszertifikat ist die Bescheinigung der Qualität, oder es handelt sich um die Begleitpapiere mit dem Vermerk der Zertifizierung der Produktion in Form eines Stempels mit der erforderlichen Information.

Bei der Abnahme des Produktes wird auf verschobene Etiketten, Risse und Deformationen der Etiketten, die Anwesenheit von Fusseln und Kalk im Wodka und die Qualität des Verschlusses kontrolliert.

Zur Kontrolle trifft man aus der Partie stichprobenartig eine Auswahl einer bestimmten Anzahl von Flaschen: von einer Partie von 501–1.200 Flaschen nimmt man 20 Flaschen (Stichprobe), die zulässige Zahl sind 2 Flaschen; von einer der Partie von 35.00–500.000 Flaschen zieht man 80 Flaschen (Stichprobe), die zulässige Zahl mangelhafter Produkte sind 7 Flaschen. Die Partie wird abgenommen, wenn die Zahl der zurückgewiesenen Flaschen in der Stichprobe gleich oder weniger als die zulässige Zahl ist, ansonsten wird die Partie nicht freigegeben.

Für die physikalisch-chemischen und organoleptischen Prüfungen zieht man aus der Partie des

Wodkas eine Stichprobe von vier Flaschen im Verfahren der zufälligen Auswahl. Eine Akte der Probenahme wird angelegt, die man zusammen mit der Stichprobe in das Labor schickt. Man untersucht die Konformität des Wodkas aus den beiden Flaschen zu den physikalisch-chemischen und organoleptischen Eigenschaften. Zwei andere Flaschen werden plombiert und mit einem Petschaft versiegelt. An den versiegelten Flaschen wird ein Anhängeschild angebracht. Auf dem Anhänger wird vermerkt: die Bezeichnung des Wodkas, der Namen des Herstellerbetriebes, das Abfülldatum, die Zahl der Flaschen in der Partie, die Nummer des Qualitätszertifikates, das Datum der Entnahme und der Familienname derjenigen Personen, die die Probe entnommen haben. Diese Flaschen werden in der Fabrik für Problemfälle archiviert.

Eine Partie Wodka wird zurückgewiesen, wenn man mindestens ein unbefriedigendes Resultat bzgl. eines gemäß dem Staatlichen Standard fixierten Wertes[90] erhält.

Die Produktion unterzieht man folgenden Prüfungen: Revision des Füllstandes, die organoleptische Bewertung der Farbe nach einer zehnstufigen Skala, die Klarheit, der Geruch, der Geschmack, die Kontrolle der physikalisch-chemischen Merkmale (Alkoholgehalt, Alkalität, Massekonzentration von Aldehyden, Fuselöl und Äther, der Volumenanteil des Methylalkohols); die Bestimmung der Anwesenheit von toxischen Spurenbeimengungen und der Massekonzentration von Säuren auf Zitronensäure umgerechnet.[91]

Um eine allseitige Bewertung der Wodkaqualität zu erhalten, führt man eine organoleptische Analyse oder degustative Bewertung des Getränkes durch. Die organoleptische Analyse bietet die Möglichkeit, das Produkt komplex zu bewerten. Mit Hilfe der Degustation kann man die Anwesenheit von Nebenstoffen im Geschmack, Geruch und Aroma des Wodkas und das Auftreten von Fremdstoffen im Getränk nur bedingt feststellen.

Organoleptische Eigenschaften der Getränke

Das sind ihr Aussehen, Geschmack und Geruch, die man mit den Sinnesorganen ohne Verwendung von Messgeräten mittels Degustation, also Verkostung, bewertet.

Organoleptische Eigenschaften klassifiziert man nach dem Verfahren der Empfindung durch die Sinnesorgane. Mit Hilfe des optischen Sinnes bewertet man das Aussehen – die optische Gesamtwahrnehmung, die das Produkt hinterlässt – die Farbe des Produktes und die Klarheit des Produktes.

Den Geruch und das Aroma bewertet man mit Hilfe des Geruchssinns. Mittels des Gaumens bewertet man den Geschmack (süß, salzig, sauer, bitter) und seine Intensität. Das Flavour (engl.) ist die komplexe Empfindung des Geschmacks, des Geruchs und die Wahrnehmung des Produktes mit dem Gaumen. Die Geruchsbewertung erfolgt mittels der Geruchsorgane, die durch die Wirkung bestimmter leichtflüchtiger Substanzen wie aromatische Kohlenwasserstoffe, ätherische Öle, Aldehyde, höhere Alkohole, Äther, Ketone und einige Säuren gereizt werden.

Ein normaler Mensch behält und differenziert ohne Mühe an die 1.000 Gerüche, ein Experte an die 17.000 Gerüche.[92]

Gemeinsam mit dem Begriff „Geruch" verwenden Spezialisten das Fachwort „Aroma". Sofern man unter dem Begriff „Geruch" jegliche mit dem Geruchsorgan wahrnehmbaren Empfindungen versteht, so spiegelt die Definition „Aroma" einzig und allein einen angenehmen Geruch wider. An seiner Entstehung haben die aromatischen Stoffe ihren Anteil. Der Geruch hängt von der Struktur der Moleküle ab. Die Bezeichnungen der mit dem Geruch bewirkten Empfindungen sind stets konkret und entsprechen immer dem diese Empfindungen hervorrufenden Faktor.

Der Geschmack eines jeden Produktes ist eine Kombination verschiedener Empfindungen, die am Gaumen entstehen und durch bestimmte lösliche Substanzen bewirkt werden.

Eine Sonderstellung in der organoleptischen Analyse nimmt die Bewertung der Klarheit und Transparenz ein. Unter der Klarheit versteht man den Zustand des Erzeugnisses, den man im die Flüssigkeit durchdringenden und dort gebrochenen Gegenlicht beobachten kann. Dieser Zustand ist von der Menge und Farbe der mechanischen Schwebepartikel abhängig (Trübung).

Die Farbe und die Klarheit bewertet man nach Augenmaß durch Vergleich des zu prüfenden Wodkas und destillierten Wassers im Gegenlicht.

Es empfiehlt sich, bei Vorhandensein von Vergleichsproben, eine vergleichende Degustation vorzunehmen. Die gleichzeitige Degustation von mehr als fünf Proben ist nicht zulässig.[93]

Wie man Wodka degustiert[94]

Die degustative Bewertung der Qualität des Wodkas ist die Bewertung der Klarheit, der Farbe, des Geschmacks und des Aromas, das man mit Punkten nach einer zehnstufigen Skala ausdrückt, wie sie in der Likör- und Wodkabranche allgemeine Anerkennung genießt.

Bedingungen für die Degustation

Es ist notwendig, für die Degustation bestimmte Bedingungen zu schaffen, um keine Fehler zu begehen. Der Einfluss jedweden Lärms, jedweder Vibration, jeglicher Gerüche, die die Konzentration der Verkoster stören könnten, ist zu vermeiden.

Die organoleptische Bewertung des Wodkas erfolgt in einem hellen, gelüfteten Raum, ohne Nebengerüche. Dieser Raum verlangt eine Temperatur von 18–25 °C, eine relative Luftfeuchtigkeit von 70 ± 5 %, eine Fläche von mindestens 36 m^2, von der 15–20 m^2 für die Verkoster selbst und die restliche Fläche zur Vorbereitung der Proben für die Analyse bestimmt sind. Es empfiehlt sich, dem Verkostungsraum helle, ruhige Farbtöne zu verleihen. Der Raum erfordert eine gute Beleuchtung, die die natürliche Farbe des Getränkes nicht verfälscht.

Man erachtet es als geboten, die Degustation vormittags durchzuführen. Der Zeitpunkt sollte nicht in die Zeit des Mittag- oder Abendessens fallen. Der Degustator sollte weder Hunger noch Sattheit verspüren. Eine halbe Stunde vor der Verkostung sollte er sich des Rauchens, Essens und Trinkens enthalten.

Die Abfolge der zu verkostenden Proben unterliegt einer gewissen Ordnung. Zunächst degustiert man die Getränke schlechterer Qualität. In erster Linie bewertet man die auf der Basis von fein raffiniertem Alkohol hergestellten Wodkasorten, dann den mit Spiritus „Extra" und „Luxus" hergestellten Wodka usw. Der Wodka ist gekühlt bis zu einer Temperatur von + 15 °C zu verkosten.

Bei der Degustation von Likör- und Wodkaerzeugnissen bewertet man zuerst die weniger aromatischen Proben, dann die Proben mit mäßigem Aroma und schließlich die Muster mit stark ausgeprägtem Aroma. Dieselbe Ordnung kommt bei der Geschmacksbewertung zur Anwendung: vom weniger ausgeprägten Geschmack bis zum ausgeprägteren.

Für die Degustation verwendet man spezielle farblose, dünnwandige, eiförmige oder tulpenförmige

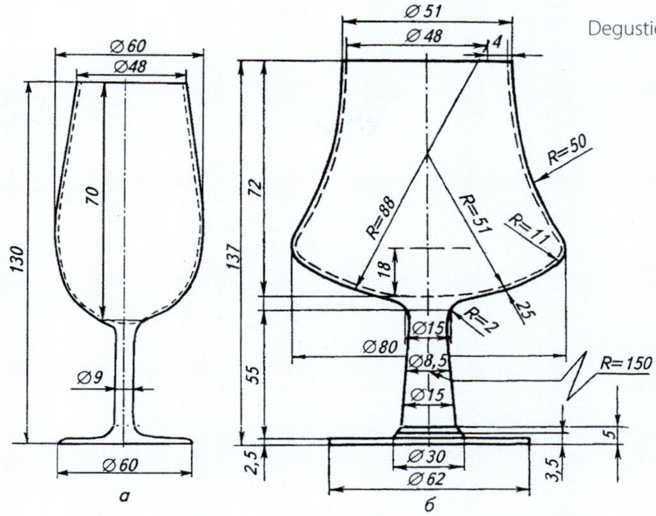

Degustierglas. R = Radius

Weingläser. Diese Form ermöglicht es, den Inhalt zu mischen, nicht zu vergießen und das Aroma im engen Teil des Weinglases gut abzufangen.

Das Degustierglas füllt man etwa bis zu ⅓ des Volumens (ca. 50 cm^3), hebt es am Stiel, leicht kippend und bewertet nach Augenmaß die Farbe und die Klarheit im sich streuenden Gegenlicht.

Das Aussehen

Der Wodka soll farblos, klar[95], funkelnd, ohne Fremdpartikel und Bodensatz sein. Unter der Klarheit versteht man den Zustand (das Aussehen) der Ware, den man im Gegenlicht und in der Aufsicht beobachtet. Dieser Zustand hängt von der Menge und Farbe der mechanischen Schwebepartikel ab (Trübung).

Viele Abweichungen von der Farbe und der Klarheit kann man durch den Vergleich des analysierten Wodkas mit destilliertem Wasser finden. Man gießt in zwei hinsichtlich der Höhe, des Durchmessers und der Qualität gleiche Probegläser jeweils 10 cm^3: in ein Glas den Analysenwodka und in das andere destilliertes Wasser. Nun vergleicht man den Inhalt der Probegläser im Gegenlicht und wird mancherlei Abweichungen von der Farbe und der Klarheit in dem zu prüfenden Wodka feststellen. Gefärbter, trüber Wodka ohne jedwedes Funkeln hat keine Chance auf eine höhere Bewertung.

Bewertung des Geruches und des Aromas

Durch horizontales Drehen des Degustierglases, was einer besseren Geruchsemission förderlich ist, bewertet man den Geruch und das Aroma des Getränkes. Je nach der Intensität differenziert man scharfes, starkes, mäßiges und schwaches Aroma. Es ist unter dem Einfluss der Wärme im Mund, besonders am hinteren Gaumen, wahrnehmbar sowie beim Schlucken des Getränkes, wenn sich die Geruchsemission verstärkt.

Es gibt sieben grundlegende Gerüche: Kampfer, Moschus, Blüten, Honig, Äther, streng, faulig. Alle anderen Gerüche werden als ihre Kombinationen erachtet.

Qualitätswodka sollte ein scharfes, für ihn charakteristisches Aroma haben.

Der Geschmack

Nach dem Aroma bewertet man den Geschmack. Unsere Zunge empfindet vier grundlegende Geschmacksrichtungen: süß – mit ihrem vorderen Bereich, sauer – mit den Kanten der Zunge, salzig – in ihrem mittleren Bereich und bitter – mit ihrem hinteren Bereich.

Nachdem man eine geringe Menge des Getränkes in den Mund genommen hat, hält man es im vorderen Bereich der Mundhöhle zurück. In diesem Augenblick umspült das Getränk den mittleren Teil des Gaumens, die Zungenspitze und die Kanten der Zunge – dies ermöglicht, den süßen und sauren Geschmack wahrzunehmen.

Dann neigt man den Kopf etwas nach hinten, bewegt das Getränk zum Zungenansatz und spült mit dem Getränk die gesamte Mundhöhle. Auf diese Art bewertet man den Geschmack der Bitterstoffe und den Nebengeschmack. Ein wenig den Mund öffnend, saugt man etwas Luft an und atmet sie über die Nase aus. Die gesamte Verweildauer im Mund beträgt 10–15 Sekunden. Um sich besser zu konzentrieren, kann man die Augen schließen.

Einen süßen Geschmack verleihen dem Erzeugnis hierin enthaltener Zucker, Glyzerin und andere mehrwertige Alkohole sowie auch einige Aminosäuren. Das Süße empfindet man vor allem auf der Zungenspitze. Saccharose ist vergleichbar mit süßem Geschmack.

Die Wahrnehmung der Bitterstoffe im Mund vermitteln einige Aminosäuren (Tannin und seine Derivate), Magnesiumsalze bei höherem Gehalt und Aldehyde. Den Bittergeschmack empfindet man vor allem am Zungenansatz.

Den sauren Geschmack bewirken mineralische und organische Säuren und Hydrogensalze mehratomiger Säuren. Ihn nimmt man größtenteils an den Rändern der Zunge war.

Salzigkeit verleihen den Getränken anorganische, wasserlösliche Salze. Besonders intensiv ist der Einfluss von Natrium- und Magnesiumsalzen, wobei die Salzigkeit am intensivsten an den Rändern der Zunge empfunden wird. Den echten Salzgeschmack hat Natriumchlorid.

Einige Substanzen, zum Beispiel Zucker, halten ständig ein und denselben Geschmack, andere bewirken im Gegensatz hierzu nach einiger Zeit einen Nachgeschmack. Am kürzesten ist die Wahrnehmung der Salzigkeit, dann kommt je nach der Dauer der Empfindungen der süße Geschmack, gefolgt vom sauren Geschmack und der Bitterkeit. Der Geschmack von Bitterstoff hält somit am längsten an.

Der Wodka soll einen reinen, weichen, für die gegebene Art des Getränkes charakteristischen Geschmack haben. Der Wodka sollte keinen scharfen, brennenden Geschmack haben und ohne Beigeschmack sein.

Die Proben der Getränke werden nicht geschluckt, sondern wieder ausgespült. Am Arbeitsplatz des Verkosters sollte unbedingt abgekochtes oder destilliertes Wasser zur Verfügung stehen. Nach jeder Wodkadegustation spült man den Mund mit Wasser aus, isst Weißbrot, Käse oder Brühwurst nach. Bei der Degustation süßer Erzeugnisse isst man Gebäck oder Obst (außer Zitrusfrüchte).

Man darf gleichzeitig höchstens fünf Proben Wodka degustieren. Dann ist eine Pause von mindestens 10 Minuten zur Regeneration der sensoriellen Fähigkeiten erforderlich.

Die Resultate der organoleptischen Bewertung werden nach einem allgemeinen Punkteschema ausgedrückt. Eine zehnstufige Skala ist in der Likör- und Wodkabranche üblich. Nach dieser Skala bewertet man die einzelnen Merkmale der Erzeugnisses: Klarheit, Farbe, Geschmack, Aroma.

Für jede Eigenschaft sind folgende Höchstpunktwerte festgelegt: Farbe und Klarheit: 2 Punkte, Geschmack: 4 Punkte, Aroma: 4 Punkte. Die Punktesumme der einzelnen Merkmale ergibt das Prädikat des verkosteten Getränkes. Die Höchstpunktzahl ist 10. Für den Geschmack und das Aroma stellt man 80 % aller Punkte, da ihnen die ausgesprochene Hauptrolle in der organoleptischen Bewertung der Qualität der Ware zufällt.

Die beschreibenden Charakteristiken müssen eine exakte Terminologie verwenden, die keine abweichenden Lesearten zulässt. Bei der Bewertung des Aussehens beachtet man die Klarheit eben jener Getränke, die weder trüb sein noch Bodensatz haben dürfen. Es ist für Likör- und Wodkaerzeugnisse zulässig, wenn beim Umdrehen und Schütteln der

Flasche eine vorübergehende Trübung beobachtet werden kann.[96]

Die Klarheit des Getränkes bewertet man, indem man die Flasche gegen die Lichtquelle hält, was ebenfalls die Bewertung der Farbe betrifft. Farblose Getränke (Wodka, Ethylalkohol) dürfen keine Nebenfarben haben.

Die Farbe der gefärbten Getränke sollte der in der Rezeptur angeführten Farbe entsprechen. Bei der Durchsicht bewertet man die Grundfarbe des Erzeugnisses, den Sättigungsgrad der Grundfarbe sowie zusätzliche Farbtöne.

Den Geschmack bewertet man nach seinen grundlegenden Eigenschaften (süß, sauer, bitter) und ihren Kombinationen (süßsauer, bittersüß, würzigsüß), beachtet die Harmonie des Geschmacks und des Aromas, notiert die Ausprägung der einzelnen Geschmacksnuancen und die Assimilation des Alkohols.

Das Aroma bewertet man nach den Grundformen der Gerüche. Es sind fruchtige, würzige, einer bestimmten Art von Früchten, Beeren, Speisewürzen, ätherischen Ölen, Pflanzen mit würzigem Geschmack anhaftende Gerüche. Dann bewertet man den Sättigungsgrad: scharf ausgeprägt, leicht unterdrückt, wenig ausdrucksstark, und auch das Typische: typisch, atypisch.

Der Geschmack und das Aroma sollten harmonisch und süffig sein. Das Getränk soll keinen

Tabelle 8

Eigenschaft	Organoleptische Charakteristik	Gesamtnote
Farbe und Klarheit	farblose klare Flüssigkeit	2,0 (ausgezeichnet, gut)
	farblose Flüssigkeit mit leichter Opaleszenz*	1,5 (befriedigend)
	nicht durchsichtige, trübe oder gefärbte Flüssigkeit	< 1,5 (unbefriedigend)
Geruch	charakteristisch für die gegebene Spiritussorte aus dem entsprechenden Rohstoff, ohne Nebengeruch	3,6–4,0 (ausgezeichnet)
	charakteristisch für die gegebene Spiritussorte aus dem entsprechenden Rohstoff, jedoch zu wenig ausdrucksstark	3,0–3,5 (gut)
	charakteristisch für die gegebene Sorte, kaum ausdrucksstark	2,5–2,9 (befriedigend)
	hat einen nicht charakteristischen Nebengeruch	< 2,5 (unbefriedigend)
Geschmack	charakteristisch für die gegebene Sorte, weich	3,6–4,0 (ausgezeichnet)
	charakteristisch für die gegebene Sorte, jedoch etwas aufdringlich	3,0–3,5 (gut)
	charakteristisch für die gegebene Sorte, jedoch aufdringlich, brennend	2,5–2,9 (befriedigend)
	nicht charakteristisch für die gegebene Sorte, fremder, grober, untypischer Beigeschmack	< 2,5 (unbefriedigend)

*Die Opaleszenz ist eine leichte, im Gegenlicht sichtbare Trübung des Getränkes

Tabelle 9

Prädikat	Gesamtpunkte	Bedingungen für die Vergabe des Prädikats
Ausgezeichnet	9,2–10,0 (für Exportwodka mindestens 9,5)	hat für alle Eigenschaften das Prädikat „Ausgezeichnet"
Gut	8,0–9,1	hat Eigenschaften der Prädikate „Ausgezeichnet" und „Gut"
Befriedigend	6,5–7,9	hat Eigenschaften der Prädikate „Befriedigend", „Gut" und „Ausgezeichnet"
Unbefriedigend	< 6,5	hat mindestens eine Eigenschaft des Prädikats „Unbefriedigend"

brennenden Geschmack haben. Man soll keinen Geruch von Spiritus, keinerlei Beigeschmack, Nebengeruch empfinden, z. B. den Geruch von Gummi, Kerosin u. a.

Die Resultate der Bewertung werden in eine spezielle Degustationskarte eingetragen. Die Punktebewertung des Wodkas ist in den Tabellen 8 und 9 angeführt.

Die physikalisch-chemischen Qualitätswerte

Bei der Prüfung im Herstellerbetrieb lässt man im Wodka und Spezialwodka eine Abweichung vom festgesetzten Alkoholgehalt von ± 0,2 % für die einzelne Flasche und ± 0,1 % für 20 Flaschen zu. Im Wodka und Spezialwodka ist die Anwesenheit von Säuren, umgerechnet auf Zitronensäure, mit höchstens 400 mg/100 dm^3 zulässig.

Hinsichtlich der physikalisch-chemischen Eigenschaften müssen Wodka und Spezialwodka den in der Tabelle bezeichneten Normen[97] entsprechen.

Das Sortiment der neu kreierten Wodkasorten ist so vielfältig, dass es unmöglich ist, alle zu nennen. Unterscheidungen in der Qualität der Wodkasorten erreicht man durch Zugabe verschiedener Ingredienzien: Aufgüsse aromatischen und nicht aromatischen Rohstoffes, Honig, Mineralsalze.

Premium-Wodka ist eine Spirituose höchster Qualität

Zur Erhöhung der Qualität und zur Verringerung der Fremdstoffkonzentration des Wodkas verwendet man die hochwertigeren Alkohole „Alpha" und „Super", die in den Brennereien in kleineren Partien in einem besonderen technologischen Regime hergestellt werden. Aus dem Alkohol des Typs „Super-Lux" wird der Wodka „Lewscha", „Rossija", „Russkij Standard" hergestellt. Im Zuge der Verarbeitung der so genannten Sortierung werden zusätzliche Arbeitsverfahren angewendet, unter anderem die Reinigung mit modifizierter Stärke, Aufguss mit zerkleinerten Getreideprodukten u. a.

Die Verpackung, der Transport und die Regeln der Lagerung

Verpackung und Markierung

Das Finalprodukt wird in Flaschen aus Natrium-Kalzium-Silikatglas abgefüllt, das eine Wasserbeständigkeit gemäß GOST 100117.1, GOST 10117.2 – mindestens Hydrolyseklasse III – oder gemäß anderen normativen Dokumenten hat, oder auch in Porzellan-, Keramik- oder Glaskaraffen.

Die mit dem Produkt gefüllten Flaschen werden mit einer Kappe des Typs „Alka" aus Aluminiumfolie oder mit einer perforierten Aluminiumkappe unterschiedlicher Farbgebung verschlossen, wobei diese Kappen mit Dichtungen und anderen für den Kontakt mit dem Produkt zulässigen Stoffen versehen werden müssen, die die hermetische Dichtheit des Verschlusses garantieren.

Der Verschluss darf mit dem Firmennamen des Herstellers gekennzeichnet werden.

Souvenir-Glasflaschen, Glas-, Porzellan- und Keramikkaraffen mit dem Produkt sind je nach der Art mit einem Korken mit Pergamentbanddichtungen, mit Polyethylen-, Glas-, Porzellan- und anderen Pfropfen zu verschließen, die für den Kontakt mit der gegebenen Ware zulässig sind, und eine hermetische Abdichtung des Verpackungsverschlusses zu garantieren.

An die Karaffen mit dem Produkt ist der Glas-, Porzellan-, Keramikstöpsel mit einer Schnur oder mit einem Seidenband anzubinden, sofern er nicht als Verschluss verwendet wurde.

Der Verschluss muss dicht sein und beim Drehen der Flasche oder Karaffe mit dem Boden nach oben ein Austreten der Flüssigkeit verhindern.

Die Verpackung der Wodka- und Spezialwodkaflaschen erfolgt in Mehrwegkisten aus Holz oder Kunststoff, in Kartons, in Schrumpffolie, in künstlerisch gestaltete Souvenirkartons und anderen Produktbehältern.

Die Kennzeichnung der Verbraucherverpackung mit dem Produkt hat nachstehende Informationen zu enthalten:

- die Bezeichnung der Ware: Alle Wörter in der Warenbezeichnung auf der Verpackung, auf dem Etikett, dem Rückenetikett und auf der Packungsbeilage sind in deutlich wahrnehmbarer Schrift darzustellen, die sich auf jedwedem Untergrund abhebt. Sofern Geschmackszutaten als

Tabelle 10

Bezeichnung des Merkmals	Norm für Wodka aus Spiritus			Norm für Spezialwodka aus Spiritus			Analysemethode
	höchste Reinheit	Extra	Luxus	höchste Reinheit	Extra	Luxus	
Alkoholgehalt in %	40,0-45,0; 50,0, 56,0			40,0-45,0			GOST 5363
Maximale Alkalinität – Volumen der Salzsäure einer Konzentration von (HCl)=0,1 mol/dm³ bei der Titration von 100 cm³ Wodka (in cm³)	3,0	2,5	2,0	3,0	2,5	2,0	Staatlicher Standard GOST 5363
Maximale Massekonzentration des Essigaldehyds in 1 dm³ reinen Alkohols (in mg)	8,0	4,0	3,0	8,0	5,0	4,0	Staatlicher Standard GOST R 51698
Maximale Massekonzentration des Fuselöls (1-Propanol, 2-Propanol Isobutylalkohol, 1-Butanol, Isoamylalkohol) in 1 dm³ reinen Alkohols (in mg)	8,0	6,0	6,0	8,0	6,0	6,0	Staatlicher Standard GOST R 51698
Maximale Massekonzentration der komplizierten Äther in 1 dm³ reinen Alkoholes (in mg)	15,0	10,0	5,0	20,0	15,0	10,0	Staatlicher Standard GOST R 51698
Max. Volumenanteil des Methylalkohols umgerechnet auf reinen Alkohol (in %)	0,03	0,02	0,02	0,03	0,02	0,02	Staatlicher Standard GOST R 51698

Bestandteil des Erzeugnisses die Anwesenheit natürlicher Ingredienzien imitieren, ist in der Warenbezeichnung anzuführen, dass es sich bei dieser Ware um ein Produkt mit künstlichem Geschmack und/oder Aroma von Obst, Beeren, Gemüse oder einem anderen Produkt handelt, je nachdem, welcher Geschmack oder welches Aroma dieser Ware zueigen sein soll;

- die Bezeichnung und den Sitz des Herstellers (juristische Korrespondenzanschrift, einschließlich des Landes, sowie bei Nichtübereinstimmung mit der Korrespondenzanschrift die Anschrift der Herstellerbetriebes) und der Organisation in der Russischen Föderation, die seitens des Herstellers bevollmächtigt ist, Ansprüche von Konsumenten auf ihrem Territorium anzunehmen (sofern existent);

- das Firmenlogo des Herstellers (sofern existent);

- den Alkoholgehalt in Vol.-% (Volumenanteil des Ethylalkohols);

- das Volumen in Liter (dm³);

- die Zusammensetzung: Anzuführen sind die Anwesenheit verwendbarer Sorten rektifizierten Ethylalkohols aus pflanzlichen Rohstoffen (zum Beispiel Ethylalkohol der Feinreinigung, „Extra" usw.), von Wasser und nach eigenem Ermessen des Herstellers die charakteristischen Eigenschaften und/oder Methoden der Aufbereitung des Wassers, ebenso die Bezeichnung der grundlegenden Ingredienzien, die den Geschmack und das Aroma der Ware beeinflussen (die Liste der grundlegenden Ingredienzien bestimmt der Hersteller). Eine Kennzeichnung mit der Aufschrift „Bioprodukt" ist untersagt;

- das Verfallsdatum für Wodka und Spezialwodka nach Ermessen des Herstellers;

- das Verfallsdatum für Likörerzeugnisse;

- Lebensmittelzusätze, Aromastoffe, bioaktive Lebensmittelzusatzstoffe, Ingredienzien von den Produkten nicht konventioneller Zusammensetzung, genetisch modifizierte Quellen (GMQ) bei ihrer Verwendung. Bei der Angabe der Lebensmittelzusätze sind folgende Gruppenbezeichnungen der Lebensmittelzusätze zu verwenden:

Säuren, Farbstoffe, Süßstoffe, Stabilisatoren, Geschmacksverstärker und Aromaverstärker, Emulgatoren. Nach der Gruppenbezeichnung ist der Index gemäß dem Internationalen Ziffernsystem (INS) oder dem Europäischen Ziffernsystem (E) oder die Bezeichnung der Lebensmittelzusätze anzuführen. Bei der Angabe der Aromastoffe sind gemäß dem konkreten Fall die Worte „Aromastoff" oder „Aromen" mit Adjektiven wie „natürlich", „naturidentisch" zu versehen. Jedwede Information über spezielle Eigenschaften, über die prophylaktische Zweckbestimmung der Ware, die Absenz von Schadstoffen oder zu ähnlichen Charakteristiken dürfen lediglich mit Genehmigung durch die zuständige Behörde auf dem Etikett vermerkt werden;

- die Massekonzentration des Zuckers für Likör- und Wodkaerzeugnisse (mit Ausnahme bitterer Branntweine, alkoholarmer bitterer Branntweine und des so genannten Balsams);

- das Abfülldatum, das auf der Rückseite oder Vorderseite des Etiketts anzugeben ist. Ebenso darf das Abfülldatum in der Kappe, auf dem Rückenetikett oder direkt auf der Verbraucherverpackung an gut sichtbarer Stelle platziert werden;

- die Aufschrift „Gelagert" für gelagerte Liköre;

- die Bezeichnung des normativen Dokumentes, nach welchem die Ware hergestellt ist und identifiziert werden kann (darf ohne Jahr der Bestätigung angegeben werden);

- die Information über Bestätigung der Konformität.

Für Waren, die der Kennzeichnung mit Verbrauchssteuerbanderolen oder speziellen Marken unterliegen und für den Verkauf in Duty-Free-Shops bestimmt sind, sind auf dem Etikett und dem Rückenetikett mit der Aufschrift „Nur für den Verkauf im Freihandel bestimmt" zu versehen.

Die Ausstattung der Verbraucherverpackung mit der Ware umfasst das Etikett, das Rückenetikett, eine Halsschleife, ebenso ein mit feuerfesten Farben auf Glas aufgetragenes Etikett.

Die Transportmarkierung der Kisten erfolgt gemäß GOST 14192 – 96 unter Kennzeichnung der Zeichen für die Manipulation: „Fragile – Zerbrechlich. Vorsicht", „Vor Feuchtigkeit schützen", „Oberteil".

Auf den Kisten sind folgende zusätzliche Information zu vermerken:

- Bezeichnung und Anschrift des Herstellerbetriebes;

- Bezeichnung der Ware;

- Anzahl der Verpackungseinheiten;

- Volumen der Flasche in Liter (dm^3).

Transport und Lagerung

Die Waren werden mit Transportmitteln aller Art in Kisten, Packungen aus Schrumpffolie (GOST 25951 – 83) auf einer Kartonunterlage in abgedeckten Transporträumen entsprechend den Frachtvorschriften sowie unter Einhaltung der vorgeschriebenen Temperaturbedingungen transportiert.

Wodka und Spezialwodka werden bei einer Temperatur von – 15 bis + 30 °C, Liköre von 10 bis 25 °C, alkoholarme Getränke von 0 ° bis + 20 °C in trockenen, geruchsfreien Räumen gelagert.

Gefärbte Likör- und Branntweinerzeugnisse sind unter Bedingungen zu lagern, die die direkte Einwirkung der Sonnenstrahlung ausschließen.[98]

Bei der Lagerung ist zu beachten, dass die Gefriertemperatur für 40 %igen Wodka – 28,9 °C und für 56 %igen Wodka – 36 °C beträgt.

Fälschung des Wodkas

Wodka gehört zur Gruppe jener alkoholischen Getränke, die im Hinblick auf ihre verhältnismäßig einfache Herstellung und Beliebtheit unter der Bevölkerung am häufigsten gefälscht werden.

Sehr verbreitete Mittel und Verfahren der Wodkafälschung sind:

- der vollständige oder partielle Austausch des Trinkalkohols durch billigeren Alkohol oder technischen Alkohol;

- die Verwendung von Wasser, das den technologischen Anforderungen nicht entspricht;

- das Verdünnen des Wodkas mit Wasser oder der vollständige Austausch des Wodkas durch Wasser.

Ebenso existieren spezifische Mittel und Verfahren der Fälschung, indem der Ware Einzelkomponenten nicht zugesetzt oder Einzelkomponenten durch andere ausgetauscht werden, zum Beispiel die Absenz angegebener Ingredienzien: Zucker, Honig usw.

Die Fälschung des Wodkas ist bereits bei einer Sichtprüfung der Flasche feststellbar. Anzeichen sind Etikettpapier schlechter Qualität, ein verwischt bedrucktes, vergilbtes, glanzloses Etikett, ein undichter Verschluss, eine zu schwache Prägung der Kappe, undeutliches Prägen auf dem Käppchen, Differenzen zwischen den Hauptbuchstaben auf der Prägung und auf dem Etikett und schließlich das Vorhandensein von Fremdpartikeln.

Das Käppchen mit dem Schraubengewinde soll sich nicht rund um die eigene Achse drehen. In dem Herstellerbetrieb werden solche Flaschen aussortiert.

Bei der Untersuchung der Aluminiumkappe („Alka-Verschluss") mit der Zuglasche ist bei folgender Gegebenheit besondere Aufmerksamkeit geboten: die Ränder einer solchen Aluminiumkappe liegen nicht fest an, haben kleine „Wellen"; die unter Produktionsbedingungen verschlossenen Aluminiumkappen haben glatte untere Ränder und liegen fest an.

Ein indirektes Merkmal der Echtheit des Wodkas ist ein schwarzer, schmierender Belag an der Außenseite des Flaschenbodens, der bei der Bewegung der Flasche auf der Förderanlage entsteht. Ein derartiger Belag tritt lediglich unter authentischen Produktionsbedingungen auf.

Es ist zweckmäßig, die Rückseite des Etiketts zu betrachten. Auf dem authentischen Etikett sind mehrere gerade Striche des Etikettenleims zu sehen, ggf. bildet der Etikettenleim eine glatte ununterbrochene Fläche. Unter außerbetrieblichen Bedingungen trägt man den Etikettenleim gewöhnlich mit dem Pinsel auf, so dass die Pinselstriche schief sind. Der Zifferncode auf dem Originaletikett muss aus 13 Ziffern bestehen.

Die ungenügende Klarheit des Wodkas hängt mit der Benutzung nicht enthärteten oder schlecht filtrierten Wassers, mit dem Eindringen von Fremdpartikeln, mit einer Filtration schlechter Qualität oder mit Abweichungen in der Technologie der Wodkaverarbeitung mit modifizierter Stärke oder Magermilch zusammen. Allerdings tritt eine Trübung des Wodkas infolge der Verletzung der industriellen Herstellungstechnologie sehr selten auf.

Im Regelfall indiziert eine vorhandene Trübung „Härteringe" auf der Innenseite der Flasche oder eine Fälschung des Wodkas und die Verwendung gewöhnlichen Wassers bei seiner Herstellung.

Ein Aroma und Geschmack, der dem Wodka nicht zueigen ist, fremde, scharfe Nuancen oder ein Nebengeschmack deuten auf eine minderwertige Behandlung der Sortierung durch Aktivkohle im Ergebnis der Erschöpfung der Kohleaktivität oder auf die Verwendung minderwertigen Alkohols oder eines Surrogats hin.

Die Anwesenheit einer Serie von Fremdstoffen hängt oft mit dem Gebrauch technischen Alkohols zusammen. Azeton ist ein Merkmal des Synthesealkohols; ein übermäßiger Gehalt von Äther, Krotonaldehyd und von Schwefelverbindungen ist in einem aus technischem Hydrolysespiritus hergestellten Wodka festzustellen. Im Geschmack kommt dies durch brennende, kratzende Nuancen sowie durch einen scharfen unangenehmen Geruch zum Tragen.

Bei einem erheblichen Austausch des Trinkalkohols gegen technischen Alkohol oder Wasser ist die Fälschung des Wodkas auf organoleptische Weise feststellbar. Wenn der Volumenanteil des im Wodka enthaltenen Fuselöls 0,1 % übersteigt, erscheint ein typischer Geruch beim Verreiben des Getränkes zwischen den Handflächen. Echter Wodka hat keinen solchen Geruch. Zur Feststellung geringer Fuselölanteile sind physikalische und chemische Methoden der Untersuchung des Produktes unabdingbar.[99]

Strukturierter Wodka OVAL – ein neues Alkoholprodukt

Im Frühjahr des Jahres 2006 wurde der Wodka OVAL auf dem Markt alkoholischer Getränke eingeführt.[100] Das ist der einzige Wodka in der Welt der heutigen Getränke, der im Ergebnis der Anwendung neuer Technologien gewonnen wurde. Mit „neuen" sind unkonventionelle Technologien der Wodkaherstellung gemeint. Wie seine Schöpfer bestätigen, gelang es ihnen, den Wodka und die Technologie des 21. Jahrhunderts zu kreieren.[101]

Auf dem Etikett des Wodkas OVAL lesen wir: Es handelt sich um einen „strukturierten" Wodka mit einem Alkoholgehalt von 42 Vol.-%.[102] Diese beiden Charakteristiken sind die Besonderheiten des Wodkas OVAL, die auf wissenschaftlichen Erkenntnissen basieren. D. I. Mendelejew machte eine Reihe von Entdeckungen im 19. Jahrhundert im Rahmen seiner Dissertation, die unbeachtet blieben, falsch bewertet wurden und somit erst im 21. Jahrhundert mit dem Wodka OVAL praktische Verwendung fanden. Russische Wissenschaftler dieser Gesellschaft führten Experimente mit alkoholisch-wässrigen Lösungen auf der Grundlage von Experimenten Mendelejews durch.[103] Dmitrij

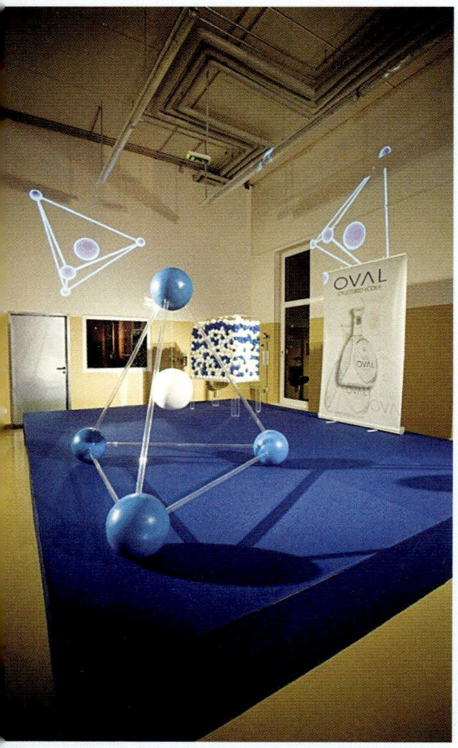

Veranschaulichung der registrierten OVAL-Strukturierung: Teatraeder (mittig Alkoholmolekül, außen Wassermolekül)

Iwanowitsch studierte alkoholisch-wässrige Lösungen in einem weit gefächerten Spektrum. Bei der Abkühlung dieser Lösungen entdeckte er drei Kristallhydrate, die folgenden Werten entsprechen:

$C_2H_5OH \cdot 12\,H_2O$ – 17,56 Masse %

$C_2H_5OH \cdot 3\,H_2O$ – 46,00 Masse %

$3\,C_2H_5OH \cdot H_2O$ – 88,46 Masse %.

Die Gesellschaft OVAL erforschte ebenso alkoholisch-wässrige Lösungen und den Speichel des Menschen in der alkoholisch-wässrigen Skala von Mendelejew. Es stellte sich heraus, dass gleiche Spektren in den Punkten 24 Vol.-% und 42 Vol.-% bei Spiritus bestehen. Eben diesen Größen gaben die Hersteller des neuen Wodkas den Vorzug.

Für die Wahl des optimalen Alkoholgehaltes des Wodkas OVAL wurde erstmals die Methode der Untersuchung der Spektren der molekularen Lichtstreuung angewendet. Diese Methode bietet die Möglichkeit, den dynamischen kollektiven Zustand des flüssigen Mediums zu bewerten.

Im Ergebnis der wissenschaftlichen Forschungen konnte geklärt werden, dass man alkoholisch-wässrige Lösungen herstellen kann, die eine bestimmte Struktur aufweisen, somit strukturiert sind. Diese bestimmte Struktur entspricht insbesondere denjenigen Punkten, die Mendelejew entdeckte. Diese Punkte (24, 42 und 56 Vol.-%) wurden als optimal für die Getränke OVAL gewählt. Sie sind mit den Geschmacksrezeptoren des Menschen vereinbar, was erlaubt, Getränke mit hervorragenden organoleptischen Eigenschaften herzustellen.

Strukturierung der OVAL-Getränke inklusive Filtration

Es ist bezeichnend, dass die Verwendung der ausgewählten Struktur in den Punkten von Mendelejew zur Herstellung alkoholisch-wässriger Lösungen mit einem Alkoholgehalt von 24 Vol.-%, 42 Vol.-% und 56 Vol.-% führte, als Getränke, die in ihren geschmacklichen Eigenschaften einander ebenbürtig sind.

Um den strukturierten Wodka OVAL zu erzeugen, ist die Hauptbedingung zu berücksichtigen: Der Ausgangsrohstoff darf keinerlei Fremdstoffe enthalten.[104] Bei der Herstellung des Wodkas nach der Technologie OVAL verwendet man ein neues Verfahren für die Reinigung des Alkohols – den Prozess der Protonisation.[105] Dieses Verfahren kommt zur Anwendung, bevor der Alkohol mit Wasser verdünnt wird. Dieser Vorgang führt zum Austritt der Fremdstoffe in den Alkohol und dann zur Bildung von Assoziaten des Alkohols und Wassers bei Anwesenheit der Fremdstoffe. Der Filtrationsvorgang erlaubt, die Fremdstoffe aus dem strukturierten Wodka zu entfernen.

In der Technologie der Getränke OVAL wurden neue, mit der Entwicklung strukturierter Getränke in Zusammenhang stehende Verfahren erstellt und eingeführt.[106] Zu diesen Verfahren gehören: das Verfahren der Protonisation des Ausgangsrohstoffes, das Verfahren des Vermischens der Lösungen, die Entwicklung der Strukturfaktoren, die Temperatureinwirkung in den Etappen der Filtration.

Die technische Realisierung der neu konzipierten Verfahrensschemata der Gesellschaft OVAL erfolgte durch bekannte europäische Gesellschaften des Maschinen- und Apparatebaus.

Der Produktionsbetrieb der Gesellschaft OVAL befindet sich unweit von Wien im Städtchen Moosbrunn. Der Grundstein für das Gebäude wurde im Februar 2007 gelegt. Die Bauarbeiten erfolgten durch das auf dem Baumarkt weltweit führende Unternehmen STRABAG innerhalb von insgesamt 8 Monaten. Die Fläche des Werksgeländes beträgt 2.350 m^2 und entspricht hinsichtlich der Hygiene und der Sicherheit zur Gänze den europäischen Standards. In zwei Etagen befinden sich die automatisierte Abfüllstraße und das Labor sowie ferner die Büro-, Produktions-, Lager- und technischen Räume.

Im Werk arbeiten zwei Produktionsstraßen zur Herstellung des Wodkas Oval 42 und 24 Vol.-%, sowie der Wodkasorten unter Zusatz natürlicher Frucht- und Beereningredienzien. Die Produktivität des Unternehmens beträgt bis zu 700.000 Liter pro Jahr. Die vorgesehene Kapazitätserweiterung der Produktionsanlagen wird es künftig erlauben, das jährliche Produktionsvolumen auf bis zu 3 Millionen Liter zu erhöhen.

Die technische Ausrüstung erfolgte nach einem speziellen Projekt der Ingenieure der Gesellschaft Rapf & Co., die unter Anwendung der letzten technologischen Errungenschaften und der neuesten Materialien eine der stärksten innovativen Gesellschaften auf dem österreichischen Markt darstellt. Die Kosten der Anlagen beliefen sich auf 1.400.000 Euro. Das Investitionsvolumen in das neue Werk Oval beträgt mehr als 4.500.000 Euro. Das werkseigene Labor ist mit den neuesten Apparaturen und Geräten ausgestattet, die für die Entwicklung neuer Produkte, für die Qualitätsanalyse und -kontrolle bestimmt sind. Der Standort für die Errichtung des Betriebes wurde nicht zufällig ausgewählt. Das Wasser in dieser Region besitzt die besten Parameter in Österreich. Der Spiritus, der der Klasse Super Premium entspricht, wird in Italien gekauft. Somit entsprechen die Ingredienzen zur Herstellung des Wodkas eindeutig den hohen Ansprüchen der Gesellschaft OVAL.

Ein Teil der neuen Technologie ist auch die Flasche, in welche die Getränke OVAL abgefüllt werden. Die Flasche und die Getränke stellen eine einzigartige physische Konstruktion in Form eines Tetraeders dar.

Flasche 0,7 Liter. Strukturierter Wodka OVAL Strong. Alkoholgehalt 42 %vol.

1 Material zur Geschichte der Medizin in Russland, 2. Ausgabe, Sankt Petersburg, 1883. S. 131.

2 Material zur Geschichte der Medizin in Russland, 2. Ausgabe, Sankt Petersburg, 1883. S. 254 - 255.

3 Material zur Geschichte der Medizin in Russland, 2. Ausgabe, Sankt Petersburg, 1883. S. 1082.

4 Material zur Geschichte der Medizin in Russland, 2. Ausgabe, Sankt Petersburg, 1883 - 1885.

5 Der russische erfahrene Branntweinbrenner, Destillateur. Sankt Petersburg, 1812. S. 122.

6 Der russische erfahrene Branntweinbrenner, Destillateur. Sankt Petersburg, 1812. S. 124 - 134.

7 Mittelwein – der beste Wein, der für die weitere Verwendung nach der zweiten Destillation von drei möglichen genommen wurde.

8 Der russische erfahrene Branntweinbrenner, Destillateur. Sankt Petersburg, 1812. S. 148, 152.

9 Ossipow N. Neue und vollständige Anleitung zum russischen Hausbranntweinbrennen. Sankt Petersburg, 1792. S. 9.

10 Der russische erfahrene Branntweinbrenner, Destillateur. Sankt Petersburg, 1812. S. 132 - 142; Die alte russische Hausfrau, Haushälterin und Köchin. Sankt Petersburg, 1794. S. 42.

11 Anleitung für die Zubereitung von Cremes, Likören, verdoppelten und gewöhnlichen Wodkas und Fruchtlikören. Sankt Petersburg, 1857. S. 3.

12 Anleitung für die Zubereitung von Cremes, Likören, gedoppelten und gewöhnlichen Wodkas und Fruchtlikören. Sankt Petersburg, 1857. S. 3.

13 Anleitung für die Zubereitung von Cremes, Likören, gedoppelten und gewöhnlichen Wodkas und Fruchtlikören. Sankt Petersburg, 1857. S. 46.

14 Anleitung für die Zubereitung von Cremes, Likören, gedoppelten und gewöhnlichen Wodkas und Fruchtlikören. Sankt Petersburg, 1857. S. 19.

15 Anleitung für die Zubereitung von Cremes, Likören, gedoppelten und gewöhnlichen Wodkas und Fruchtlikören. Sankt Petersburg, 1857. S. 46.

16 Jonson J. I. Anleitung für das Branntweinbrennen

und die Zubereitung süßer und bitterer aromatischer Wodkas, Ratafien, Liköre, künstlichen Rums, des Arraks, des Cognacs und von Eau de Cologne. Sankt Petersburg, 1859. S. 504 - 505.

17 Popowskij M. J. Praktischer Branntweinbrenner und Kellermeister. Sankt Petersburg, 1885. S. 257.

18 Jonson J. I. Anleitung für das Branntweinbrennen und die Zubereitung süßer und bitterer aromatischer Wodkas, Ratafien, Liköre, künstlichen Rums, des Arraks, des Cognacs und von Eau de Cologne. Sankt Petersburg, 1859. S. 506.

19 Moskovskije vjedomosti (Moskauer Mitteilungen), 1863. № 251, S. 4.

20 Galerie staatlicher, gesellschaftlicher und handelswirtschaftlicher Persönlichkeiten Russlands. M., B. g. (Anzeigen).

21 Jonson J. I. Anleitung für das Branntweinbrennen und die Zubereitung süßer und bitterer aromatischer Wodkas, Ratafien, Liköre, künstlichen Rums, des Arraks, des Cognacs und von Eau de Cologne. Sankt Petersburg, 1859. S. 511.

22 Popowskij M. J. Praktischer Branntweinbrenner und Kellermeister. Sankt Petersburg, 1885. S. 263.

23 Jonson J. I. Anleitung für das Branntweinbrennen und die Zubereitung süßer und bitterer aromatischer Wodkas, Ratafien, Liköre, künstlichen Rums, des Arraks, des Cognacs und von Eau de Cologne. Sankt Petersburg, 1859. S. 512 - 513.

24 Jonson J. I. Anleitung für das Branntweinbrennen und die Zubereitung süßer und bitterer aromatischer Wodkas, Ratafien, Liköre, künstlichen Rums, des Arraks, des Cognacs und von Eau de Cologne. Sankt Petersburg, 1859. S. 514.

25 Jonson J. I. Anleitung für das Branntweinbrennen und die Zubereitung süßer und bitterer aromatischer Wodkas, Ratafien, Liköre, künstlichen Rums, des Arraks, des Cognacs und von Eau de Cologne. Sankt Petersburg, 1859. S. 519.

26 Jonson J. I. Anleitung für das Branntweinbrennen und die Zubereitung süßer und bitterer aromatischer Wodkas, Ratafien, Liköre, künstlichen Rums, des Arraks, des Cognacs und von Eau de Cologne. Sankt Petersburg, 1859. S. 534.

27 Popowskij M. J. Praktischer Branntweinbrenner und Kellermeister. Sankt Petersburg, 1885. S. 307.

28 Popowskij M. J. Praktischer Branntweinbrenner und Kellermeister. Sankt Petersburg, 1885. S. 308.

29 Popowskij M. J. Praktischer Branntweinbrenner und Kellermeister. Sankt Petersburg, 1885. S. 321 - 322.

30 Historisch statistische Umschau der Industrie Russlands/Unter der Redaktion von D. A. Timirjasew. B. II. Sankt Petersburg, 1886. S. 37-38.

31 Smirnoff V. P. Russischer Charakter. Moskau, 2004. S. 71.

32 Zubereitung von Fruchtlikören, Wodkas und Likören im Kaltverfahren und mit allen zu Gebote stehenden Mitteln nach der Methode von S. Besmjenow/ Popowskij M. J. Praktischer Branntweinbrenner und Kellermeister. Sankt Petersburg, 1885. S. 375.

33 Zubereitung von Fruchtlikören, Wodkas und Likören im Kaltverfahren und mit allen zu Gebote stehenden Mitteln nach der Methode von S. Besmjenow/Popowskij M. J. Praktischer Branntweinbrenner und Kellermeister. Sankt Petersburg, 1885. S. 372-373, 398.

34 Smirnoff, V. P. Russischer Charakter. Moskau, 2004. S. 203.

35 Als Spiritusfruchtsaftgetränk bezeichnet man in der modernen Likör- und Wodkaproduktion ein Halbfabrikat, das durch Extraktion der löslichen Stoffe aus frischen bzw. gedörrten Früchten und Beeren mit einer Lösung aus Spiritus und Wasser (mit einer Stärke von 30-60 %) zubereitet wurde.

36 Spiritusaufguss ist ein Halbfabrikat der Likör- und Wodkaproduktion, das aus frischen und (oder) nicht aromatischen pflanzlichen Rohstoffen durch Extraktion der löslichen Stoffe mit einer Lösung aus Spiritus und Wasser (mit einer Stärke von 40-90 %) zubereitet wurde.

37 Striter, W. W. Technologie des Branntweinbrennens und die Produktion der Spirituosen/Unter der Redaktion von I. M. Gorschkow. Leningrad, 1934. S. 53.

38 Striter, W. W. Technologie des Branntweinbrennens und die Produktion der Spirituosen/Unter der Redaktion von I. M. Gorschkov. Leningrad, 1934. S. 54 - 55.

39 Striter, W. W. Technologie des Branntweinbrennens und die Produktion der Spirituosen/Unter der Redaktion von I. M. Gorschkov. Leningrad, 1934. S. 60 - 62.

40 Striter, W. W. Technologie des Branntweinbrennens und die Produktion der Spirituosen / Unter der Redaktion von I. M. Gorschkov. Leningrad, 1934. S. 63.

41 Striter, W. W. Technologie des Branntweinbrennens und die Produktion der Spirituosen/Unter der Redaktion von I. M. Gorschkow. Leningrad, 1934. S. 64 – 65.

42 Striter, W. W. Technologie des Branntweinbrennens und die Produktion der Spirituosen/Unter der Redaktion von I. M. Gorschkow. Leningrad, 1934. S. 66.

43 Striter, W. W. Technologie des Branntweinbrennens und die Produktion der Spirituosen/Unter der Redaktion von I. M. Gorschkow. Leningrad, 1934. S. 81.

44 Striter, W. W. Technologie des Branntweinbrennens und die Produktion der Spirituosen/Unter der Redaktion von I. M. Gorschkow. Leningrad, 1934. S. 81 – 84.

45 Striter, W. W. Technologie des Branntweinbrennens und die Produktion der Spirituosen/Unter der Redaktion von I. M. Gorschkow. Leningrad, 1934. S. 83 – 85.

46 Die Vorschrift über die Schanksteuer in 29 großrussischen Gouvernements. Moskau, 1818. S. 6, 8, 36.

47 Ilisch, F. Vollständige Anleitung für die Branntwein-, Brauerei- und Metproduktion. Bd.. 1. Sankt Petersburg, 1862. S. 248; № 3367. Die Regeln der Zubereitung und des Verkaufs der Wodkaprodukte, raffinierten Spiritus und Weines und alkoholischer Fruchtsaftgetränke/VAG RR. S. 3, B. 5.

48 Striter, W. W. Technologie des Branntweinbrennens und die Produktion der Spirituosen/Unter der Redaktion von I. M. Gorschkow. Leningrad, 1934. S. 73

49 Striter, W. W. Technologie des Branntweinbrennens und die Produktion der Spirituosen/Unter der Redaktion von I. M. Gorschkow. Leningrad, 1934. S. 67.

50 Striter, W. W. Technologie des Branntweinbrennens

und die Produktion der Spirituosen/Unter der Redaktion von I. M. Gorschkov. Leningrad, 1934. S. 73, 82 - 84.

51 Striter, W. W. Technologie des Branntweinbrennens und die Produktion der Spirituosen/Unter der Redaktion von I. M. Gorschkov. Leningrad, 1934. S. 77 – 78.

52 Bericht über die Allrussische Kunst- und Industriemesse im Jahre 1882 in Moskau. B. 3: Tätigkeit der Expertenkommissionen. Sankt Petersburg, 1883. S. 21.

53 Mendelejew, D. I. Lediglicher Tarif oder die Erforschungen der industriellen Entwicklung in Russland im Zusammenhang mit seinem allgemeinen Zolltarif im Jahre 1891. Sankt Petersburg, 1892. S. 233.

54 Mjelnikow, N. N. Die Nishjegoroder Messe im Jahre 1896: 9. Abteilung. Odessa, 1897. S. 22.

55 Allrussische Kunst- und Industriemesse im Jahre 1896 in Nishnij Nowgorod. Sankt Petersburg, 1896. S. 198 - 199.

56 Der Wodkakönig Pjotr Arsenjewitsch Smirnoff und seine Nachfolger/Smirnoffa, K. W., Tschinjajeva G. W., Smirnoff, W. O., Gogolaschwili, M. O. Moskau, 1999. S. 25.

57 Allrussische Kunst- und Industriemesse im Jahre 1896 in Nishnij Nowgorod. Sankt Petersburg, 1896. S. 198 – 199.

58 Smirnoff, W. P. Russischer Charakter. Moskau, 2004. S. 79.

59 Smirnoff, W. P. Russischer Charakter. Moskau, 2004. S. 74.

60 Preisliste ausländischer und russischer Traubenweine, Tischweine, Wodkas, Fruchtliköre und Liköre des Hoflieferanten Ihrer Kaiserlichen Majestät, der allerhöchst durch den russischen Zaren anerkannten Gesellschaft von Pjotr Arsenjewitsch Smirnoff in Moskau bei der Gusseisernen Brücke. Moskau, 1896. S. 27 - 47.

61 Rogatko, S. A. Hervorragende Handelsunternehmer Russlands. Moskau, 1999. S. 156.

62 Der Wodkakönig Pjotr Arsenjewitsch Smirnoff und seine Nachfolger/Smirnoffa, K. W., Tschinjajeva G. W., Smirnoff, W. O., Gogolaschvili, M. I. Moskau, 1999. S. 34.

63 Der Wodkakönig Pjotr Arsenjewitsch Smirnoff und seine Nachfolger/Smirnoffa, K. W., Tschinjajeva G. W., Smirnoff, W. O., Gogolaschvili, M. I. Moskau, 1999. S. 49.

64 Der Wodkakönig Pjotr Arsenjewitsch Smirnoff und seine Nachfolger/Smirnoffa, K. W., Tschinjajeva G. W., Smirnoff, W. O., Gogolaschvili, M. I. Moskau, 1999. S. 57-76.

65 Das Jubiläum der Firma Schustow/„Das Restaurantleben". 1913. № 7. S. 3.

66 Allrussische Kunst- und Industriemesse im Jahre 1896 in Nishnij Nowgorod. Sankt Petersburg, 1896. S. 162.

67 Tschumakow, W. Soll ich Ihnen helfen oder Sie nicht stören?/Ogonjok. 2002. № 10. S. 32.

68 „Satirikon". 1912. № 47. S. 11.

69 Smirnoff, W. P. Russischer Charakter. Moskau, 2004. S. 190. 192.

70 Smirnoff, W. P. Russischer Charakter. Moskau, 2004. S. 185.

71 Tschumakov, W. Soll ich Ihnen helfen oder Sie nicht stören?/Ogonjok. 2002. № 10. S. 33.

72 „Niwa". 1901. № 29. Umschlagblatt.

73 Das Jubiläum der Firma Schustow/„Das Restaurantleben". 1913. № 7. S. 3.

74 GOST R 51355-99. Wodka und spezieller Wodka. Allgemeine Zubereitungsanforderungen.

75 Staatlicher Standard GOST R 51652 – 2000. Rektifizierter Äthylalkohol aus Nahrungsrohstoff. Technische Regeln.

76 Mol – Einheit der Substanzmenge (Internationales Einheitensystem). 1Mol enthält so viel Moleküle (Atome, Ionen, andere Strukturelemente eines Stoffes), wie viel Atome in 0,012 kg 12C (Kohlenstoff mit der Atommasse 12) enthalten sind, d. h. 6,022·1023.

77 Expertise von Getränken. Posnjakowskij W.M., Pomosowa W.A., Kiseljowa T.F., Permjakowa L.W. Nowosibirsk, 2002. S. 31.

78 Staatlicher Standard GOST R 51355 – 99. Wodka und Spezialwodka. Allgemeine technische Vorschriften.

79 Aufbereitetes Wasser ist Wasser mit einem fixen Gehalt an mineralischen und organischen Stoffen. Aufbereitetes Wasser wird durch Enthärtung, Entsalzung, Enteisung oder Filtrierung von Trinkwasser gewonnen.

80 Kodin G.S., Jamnikow W.A. Vorgänge und Geräte der Likör- und Wodkaproduktion. M., 1994. S 20-21.

81 Technologie des Spiritus / herausgegeben von Jarowenko W.L./ M., 1999. S. 440-442.

82 Staatlicher Standard GOST R 5135 – 99. Wodka und Spezialwodka. Allgemeine technische Vorschriften.

83 Die Vorbereitung der Sortierung ist das Mischen rektifizierten Äthylalkohols aus pflanzlichen Rohstoffen mit aufbereitetem Wasser.

84 Die Filtration des Wodkas (der Sortierung) ist die Reinigung des Wodkas (der Sortierung) beim Durchlauf durch die Diffusionswand oder durch eine Schicht aus Quarzsand.

85 Die Behandlung der Sortierung mit Aktivkohle ist ein in Redoxvorgängen begründetes technologisches Verfahren. Diese Redoxvorgänge verlaufen beim Kontakt der Sortierung mit der Oberfläche der Kohlestückchen.

86 Die Sortierung ist eine homogene alkoholisch-wässerige Lösung mit einem Alkoholgehalt von 40 %-56 % für die Produktion des Wodkas. Der Sortierung kann man verschiedene Ingredienzien beifügen.

87 Der Alkoholgehalt des Wodkas ist ein Gradmesser des Volumenanteils wasserfreien rektifizierten Äthylalkohols aus pflanzlichen Rohstoffen im Wodka.

88 Expertise der Getränke. Posnjakowskij W.M., Pomosowa W.A., Kiseljowa T.F., Permjakowa L.W. Nowosibirsk, 2002. S. 32-33

89 Staatlicher Standard GOST 5363 – 93. Wodka. Die Abnahmevorschriften und die Analyseverfahren.

90 Expertise der Getränke. Posnjakowskij W.M., Pomosowa W.A., Kiseljowa T.F., Permjakowa L.W. Nowosibirsk, 2002. S. 33-35

[91] Staatlicher Standard GOST 5363 – 93. Wodka. Die Abnahmevorschriften und die Analyseverfahren; Staatlicher Standard GOST R 51786 – 2001. Der Wodka und der Äthylalkohol aus den pflanzlichen Rohstoffen. Rohstoffpflanzen. Gaschromatorisches Nachweisverfahren der Echtheit; Staatlicher Standard GOST R 51135 – 98. Likör- und Wodkaerzeugnisse. Die Abnahmevorschriften und die Analyseverfahren.

[92] Polygalina G.W. Burachjowskij I.I. Grundlagen der Degustation und Zertifizierung von Wodka und Likör- und Wodkaerzeugnissen. M., 1999. S. 14-15.

[93] Staatlicher Standard GOST 5363 – 93. Wodka. Die Abnahmevorschriften und die Analyseverfahren.

[94] Staatlicher Standard GOST 5363 – 93. Wodka. Die Abnahmevorschriften und die Analyseverfahren; Polygalina G.W. Burachjowskij I.I. Grundlagen der Degustation und Zertifizierung von Wodka und Likör- und Wodkaerzeugnissen. M., 1999. S. 17-23; Expertise der Getränke. Posnjakowskij W.M., Pomosowa W.A., Kiseljowa T.F., Permjakowa L.W. Nowosibirsk, 2001. S. 35-37.

[95] Die Klarheit des Wodkas ist ein Merkmal, das das Fehlen von Trübung und Opaleszenz im Wodka charakterisiert.

[96] Staatlicher Standard GOST R 52192 – 2003. Likör- und Wodkaerzeugnisse. Allgemeine technische Vorschriften.

[97] Staatlicher Standard GOST R 51355 – 99. Wodka und Spezialwodka. Allgemeine technische Vorschriften.

[98] Staatlicher Standard GOST R 52194 – 2003. Wodka und Spezialwodka. Likör- und Wodkaerzeugnisse. Verpackung, Markierung, Transport und Lagerung.

[99] Expertise der Getränke. Posnjakowskij W.M., Pomosowa W.A., Kiseljowa T.F., Permjakowa L.W. Nowosibirsk, 2002. S. 40-42.

[100] Die Firma OVAL stellt qualitativ neue alkoholische Getränke her. Die Gründung einer solchen Firma war durch die Erlangung neuer Kenntnisse in der physikalischen Chemie und in den modernen technologischen Prozessen in flüssigen Medien möglich. Die Gesellschaft wurde im Jahre 2001 auf der Grundlage urheberrechtlicher Methoden ihres Personals gegründet. Diese Entwicklungsarbeiten führte man auf dem Gebiet alkoholisch-wässeriger Lösungen bei der Erschaffung neuer Arzneimittel. Die gewonnenen Erfahrungen verwendete man bei Untersuchungen des Einflusses geringer Mengen natürlicher Zusatzstoffe auf die Gesundheit des Menschen. Ein solches Herangehen an die Verbesserung der Qualität der Getränke führte zur Entwicklung eines strukturierten Wodkas. Die neuen Getränke und das gesamte technologische Verfahren wurden durch russische Wissenschaftler in Russland erstellt, der Produktionsbetrieb befindet sich Österreich.

[101] Drinks International. S.22.

[102] Neben Wodka mit einem Alkoholgehalt von 42 % Vol. stellt die Gesellschaft ein 24 % Alkohol enthaltendes, leichteres Getränk her. Dieses Getränk wird von Frauen, Geschäftsleuten (ideal für ein Geschäftsessen), als Aperitif bevorzugt. Das 24 %ige Getränk hat die gleichen Geschmackseigenschaften wie das 42 %ige Getränk, die einzige Unterscheidung ist der geringere Alkoholgehalt.

[103] Patent der Russischen Föderation № 2279468. Herstellungsverfahren alkoholisch-wässeriger Lösungen. 10.07.2006.

[104] Die Hauptrohstoffe für die Produktion des Wodkas sind Spiritus und Wasser. Der Wodka hat einen bestimmen Geschmack und Geruch. Wasser ist ein neutraler Stoff. Deshalb begründen den Geschmack und den Geruch des Wodkas die Qualität des Spiritus in entsprechender Wechselwirkung zwischen dem Wasser und dem Spiritus zum Zeitpunkt der Vermischung und der Filtration. Für den Wodka benutzt man Spiritus hoher Qualität. Es gelingt aber nicht, den Spiritus vollständig zu reinigen. Diese verbleibenden Fremdstoffe sind Aldehyde, Äther, Säuren und höhere Alkohole. Bei der Vermischung von Spiritus und Wasser treten Fremdstoffe in den Wodka aus. Bei der Filtration werden die Fremdstoffe partiell entfernt. Die Qualität des Wodkas wird anhand der restlichen Fremdstoffe im Wodka nach der Filtration bestimmt..

[105] Patent der Russischen Föderation für die Erfindung 2216583. Herstellungsverfahren eines alkoholisch-wässrigen Getränks und das alkoholisch-wässerige Getränk. 15.01.2002.

[106] Patent der Russischen Föderation für die Erfindung 2216582. Herstellungsverfahren alkoholisch-wässeriger Lösungen und alkoholischer pharmazeutischer und kosmetischer Produkte, die mit Hilfe seiner Anwendung hergestellt werden. 15.01.2002.

Kapitel 6

Die russische Tischkultur

Einrichtungen, in denen die russische Bevölkerung Kornbrand oder Wodka trinken konnte, waren vielfältig und von ihrer Bezeichnung her in solche untergliedert, in denen man nur trinken konnte – Schänken –, und in jene, in denen man sowohl etwas trinken als auch etwas essen konnte – Wirtshäuser.

Der Dorfkrug (Kortschma)

Die früheste Einrichtung, in der alkoholische Getränke verkauft wurde, war der Dorfkrug, der im Grunde den Gasthöfen und Wirtshäusern (Traktir), die später in Erscheinung traten, ähnelte. Im Russland des Mittelalters waren die Kortschmas, somit die Dorfkrüge, zumeist auf dem Gebiet des heutigen Weißrusslands, des Gouvernements Wilna sowie in der Ukraine, ferner in Nowgorod, Pskow und Smolensk anzutreffen.

Im Nordwesten Russlands, wo das öffentliche Leben weniger entwickelt war, hatte der Dorfkrug keinerlei größere Bedeutung. Es ist nicht auszuschließen, dass Suzdal, Wladimir und Moskau gar nicht wussten, was ein Dorfkrug war. Der Dorfkrug war in Altrussland ab dem 12. Jahrhundert bekannt. In Nowgorod und Pskow war diese Einrichtung das Eigentum der städtischen Gemeinden, der Fürst hatte mit dem Dorfkrug „nichts zu tun".[1]

Überliefert ist, dass der Großfürst Wasili Iwanowitsch (1505–1533) den Bürgern von Smolensk verboten hatte, Dorfkrüge zu errichten. Jedoch sein Sohn, Iwan der Schreckliche, ordnete im Jahre 1543 an, acht Dorfkrüge in Nowgorod zu bauen. Die Dorfkrüge wurden im Jahre 1547 zerstört, nachdem in der Stadt die allgemeine Trunksucht um sich gegriffen hatte.[2]

Der Dorfkrug, die sogenannte Kortschma, unterschied sich von der russischen Kneipe (Kabak), in der man nur Wodka kaufen und über den Durst trinken konnte. Der Dorfkrug in der Ukraine und in Weißrussland war eine Einrichtung, in der sich die Leute trafen, um zu trinken, einen Imbiss zu sich zu nehmen und sich mit Freunden zu vergnügen. In der Kortschma wurden politische Neuigkeiten ausgetauscht, Käufe getätigt, Arbeitskräfte angeheuert, Angelegenheiten und Probleme jeder Art besprochen und Amtspersonen gewählt.[3]

Altrussischer Dorfkrug. Zeichnung aus der Zeitschrift „Das Restaurantleben"

Eine Familienfeier war im bäuerlichen Alltag ohne den Dorfkrug undenkbar. Dort hielt ein angehender Bräutigam nach einer Braut Ausschau, dort fand man sich nach Trauungen, Kindestaufen und Beerdigungen ein, dort traf sich an Feiertagen buchstäblich das ganze Dorf.[4]

Vergnügungen, Speis und Trank zur Musik und zu den allgegenwärtigen Liedern blieben eine wichtige Bestimmung des Dorfkrugs. Die alten und generell die verheirateten Leute setzten sich in der Regel an den Tisch, tranken Wodka und Bier und aßen dazu Fleisch und Wurst. Die Burschen und Mädchen gaben sich ein Stelldichein im Hof des Dorfkrugs, um zur Musik zu singen und zu tanzen. Die Musikanten wurden gewöhnlich nicht vom Besitzer des Dorfkrugs, sondern von der Jugend bestellt. Das Entgelt für das Spielen war die freie Bewirtung im Dorfkrug.

Gespräch des Varnos und Pigasja mit dem Branntweinverkäufer Jermak. Bilderbogen 18. Jahrhundert

In den Dorfkrügen verkaufte man Getränke und Essen, handelte mit Kwass, Bier und verschiedenen Sorten von Honig. Der Verkauf der Getränke hatte zuerst freien Charakter.

Einen Dorfkrug hatte man in jedem Ort, in einigen Städten gab es zwei oder drei. Einen Dorfkrug konnte man im südlichen Russland ohne Beschränkungen besuchen, einschließlich der Frauen.

Der Dorfkrug hatte einen einfachen Aufbau: eine große Hausdiele, zur einen Seite war die Stube, in der der Wodka verkauft wurde und wo nur Gewohnheitstrinker saßen, zur anderen Seite waren eine oder zwei große Stuben mit Bänken ringsumher und mit langen Tischen. Das waren die Räume für allerlei Begegnungen und Beratungen. In der Vorratskammer standen große Fässer mit Wodka und Bier (bis zu hundert Eimern), lagerte das Getreide (Korn oder Mehl), das der Besitzer für den Wodka von den Bauern in Zahlung nahm, wenn sie kein Geld mehr für die Zeche hatten.[5]

Allmählich begannen die Fürsten, die Getränke mit Zöllen zu belegen, ihre eigenen fürstlichen Kortschmas zu errichten und die freien Dorfkrüge zu verfolgen – was das Entstehen heimlicher, beinahe illegaler Einrichtungen zur Folge hatte.[6] Mit der Auferlegung der Beschränkungen des Verkaufs der Getränke und auch mit der Einführung des Monopols wurde die eigentliche Existenz des Dorfkrugs in seiner ursprünglichen Form und der Verkauf der Getränke zu einer gesetzeswidrigen Angelegenheit.[7]

Die Kneipe (Kabak)

Es winkt ein einsam Häuschen noch,
fast an des Dorfes Rand,
vor dem Tor an einem Stiel so hoch
reckt sich ein Besen an der Wand.[8]

Hier wird von einer in Russland traurig berühmten Einrichtung – der Kneipe – die Rede sein. Die Kneipe, ein Ort für den Verkauf und den Ausschank alkoholischer Getränke, trat im Russland des 16. Jahrhunderts auf den Plan. Das Wort „Kabak" ist tatarischen Ursprungs, wie auch das, was es bezeichnete.

Bei den Tataren bezeichnete man mit dem Wort Kabak zunächst eine Siedlung, später allgemein einen Gasthof, wo neben dem Essen auch Getränke verkauft wurden. Nach dem Feldzug gegen Kasan verbot Iwan IV. der Schreckliche den Verkauf von Kornwein in Moskau, indem er nur seinen Gardisten (Opritschniki) erlaubte, ihn zu trinken. Er ließ einen Palast für seine Gardisten in der Neglinnajastraße bauen, und in Baltschuga ließ er ein besonderes, tatarisch mit Kabak benanntes Haus errichten, wo seine Gardisten (Opritschniki) trinken und feiern konnten.[9]

Doch die erste Kneipe war gar nicht nach der Seele des Volkes, so dass sie auf Geheiß des Zaren Fjodor Joannowitsch zugesperrt wurde. Nachdem Boris Godunow (1598–1605) zum Zaren gekrönt worden war, wurde die Kneipe in Baltschuga von Neuem errichtet und erhielt die Bezeichnung „Großer Kabak des Zaren".

Als sich die Kneipe als gewinnträchtige Angelegenheit erwies, wurde in der Mitte des 16. Jahrhunderts der freie Verkauf alkoholischer Getränke verboten, wobei die Statthalter der Gebiete angewiesen wurden, überall Kneipen für den Verkauf des Weines zu eröffnen. Allmählich traten die Kneipen auch in anderen Städten (in Nowgorod, in Usolje, in Tscherdyn) in Erscheinung.[10] Dort wurde vorgeschrieben, Wein, Bier und Honig zu verkaufen. Im Unterschied zum Dorfkrug, wo man trinken und essen konnte, war in den Kneipen lediglich das Trinken erlaubt. Hierbei wurden sie hauptsächlich für die Bauern und die Bürger der Siedlungen zu einem Ort des Konsums alkoholischer Getränke, da es nur ihnen untersagt war, zu Hause alkoholische Getränke herzustellen.

Geleitet wurden die Kneipen von den Kneipenvorstehern und von Branntweinverkäufern (Tselowalniki), die aus den Reihen der Kaufleute oder unter Leuten höheren Standes gewählt wurden, oder auch von Steuerpächtern. Es war Vorschrift, die Vorsteher der Kneipen und die Branntweinverkäufer (Tselowalniki) unter den besten und ehrlichsten Leuten zu wählen, die des Lesens und Schreibens kundig waren, da sie die volle Verantwortung für die in die Staatskasse abzuführenden Einkünfte aus dem Verkauf alkoholischer Getränke in den Kneipen trugen. Die Wahlbeamten hatten auf den Zaren zu schwören und das Kreuz zu küssen. Mit der Einführung in das Amt leisteten sie den Eid, „den Staatsschatz mit großem Eifer zu bewahren, das aus dem Verkauf verdiente Geld nicht in gewinnlüsternder Absicht zu missbrauchen, in den Kneipen nicht ihre eigenen alkoholischen Getränke anstelle der dem Zaren gehörenden Ge-

A. M. Wasnjezow. Der Rote Platz in der zweiten Hälfte des 17. Jahrhunderts

tränke zu verkaufen, von den Trinkern kein Trinkgeld, sondern nur das Geld für die tatsächlich getrunkenen alkoholischen Getränke anzunehmen, volle Gläser einzugießen, die üblichen Maße der alkoholischen Getränke nicht zu ändern, das Geld und Gut der Kneipe zu bewahren".[11]

Jeder Kneipe wurde jährlich eine bestimmte Summe als Kneipengebühr bemessen. Wenn ein Fehlbetrag nachgewiesen wurde, hatten die Vorsteher der Kneipen und die Branntweinverkäufer selbigen aus ihrem Vermögen und auf Kosten ihrer Wähler zu ersetzen. Wurde die Summe zugunsten der Staatskasse nicht abgeführt, erwartete die Schuldigen eine Bestrafung in Form von Stockhieben.

Bevor die ersten Kneipen errichtet wurden, gab es im Volke keinerlei Trunksucht. Das Volk zahlte Steuern für Bier und Honig, braute und konsumierte das Bier zu Hause. Bier und Honig durfte man nur mit Genehmigung der Obrigkeit sowie zu bestimmten Feiertagen oder zu bestimmten Anlässen brauen. Als dann per Gesetz das Brauen von Bier und Met sowie das Brennen von Wein verboten wurde, waren alkoholische Getränke nur noch in den unter staatlicher Aufsicht stehenden Kabaks, in den Kneipen, erhältlich, die somit zu einem besonderen Anziehungspunkt wurden.

In den Kneipen verkaufte man verschiedenste Arten alkoholischer Getränke: Kornwein, Wodka, Bier, Met. Eine Eigenart der Kneipe als Trinkanstalt war jedoch das Fehlen jedweder Küche. Gerichte wurden weder zubereitet noch verkauft. Der einzige in der Kneipe erlaubte Imbiss war eine Scheibe Brot und Salz, und zu den Fruchtlikören wurden „winzige Pfefferminzkuchen" aufgetragen.[12]

Bis ins 17. Jahrhundert war es in den Dörfern verboten, Kneipen zu bauen, so dass sie sich meistens in den Städten konzentrierten. Wenn es in Moskau zu Beginn des 17. Jahrhunderts nicht mehr als zwei bis drei Kneipen gab, nahm ihre Zahl später wesentlich zu.

Außer den zaristischen Kneipen gab es die Bojarenkneipen. Die Zaren belohnten die Fürsten und Bojaren mit Kneipen.[13] Die im 16. Jahrhundert eingeführte Pacht erlaubte, eine Kneipe dort zu errichten, wo man es wünschte, und den Verkauf der Getränke in Pacht zu nehmen. Später wurden solche privaten Kneipen wieder verboten. Gegen Ende des 17. Jahrhundert existierten bereits in nahezu allen zaristischen Dörfern und Städten staatliche Kneipen bzw. „Krughöfe". Den Wein verkaufte man dort nun nicht mehr in Eimern, sondern in Bechern (Tscharka = $^{1}/_{100}$ Eimer = 0,12299 Liter), indem „einem Menschen nicht mehr als eine bestimmte Anzahl von Bechern zu verkaufen geziemte".[14]

Die Kneipe bot zu allen Zeiten einen recht reizlosen Anblick. Hier eine ihrer Beschreibungen:

Oben: Kupferkrug

Rechts: Kupferne Schöpfkellen für das Abfüllen des Kornweines in den Trinkanstalten

„Ein kleines ungetünchtes Zimmer mit Lehmfußboden, die Wände, von Fliegendreck verunziert, teilweise mit Zahlen bemalt (wahrscheinlich wurden Zechen mangels Geld angeschrieben), neben der Theke ein riesiges Fass mit Wasser und einem Kupferhahn. Hinter der Theke Regale mit ein paar wenigen Flaschen Kirschlikör und einigen Staufen und Halbstaufen einfachen gewöhnlichen Wodkas, gleichsam in Gesellschaft einiger verzinnter Messbecher für Flüssigkeiten."[15]

In den südlichen Gebieten Russlands blieben die Kortschmas (Dorfkrüge), in der Ukraine Schinok genannt, die hauptsächlichen Trinkanstalten, da sich die Kneipe nicht durchzusetzen vermochte.

In den Kneipen wurden einerseits Getränke ausgeschenkt, zum anderen außer Haus (Großhandel) verkauft. Für jede Art des Handels gab es spezielle Gefäße, die man schlechthin Geschirr nannte. Im Großhandel wurde der Wein in Fässern unterschiedlichen Rauminhalts und in Eimern verkauft. Für den Einzelhandel und den Ausschank hatten die Kneipen vielfältigstes Geschirr parat: den Bratina, ein Behältnis, das an einen kleinen Topf mit einem Deckel erinnerte, Krüge als Behälter in zylindrischer Form mit einem Deckel und einem Henkel, Kelche, Schnapsgläser, darunter wiederum große hohe Gläser, mitunter auch mit einem Deckel, Gläser der mittleren Größe, Kellen als niedrige ovale Behälter in der Gestalt eines Bootes oder schwimmenden Vogels und manch anderes Geschirr mit wohlklingenden Namen wie Koretz, Tscharka, Kubyschka, Ploschka.

Der aus Kupfer oder Holz gefertigte Bratina war im Alltag des einfachen Menschen ein häufig verwendeter Gebrauchsgegenstand. Hieraus trank man Bier und Kwas. In den Kneipen maß man Bier in Eimern oder Bratinas, wobei ein Eimer etwa acht Bratinas umfasste. Der Krug war ein ausgesprochenes Trinkgefäß und gleichzeitig ein Hohlmaß für Flüssigkeiten und Schüttgut. Kelche waren teure Trinkgefäße, die ausschließlich im Alltag des Hochadels zu sehen waren, und die man als Belohnung für besondere Verdienste verschenkte oder hohen Gästen zum Geschenk machte. Der Tscharka (Becher) war für das Trinken von Wodka und Wein bestimmt. Der Koretz, der von seiner Gestalt am ehesten an eine Kelle erinnerte, jedoch in seinem Umfang kleiner war, konnte sowohl für das Kredenzen der Getränke am Tisch, als auch für ihr Abfüllen gewissermaßen als Schöpfmaß verwendet werden. Der Kubyschka war eher ein kantiges Gefäß aus Zinn oder Ton mit breiten Seiten, sowohl zum Trinken als auch zur Aufbewahrung der Getränke geeignet. Ploschka hieß ein flaches und breites Gefäß, das zum Trinken verwendet wurde und wohl *das* Geschirr des einfachen Mannes war.

In den Kneipen waren die niedrigsten und ehrlosesten Mittel gerade recht, um einen Streit vom Zaun zu brechen oder die gemeinsten Verbre-

Oben: Kupfernes Quart (Viertel-Eimer) für das Abfüllen des Kornweines in den Trinkanstalten

Links: Kupferner Eimer und Halb-Eimer

chen zu begehen. Neben dem Trinkgelage war die Kneipe ein Ort zweifelhafter Vergnügungen: Hasardspiele (Würfel, Spielkarten, Eierkampf),[16] Tabak, Frauen. Die Vorsteher der Kneipen und die Pächter hielten in den Kneipen Würfel und Spielkarten bereit und verliehen sie den Spielsüchtigen gegen ein Entgelt.

Ein Tagelöhner oder ein Handwerker ließ mitunter das gesamte Hab und Gut seiner Familie in der Kneipe. Solange ein Trinker in der zaristischen Kneipe saß, durfte ihn niemand und unter keinen Umständen am Trinken hindern, um der Staatskasse keinen Schaden zuzufügen. Man trank so lange, bis der letzte Fetzen Kleidung durch die Kehle geronnen war und man die Kneipe buchstäblich nackt verließ.

Im Jahre 1623 schrieben die Wojewoden (Feldherren) aus der russischen Stadt Werchnjaja Tura dem Zaren, dass ...
... „viele Dienstleute, Schützen, die man im 16.–18. Jahrhundert ‚Streltschy' nannte, sowie die Kosaken in der Kneipe alles versoffen haben und dem Herrscher nicht dienen". Der Vorsteher der Kneipe in Kolomna beschwerte sich, dass „es schwierig ist, das Moskauer Militär aus der Kneipe zu vertreiben; die Soldaten versammeln sich tagtäglich zum Würfeln, Kartenspiel, wenn der Vorsteher versucht, den Soldaten die Tür zu weisen, beschimpfen und schlagen sie ihn, und verlassen den Gasthof nicht".[17]

Ein Augenzeuge wusste zu berichten, dass ein Trinker in die Kneipe kam, seinen Kaftan vertrank, nur mit einem Hemd bekleidet die Kneipe verließ, dann einem Freund begegnete und wieder zurückkehrte, um seine Leibwäsche zu versaufen, völlig nackt aus der zaristischen Kneipe geworfen wurde, jedoch „frohen Mutes mit einem Liedchen auf den Lippen von dannen zog und nebenbei mit unflätigen Worten die Deutschen beschimpfte, die sich herabgelassen hatten, auf seine Kosten dumme Bemerkungen an den Mann zu bringen. Solche Fälle waren in Moskau und in anderen Städten und Dörfern keine Seltenheit – überall konnte man Menschen reglos im Schmutz oder im Schnee liegen sehen. Diebe und Halunken plünderten, was noch zu plündern war. Das Übrige besorgte die winterliche Kälte, die ihnen häufig zum Verhängnis wurde. In Moskau brachte man in der Weihnachts- und Faschingszeit jeden Morgen Dutzende erfrorene Trinker in die Landesbehörde.[18]

Zum Umsichgreifen der allgemeinen Trunksucht im Volk trugen oft die Vorsteher der Kneipen und die Branntweinverkäufer (Tselowalniki) bei, die allerlei Maßnahmen ergriffen, um den Strafen für Ausfälle in der Leistung von Abgaben an den Staat zu entgehen. Sie liehen den Trinkern die Getränke und schrieben an, indem sie die Schuldbeträge überhöhten, wohlwissend, dass die Betrunkenen nicht mehr zu rechnen vermochten. Nachdem ein Trinker in die Schuldhörigkeit geraten war und keine Möglichkeit hatte, seine Schuld zu bezahlen,

Perow W. G.
Die letzte Kneipe am Ortsausgang. 1868

musste er zur Begleichung seiner Schuld all sein Geld und Gut hingeben. Darunter litten nicht nur die Trinker, sondern auch ihre Familien. Es kam vor, dass Leute von altem adligen Geschlecht in den Kneipen ihren Gutsbesitz vertranken. Außer dem einfachen Volk begaben sich dorthin häufig auch wohlhabende Leute verschiedener Stände: Amtsschreiber und Beamte, Edelleute und andere Bürgerschaft, die den ganzen Tag in den Kneipen herumhockten. Aus diesen Trinkern rekrutierte sich eine besondere Klasse, die Jarygi genannt wurde. Diese Leute waren Habenichtse, bettelten um Almosen, versammelten sich neben den Kneipen oder in den Kneipen mit dem demütigen Flehen „Für Christi, einen kleinen Tscharka (Becher) Wein". Sie waren für einen Becher Wein zu jedem Verbrechen bereit und bildeten gelegentlich Diebes- und Räuberbanden. Zu den berühmten Säufern (Jarygi) gehörten im 17. Jahrhundert der Fürst Fjodor Poscharskij, der sein ganzes Hab und Gut vertrank, sowie der Fürst Iwan Gundorow, der bei einem Brand in einer Kneipe ums Leben kam.[19]

Die Stammgäste der Kneipen, die Trinker, wurden Pituchi genannt. Sie stammten zumeist aus dem einfachen Volk, waren Dienstleute und verschiedene „Guljaschtschije", freie Leute, unter denen sich hin und wieder auch eine hochwohlgeborene Person befand.

Um die Trunksucht in den Kneipen einzuschränken, wurden seitens der Regierung ab September 1652 anstelle der Kneipen zusehends Gasthöfe, „Kruschalo" genannt, gegründet. In jeder Stadt wurde ein Gasthof eröffnet, wo Wein in Eimern, Krügen und Bechern verkauft wurde. Das Volumen der neuen Becher war dreimal größer als das Volumen des vorherigen Bechers. Einem Menschen war im Gasthof lediglich ein Becher erlaubt. Staatliche Gasthöfe verkauften Wein nur außer Haus. Es war verboten, zu sitzen und zu trinken und Hasardspiele zu spielen. Das Trinken auf der Straße und Menschenansammlungen in der Nähe der Gasthöfe waren ebenfalls untersagt.[20] Doch auch derartige Anordnungen halfen wenig, die Trunksucht zu verringern, denn „einige Nachbarn kauften einen Stauf Wodka oder mehr auf gemeinsame Kosten und trennten sich nicht, bevor sie das Geschirr nicht geleert hatten …".[21] Die Trinker versammelten sich unweit der Gasthöfe und tranken, wie vorher, ganze Tage. Dabei mussten sie auf der Straße bleiben, „da es ihnen nicht erlaubt war, das Haus des Getränkeverkaufs zu betreten". Sie standen bei der Tür, wo sich ein Tisch befand, auf dem die „durstigen" Leute ihr Geld zusammenlegten, für das sie eine bestimmte Menge Wodka erhielten.

Gegen die Trunksucht versuchte man zu allen Zeiten anzukämpfen. Unter der Herrschaft von Peter I. (1682–1725) wurde für Sibirien folgende Verordnung erlassen: Sofern sich die Trinker stark betrinken und Geld, Kleidung und Waren verpfänden oder gegen Wein eintauschen, sind diese Leute zu beruhigen, und es ist dem Betrunkenen sein ganzes Eigentum abzunehmen, und er ist in eine besondere Kammer zu bringen, bis er ausnüchtert. Dann soll man ihn – je nach der Schuld – mit Worten oder Prügel bestrafen, ihm sein Eigentum unversehrt zurückgeben, nur die Bezahlung für den ausgetrunkenen Wein verlangend. Es ist untersagt, mehr Geld zu nehmen und dem zaristischen Staatsschatz zuzuführen. Befohlen wird, dass „niemand über seine Kräfte oder sich zu Tode trinke, damit seine Seele nicht auf ewig verderbe".[22]

Die Trinker aus den Reihen der Bediensteten wurden im Falle von Trunkenheit zum Wojewoden geführt, der auf sie einsprach, sich nicht mehr zu betrinken. Falls jemand in Trunkenheit starb, wurde der Branntweinverkäufer (Tselowalnik) „unbarmherzig ausgepeitscht", da er nicht aufgepasst hatte. Darüber hinaus hatte der Branntweinverkäufer auch Geld, 20 Rubel, zugunsten der Familie des Verstorbenen zu bezahlen. Trinker aus den Reihen der freien Leute wurden unter Zwang mit der Verrichtung verschiedener nützlicher Arbeiten bestraft.[23]

Die Kneipe des 19. Jahrhundertes unterschied sich von ihrem Vorläufer fast gar nicht. Iwan Sergejewich Turgenew beschreibt die Kneipe in der Novelle „Die Sänger" so:

„Das kleine Dorf Kolotowka liegt am Hang eines kahlen Hügels, der von oben bis unten durch eine beide Seiten des armen Dörfleins teilende schreckliche Schlucht zerschnitten ist. Einige magere Bruchweiden hängen ängstlich an ihren sandigen Seiten herunter; tief im trockenen und kupfergelben Boden liegen riesige Platten lehmhaltigen Gesteins. Ein trauriger Anblick, der das Schweigen gebietet. Indessen ist allen in der Umgebung wohnenden Leuten der Weg nach Kolotowka wohl bekannt: sie fahren gern und oft dorthin. Zu Beginn der Schlucht, dort, wo sie als schmaler Riss ihren Anfang nimmt, steht eine kleine quadratische Hütte, allein, abgelegen von all den anderen, mit Stroh gedeckt und mit einem Schornstein. Ein Fenster, wie einem scharfsichtigen Auge gleich, ist der Schlucht zugewandt, und an den Winterabenden durchdringt der Schein des von innen beleuchteten Fensters den dumpfen Nebel des Frostes und flimmert nicht nur einem vorbeifahrenden Bauern als Leitstern. Über der Tür der Hütte hängt ein angenageltes blaues Brettchen; diese Hütte ist eine Kneipe, die man ‚Pritynnyj' nennt. Hier wird der Wein in der Tat nicht unter dem festgelegten Preis verkauft, dennoch wird sie viel häufiger als alle umliegenden Anstalten gleicher Art besucht. Die Ursache hierfür ist der Branntweinverkäufer Nikolaj Iwanowitsch …

Wahrscheinlich hatten nicht viele meiner Leser Gelegenheit, einen Blick in die ländlichen Kneipen zu werfen; doch unser Bruder, der Jäger, wohin tragen ihn wohl seine Füße? Ihre Einrichtung ist äußerst bescheiden. Gewöhnlich bestehen sie aus der dunklen Hausdiele und einer weiß getünchten Hütte, die durch eine Trennwand zweigeteilt ist. Den Raum hinter der Trennwand darf niemand betreten. In dieser Wand, über einem breiten Eichentisch, ist eine große längsgerichtete Öffnung. Auf dem Tisch oder dem Ausschank wird der Wein verkauft. Die versiegelten Staufe verschiedener Größen stehen reihenweise in den Regalen, geradezu gegenüber der Öffnung. Im vorderen Teil der Hütte, der den Besuchern zur Verfügung steht, befinden sich Bänke, zwei bis drei leere Fässer, ein Ecktisch. Die ländlichen Kneipen sind meistens ziemlich dunkel, und fast nie sieht man an ihren Balkenwänden irgendwelche farbigen Holzschnitte, ohne die eine Hütte selten auskommt. (Das Ausschmücken der Räume der Kneipen war von Gesetzes wegen verboten. – W. G.)

Als ich die ‚Pritynnyj-Kneipe' betrat, hatte sich dort bereits eine ziemlich große Gesellschaft eingefunden.

Hinter dem Schanktisch, in althergebrachter Weise, stand fast in der ganzen Breite der Öffnung Nikolaj Iwanowitsch in einem bunten Kattunhemd und mit einem faulen spöttischen Lächeln auf den rundlichen Wangen und schenkte seinen beiden soeben angekommenen Freunden Morgatsch und Obalduj mit seiner wulstigen und weißen Hand zwei Gläser Wein ein."[24]

Oben: Solomatkin L. I. Das Trinkhaus

Unten: Broling G. Früheres Trinkhaus

Broling G. Staatliche Verkaufseinrichtung für den Verkauf alkoholischer Getränke in Sankt Petersburg. „Der heutige Weinladen"

Neben den Kneipen existierten die so genannten Trinkhäuser, die sich in ihrem Wesen von jenen allerdings fast gar nicht unterschieden. Jede Trinkanstalt durfte drei bis sechs Zimmer haben, davon nicht mehr als zwei Zimmer für den Ausschank von Bier und Met, alle anderen Zimmer wurden den Pächtern für den Handel mit Wein und Wodka zugewiesen.

Es war verboten, jedwede Ausschmückung, „belustigende Spiele und Späße" für das Anlocken des Volkes zu verwenden. Es war erlaubt, im gleichen Gebäude „Nahrungsmittel für die einfachen Leute" zu verkaufen. Andererseits war es untersagt, die Trinkanstalten in denjenigen Häusern einzurichten, in denen sich Wirtshäuser, Herbergen, Restaurants, Kaffeehäuser und einfache Chartschewnja (Imbisshallen mit billigen und einfachen Gerichten) befanden. Außerdem sollten sich diese Anstalten verschiedenen Typs (in beiden Hauptstädten) in Abständen von mindestens drei Häusern voneinander befinden.[25] Auch die Entfernung zu Kirchen, Bahnhöfen oder Schauspielhäusern wurde gesetzlich geregelt.

Nicht alle, die es wollten, durften das Trinkhaus besuchen. Das Gesetz verbot unteren militärischen Dienstgraden, den Zöglingen der Bildungseinrichtungen sowie Minderjährigen den Zutritt.[26] Von Gesetzes wegen war es auch untersagt, Bilder, Büsten, belustigende Spiele und Vergnügungen und „unkeusche Frauen" in den Räumen zu haben.[27]

Es war in Trinkhäusern erlaubt, Kornwein zu verkaufen, den der Verkäufer aus dem staatlichen Weingeschäft bekam; Fruchtliköre und „Jerofejitsch" machte der Verkäufer selbst, die Kornwodkas kaufte er bei den Wodkafabrikbesitzern in Staufen, Flaschen und so genannten Balsamkannen, die mit dem Fabriksiegel versiegelt wurden. Neben starken alkoholischen Getränken erhielt man in den Trinkhäusern Bier und verschiedene Sorten des Honigweines.[28]

Zuerst wurden die Trinkhäuser an die örtlichen Kaufmannsgilden verpachtet, was schließlich zu manchem Missbrauch führte. Peter I. entschied, würdigere Geschäftsführer zu finden, indem er versuchte, Kaufleute aus der Fremde zu ernennen, später griff er auf gediente Soldaten und Unteroffiziere zurück. Nach dem Tode von Peter I. trugen im erneut „aufflammenden" Kampf um die Kneipen die örtlichen Kaufmannsgilden neuerlich den Sieg davon.[29]

In der Mitte des 19. Jahrhunderts wurden in der Gouvernementstadt Tula 50 Trinkanstalten gezählt. Dort bot man kalten Smirnoff mit Eis, Englischen Bitteren, den bereits bekannten Ebereschenbeerenwodka Rjabinowka, Portwein u. a. an. An Feiertagen waren die Trinkhäuser gegen Abend zum Platzen voll von Betrunkenen. Diese Tulaer Anstalten hießen im Volksmund „Iwan Jolkin" (Jolka = Fichte), denn des Lesens und Schreibens nicht kundige Leute erkannten sie am Fichtenzweig, mit welchem die Kneipen u. a. gekennzeichnet wurden und der neben dem Schild über der Tür prangte.[30]

Im Jahre 1886 wurden alle Kneipen und Trinkanstalten verboten, in denen nur Wein und Wodka ohne die Möglichkeit des Essens ausgeschenkt wurde, während die Wirtshäuser erhalten blieben.

Wirtshaus und ähnliche Anstalten

Richtige Wirtshäuser (Traktir) wurden erst unter Peter dem Großen Bestandteil des Lebens in Russland. Dieser hatte viele Ausländer ins Land gerufen, die ihre eigenen Bräuche mitbrachten.

Das erste Wirtshaus wurde in Sankt Petersburg 1720 an der Hauptanlegestelle Troitskaja eröffnet. Dort bot man Getränke für den Besuch von Seiner Majestät an feierlichem Tage an. In den Wirtshäusern wurden Weinbrand, französischer Wodka, Bier und verschiedene Delikatessen verkauft. Ebenso war ein Billardtisch vorhanden. Man speiste zu Mittag, vor allem Leute, die kein eigenes Haus oder keine eigene Küche hatten. Man konnte auch die Gerichte aus dem Wirtshaus nach Hause bestellen.[31]

L. I. Solomatkin. Morgens beim Wirtshaus

Ab April 1733 wurden die Wirtshäuser und freien Häuser in Sankt Petersburg mit einem Verbot des Verkaufes „des aus Übersee herbeigeschafften Danziger Wodkas“ belegt, um „eine Unterbrechung im Verkauf russischen Wodkas und einen Schaden zum Nachteil der Staatskasse zu verhindern“.[32]

Andere Regeln galten für die Herbergen. Dort bot man den Angereisten und Besuchern „Wohnungen mit Betten, einen Tisch mit Essen, Kaffee, Tee, Schokolade, Billard, Rauchtabak, Traubenweine, Danziger und französische Branntweine, Ingwer-Bier aus Übersee und leichtes, in Sankt Petersburg hergestelltes Halbbier“ an. Die Inhaber der Herbergen durften im Ausland bestellen und bei ausländischen Kaufleuten Traubenweine und französischen Wodka in Fässern sowie Danziger Wodka in Kisten ohne besondere Genehmigung kaufen. Allerdings war die Ware lediglich für den Weiterverkauf in den Herbergen bestimmt, und zwar Danziger Wodka in Staufen, französischen Wodka in Flaschen (während des Essens in Gläsern), Traubenweine vom Fass in Flaschen und Gläsern, und leichtes Halbbier durfte sowohl gezapft als auch in Flaschen verkauft werden. Inhaber der Herbergen durften nur Leute sein, die der russischen Kaufmannsgilde angehörten.[33]

Unter der Herrschaft von Elisabeth I. (1741–1762) gab es ein berühmtes Wirtshaus in Sankt Petersburg in der Nähe der Polizeibrücke, in der sich Offiziere der Garde trafen. In diesem Wirtshaus verlor Fürst G. A. Potjomkin beim Billardspiel mit dem Fürsten A. G. Orlow ein Auge.[34] Seinerzeit war es eine völlig normale Angelegenheit, Wirthäuser zu besuchen. In privaten Häusern empfing man Fremde nur zu Jubiläen und an Feiertagen.

Eines der bekanntesten Wirtshäuser und Hotels im Sankt Petersburg des 18. Jahrhunderts war das Wirtshaus von F. J. Demut. Sein Saal wurde auch für die Veranstaltung musikalischer und literarischer Abende genutzt, ja man konnte sogar Musikinstrumente kaufen.

Die Getränke wurden für den Konsum vor Ort verkauft. Der Verkauf außer Haus, in welcher Menge auch immer, war bis 1835 verboten. Ferner durften Wirtshäuser nur in einer Entfernung von mindestens 300 Fäden (Saschen), somit etwa 640 m, von den Kasernen eröffnet werden.[35]

Wirtshäuser wurden nach dem Prinzip verpachtet: „Der Meistbietende erhält den Zuschlag“ – damit war auch die Abführung der Akzise in die Staatskasse enthalten. Wirtshäuser zu betreiben, war nur den Kaufleuten aller drei Gilden sowie Kleinbürgern erlaubt.

Man durfte in Wirtshäusern Essen, Tee und Kaffee anbieten, außerdem Traubenweine aus dem Ausland und aus Russland, verschiedene Sorten von Wodka, Rum, Arrak, Likör, Punsch, gewöhnlichen Kornbrand (und zwar gesüßt mit Honig oder Zucker und unterschiedlich aromatisiert), Balsam, Cognac, Rum, Liköre, Branntweine auf Kornbrandbasis, Ratafia (süßer Wodka), leichtes Halbbier, Honigwein, Bier sowie russischer Porter nach englischer Art.[36]

Einfachen Kornwein und hieraus hergestellte Fruchtliköre in Wirtshäusern anzubieten, war strengstens verboten.

Zur Unterhaltung war in den Wirtshäusern nur Billard erlaubt, allerdings nicht mehr als drei Tische. Alle sonstigen Spiele, Musik, Tanz und Gesang waren untersagt. Später traten als erlaubte Spiele Schach, Dame und Domino hinzu. Erst ab 1861 wurde Musik in den Wirtshäusern gestattet und ihre Zahl nicht mehr behördlich beschränkt. Die Einrichtung blieb aber darüber hinaus reglementiert, so standen den Gästen in den Trinkanstalten nur einfache, an den Wänden befestigte Holzbänke zur Verfügung.

Für die Besucher der Wirtshäuser existierten bestimmte Beschränkungen. Frauen durften sich in Hotels an die gemeinsame Tafel begeben, al-

Im Wirtshaus. Stich von Flügel nach einem Gemälde von W. Makowskij

lerdings war ihnen das Betreten der Wirtshäuser und Restaurants nach wie vor nicht gestattet. Neben den Frauen war der Zutritt ebenso den niederen militärischen Dienstgraden, Bediensteten in Livreen, Leuten in Bauernkleidung (Ärmeljacke, dunkler und grauer Kaftan, angeschmuddelte Lederjacken) verwehrt – sie durften die Hotels, Restaurants, Kaffee- und Wirtshäuser lediglich von außen betrachten.

Die ersten Wirtshäuser hatten keine Schilder mit Aufschriften. Am häufigsten war später ein Schild mit der Darstellung irgendwelcher Szenen, Gegenstände oder Handlungen zu sehen. Über den Eingängen einfacher Wirtshäuser prangten Muschiks, die würdevoll an einem Tisch mit einem Teebesteck oder einem Imbiss und einem „Stäufchen" saßen. Die Maler legten den Hauptakzent auf die Gestaltung der Leute: Darstellungen von Tee eingießenden und würdevoll schlürfenden Leuten in graziösen Posen, die zu den Besuchern dieser Wirtshausanstalten wohl nicht ganz passten, waren äußerst beliebt.

Viele Wirtshäuser befolgten die Regeln des Fastens. In der ersten Woche des Großen Fastens unterschieden sich die Mahlzeiten vom Klosteressen durch nichts: Es wurden nicht einmal Fischgerichte, sondern nur Gerichte aus Pilzen, Erbsen und verschiedene saure Gerichte zubereitet. Dafür zeichneten sich die Pilzgerichte durch eine große Vielfalt aus: kalte Pilze mit Meerrettich, Milchpilze mit Butter, in Teig panierte Pilze, Haluschki aus Pilzen, geschnittenes Kraut mit Pilzen aufgetragen etc.[37]

Nach der Aufhebung der Leibeigenschaft (1861) änderte sich das Leben in Russland in vielen Bereichen und in den russischen Städten. Moskau, sein Stadtbild, das kulturelle Leben und der Alltag hatten sich ebenfalls verändert. Unter den Einrichtungen, in denen man gut essen und trinken konnte, überwogen im Wesentlichen Restaurants mit französischer Küche und Wirtshäuser mit russischer Küche.

Über die damaligen Wirtshäuser ist zu sagen, dass sie zwar eine gute Küche hatten, jedoch unvergleichlich schlechter eingerichtet waren. Manchmal führte eine unscheinbare Treppe mit schmalem Teppich und einem mit rotem Tuch bezogenen Geländer in den zweiten Stock. Im ersten Raum befand sich ein Ladentisch mit Wodka und Imbissen, hinter dem Ladentisch war ein Schrank mit Gläsern.

Der nächste Raum war ein Saal, den man gänzlich mit mehreren Reihen kleiner Sofas und Tischen vollgestellt hatte, wo man sich zu viert einrichten konnte. In der Tiefe des Saals stand eine riesige Orgel, ein so genanntes „Orchestrion", dahinter war eine Tür, die zu einem Korridor mit den Chambres Separées führte – das waren größere Zimmer mit einem Tisch in der Mitte und mit einem Klavier. Trotz der einfachen Raumgestaltung ohne Teppiche und Vorhänge waren die Zimmer sehr sauber.

Im großen Saal war die Lage ziemlich würdevoll, wozu in hohem Grade die Kellner, Polowyje genannt, beitrugen. Es handelte sich um ältere und junge Leute, sämtlich von vornehmer Gestalt, ruhig, höflich und in ihrer Art sehr elegant. Die Sauberkeit ihrer Kleidung, vor allem der weißen Hemden, war stets musterhaft. Sie vermochten Skandalen, zu denen das damalige Publikum in größtem Maße neigte, vorzubeugen oder schnell zu beenden. Die Stammgäste nannten die Polowyje bei ihrem Namen samt Vatersnamen und standen mit ihnen in einem beinahe freundschaftlichen Verhältnis.[38]

Die Wirtshäuser zogen die Besucher mit der gutbürgerlichen russischen Küche an. Gerichte wie Spanferkel, Koteletts, Kalbsbuletten, Krautsuppe mit Brei, Fleischsuppe mit sauren Gurken, Fischsuppe, Salzkraut, Störfleisch, Rasstegai (offene Pastete mit Fisch- oder Fleischfüllung), Piroggen, gebratene Buletten, Pfannkuchen und Gurjewbrei konnte man nirgendwo anders als in Moskau essen. Gastronomen aus Sankt Petersburg bestellten aus dem Moskauer Wirtshaus Spanferkel und gefrorene Rasstegai. Die Portionen in einem Wirtshaus zeichneten sich auch durch ihre Größe aus. Nach Aussage eines Zeitgenossen waren die Portionen „für Leute mit doppeltem Magen oder sogar mit dreifachem Magen" bemessen. Die Preise für die Gerichte waren nicht hoch.[39]

Es war nicht Sitte, im Wirtshaus ans Buffet zu gehen, da der Wodka den Besuchern geradewegs am Tisch gereicht wurden. Die Weine waren gut, aus den besten Moskauer Kellern. Doch nicht selten erfanden die bereits angeheiterten Freunde des Trinkens ihre eigenen Getränke. So trank man zum Beispiel den „Bären" (Medwed), ein Mixgetränk aus Wodka und Porter, oder „Turka", indem man in ein hohes Weinglas zur Hälfte Likör „Maraschino" goss, ein rohes Eidotter hinzugab und das Ganze mit Cognac auffüllte. Diesen Cocktail musste man in einem Zuge austrinken, wobei man über den Geschmack sicherlich streiten konnte. Aber derartige Getränke waren eher ein Produkt der Eigenwilligkeit, besonders dann, wenn die Gesellschaft in der Regel bereits ziemlich betrunken war.[40]

Eines der berühmtesten Moskauer Wirtshäuser des 19. Jahrhunderts war das Wirtshaus von I. J. Testow, das seinen Ruhm der russischen Küche verdankte. Sowohl Kaufleute als auch Adelige strömten in Massen in das neue Wirtshaus. Besonders gut lief das Geschäft ab August, wenn die Gutsbesitzer aus ganz Russland ihre Kinder zu den Moskauer Bildungseinrichtungen begleiteten, um sie studieren zu lassen. Das Wirtshaus von Testow wurde auch wegen einer der besten Orgeln in Moskau gerühmt. Man erzählte, dass er für das Musikinstrument zwölftausend Rubel bezahlt haben soll. Auf einer Grußkarte des Wirtshauses können wir lesen:

Auf der Orgel, seiner großen,
sind Meyerbeer, Auber, Gounod zu Haus,
auch auf Rossini kann man stoßen,
nicht zu vergessen die Musik von Strauss.
....

Stark sind die Weine, das Essen schmeckt,
das Orchestrion schmettert seine Klänge.
Die Kellner, im Hintergrund versteckt,
tragen auf die nächsten Gänge.
Ein Befehl ist jeder Wunsch der Gäste,
der Blick auf sie gerichtet, wohl als Frage
im Bemühen, zu geben das Allerbeste,
hoffend auf Belohnung ... für trübere Tage![41]

B. M. Kustodijew. Der Wirt

Das Wirtshaus von I. J. Testow gehörte zu jenen russischen Wirtshäusern, deren Besuch zur Mode wurde. Bald begann man, sie Restaurants zu nennen.[42]

Das Wirtshaus von Lopaschow im Bezirk Warwarka war eines der ältesten Wirtshäuser in Moskau. Im oberen Stockwerk befand sich das große Kabinett, „Russische Hütte" genannt, das mit Holzschnitzereien ausgestattet war. In der Mitte des Kabinettes stand ein Tisch für zwölf Bestecke, der mit einer bestickten russischen Tischdecke bedeckt war und bestickte Handtücher anstelle der Servietten hatte. Der Tisch wurde mit altertümlichem Geschirr und Silber gedeckt. Die Tassen, Kelche, Weingläser und kleinen Schnapsgläser mochten wohl aus der Zeit des Zaren Peter I. stammen oder noch älter sein. Die Speisekarte war ebenso althergebracht. Hier wurden kleinere Mittagessen besonders den wohlhabenden Ausländern angeboten. Man richtete kein Essen der französischen Küche an, obwohl es französische Weine gab. Für Champagner richtete man eine riesige silberne Kanne, so groß wie ein Eimer, her, um ihn mit einer silbernen Schöpfkelle in Kelchgläser einzugießen.[43]

Das Wirtshaus „Arsentjitsch" wurde durch die russische Küche berühmt. Schinken, Störfisch und Hausen wurden als Imbiss zu Wodka mit Meerrettich und rotem Kornessig angerichtet, und man sagte, dass es nirgendwo besser schmecke. Die Krautsuppe mit Störköpfen bei „Arsentjitsch" war auch erstaunlich. Der besonders fein gesalzene, zarte Schinken erfreute sich nicht nur in Moskau, sondern auch weit über seine Grenzen hinaus großer Nachfrage. Das Wirtshaus war der Schinkenlieferant der Kaufmannsgilde.[44]

Die Leute, die keine Zeit hatten, das Wirtshaus zu besuchen, bestellten Gerichte nach Hause oder an den Ort der Arbeit. Die reichen Kaufleute schickten zur Abholung des Schinkens, des Störfisches

B. M. Kustodijew. Polowoj (Kellner)

und des Hausens ihre Diener, die mittags mit Körben zu „Arsentjitsch" gingen. Es war das würdevollste Moskauer Wirtshaus, Schlägereien kamen dort niemals vor. Wenn eine Gesellschaft über den Durst getrunken hatte, so zog sie sich rechtzeitig in die Kabinette zu Bubnow oder in „Slawjanski Basar", andernfalls geradewegs ins Wirtshaus „Jar" gegenüber zurück.[45]

Zu Abend speiste man in Wirtshäusern seltener. Wenn man schon essen oder trinken wollte, geschah dies zum Frühstück oder Mittagessen. Und abends begaben sich die wohlhabenden und hochwohlgeborenen Herrschaften in die Restaurants.

Mitunter erlangten auch kleine Wirtshäuser der Provinzstädte Berühmtheit. Einen guten Ruf hatte das Wirtshaus des Postkutschers Dmitry Poscharski in der Stadt Torschok. Durch Torschok führte der Weg von Petersburg nach Moskau, so dass im Wirtshaus hin und wieder bekannte Leute abstiegen, einschließlich der Mitglieder der Zarenfamilie. Berühmt wurde es jedoch erst richtig durch die von Puschkin in Versen lobgepriesenen „Buletten von Poscharski":

Das Restaurant von Lopaschow im Garten des Ausstellungssaals auf der Allrussischen kunstgewerblichen Messe 1882 in Moskau

Lass es Dir zu Mittag munden
Bei Poscharski in Torschok,
Bratbuletten, solche runden,
Erst dann nimm Deinen Wanderstock.

Die berühmten Buletten nahmen im Laufe zweier Jahrhunderte einen würdigen Platz auf den Speisekarten vieler russischer Restaurants ein. Für die Buletten von Poscharski begeisterten sich sogar deutsche und englische Reisende. Das Hotel besuchten N. W. Gogol, A. N. Radischtschew, I. S. Turgenew, M. E. Saltykow-Schtschedrin, W. G. Belinskij, der Komponist Robert Schumann mit seiner Gattin u. a.[46]

Wirtshäuser waren nicht nur Trinkanstalten, sondern auch Hotels, da viele von ihnen Räume für die Nächtigung hatten. Die größten Wirtshäuser dieses Typs hatten „ganz solide" möblierte Zimmer.

In der Regel bestand die Küche in Wirtshäusern aus zwei Typen von Gerichten. Essen höchster Qualität bestellten die Besucher „à la carte", andere tägliche „Fertiggerichte" bereitete man im Voraus zu. In fast allen Wirtshäusern konnte man „zu unterschiedlichen Preisen" essen: für 45, 50, 60, 75 Kopeken für vier Gerichte; für 1 bis 1,5 Rubel für fünf oder sechs Gerichte. Der Preis des Mittagessens pro Person überstieg sogar in den besten Restaurants gewöhnlich nie 2 Rubel.

Zeitgenossen, die den Unterschied zwischen den Moskauer und den Petersburger Wirtshäusern des letzten Viertels des 19. Jahrhunderts herauszufinden versuchten, meinten, dass es in Sankt Petersburg kein echtes Moskauer Wirtshaus gäbe. Die in Sankt Petersburg existierenden Gaststätten dieser Art würden bei Weitem ihrer Bestimmung nicht gerecht, die modischen, französischen Restaurants hätten sündhaft teure Preise, und servieren würde man „essbare Phantasmagorien". Russische Wirtshäuser, wie das Wirtshaus von Palkin oder das „Malojaroslawets", zeichneten sich hingegen durch eine trockene, offizielle Förmlichkeit aus. Die Portionen seien klein, die Lakaien in ihrem Frack zurückhaltend höflich, die Säle außerdem noch muffig und düster, fast staatlichen Stils. Ferner gäbe es weder Gastlichkeit, noch Freundlichkeit, was nun ganz im Gegensatz zu den Moskauer Wirtshäusern stehen würde.[47]

Wirtshäuser unterschieden sich voneinander nach Klassen. Einige von ihnen waren landesweit bekannt und standen den besten Restaurants in nichts nach.

Wirtshäuser der mittleren Klasse waren in der Regel in zwei Teile unterteilt. Die „schwarze" Hälfte war für die einfachen Leute, die „reine" für die Adeligen, die Kaufmannschaft, die Beamten usw. bestimmt.[48] Das Petersburger Wirthaus Anitschkow, das neben der Anitschkow-Brücke lag, wurde zum Scherz „Palast der Schauspieler" genannt: „Unten bewirtete man die Kaufleute, die wohlhabenden Besucher. Den Schauspielern und Kutschern hatte man die obere Hälfte vorbehalten."[49] Die Rede ist natürlich nicht von berühmten Schauspielern.

Manchmal nahm ein Wirtshaus zwei Stockwerke ein, und dann war der obere (manchmal untere) Teil für die reichen Leute, und der untere Teil war „schwarz", oder, wie man ihn noch nannte, „Nisok" (Unterteil) oder „Dyra" (Loch). Ein bekanntes „Loch" befand sich in dem nicht weniger bekannten Wirtshaus von Bubnow. „Unten, unter dem Wirtshaus richtete man das berühmte ‚Loch von Bubnow' ein, wohin eine Treppe von zwanzig Stufen führte. Der Raum des ‚Loches' war ein großer Keller mit niedriger gewölbter Decke, ohne Fenster, der mit feinen hölzernen Trennwänden in kleine Abteile unterteilt war, die den Kajüten eines Dampfers ähnelten.

In jedem solchen Abteil, das mit einer Gaslampe beleuchtet war, stand in der Mitte ein Tisch mit einer schmutzigen, mit Wein begossenen Tischdecke und um ihn herum vier Stühle. Andere Möbel gab es nicht. In diesen dunklen, schmutzigen und schwülen Räumen kannte vom frühen Morgen bis in die späte Nacht hinein die Trunksucht der Kaufleute keine Grenzen." Einige Besucher des „Loches" brachten es dort im Laufe der Jahre auf 50–60 Schnapsgläser, die sie täglich tranken. „Wegen der Weinverdunstung und des Tabakrauches war die Atmosphäre im ‚Loch' dem Nebel im Londoner Eastend ähnlich, wo man auf drei Schritte Entfernung nichts mehr sieht. Im ‚Loch' von Bubnow vertranken einige Kaufleute ihr gesamtes Vermögen."[50]

Dann gab es wiederum Wirtshäuser, die überhaupt keine „reine" Hälfte hatten und daher einfach nur den Beinamen „schwarz" trugen.[51]

Restaurants

Restaurants wurden in Sankt Petersburg zum Ende des 18. Jahrhunderts eröffnet. Nach dem Gesetz bot dieser Typ von Wirtshäusern den Besuchern Kost und Nachtisch, Traubenweine, Wodka – süßen, ausländischen, verschiedene russische –, ferner Liköre, Bier, Porter, Honigwein und Kaffee an. Ebenso wie in den Wirtshäusern war in den Restaurationen der Verkauf einfachen Kornweines und

Das Wirtshaus „Bereschki" in Sankt Petersburg auf dem Schlüsselburger Prospekt. 19. Jahrhundert

aus ihm hergestellte Fruchtliköre streng verboten. Die Getränke wurden nur für den Konsum vor Ort angeboten, der Verkauf „außer Haus" war unter Androhung von Bestrafung untersagt. Restaurationen hatten dieselben Besuchsregeln wie Wirtshäuser. Diese feinen Restaurants entwickelten sich im Russland des 19. Jahrhunderts wie überall sonst in Europa, die Atmosphäre war elegant, die Kellner trugen Frack, berühmte Künstler traten auf. Nicht selten waren französische Restaurants die berühmtesten.

Zu den erstklassigen Petersburger Restaurants des ersten Jahrzehnts des 19. Jahrhunderts gehörte das Restaurant von Kupon auf dem Newaprospekt, das Puschkin A. S. im Roman „Eugen Onegin" erwähnte:[52]

Dort bei Talon zu dieser Stunde
Harrt seiner schon die Tafelrunde.
Er tritt herein, der Pfropfen knallt,
Es strömt des Eifers Vollgehalt;
Zum blut'gen Roastbeef gibt's die Blüte
Aus Frankreichs Küche, Trüffeln just,
Für junge Gaumen höchste Lust,
Straßburgs Pasteten erster Güte,
Limburger Käse unter Glas
Und schließlich goldne Ananas

Ein anderes berühmtes Etablissement war das Restaurant von Borel, das zwei bis drei Zimmer und Kabinette im zweiten Stockwerk hatte. Im Restaurant spielte man noch lange nach Mitternacht Billard. Eine Besonderheit waren die Französinnen, „Halbweltdamen", die dem Lokal ein großes Ein-

Links: Orchestrion der Fabrik Moser & Blessing in Moskau

Rechts: Das Restaurant von Krynkin in Moskau auf den Worobjow-Bergen

Unten: Der Wintergarten im Restaurant „Eldorado"

kommen brachten. Die Damen kamen ins Restaurant auf Abruf und „knöpften“ ihren reichen Begleitern Geld ab, indem sie eine Bulette aus den Nachtigallzungen und Wein aus dem kaiserlichen Keller bestellten. Und viele Besucher ließen im Restaurant eine Menge Geld liegen. „Man trank so lange und so viel“, beschrieb ein Zeitzeuge, „dass nasse Servietten als Kompressen für die Köpfe gereicht wurden. Doch auch mit Kompressen wurde das Trinkgelage fortgesetzt“.[53].

Unter den Restaurants in Sankt Petersburg waren auch solche, in denen man nicht nur zu Mittag und zu Abend aß oder feierte, sondern beinahe wohnte, dort viele Stunden verbrachte, schrieb und sogar schlief. So war das Restaurant von Dawydow. Es wurde geliebt, gegen alle Vernunft, wie es schien. Es verwöhnte seine Kunden nicht mit gastronomischen Delikatessen, auf das Glas Wodka folgte ein Salzhering mit Brot oder eine Bratwurst mit Kartoffelpüree. Erstaunlich, dass diese Einrichtung den Namen „Restaurant“ trug. Aber offenbar war es durch die Umgebung eines unglaublich bunten Publikums in vollkommen ungezwungener Atmosphäre attraktiv, so dass Angesehenheit und eine gute Küche kaum eine Rolle spielten.

V. M. Fjodorow, der aus einem jaroslawlischen Dorf stammte, gelang es, eine eigentümliche Anstalt zu schaffen. Sein Restaurant in der Malaja Sadowaja 8 war mit seinem Schanktisch und der ungewöhnlichen Art der Bedienung berühmt. Was hinderte die Leute, ein Restaurant zu besuchen? Geldmangel, unpassende Kleidung, Zeitmangel? Fjodorow hatte alle diese Hindernisse beseitigt. „Es gab einen kleinen Saal und entlang der ganzen Wand einen Schanktisch mit einer verblüffenden Anzahl von Imbissen und Speisen. Subrowka (Wisentwodka mit Mariengras), Sweroboi (Wodka mit Goldrutenkraut), Wischnewka (Kirschbranntwein), verschiedene Sorten von Spotykatsch (Fruchtlikör), Rjabinowka (Ebereschenbeerenschnaps) und Bjerjosowka (Branntwein mit Birkenknospen), Kalgan-koren (Branntwein mit Galganwurzel) usw. Solide Pokale für Trockenweine, mittlere Weingläser für Jerez, Madeira, Portwein und natürlich Cognac – zwar nur einer Marke, dafür waren die Gläser bereits gefüllt.

Auch Gläser mit Wodka warteten, um „hinter die Binde gegossen zu werden“, ebenso standen Imbisse aus Fisch, Wurst und Schinken bereit. Den Schweinebraten musste man bestellen, da er warm gereicht wurde.

Außerdem gab es noch Hering, Balyk aus Lachs, Fischsülze, Stör (auf der Platte), Bratfleisch und

Das Programm der Konzertabteilung des Restaurants „Jar“

gedünstetes kaltes Fleisch. Man konnte auch eine heiße Boulette bestellen. Wie auch immer, sofort erschien aus der Küche das heiße Gericht! Hier fand man ein Scheibchen Hirsch- und Bärenfleisch für die „feinsten“ Leute und Kenner! Und auch das Fleisch nach kirgisischer Art, eine Delikatesse der Epoche von Batyj Khan und Dschingis Khan … Man trat an den Schanktisch, streckte die Hand nach Perzowka (Pfefferbranntwein) aus, trank ihn, aß mit Lachs nach, bestellte einen Schweinebraten, es war wie im Märchen! ... Davor trank man ein Glas guten Portwein! Der Schweinebraten dampfte! Man aß ihn stehend mit einem Stück Brot in der Hand. Ein Stückchen Pute oder Haselhuhn gefällig? Wünschen Sie einen feurigen roten Glühwein? Voilà! Hier ist er. Schon stand das Glas bereit! Fünf Minuten … und jeder zog seines Weges…“[54] Die Türen dieses Restaurants standen für jeden Besucher offen.

Eines der elegantesten Häuser Moskaus war das „Slawjanski Basar“, wo Petersburger Minister, sibirische Goldgrubenbesitzer und Gutsbesitzer von hunderttausenden Desjatinen (1 Desjatine = 1,09 ha) Land ebenso abstiegen wie Hochstapler und Petersburger Falschspieler, die Kartenspiele in den teuren, 20 Rubel pro Tag kostenden Zimmern veranstalteten. Die Mittagessen im Restaurant waren weniger attraktiv, die Abendessen auch. Aber die Frühstücke, in höheren Kreisen Russlands typischerweise von zwölf bis drei Uhr, galten als

Die Säle und der Garten des Restaurants „Donon" in Sankt Petersburg. 1914

modisch, wie auch im Restaurant „Ermitage". Die kaufmännischen Gesellschaften fanden sich nach „der frommen Arbeit" an der Börse sofort nach ein Uhr ein, um am Tisch die Millionengeschäfte abzuschließen und dann gegen drei Uhr das Restaurant zu verlassen. Die Kaufleute, die nach drei Uhr blieben, schlossen mit den „Kranichen" ab. Es gab sogar das geflügelte Wort: „Bis zu den Kranichen frühstücken." Und die Eingeweihten wussten, dass dieses Frühstück im „Slawjanski Basar" stattfand, wo die Gesellschaft das Frühstück mit Champagner und Kaffee mit Likör beendete und „Kraniche" verlangte. So hieß die versiegelte Kristallkaraffe, die mit goldenen Kranichen verziert war und einen ausgezeichneten Cognac enthielt, der fünfzig Rubel kostete. Wer den Cognac bezahlte, bekam zum Andenken die leere Karaffe. Es war Sitte, im Sammeln dieser leeren Karaffen zu wetteifern. Ein Besitzer eines Gestüts hatte sieben Stück zusammengetragen, die er jedermann mit Stolz präsentierte.

In der zweiten Hälfte des 19. Jahrhunderts kam die Tradition auf, in den Restaurants (einschließlich Hotelrestaurants) das Neue Jahr zu feiern oder Hochzeitsbälle zu veranstalten. Die auf dem Ball eintreffenden Jungvermählten führte man sofort in ein gesondertes Zimmer, in das man ihnen Essen brachte, da sie, der Sitte folgend, den ganzen Tag nichts gegessen hatten. Nachdem sie etwas zu sich genommen hatten, erschienen sie im Saal vor den Gästen, was der Auftakt zum Tanzvergnügen war.

Die betagten Gäste setzten sich nach dem Essen an die grünen Tische, die in besonderen Kartenzimmern vorbereitet waren, um zu spielen. Im Laufe des Abends boten die Kellner den Gästen ständig Kaffee, Schokolade, Früchte und verschiedene Süßigkeiten an. Die Imbisse auf den Tischen wurden auch gewechselt. Gereicht wurden gekochter Fisch verschiedener Sorten, heißer Schinken, Pasteten mit Kaviar etc.

Gegen Morgen, so um vier Uhr, begann man, die Tische für das Abendessen einzudecken. Bei jedem

Mucharski, Begrüßung des Neuen Jahres im Restaurant des Hotels „Großes Moskauer"

Besteck lagen die Speisekarte und das Programm der musikalischen Nummern, die das Abendessen begleiteten.[55]

Das Gebäude des „Slawjanski Basar" war in den siebziger Jahren nach einem Entwurf von A. A. Porochowschtschikow errichtet worden. Sein runder Saal mit dem Glasdach war sehr schön.[56] Er faszinierte die Besucher mit seiner Weite, dem von oben herabfallenden Licht, den architektonischen Details. Die gusseisernen gefärbten Säulen und das mitten im Saal hervortretende Gerüst mit Kupidos und Schneckenlinien füllten den Raum dieses riesigen Etablissements.

In der Vorstadt im Petrowski-Park gab es mehre Vergnügungsorte, Dort befand sich auch das Restaurant „Strelnja", das dem Schriftsteller N. S. Leskow als Vorbild für die Beschreibung des Zechgelages in der Erzählung „Die Teufelsaustreibung" gedient hatte: „Hemmungsloses Bacchanal … barbarisch, besinnungslos …" Das Restaurant, das für die Nacht vollständig von der Gesellschaft des reichsten Moskauer Kaufmannes okkupiert und bis zur Morgendämmerung für selbiges Publikum dicht verschlossen worden war, wurde wahrhaftig dem „Tochtamysch-Pogrom" (Zerschlagung Moskaus 1382 von Tochtamysch, dem Khan der Goldenen Horde) unterworfen. Gegen Morgen „gab es keine Drapierung, keine unzerbrochenen Spiegel, sogar die noch am Abend an der Decke hängenden Kronleuchter lagen auf dem Fußboden, total zerborsten. Die exotischen Bäume in der Grotte wurden von jenen Kaufleuten entwurzelt, die mit der Axt in den Händen die in die Grotte geflüchteten Zigeunerinnen belästigten".[57]

Eines der berühmtesten Restaurants Moskaus war das elegante „Ermitage". In seinem weißen Säulensaal feierte man Jubiläen. Im Jahre 1899, anlässlich der Puschkin-Tage, wurde ein festliches Mittagessen veranstaltet, zu welchem alle berühmten Schriftsteller der damaligen Zeit geladen waren. Es kamen Rimski-Korsakow, Tschechow, Gorki, Tanjejew, Tschajkowski, Schaljapin und viele andere. Hier traf sich nach guter Moskauer Tradition nach den abendlichen Vorstellungen die ganze Elite Moskaus. Maxim Gorki brachte in das „Ermitage" Schauspieler des Moskauer schöngeistigen akademischen Theaters, so dass hier im Jahre 1902 sein Stück „Am Boden" uraufgeführt wurde.

Im Jahre 1917 wurde das „Ermitage" geschlossen, doch während der Neuen Ökonomischen Politik erstrahlte es wieder im Glanz seiner nächtlichen Lichter. So war es bis zum Anfang der Zwanzigerjahre. Später wurde im Gebäude des Restaurants das „Haus des Bauern" eröffnet. Die herrlichen Säle mit Stuckverzierung und den Fresken von Wrubel wurden in ein Warenlager umfunktioniert.[58]

Das Restaurant „Slawjanski Basar“ in Moskau in der Straße Nikolskaja

Das Restaurant „Jar“ in Moskau. Altes Gebäude

Das Restaurant „Jar“ in der Petersburger Chaussee. Das neue Gebäude und der Wintersaal. Foto vom Anfang des 20. Jahrhunderts

Das Restaurant „Ermitage" in Moskau auf dem Trubnaja Platz

Links: Der Sommersaal des Restaurants „Ermitage"

Rechts: Das Kabinett des Restaurants „Ermitage". Stich aus den 80er-Jahren des 19. Jahrhunderts

Bankett im Restaurant „Ermitage", das die italienische Kolonie zu Ehren des Fürsten Borghese und seiner Begleiter , Teilnehmer des Autorennens Peking – Paris 1907, gab

Oben: Das französische Restaurant im Hotel „Astoria" in Sankt Petersburg. 1914

Unten: Das Restaurant im Wintergarten im Hotel „Astoria" in Sankt Petersburg. 1914

Viele Schwierigkeiten ereilten die Restaurants zu Beginn des 20. Jahrhunderts, da die Bolschewiki nach der Revolution alkoholische Getränke verboten hatten. Doch erfinderische Restaurateure umgingen mitunter dieses Verbot mit List. Im Restaurant von Albert auf dem Newaprospekt servierte man den Gästen Wodka in Form eines Tees. Die Dichterin Lydia Lesnaja erzählte von einer Begebenheit, die die Mitarbeiter der Zeitschrift „Neues Satirikon", die Schriftsteller A. Green und A. Awertschenko, erlebt hatten. Awertschenko hatte Green eingeladen, im Restaurant bei Albert (Albert Petrowitsch Betand) zu speisen, wo er Stammgast war. Green antwortete in Versen:

Verehrtester Patron,
Euer Angebot, es schmeichelt mir,
Doch in den Restaurants, ein Hohn,
Bekommt man nicht einmal ein Bier.

„Tee werden wir trinken", entgegnete mit lustiger Sorglosigkeit Awertschenko, „fahren wir!"

Am nächsten Tage berichtete Green folgendes: „Es kommt der Kellner: ‚Was werden Sie, Arkadij Timofejewitsch, befehlen?' – ‚Bringen Sie uns Tee.' – ‚Wie gewöhnlich.' – ‚Und Stör in Aspik mit Meerrettich.' Und der Kellner bringt zwei Tassen und zwei weiße bauchige Porzellanteekannen auf einem Tablett. Awertschenko gießt ein und sagt: ‚Trinken Sie Ex, er ist kalt.' Ich habe mich fast verschluckt. Mein Gott, was war das?! Schnaps! Es stellte sich heraus, dass in einer Teekanne Portwein war, in der anderen Wodka – Englischer Bitterer! Das nennt man einen Stammgast!"[59]

Wie unsere Vorfahren tranken

Mensch, bei Ruhm halte Maß, Trauer ertrage weise, gehe nicht ungeladen zu einem Fest, und wenn Du gehst, setze Dich nicht auf das hohe Ross, verlasse das Fest nicht als Letzter, trinke nicht alle Kelche bis auf den Grund, dann wirst Du Deinen Verstand nicht verlieren … [60]

Die Kultur des Trinkens alkoholischer Getränke formte sich in unmittelbarer Verbindung mit den Veränderungen, die im Alltag, in der Lebensweise verschiedener Schichten der russischen Gesellschaft geschahen.

Im Verlauf mehrerer Jahrhunderte war die grundlegende Art des russischen Tafelns das Festmahl. Ob nun die Kirche ihr Fest feierte, sich die Familie anlässlich der Geburt des Kindes, des Namenstages, der Hochzeit freute, einen Nahestehenden auf dem letzten Wege begleitete, oder ob das Volk die Freude über einen ruhmreichen Sieg des Zaren teilte – das Festmahl war ein Ausdruck der Heiterkeit.

Die russischen Gelage waren zweierlei Art: die Festmahlzeiten und Bratschina (Brat = Bruder, also eine Art Bruderschaftsfest). Die Festmahlzeiten veranstaltete eine Person, während die Bratschina auf gemeinschaftliche Kosten von mehreren Wirten oder von den Bewohnern des ganzen Dorfes organisiert und abgehalten wurde.

Der Hof und der Palast der russischen Zaren befanden sich im Kreml. In der Granowitaja-Kammer empfingen die Zaren Gäste, ausländische Botschafter und gaben Festmahlzeiten. An Feiertagen bewirteten sie dort ihre Bojaren und Leute verschiedenen Standes, hohen und niedrigen, einschließlich der Freibauernältesten.

Der Zar selbst und seine Familie lebten bescheidener. Die alltäglichen zaristischen Tische wurden manchmal in den Räumen des Herrschers, ein andermal in den Gemächern der Zarin hergerichtet. An Feiertagen wurden zum Tisch die Mitglieder der zaristischen Familie, die Zarensöhne und die Zarentöchter und andere Verwandte, eingeladen. Der tägliche zaristische Tisch war nicht von Üppigkeit und Überfluss gekennzeichnet. Im häuslichen Leben waren die Zaren das Vorbild im Maßhalten und in der Einfachheit. Am Tische des Zaren Alexej I. wurden stets Roggenbrot, ein wenig Wein oder leichtes Bier aufgetragen. Der Zar befolgte streng das Fasten und die Fasttage, die im Jahr acht Monate darstellten. Fleisch aß er montags, mittwochs und freitags gar nicht.

Doch an gewöhnlichen Tagen trug man auf den Tisch des Herrschers bis zu siebzig Gerichte auf. Die meisten Gerichte wurden aber an Bojaren, ausländische Gäste und andere Personen vergeben, denen der Herrscher die Gerichte von seinem Tisch als Zeichen der Ehrerbietung sendete.

Den Tisch deckten der Haushofmeister und der Schlüsselmeister. Sie legten die Tischdecke auf und stellten „Menagen" hin, das heißt Geschirr mit Salz, Essig, Pfeffer, Senf und Meerrettich.

Jedes Gericht wurde vor dem Hinaustragen aus der Küche obligatorisch von dem Koch in Anwesenheit des Haushofmeisters und des Schlüsselmeisters gekostet, dann trug man das Essen in den Palast.

Die Granowitaja-Kammer

Dort kostete es der Haushofmeister und übergab es den Dienern, die die Gerichte zum Tisch trugen. Die Diener hielten die Gerichte in den Händen und warteten, bis sie zur Abgabe aufgefordert wurden. Der Zar wurde während des Essens durch den so genannten „Krajtschj" bedient, was der höchstbevollmächtigte Diener war. Er trug dem Zaren die Gerichte auf, nachdem auch er sie alle selbst gekostet hatte.

Bevor die Getränke zum „Tschaschnik", dem Mundschenk des Zaren, kamen, der sie auf den Tisch auftrug, goss man ab und kostete mehrmals. Der Tschaschnik hielt den zaristischen Kelch in den Händen, und bevor er ihn seinem Zaren reichte, goss er aus dem Kelch ab, kostete den Wein, um ihn dann dem Herrscher einzugießen. Auf diese Weise schützte man die Gesundheit des Zaren.[61]

Die zaristischen Festmahlzeiten, außer den familiären und kirchlichen Feiern, wurden anlässlich der Krönung, der Ordination der Metropoliten und der Patriarchen, bei der „Erklärung" des Zarensohnes an das Volk sowie zu Ehren des Empfanges der ausländischen Botschafter gegeben.

Im 16. und 17. Jahrhundert existierte bereits eine bestimmte Zeremonie im Ablauf des zaristischen Mittagessens, zu welchem ausländische Gäste und die Botschafter eingeladen wurden. Alle Ausländer bestaunten den Überfluss an goldenem und silbernem Geschirr auf dem Zarentisch: Becher, vielerlei Kelche, Fässchen, Platten u. a. m.[62] Man speiste mit silbernen Löffeln, die man im alten Russland seit dem 9. Jahrhundert verwendete.[63]

Oben: Die Kelle des Zaren Michael I. 1624
Unten: Teller 1664

Damals gab es beim Essen keine individuellen Teller, Messer, Gabeln und Servietten. Das ist damit zu erklären, dass man das feste Essen schon in Stücke zerschnitten auftrug und man es mit seinen Händen nahm. Wenn Messer und Gabeln (die Gabeln waren zweizinkig) aufgetragen wurden, so entfielen auf mehrere Tischgäste eine Gabel und ein Messer. Die Teller waren auch noch nicht verbreitet, und wenn man sie vor den Gast hinstellte, so wechselte man sie im Laufe des ganzen Mittagessens nicht.[64] Nach den Zeugnissen der Ausländer, die an der Tafel des Zaren Iwan IV. des Schrecklichen (1530–1584) anwesend waren, lag bei ihnen kein Teller und kein Messer, so dass sie das Besteck des nebenan sitzenden Bojaren benutzen mussten.[65]

Im Saal, in dem der Zar die Mittagessen gab, standen auf den Tischen, die mit Tischdecken bedeckt waren, Behälter mit Pfeffer, Salz und Essig, die so aufgestellt wurden, dass auf vier Gäste ein Behälter kam.

Zur Eröffnung des Mittagessens nahm der Herrscher das Brot und reichte es durch seine Diener jedem ehrenvollen Gast mit den Worten: „Gib dem Grafen Leonard und Sigismund dieses Brot." Der Diener trug das Brot jedem genannten Gast auf, der dem Zaren mittels Kopfnicken zu danken hatte. Mit solchem Brot drückte der Herrscher jemandem seine Gnade und mit dem Salz von seinem Tisch seine Liebe aus.

Sigismund Herberstein (besuchte Russland in den Jahren 1517 und 1526) teilte mit, dass beim Zarenessen zunächst Wodka gereicht wurde, den man vor dem Essen trank, und dann gebratene Schwäne, die „man an Fleischtagen den Gästen fast immer als erstes Gericht auftrug".

Drei Schwäne hatte man vor den Herrscher gestellt, der sie mit seinem Messer durchstach, um zu erfahren, welcher von ihnen besser war. Dann befahl er, die Gerichte fortzutragen. Nach einiger Zeit kehrten die Diener zurück und brachten die in Stücke zerlegten Schwäne. Der Zar schickte seinen Gästen diese Stücke ebenso feierlich wie auch das Brot. Die gebratenen Schwäne würzte man mit Salz, Pfeffer und Essig, zu selbigem Zweck verwendete man saure Milch, Salzgurken und Pflaumen.[66]

Zu Tisch trug man bei einem Mahl bis zu hundert Gerichte und verschiedene Weine auf. Am Ende des Mittagessens brachte man verschiedene erfrischende Getränke und „Sajedki" (die Imbisse), gewürzt mit Anis, Zimt, Zucker u. a. m.[67] Zucker und Fruchtbonbons wurden aus dem Ausland eingeführt und galten als Naschwerk für reiche Leute. Zu zaristischen und Bojarenfestmahlzeiten stellte man aus Zucker gefertigte Figuren auf den Tisch, wie Adler, Tauben, Enten, Darstellungen von Städten, Palästen, Türmen sowie auch ganze Zuckerhüte. Die Fruchtbonbons waren von verschiedener Farbe.[68] Die Herstellung der zuckersüßen Figuren erforderte eine große meisterliche Fertigkeit und war sehr teuer. Bis zum 17. Jahrhundert importierte man Zucker aus dem Ausland, und erst dann entstanden die eigenen Zuckerfabriken. Ein Mittagessen dauerte drei oder vier Stunden.

An den Fasttagen stellte man auf den Tisch verschiedene Gerichte aus gebratenem und gekochtem Fisch, Gemüsegerichte, Piroggen. Milchgerichte waren während des Fastens auch verboten. Alle Ausländer bemerkten den Überfluss, die Vielfalt der Fischgerichte und die riesigen Umfänge der Störe. Sogar die Hälfte eines Störes trugen mehrere Männer nur mit Mühe zum Tisch.

Eine allgemein übliche Speise war bei den Russen der Kaviar, den man im Laufe einiger Tage salzte, und gewürzt mit Zwiebeln, Pfeffer, Provençalischem Öl und mitunter auch mit Essig reichte.[69]

Über die Getränkeordnung bei Tisch zu Beginn des 17. Jahrhunderts kann man bei dem französischen Kapitän Z. Margeret, der in Russland im militärischem Dienst stand, lesen: „... aber bevor die Speisen erscheinen, bringt man Wodka in silbernen Gefäßen zusammen mit kleinen Tassen, um sie vollzugießen und aus ihnen zu trinken. Auf den Tischen ist nur Brot. Es sind Salz, Essig und Pfeffer vorhanden, jedoch gibt es weder Teller, noch Servietten. Nachdem man den Wodka ausgetrunken hat oder während man den Wodka trinkt, schickt der Zar von seinem Tisch jedem

Einzelnen ein Stück Brot, laut den Namen desjenigen nennend, für den es bestimmt ist. Wenn man dann die Speisen bringt, schickt der Zar die volle Platte mit Speisen jedem der edlen Gäste, erst dann werden in großem Überfluss auf allen Tischen Speisen aufgetragen. Dann schickt der Zar jedem gesondert einen Kelch oder einen Becher spanischen Weines. Sobald das Mittagessen seinen Höhepunkt überschritten hat, schickt der Zar wieder jedem einen Becher roten Honigweines. Anschließend bringt man die großen, silbernen, mit weißem Honigwein gefüllten Schüsseln, aus denen alle mit großen Bechern schöpfen, wobei nach Wunsch weitere Schüsseln mit anderen mehr oder weniger starken Sorten Honigwein gebracht werden. Und ein drittes Mal schickt der Zar jedem einen Becher starken Honigwein oder Klarettwein. Zum Schluss, wenn der Zar das Speisen beendet, schickt er jedem ein viertes und letztes Mal einen Becher, der mit Melassehonig gefüllt ist; dies ist ein Getränk aus reinstem Honig, nicht stark, aber durchsichtig wie Quellwasser und sehr wohlschmeckend. Danach schickt der Zar jedem Gast eine Platte mit Essen, die selbiger nach Hause sendet."[70]

Die Essensordnung im 17. Jahrhundert unterschied sich von jener Zeremonie im 18. Jahrhundert. Tischfeste bei Hofe im 17. Jahrhundert begannen mit dem Braten, in der Regel mit Pfauenbraten[71] oder gebratenen Schwänen. Wenn es sie nicht zum Mittagessen gab, wurde dies als große Kränkung der Gäste empfunden.

Die Hauskost der Bojaren war einfach, kräftig und hatte keine große Vielfalt an Gerichten. Aber wenn ein Festessen stattfand, konnte es aus hundert und mehr Gerichten bestehen. Das Geschirr in den Bojarenhäusern des 16. und des 17. Jahrhunderts war vorzugsweise aus Holz mit vergoldeten Rändern.

Flüssige Speisen goss man bei Tisch in Schüsseln. Reiche Leute hatten silberne Schüsseln, andere hatten zinnerne und hölzerne Schüsseln. Die festen Speisen brachte man auf Platten verschiedener Form; je nach der Bestimmung hießen sie „Gänseplatte" oder „Schwanenplatte". Auf den Tisch stellte man das bereits portionierte Essen auf speziellen Platten, Untertassen genannt. Eine solche „Untertasse" war für zwei oder mehrere Menschen bestimmt. Das Gemüse trug man auf speziellen Obstplatten auf.

Getränke trank man aus Krügen, Bechern, Kelchen, Kellen, Tscharkas und Schnapsgläsern. Das Geschirr für die Getränke wurde aus Gold und Silber

Der Becher des Zaren Alexej I. 1653

Tscharka (Becher) der Zarin Anastasia Romanowna. Mitte des 17. Jahrhunderts

Kelch des Zaren Fjodor Alexejewitsch. Zweite Hälfte des 17. Jahrhunderts

Morosow, bekleidet mit einem Narrenkaftan, vor Iwan dem Schrecklichen. „Der Silberne Fürst" von A. K. Tolstoi, Stich von B. Putz nach einer Zeichnung von A. Semzow

gemacht, mit Ornamenten und Edelsteinen geschmückt, und oft hatten sie verschnörkelte Formen von Vögeln oder seltsamen Tieren. Im 16.–17. Jahrhundert stellte man Geschirr mitunter aus teuren Steinen her, wie Achat, Karneol etc.[72]

Eine große Seltenheit waren dann zinnerne Platten und Teller. Doch in jedem Bojarenhaus gab es unbedingt einen silbernen Kelch, den man den Gästen reichte, um auf die Gesundheit anzustoßen.[73]

Vor Beginn des Festmahles kam die Frau des Hausherrn heraus und verbeugte sich tief vor den Gästen und stellte sich zur Tür. Der Hausherr machte ebenfalls eine tiefe Verbeugung und bat, die Frau küssen zu dürfen. Daraufhin verbeugte sich jeder Gast tief und küsste die Gastgeberin, um sich beim Wegtreten nochmals zu verbeugen.

Die Gastgeberin brachte jedem Gast der Reihe nach einen Becher (Tscharka) Wein. Die Gäste setzten sich an den Tisch, der Hausherr hatte das Brot in Stückchen geschnitten und reichte sie den Gästen eigenhändig mit Salz, einem nach dem anderen. Dieses Ritual symbolisierte die Freundlichkeit und Gastfreundschaft. Es existierte der Volksglaube, dass Brot und Salz die bösen Geister abwehre und ihre Zauber breche. Nach der Verteilung des Brotes mit dem Salz trug man die Speisen in der gewöhnlichen Ordnung auf.

Teller verwendete man nicht oft; in den Häusern gab es auch nicht viele. Die Gäste aßen mit Löffeln (in den reichen Häusern waren sie silbern, mit Vergoldung oder mit Verzierungen an den Griffen). Die Stücke nahm man mit den Händen oder mit den zweizinkigen Gabeln. Man benutzte keine Servietten, die Hände wurden mit einem Handtuch oder mit dem Rand der Tischdecke abgewischt.

Auf den Tisch stellte man Salz in einem Salzfässchen, ein Essiggefäß, eine Pfefferdose, mitunter eine Senfdose.[74] Gewöhnlich aßen die Gäste zu zweit von einer Platte. Den Ehrengästen servierte man besondere Gerichte. Dem Hausherrn trug man stets eine gesonderte Platte auf, von der er Bissen an die Gäste weiterreichte, die neben ihm saßen. Den Gästen, die er nicht erreichen konnte, ließ er diese Stücke auf den Tellern von den Dienern überreichen. Diese Stücke waren ein Zeichen der Sympathie zu dieser Person. Gleichzeitig legte der Hausherr Speisen auf Platten und Teller, die er jenen Gästen nach Hause zukommen ließ, die aus irgendwelchen Gründen nicht gekommen waren. Der Diener übergab die Sendung des Hausherrn mit den Worten: „Damit du, Herr, auf die Gesundheit isst." Die Sendung abzulehnen, wäre als Beleidigung aufgefasst worden.

Ein Wesenszug eines russischen Gelages war im Allgemeinen der Überfluss an Gerichten und Getränken. Es galt derjenige als guter Wirt, der von allem reichlich auftischte. Dieser war bemüht, den Gästen möglichst viel einzuflößen, so dass man sie bewusstlos heimbrachte. Wer wenig trank, betrübte den Wirt. Man sollte nicht trinken, wie es die Hennen tun, sondern in vollen Zügen. Wer bereitwillig trank, zeigte dem Gastgeber seine Zuneigung.

Die Frauen zechten derweil mit der Gastgeberin, und ließen es sich derart wohl ergehen, dass auch sie mangels Bewusstsein nicht in der Lage waren, auf eigenen Füßen den Heimweg anzutreten. Am darauf folgenden Tag schickte die Gastgeberin ihren Diener, um Auskünfte über das Wohlbefinden einzuholen. „Danke für die Bewirtung", war in der Regel die Antwort, „ich war so lustig gestern, dass ich nicht weiß, wie ich mich nach Hause geschleppt habe!"

Andererseits wurde es jedoch als verwerflich erachtet, sich zu schnell zu betrinken. Das Festmahl war in gewisser Weise eine Schlacht des Wirtes mit den Gästen. Der Wirt wollte um jeden Preis den Gast betrunken machen. Die Gäste wollten sich nicht geschlagen geben, und lediglich aus Höflichkeit und nach hartnäckiger „Verteidigung" musste man sich für „besiegt" erklären. Manche Gäste, die nicht unbedingt den Drang zum Trinken verspürten, und nur dem Gastgeber zum Gefallen, heuchelten zum Ende des Essens Trunkenheit vor, um nicht weiter genötigt zu werden. Mitunter zwang man die Gäste auf den zügellosen Festmahlen gewaltsam, sogar unter Anwendung von Schlägen, zu trinken. Die Gelage dauerten lange bis in die späte Nacht hinein.

Im Anschluss an das Mittagessen ging das Trinkgelage weiter. Alle blieben auf ihren Plätzen. Der Wirt schenkte in seinen Becher Wein ein, stellte sich ohne Kopfbedeckung in die Mitte des Zimmers,

Oben: Die Gemächer der Bojaren Romanow. Trapesnaja (das Esszimmer)

Unten: Assemblée am Hofe Peters des Großen (rechts im Bild). Beehrung eines den Regeln zuwider handelnden Gastes mit dem Kelch des „Großen Adlers". Stich von I. Chelmizkij nach einer Zeichnung von N. D. Dmitrijew-Orenburgskij

Schnapsbecher (Stopa). Um 1730

hob den Becher bei gleichzeitigem Trinkspruch, um dann auf jedermanns Gesundheit anzustoßen. Man begann mit dem Zaren, später trank man auf die Gesundheit der Mitglieder der Zarenfamilie, den Bojaren, das Vaterland, auf die Gesundheit verschiedener Personen, je nach dem Zweck und Anlass des Festmahls.

Nachdem er ausgetrunken hatte, stellte der Wirt seinen Becher mit dem Boden nach oben auf seinen Kopf, damit alle sehen konnten, dass kein Tropfen übrig war, und wünschte dem mit dem Trinkspruch Bedachten aus tiefster Seele alles Gute und Gesundheit. Danach kehrte der Gastgeber an seinen Platz zurück und schenkte jedem der Gäste der Reihe nach einen Becher Wein ein. Der Gast stand vom Tisch auf, ging in die Mitte des Zimmers, trank auf die Gesundheit der Person, auf die ein Hoch ausgebracht wurde, dann setzten sich alle Gäste auf ihren Platz. Bei diesen Trinksprüchen sang man das slawische Mnogoletije, das den Wunsch eines langen Lebens und des Wohlergehens der genannten Person zum Ausdruck brachte. Es ist nicht schwer, sich vorzustellen, wie lange sich die Zeremonie hinzog. Wenn auf das Wohl des Herrschers angestoßen wurde, war es üblich, dessen vollen Titel zu nennen.

Derartige Festmahlzeiten waren der Gesundheit nicht gerade förderlich. Für diesen Fall existierte eine besondere Speise, die man „nach dem Saufgelage" und „verkatert" aß. Diese wurde wie folgt zubereitet: Kalten Hammelbraten schnitt man in Würfel, gab geschnittene Gurken und Pfeffer hinzu, begoss alles mit der Lake der Salzgurken und etwas Essig im Verhältnis 1:1 und aß es mit den Löffeln. [75]

Die festlichen und familiären Gelage bei frommen und gottesfürchtigen Personen unterschieden sich durch den gottseligen Charakter. Gewöhnlich brachte nach der Liturgie die Geistlichkeit das Kreuz, die Ikonen und Teile heiliger Reliquien in das Haus. Man weihte das Wasser, besprühte im Hause alle Ikonen, segnete mit Weihrauch des Ladanum (= Harz aus Zistrosen) alle Wohnräume, betete, und dann konnte das Essen beginnen.

Ganz im Gegensatz zum Gelage der zügellosen Leute. Diesen Festmahlzeiten wohnten mitunter auch die Frauen bei. Der Hausherr lud Guslispieler (Gusli = altrussisches Saiteninstrument) und Spielleute ein. Es ertönten die alten heldenmütigen Lieder, und später, wenn der Hopfen in den Kopf stieg, ging man auf ein „schneidiges", „frivoles" Repertoire über. Die Spielmänner erheiterten die Gesellschaft mit unanständigen Possenspielen und häufig mit „zweideutigen" Witzen. Sie lärmten, grölten, pfiffen, bespritzten einander mit Wein und nicht selten endete alles mit einer Schlägerei.

Die Eisrutschbahnen auf dem Admiralitätsplatz in Sankt Petersburg während der Fastnachtswoche. Zeichnung nach einer Lithographie

Nach dem Fasten. Das Schmücken des Ostertisches im Palais. Stich nach einer Zeichnung von A. Westfalen. 19. Jahrhundert

Die bäuerlichen Gastmahle anlässlich familiärer Feiern und der Feiertage nannte man „besonderes Bierfest", da es den Bauern erlaubte, Bier, Dünnbier und Honigwein für den Hausgebrauch zu brauen. Dies fand gewöhnlich viermal im Jahr statt: am Großen Tag, am Dmitrijewski-Samstag, zur Fastnachtswoche und zu Christi Geburt, bzw. an einem anderen Tag anstelle eines dieser Feiertage. Der Bauer hatte dieses Recht für drei Tage, manchmal sogar für eine Woche, außerdem wurde eine solche Erlaubnis aus Anlass von Taufen und Hochzeiten erteilt. Der Bauer musste um diese Erlaubnis bei der Obrigkeit tagelang ansuchen, wobei sie „nach Wahl" nur den besten Leuten gegeben wurde. Sobald die privilegierte Zeit abgelaufen war, versiegelten die Vorsteher der Kneipen die übriggebliebenen Getränke bis zum nächsten Feiertag. [76]

Große Veränderungen in der Kochkunst und in den Traditionen der Ernährung brachte das 18. Jahrhundert. Einerseits wurden zwar nach wie vor die russischen nationalen Traditionen geachtet, andererseits begannen sich ausländische Einflüsse bemerkbar zu machen.

In der Zeit Peters I. veranstaltete man festliche Mittag- und Abendessen nach dem Abschluss der Tänze auf Assemblées, wobei Männer und Frauen erstmals gemeinsam an einem Tisch saßen. Nach dem Tagesgeschäft fand sich die Gesellschaft zur Assemblée zwischen vier und fünf Uhr nachmittags ein. Nach europäischem Vorbild gab es bei einer Assemblée keinen gemeinsamen Tisch. Laut Anweisung war der Gastgeber, in dessen Hause die Assemblée stattfand, verpflichtet, genügend Raum für den Empfang der Gäste zu schaffen und Getränke, Kerzen und Spiele zur Verfügung zu stellen. Zar Peter I. mochte keine Karten, weswegen das Kartenspiel auf einer Assemblée schlicht untersagt wurde und man somit überwiegend Dame und Schach spielte. Peter I. war seit frühester Kindheit ein begeisterter Verfechter des Schachspiels und spielte selbst auch gern. Ferner war der Herr des Hauses und Gastgeber angehalten, die Gäste nicht zum Essen und Trinken zu nötigen, sondern ihnen lediglich zu erklären, was im Hause zur Bewirtung vorbereitet worden war. „Auf den Assemblées", berichteten Ausländer, „wird niemandem mehr Wein oder Wodka angeboten, als er selbst will, ausgenommen jene Fälle (die nicht gerade selten sind), in denen den festgelegten Gepflogenheit zuwider gehandelt wird."[77]

Peter der Große selbst liebte es, sich zu amüsieren, und übernahm aktiv häufig die Pflichten des

M. Sitschi. Feierliches Mittagessen in der Granowitaja-Kammer. 1880–1890

Ordners, alkoholische Getränke sowohl während der feierlichen Anlässe als auch bei belustigenden Veranstaltungen einsetzend.

Viele Veranstaltungen hatten ein bestimmtes Reglement, dessen Verletzung zwangsweise als Bestrafung zur Folge hatte, eine große „Dosis" einfachen Kornweines austrinken zu müssen. Von einer solchen Strafe waren sogar die Damen nicht befreit.

Sogar während des festlichen Promenierens im Sommergarten beehrte man die Besucher mit Wein, und sogar die Damen durften dieser „Gastlichkeit" nicht ausweichen. In den Garten brachten Gardisten auf einer Trage einen großen Waschbottich, der mit einfachem Kornwein gefüllt war. An einen Gast nach dem anderen herantretend, brachten sie einen vollen Schöpflöffel, der auf die Gesundheit des Obersten Befehlshabers, womit der Zar gemeint war, auszutrinken war. Die eher ablehnenden Gäste zwang man zu trinken. Für die Zeit der „Bewirtung" wurde der Garten verschlossen, und niemand durfte ihn ohne Erlaubnis des Zaren verlassen.[78]

Allerdings sei angemerkt, dass die Trunksucht nicht nur für Russland charakteristisch war, sondern damals in ganz Europa herrschte. Und auch später, unter anderem in Wien, arteten die Bälle am Hofe der Kaiserin Maria Theresia mitunter in fürchterliche Orgien aus.[79]

Die Tischkultur unter Peter I. unterschied sich durch die Orientierung auf europäische Vorbilder des weltlichen Alltags. Man musste sich an neue Gerichte und Getränke (Kaffee!) gewöhnen, sich die elementaren Regeln der Etikette aneignen und lernen, das Gespräch bei Tisch zu führen. Und dies sollte in einem Lande geschehen, in dem es nicht einmal Tischbestecke gab! Mittels beinahe gewaltsamer Maßnahmen veränderte Peter I. schnell die weltliche Gesellschaft. Die Versuchsgelegenheiten zur Nachahmung waren der Hof und die höfischen Festtage. In den 30er-Jahren jenes 18. Jahrhunderts hatte man bei Hofe und in den Häusern der Aristokratie französische Köche eingestellt, während in der Kochkunst unmittelbar nebeneinander die Traditionen der herkömmlichen russischen Küche, der französischen Küche und der deutschen Küche koexistierten.[80]

In der Mitte des 18. Jahrhunderts und später bildeten sich verschiedene Arten großer Feste heraus. Adlige Feste wurden häufig vor den Augen der Stadtbüger veranstaltet.

Es gab Feste, die speziell für das einfache Volk veranstaltet wurden. Die belustigenden Veranstaltungen mit Karussells, Schaukeln, Jahrmarktsbuden und Rutschen wurden entsprechend den staatlichen Verordnungen und Instruktionen zu ihrer Durchführung organisiert. Neben üblichen Festen gab es darüber hinaus staatliche Feste, in deren Rahmen für die Allgemeinheit der kostenlose Ausschank von Wein und Bier an das Volk ein wichtiger Bestandteil war, nicht selten in Form von Fontänen.[81] Die Poesie des 18. Jahrhunderts ließ diese Vergnügen nicht außer Acht, wie etwa I. P. Dmitrijew im Gedicht „Die Wundersame":

....

Doch hörte ich, dass die russischen Bojaren
Schloss und Riegel wohl geöffnet haben.
Nicht mehr die Frau in den Gemächern vorenthalten,
so sei es denn, möge frei die deutsche Mode walten.
Schon erlaubt man ihnen, der Freiheit Angenehmes zu erleben;
und ohne in Gefahr zu schweben,
wirklich überall zu sein,
mit dem Hausfreund oder ganz allein
Und auf der Schaukel am hellsten Sonntag sich zu wiegen,
und das Puppentheater zu besuchen, nur keine Langweil, nein,
und in der Bäume Schatten still zu liegen

Die Grobheit der Sitten, durch die sich die Epoche Peters des Großen hervorhob, begann unter der Herrschaft der Zarin Elisabeth allmählich zu verschwinden, wohl zum Teil aufgrund der Allgegenwart der Damen in der Männergesellschaft. Die Assemblées verwandelten sich nach und nach in rauschende Bälle, „die den eleganten Festen in Versailles in ihrer Noblesse kaum unterlegen sind." [82]

Im Laufe der Herrschaft der Zarin Anna Johannowna (1730–1740) wurde jeder höfische Feiertag, wie ehedem, von einem feierlichen Tischfest begleitet. Der Einfluss der europäischen Mode war nunmehr auch in der Aufstellung der Tische im Saal, in der Bedienung der Tische sowie auf der Speisekarte spürbar. Die dem Hof von Versailles entlehnte Anordnung der Tische nannte man figurale Anordnung. Die Tische ordnete man in Form einer Figur an, die oft den konkreten Feiertag oder den Anlass symbolisierte, zu welchem die Mittags- oder Abendtafel veranstaltet wurde. Zum Geburtstag der Zarin im Jahre 1738 stellte während des großen Palastfestes ein doppelköpfiger Adler eine solche Figur dar. Man begann, die Tische mit Blumen und die Säle mit Bäumen zu schmücken. Die seinerzeit gefragtesten Architekten entwarfen diese Tischfiguren. Die Tischdecken für die Parademittagessen schnürte man kunstvoll mit scharlachroten und grünen Bändern ein und schmückte sie mit bunten Stecknadeln, während die Tischflächen mit verschiedensten Figuren und „Accessoires" geschmückt wurden, etwa mit künstlichen Blumen in „chinesischen" oder „italienischen" Aufbauten.

Ganz oben: L. O. Pasternak. Imbiss bei Kortschagins. Zeichnung zum Roman von Leo N. Tolstoi „Auferstehung"

Oben: Das Gebäude des Englischen Clubs in Moskau in der Straße Twerskaja

Die Bewirtung auf den höfischen Gelagen war stets üppig, jedoch ziemlich einseitig: das Mittag- und Abendessen wurde gewöhnlich aus allen möglichen Speisen, wie unter anderem Rindfleisch, Kalbfleisch, Schinken, Wild, Störe, die einen Arschin (etwa 70 cm) maßen, Hechte und anderer Fisch, Pilzgerichte, Pasteten mit der leckeren Bezeichnung „Eberköpfe in Rheinwein", Spargel und Erbsensuppe, gereicht. Alle Speisen waren reichlich mit Nelken, Pfeffer und Muskatnuss gewürzt.

An Süßigkeiten wurden „Schalej" (Gelee), Eis, Konfekt, Zuckerbrot, verschiedenste Konfitüren,

W. I. Nawosow. Ball des Moskauer Adels in der Adelsversammlung am 21. Mai 1896

Fruchtgelee, Baisers, Ingwer in Melasse, Früchte, Maronen, Nüsse etc. verspeist.

An Getränken servierte man Wodka verschiedener Sorten, zum Beispiel Prikasnaja, Danziger, Bojarenwodka, so genannte imitierte Weine, das heißt verschiedene Branntweine, Fruchtliköre, Liköre, die in den Reservekellern des Palastes von speziellen Wodkameistern kopiert wurden, verschiedene Sorten Ratafia, und Weine, wie Rheinischen Wein, Barsak, ungarischen, portugiesischen, spanischen Wein, sowie Champagner, Bier, Halbbier, Honigwein, Kwas, saure Krautsuppe etc.[83]

In der zweiten Hälfte des 18. Jahrhunderts überließ die russische nationale Tradition zusehends ihre Position der europäischen Tradition. Unter dem Einfluss der ausländischen Mode wurde immer größere Präferenz der französischen Küche gegeben, und es wurde die französische Ordnung des Servierens der Gerichte genehmigt.

Jetzt bestand die russische Tafel aus vier Gängen. Zum ersten gehörten verschiedene kalte Gerichte, zum zweiten heiße Gerichte und Brühen, zum dritten gebratene Speisen und zum vierten die Kuchen. In jedem Gang waren Dutzende von Gerichten, so dass unter anderem ein winterliches Abendessen für fünfzig Personen aus mehr als achtzig Gerichten bestand.[84] Alle Speisen eines Ganges wurden gleichzeitig auf den Tisch gestellt.

Unter der Regierung von Katharina II. (1762–1796) prahlten viele Würdenträger mit ihren auserlesenen Tischen. Zu ihnen gehörten G. A. Potemkin., A. S. Stroganow, A. I. Osterman und K. G. Rasumowski. Beim Fürsten Potemkin gab es an die zehn Hauptköche verschiedener Nationalität, vom Franzosen bis hin zum Moldawier. Der hauptstädtische Adel interessierte sich nicht nur für die Rezepte der kulinarischsten Gerichte, sondern vor allem auch für die Frage, wie man ein Essen möglichst effektvoll in Szene setzt. Und so wetteiferten die Würdenträger der Zeit von Katharina II. aktiv in der Freigiebigkeit, den Fantasien und der Pracht ihrer Mittagessen.

Graf Alexander Sergejewitsch Stroganow gab sonntags seine berühmten Mittagessen. Der Graf besaß eine Gaststätte, die in römischem Geiste gehalten war. Die Gäste konnten es sich in den Logen im Liegen bequem machen, indem man den Ellbogen auf Kissen stützte. Die Tische aus Marmor mit einem Mosaik oder aus Edelholz waren mit Gold-, Silber- und Kristallgeschirr beladen. Die Gerichte waren nicht sehr abwechslungsreich, jedoch waren sie allesamt von auserlesener Güte. Im ersten Gang wurden appetitanregende Gerichte aufgetragen: Kaviar, Radieschen, Pflaumen, Granatäpfel u. a. Nur selten gab es die „Wangen des Herings" – zu deren Zubereitung man mehr als eintausend Fische benötigte.

Der zweite Gang bestand ebenfalls aus eher seltenen Gerichten wie Elchlippen, gekochte Bärentatzen, gebratener Luchs, gefolgt von auf Honig und Butter gebratenem Kuckuck oder Lurch sowie Heilbuttleber. Als dritten Gang gab es Austern oder mit Nüssen und Feigen gefülltes Wildbret. Als Salate präsentierte man gesalzenen Pfirsich, damals seltene Ananasfrüchte in Essig usw.

Nach dem Abendessen begann das Gelage. Um den Durst anzuregen, gingen die Gäste sogar in das Badehaus (wo der Organismus die Feuchtigkeit verlor) und aßen den salzigen, gepressten Kaviar. Bei einem solchen Zechgelage wurde ein Zar gewählt, der über überdurchschnittliche Fähigkeiten in der Kunst des Trinkens verfügen musste. Als anerkannter Zar der Trinker galt seinerzeit der Kaufmann I. G. Roschkow, der darüber hinaus ein ausgezeichneter Sänger war. [85]

Zu Zeiten Katharinas waren starke Kontraste charakteristisch: die Einfachheit und das Maßhalten bezüglich der täglichen Mahlzeiten der Zarin einerseits sowie der grenzenlose Prunk der Tafel ihrer Würdenträger andererseits. Sie unterschied sich durch die Mäßigung im Essen und zog es vor, an ihrem runden Tisch eine kleine Gesellschaft der ihr nahestehenden Personen zu sehen. Auf den Tisch wurden vier goldene Becher gestellt, und manchmal stand vor der Herrscherin ein Topf mit russischer Krautsuppe, den man in eine Serviette schlug und mit einem goldenen Deckel bedeckte. Diese Krautsuppe verteilte sie auf die Teller, wobei sie allgemein mit einem goldenen Besteck aß, im Gegensatz zu ihren Tischgästen, die ein silbernes Besteck hatten.[86] Das Mittagessen begann um ein Uhr und gewöhnlich wurden drei oder vier Gerichte aufgetischt. Katharina II. trank reines Wasser, wobei sie erst später begann, „auf ihre alten Tage und insbesondere auf Anraten des Doktors ein Glas Madeira-Wein am Tag" zu trinken. „Sie aß fette Speisen und liebte Rindfleisch mit Salzgurken." Gewöhnlich speiste sie nie zu Abend, ausgenommen an Feiertagen. Vor dem Einschlafen trank sie ein Glas abgekochtes Wasser.[87] Katharina II. war eine große Kaffeefreundin und trank gerne sehr starken Kaffee.

Paul I. (1796–1801) und seine Söhne waren im Essen ebenfalls bescheiden. Im Kampf gegen den Prunk und im Bemühen, seine Untertanen zur Mäßigung anzuhalten, hatte Zar Paul die Anzahl der Speisen bestimmt, die jeder Stand und aktive Dienstgrad bei Tisch haben durfte. Er verzichtete strikt auf auserlesene Gerichte und ernährte sich sehr bescheiden. Zu Mittag trank er „reines Newawasser" und aß zwei oder drei einfache, jedoch gesunde Gerichte.

Ab der Mitte des 19. Jahrhunderts bestanden in Russland die beiden Systeme des Servierens, das

I. Nawosow I. Das Mittagessen für die Gemeindebezirksvorsteher beim Peter-Palais am 18. Mai 1896. Authentische Zeichnung

französische System und das russische System, weiterhin nebeneinander. Gemäß dem französischen System bestand das Mittagessen aus mehreren Gängen. Auf den Tisch stellte man der Reihe nach alle Gerichte jedes Ganges. Dort verblieben sie eine gewisse Zeit, nach der man sie vom Tisch nahm, um sie aufzuwärmen, falls notwendig, zu portionieren und dann den Gästen erneut zu reichen. Nach jedem Wechsel wurde die Tafel erneut eingedeckt.

Erster Gang: Suppe, leichte warme oder kalte Hors d´Oeuvres, heiße Gerichte, die sich vom Hauptgericht unterschieden (z. B. Fisch, wenn beim zweiten Gang Fleisch gereicht wurde).

Zweiter Gang: zwei unterschiedliche Gerichte, zumeist ein Braten von einem großen Stück Fleisch und Wild bzw. Geflügel.

Dritter Gang: Salate und andere Gemüsegerichte.

Vierter Gang: Desserts, wobei abschließend Käse und Obst aufgetragen wurden.

Nach dem russischen System trug man die Gerichte der Reihe nach auf, sie waren bereits angewärmt und portioniert, so dass sie „just in time" gereicht wurden. Der Tisch war in der Regel mit Früchten und Blumen geschmückt.[88] Vor Eröffnung des Mittagstisches wurden die kleineren Leckerbissen und die Getränke dazu aufgetragen: Wodka, Weinbrand, geräucherter Fisch, Lachs, Kaviar, Butter, verschiedene Käsesorten, Schinken etc. Das Mittagessen begann mit der Suppe und endete mit Süßigkeiten wie Kuchen, Konfekt, dazu wurde Kaffee sowie Früchte oder Beeren etc. gereicht. [89]

Zu Beginn des 19. Jahrhunderts trat eine Wende in der russischen wie auch in der französischen Küche ein. An die Stelle prunkvoller Festessen unter großer Beteiligung traten kulinarische Mittagstische in kleinerem Kreise ausgewählter Personen. Großen Einfluss auf die Formierung der neuen Ansichten zum Mittagstisch an sich hatten die entstehenden Restaurants im Paris der 70er-Jahre des 18. Jahrhunderts genommen. In Russland wurden zu Beginn des 19. Jahrhunderts zunächst französische, italienische, später auch russische Restaurants eröffnet. Lange Zeit war das Restaurant ein Ort, an welchem die Herrschaften von Adel zu speisen beliebten, die keinen „eigenen Tisch" hatten, womit man die Junggesellen meinte. Seinerzeit war es Mode, Mitglied eines Prestigeclubs (Englischer Club, Kaufmännischer Club, Adelsversammlung) zu sein und dort sowie an anderen öffentlichen Orten zu Mittag zu speisen. Im Englischen Club versammelten sich die höchsten Kreise, im Kaufmännischen Club und in der Adelsversammlung die zweite Gesellschaft, während sich im Deutschen Club vor allem Ausländer verschiedensten Standes trafen. Die Mittagessen in den Clubs waren verhältnismäßig billig, außerdem gab es eine große Anzahl Zeitungen, auch verschiedenen Karten- und sonstigen Gesellschaftsspielen wurde gefrönt. Natürlich waren die Clubs, außer bei Tanzveranstaltungen, der Herrenwelt vorbehalten.

Im Restaurant gab es im Unterschied zu einem privaten Festmahl keinerlei theatralische Förmlichkeiten und Überraschungen. Es war nunmehr ein Ort, an welchem man sich bei Tisch unterhalten und gleichzeitig speisen konnte, ein Treffpunkt der Feinschmecker. Später, im 20. Jahrhundert, wurde das Restaurant zu einem Ort festlicher Mittag- und Abendessen.[90]

Das Mittagessen im russischen Stil fing stets mit einem Appetithappen an. Ab 1860 griff dieser russische Stil des Servierens und des kleinen „Imbisses" vor dem Mittagessen auf Frankreich und ganz Europa über. Die Tischbedienung im russischen Stil war praktischer und bequemer als andere, sie verwischte die Grenzen zwischen den einzelnen Gängen, die auf den einfachen Wechsel der Teller und der Bestecke zurückzuführen waren. Die Tische mit etwas anderem, als mit Obst und Geschirr zu schmücken, wurde seinerzeit als unangemessen erachtet.[91]

In Russland servierte man den Imbisstisch in einem speziellen Raum, den man als Buffet bezeichnete. In Frankreich wiederum brachte man den Gästen diesen Snack auf einem Tablett geradewegs an den Tisch.

So ein russisches Buffet mit allerlei Appetithäppchen als Entree konnte der Zusammensetzung nach sehr mannigfaltig sein. Als Zeugnis dessen seien an dieser Stelle die Mittagstische genannt, die an den Festtagen der Konteradmiral S. P. Roschdestwenskij veranstaltete, der im russisch-japanischen Krieg Oberbefehlshaber der zweiten Pazifikflotille war. Auf dem Tisch, der mit einer schneeweißen Tischdecke eingedeckt war, stellte man Teller aus teurem Porzellan, Kristallgläser, große, mittlere und kleine Pokale und teilte verschiedenste Messer und Gabeln aus. Dann servierte man die Imbisse auf den Tisch: perlmuttfarben schillerndes Störfilet, hochroten Lachs, rosigen Schinken, Rahmbutterstückchen in Blumenform, Haselhühnerpastete, gepressten Kaviar, schwarz wie Achat, sowie frischen graukörnigen Rogen, mit Gemüsebouquets garnierte Salate, Salzgurken der Firma „Njeshinskij" wie auch frische smaragdgrüne Gurken, ferner umschichtig gelegte Tomatenscheiben und spanische Zwiebelringe, mit ein wenig ägyptischem Pfeffer bestäubt, silberne Sardinen in provençalischem Olivenöl, auf Eis gelegte Austern, Langusten und Hummer, verführerisch duftende Sprotten, mariniertes Spanferkel, das nach der Portionierung wieder zusammengesetzt wurde. Die Krönung der riesigen Platte war eine Auerhenne. Zum Imbiss wurden lediglich starke alkoholische Getränke angeboten: Smirnoff-Wodka, Ebereschenbeerenwodka, Wisentwodka mit Grashalm, Englischer Bitterer.[92]

Bei einem Mittagessen im Restaurant gingen die Herren, bevor sie ihre Plätze am Tisch einnahmen, an das Buffet, um sich erst einmal zu stärken, wobei sie neben den Leckerbissen vor allem dem Wodka huldigten.

Der französische Schriftsteller und Kritiker T. Gautier (1811–1872), der ein Moskauer Restaurant gegenüber dem Kreml besuchte, beschrieb das Buffet mit folgenden Worten: „Im ersten Raum befand sich etwas, das einer Bar ähnelte, übersät von Flaschen mit Kümmel, Wodka, Cognac und Likören, von Kaviar, Heringen, Anchovis, geräuchertem Rindfleisch, Hirsch- und Elchzunge, Käse, Marinaden und allerlei weiteren Delikatessen, die dazu bestimmt waren, vor dem eigentlichen Mittagessen den Appetit anzuregen."[93]

Auch bei den Mittagstafeln in privaten Häusern gingen die Männer zunächst an den Tisch mit dem Buffet, das voll von verschiedensten Sorten Wodka, Käse, Kaviar aller Art, Heringen, Konserven sowie Tellern mit kleinen Scheibchen französischen Brotes war. Die Damen blieben vorerst im Wohnzimmer, um die Männer beim Trinken nicht zu stören, und begaben sich erst dann ans Buffet, um gemeinsam mit der Gastgeberin eine Kleinigkeit zu sich zu nehmen.[94]

Wirtshäuser besuchte hauptsächlich die Kaufmannschaft, und gerade dort war die russische nationale Tradition in größtem Maße erhalten geblieben. Im Jahre 1897 (oder 1898) aßen W. A. Giljarowskij und zwei seiner Freunde in dem berühmten Wirtshaus von Testow in Moskau zu Mittag. Die Speisekarte des Mittagessens vermittelt eine Vorstellung über den gastronomischen Reichtum der russischen Küche und die Traditionen des Tafelns.

Das Mittagessen fing mit dem Imbiss an. Hierzu wurde gekühlter Smirnoff-Wodka auf Eis, Englischer Bitterer Wodka, Ebereschenbeerenlikör von Schustow und Portwein Löwe № 50, je eine kleine Flasche Pikon (alkoholisches Getränk) und Ale gereicht. Als Imbiss gab es: luftgetrockneten Schinken, der in hauchdünne rosige Scheiben geschnitten war, Kürbis mit Gurken, gebratenes Hirn auf Schwarzbrot, zwei silberne Schüsseln mit grauem körnigen und schwarz glänzenden Kaviar der Marke Atschujewski (Fischereibetrieb am Asowschen Meer), gepressten Kaviar und eine mit Zitronendreiecken garnierte Lachsplatte. „Wir begannen", schrieb Giljarowski, „zuerst mit dem Hering, dann kam der Atschujewski-Kaviar an die Reihe, anschließend der körnige Kaviar mit einer winzigen Dorschleberpastete, dazu je ein Weinglas weißen kalten Wodkas Smirnoff mit Eis, dann dasselbe, allerdings mit Pikon gefärbt, woraufhin wir den Englischen Wodka zum Hirn sowie den Wisentwodka Subrowka zum Salat Olivier tranken. Nach jedem Weinglas wechselte man die Tellerchen für den nächsten Imbiss. Der Kellner Kusma schnitt vom Räucherschinken ab, die Handlanger schöpften mit den silbernen Löffeln den körnigen Kaviar und legten ihn auf die kleinen Tellerchen. Der rosige Lachs wurde vom bernsteinfarbenen Stör abgelöst. Jeden Happen spülten wir mit einem kleinen Glas Ale nach.

Allmählich verschwanden die Imbisse, und an ihrer Stelle kamen nun Teller aus teurem Porzellan, das Silber der Löffel und Gabeln glänzte im Licht, am Nachbartisch dampfte die Seljanka, eine Suppe aus Störfleisch, und man sah bereits, wie runde rosige Dorschleberpasteten „Rasstjegai" aufgetischt wurden. Darüber hinaus gab es Bouletten „à la Jardinière" aus Kalbfleisch und während der Zubereitung mit Wodka flambiertes und daher knuspriges

A. M. Wasnjezow.
Die Speisekarte des Mittagessens für die Gemeindebezirksvorsteher beim Peter-Palais am 18. Mai 1896

Spanferkel mit Püree. Und als Intermezzo zu den Fleischgerichten wurde noch Lachsfilet mit Spargel angeboten."[95]

Auch am Zarenhof änderten sich im 19. Jahrhundert die Sitten. Während die Mahlzeiten im 18. Jahrhundert unter dem Einfluss des französischen Hofes in Theatervorstellungen umgewandelt wurden, aß Nikolaus II. (1894–1917) keineswegs vor aller Augen zu Abend. Er machte unter den geladenen Gästen die Runde, um einige von ihnen gesondert anzusprechen und setzte sich zu ihnen an den Tisch, um zu plaudern. Bei jedem Tisch, an den sich der Zar zu setzen beabsichtigte, ließ man einen freien Sessel. Nach Abschluss des Abendessens hakte sich der Herrscher bei der Zarin ein und begleitete sie in den Nikolai-Saal. Dort begann der letzte Kotillon, ein französischer Gesellschaftstanz. Später zog sich das Herrscherpaar unbemerkt in seine Gemächer zurück.

Die tägliche Mahlzeit der erlauchten Personen hatte Kammercharakter, womit sie sich von fest-

Kameradschaftsessen des Pagenkorps Ihrer Kaiserlichen Majestät. 1914

Die Goldene Hochzeit des Fürsten A. A. Kurakin und der Fürstin E. M. Kurakina. 1914

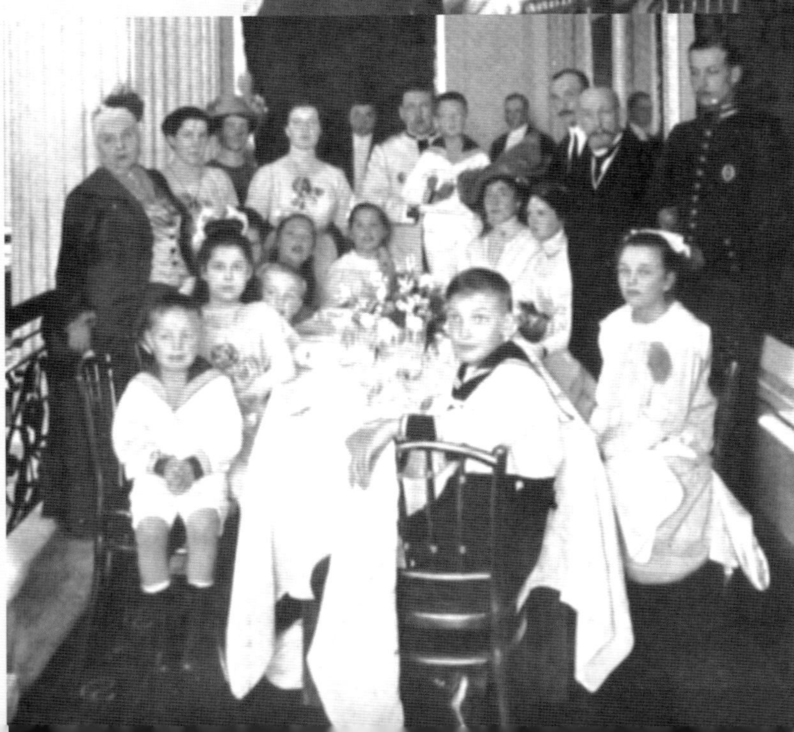

lichen Mahlzeiten unterschied, war jedoch nie einsam. Das alltägliche Zeremoniell des Frühstücks und des Mittagessens hatte eine deutliche Struktur. Der höchste Tisch wurde in drei Klassen unterteilt: der erste Tisch wurde für die höchsten Herrschaften und das Gefolge eingedeckt, der zweite Tisch für den Hofmarschall und die an den Hof geladenen Würdenträger, der dritte Tisch für die Dienerschaft.

Das Frühstück trug man mittags auf, das Gefolge nahm in voller Anzahl fünf Minuten vor der genannten Zeit seinen Platz am Tisch ein. Nikolai II. trat ein, grüßte und trat an den Tisch mit den Imbissen heran. Diese aß man stehend, und jeder bediente sich selbst. Die Karte des Buffets umfasste an Kaltgerichten obligatorisch Kaviar, Stör, Hering und Kanapees, zwei bis drei warme Gerichte: Würstchen in Tomatensauce, warmen Schinken, Dragomirow-Püree, benannt nach General Dragomirow, einem Lehrer des Zaren usw.

Auf dem Tisch standen Karaffen mit Wodka, Wein und anderen Getränken. Am Imbissbuffet verbrachte man etwa 15 Minuten. Dann nahmen alle entsprechend der vorgegebenen Ordnung ihren Platz am Tisch ein.

Man trug zwei Gerichte in zweierlei Art auf: Eier oder Fisch, Fleisch oder Geflügel. Das zweite Gericht wurde von Gemüse oder Salaten begleitet. Der Höhepunkt des Frühstücks war Kompott, Obst und Käse. Den Kaffee und Tee trank man in anderen Sälen, stehend und sprechend, der Kaiser sprach mit den zum Frühstück geladenen Gästen, die Kaiserin sprach mit den Hoffräulein.[96]

Das Erscheinen zum Mittagessen wurde auf acht Uhr abends festgelegt. Alles fing mit der Suppe in Begleitung der Vol-au-Vent, einer Fleischpastete in Blätterteigkörbchen, ferner Pasteten oder kleinen Toast mit Käse an. Dann trug man Fisch, das Wildbret oder Hähnchen, Gemüse und Salate, Süßigkeiten, Früchte und Speiseeis auf.

Die Vielfalt der Gerichte hing vom Kalender ab. An Festtagen nahm die Anzahl der Gerichte entsprechend den Regeln der europäischen Küche zu. An kirchlichen und Volksfeiertagen gab es jeweils typische Gerichte, die sich auf das konkrete Ereignis bezogen, wie die Pfannkuchen oder Krapfen in der Fastnachtswoche usw. Ein eigenartiges Gericht war Kalatsch, ein rundes weißes Brot. Diese Brote, Kalatschi, gab es zu festlichen Mittagessen. Man schickte sie im Namen des Zaren als Ausdruck seiner Hochachtung den Patriarchen, Metropoliten, Greisen. Man reichte sie an Namenstagen, dankte mit ihnen den Dienern und beschenkte bettelarmen Leute.

Das Reglement des alltäglichen höchsten Tisches war noch von Alexander II. (1855–1881) genehmigt worden und hielt bis zum letzten Tage der kaiserlichen Macht. Die Frühstücke und die Mittagessen dauerten genau 50 Minuten ohne jedwede Abweichungen. Die Gerichte wurden pausenlos aufgetragen. Sobald man mit dem Fisch fertig war, stellte man sofort den Braten auf den Tisch. Das Reglement der feierlichen Mittagessen war strenger und deutlicher, allerdings dauerten sie länger und die Anzahl der Gerichte war größer als üblich. Die Anwesenheit der Untertanen auf den Feiern und Mittagessen war eine Fortsetzung ihres Dienstes dem Herrscher und dem Staat gegenüber.[97]

Wodka wurde sowohl zum höchsten Tisch als auch anlässlich festlicher Empfänge serviert.

„Zur Bewirtung Ihrer Majestät nebst Gemahlin" während ihres Aufenthaltes in Gatschina vom 19. Oktober bis zum 22. Oktober 1840 trug man zum Frühstück Rewelski-Wodka und Traubenweine auf.[98] In die Gemächer Ihrer Hoheit, der Großfürstin Maria Nikolajewna, wurden Madeira, Xereswein, Porter, Rum, weißer Honigwein und Moosbeerenhonigwein, Rewelski-Wodka, süßer Wodka, Wodka der ersten und dritten Sorten gebracht.[99]

Zu den festlichen Tafeln im Palast trug man in der Regel vor dem Essen Rewelski-Kümmelwodka zur Anregung des Appetits auf. Die Kümmelwodkas und süßen Wodkas der drei Sorten gab es gleichbleibend zur mittäglichen und abendlichen Tafel für die Kavaliere in Gatschina.[100] Zum Vergnügen der Gäste, des Darmstädter Gesandten, des Fürsten Wittgenstein mit seinem Gefolge, der in Gatschina vom 22. Juli bis zum 24. Juli 1840 weilte, wurden aus den Zarenkellern Liköre, Champagner, Creme, Barsak, Wodkas der drei Sorten, weißer Honigwein, roter Honigwein und saure Schtschi (althergebrachtes russisches Getränk aus Honig und Malz, eine Abart vom schäumenden Kwas) herausgegeben.[101]

Insgesamt symbolisierten das Zeremoniell des höchsten Tisches und sein nationaler Inhalt (in Form der Gerichte und Getränke) die Einigkeit der Teilnehmer der Mahlzeit, die ihre Wurzeln in der Volkstradition hat. In der russischen Tradition begannen alle großen Dinge mit einem Festmahl.

[1] Pryschow I.G. Dorfkrug: Historischer Überblick/Pryschow I.G. Überblicke, Artikel, Briefe. Sankt Petersburg; M., 1934. S. 219.

[2] Pryschow I.G. Dorfkrug: Historischer Überblick/Pryschow I.G. Überblicke, Artikel, Briefe. Sankt Petersburg; M., 1934. S. 220.

[3] Pryschow I.G. Die Geschichte der Kabaks in Russland in Verbindung mit der Geschichte des russischen Volks; Sankt Petersburg; M., 1868. S. 31 - 32.

[4] Schejn P.W. Material für das Studium des Alltags und der Sprache der russischen Bevölkerung der nordwestlichen Region. Bd. 3. Sankt Petersburg, 1902. S. 102 - 103.

[5] Schejn P.W. Material für das Studium des Alltags und der Sprache der russischen Bevölkerung der nordwestlichen Region Bd. 3. Sankt Petersburg, 1902. S. 18., 104 - 106.

[6] Pryschow I.G. Die Geschichte der Kneipen in Russland in Verbindung mit der Geschichte des russischen Volkes; Sankt Petersburg; M., 1868. S. 36 - 37.

[7] Das Domgesetzbuch 1649. Leningrad, 1987. S. 133 - 135.

[8] Die kleine Kneipe/Amüsantes. 1877. No 8. S. 120

[9] Pryschow I.G. Die Geschichte der Kneipen in Russland in Verbindung mit der Geschichte des russischen Volkes; Sankt Petersburg; M., 1868. S. 49.

[10] Pryschow I.G. Die Geschichte der Kneipen in Russland in Verbindung mit der Geschichte des russischen Volkes; Sankt Petersburg; M., 1868. S. 50.

[11] Borodin D.N. Die Kneipe und ihre Vergangenheit; Sankt Petersburg; M., 1910. S. 40.

[12] Bjelousow I.A. Das verschwundene Moskau/Das entschwundene Moskau: Erinnerungen von Zeitgenossen an das Moskau der zweiten Hälfte des 19. Jahrhunderts. M., 1964. S. 310.

[13] Pryschow I.G. Die Geschichte der Kneipen in Russland in Verbindung mit der Geschichte des russischen Volkes. Sankt Petersburg; M., 1868. S. 126

[14] Statutarische zaristische Urkunde zum Verkauf alkoholischer Getränke auf dem Krughof in Uglitsch/Akten aus der Sammlung der Bibliotheken und Archive des Russischen Imperiums über die Archäologische Expedition der Kaiserlichen Akademie der Wissenschaften. Bd. 4; 1645 - 1700. Sankt Petersburg, 1836. S. 59.

[15] Schklarewskij A.A. Der Abgefeimte./Schklarewskij A.A. Gesammelte Werke. Sankt Petersburg, 1881. S. 355.

[16] Smirnoff M.I. Die staatlichen Kneipen und die Gasthöfe in Nischnij Nowgorod des 17. Jahrhunderts. Nischnij Nowgorod, 1913. S. 70.

[17] Ditjatin I. Die zaristische Kneipe des Moskauer Staates/Der russische Gedanke. 1883. Buch IX. S. 482.

[18] Kostomarow N.I. Der Überblick des häuslichen Lebens und der Gebräuche des großrussischen Volkes im 16. - 17. Jahrhundert und altehrwürdigen Landesversammlungen. Sankt Petersburg, 1906. S. 111.

[19] Pryschow I.G. Unser soziales Leben/Überblicke, Artikel, Briefe. Sankt Petersburg; M., L., 1934. S. 212 - 213.

[20] Akten, die in den Bibliotheken und Archiven gesammelt sind. Bd. 4. Sankt Petersburg, 1836. S. 59.

[21] Olearius A. Die ausführliche Beschreibung der Reise der Holsteiner Gesandtschaft nach Moskowien und Persien im Jahre 1633, 1636 und 1639, zusammengestellt vom Sekretär der Botschaft A.Olearius/Übersetzung aus dem Deutschen von Barsow P. M., 1870. S. 181 - 182.

[22] № 1655. Über die Einführung der Kneipen in Sibirien/ Vollständige Gesetzessammlung des Russischen Imperiums. 1. Slg., Bd. 3.; Pryschow I.G. Die Geschichte der Kneipen in Russland in Verbindung mit der Geschichte des russischen Volkes. Sankt Petersburg; M., 1868. S. 105 - 106.

[23] Borodin D.N. Die Kneipe und ihre Vergangenheit; Sankt Petersburg; M., 1910. S. 46 - 47.

[24] Turgenew I.S. „Die Sänger"/ Memoiren eines Jägers. M., 1984. S. 202, 206.

[25] № 22109 Die Bedingungen für die Erhaltung der Pacht des Verkaufes alkoholischer Getränke von 1811 bis 1815/Vollständige Gesetzessammlung des Russischen Imperiums. 1. Slg., Bd. 29

[26] Sokolow S.I. Das Statut über die Akzise. Sankt Petersburg; 1894. S. 325

[27] № 23995 Die Bedingungen für die Erhaltung der Pacht des Verkaufes alkoholischer Getränke von 1811 bis 1815/Vollständige Gesetzessammlung des Russischen Imperiums. 1. Slg., Bd. 30.

[28] Das Statut über die Gebühr für alkoholische Getränke in den 29 Großrussischen Gouvernements. M., 1818. S. 26 - 27.

[29] Bogdanow A.I. Die historische, geographische und topographische Beschreibung von Sankt Petersburg zu Beginn seiner Gründung von 1703 bis 1751. Sankt Petersburg; 1779. S. 198

[30] Die Trinkhäuser des alten Tulas/www.sloboda.tula.ru

[31] Bogdanow A.I. Die historische, geographische und topographische Beschreibung von Sankt Petersburg von 1703 bis 1751. Sankt Petersburg, 1779. S. 199 - 201.

[32] № 6375/Vollständige Gesetzessammlung des Russischen Imperiums. Die 1. Sammlung, Bd. 9.

[33] № 9294/Vollständige Gesetzessammlung des Russischen Imperiums. Die 1. Sammlung, Bd. 12.

[34] Bulgarin F.W. Übersicht der russischen Sitten, oder die Vorderseite und die Kehrseite des Menschengeschlechts. Teil III: Die russische Restauration. Sankt Petersburg, 1843. S. 34.

[35] № 22109. Die Bedingungen für die Erhaltung der Pacht des Verkaufs alkoholischer Getränke von 1811 bis 1815/Vollständige Gesetzessammlung des Russischen Imperiums. 1. Slg., Bd. 29.

[36] Das Statut über die Gebühr für die alkoholischen Getränke in den 29 Großrussischen Gouvernements. M., 1818. S. 8; № 28538. Vollständige Gesetzessammlung des Russischen Imperiums. 1. Slg., Bd. 37.

[37] Pyljajew M.I Das alte Leben und Treiben: Überblicke und Erzählungen über einstige Rituale, Bräuche und Ordnungen in Einrichtungen des häuslichen und öffentlichen Lebens vergangener Zeiten. Sankt Petersburg; 1892. S. 9 - 10.

38 Dawydow N.W. Aus der Vergangenheit/Moskauer Chronograph. Sammlung. Ausgabe 1.M., 1988. S. 124 - 125.

39 Dawydow N.W. Aus der Vergangenheit/Moskauer Chronograph. Sammlung. Ausgabe 1.M., 1988. S. 124 - 125.

40 Dawydow N.W. Aus der Vergangenheit/Moskauer Chronograph. Sammlung. Ausgabe 1.M., 1988. S. 126.

41 Schtschukin P.I. Erinnerungen. Teil 4., M., 1912. S. 34 - 35.

42 Giljarowski W.A. Moskau und die Moskauer. Taschkent.1988. S. 229 - 230.

43 Giljarowski W.A. Moskau und die Moskauer. Taschkent.1988. S. 236 - 237.

44 Belousow I.A. Entschwundenes Moskau/Entschwundenes Moskau: Erinnerungen von Zeitgenossen an das Moskau der zweiten Hälfte des 19. Jahrhunderts. M., 1964. S. 308.

45 Giljarowski W.A. Moskau und die Moskauer. Taschkent.1988. S. 237 - 238.

46 Suslow S. Torschok und seine Umgebung. M., 1970. S. 77 - 80. Lawrentjewa E.W. Die Tischkultur des 19. Jahrhunderts. Die Zeit von Puschkin. M., 1999. S. 121 - 122.

47 Allerlei aus dem Petersburger Leben/Buntes Allerlei. 1889. № 46. S. 3.

48 Lejkin N.A Die Gäste des Wirtshauses/Buntes Allerlei. 1894. № 8. S. 3; Lejkin N.A. Dichter/Buntes Allerlei. 1901. № 39. S. 4.

49 Aljanski U. L. Die belustigenden Trinkanstalten des alten Sankt Petersburg. Sankt Petersburg, 2003. S. 33.

50 Slonow I.A. Aus dem Leben des kommerziellem Moskaus: Vor einem halben Jahrhundert. M., 1914. S. 140 - 141.

51 Lejkin N.A., Dichter/Buntes Allerlei. 1901. № 39. S. 4.

52 Puschkin A.S. „Eugen Onegin" Roman in Gedichten/ Puschkin A.S. Werke in drei Bänden. Bd.2. M., 1986. S. 192. Aus dem Russischen übersetzt von Theodor und Liselotte Romanté) aus: „Alexander Puschkin, Meisterwerke, BDW", Aufbau-Verlag Berlin und Weimar, 1990

53 Aljanski Ju. L. Die Vergnügungsstätten des alten Petersburg. Sankt Petersburg, 2003 S. 55

54 Milaschewski W. Gestern, vorgestern...: Erinnerungen des Künstlers. M., 1989. S. 40.

55 Belousow I.A. Entschwundenes Moskau/Entschwundenes Moskau: Erinnerungen von Zeitgenossen an das Moskau der zweiten Hälfte des 19. Jahrhunderts. M., 1964. S. 365.

56 Giljarowski W.A. Moskau und die Moskauer. Taschkent. 1988. S. 241.

57 Schamaro. A. Es geschah in Moskau: Literarische Topografie. M., 1988. S. 50 - 51.

58 Sementsow S.W. Solomko W.S./www.allcafe.ru

59 Aljanski U. L. Die Vergnügungsstätten des alten Sankt Petersburg. Sankt Petersburg, 2003. S. 28.

60 Aufschrift auf der Kelle von Grigorij Jelsufjew (Sohn von Plochowo). Sudakow G.W. Die Bezeichnungen des Geschirrs für Getränke in Altrussland/Die russische Sprache 1983. № 1. S. 94.

61 Sabjelin I.E. Wie in alter Zeit die russischen Zaren und Herrscher lebten. Sankt Petersburg, 1910. S.5 - 9.

62 Barberini R. Die Reise nach Moskowien.../Die Legenden der Ausländer über Russland im 16. - 17. Jahrhundert. Übersetzung aus den Manuskripten von Ljubitsch-Romanowitsch W. Sankt Petersburg. 1843. S. 28 - 29.

63 Tjerjeschtschenko A.W. Der Alltag des russischen Volkes. Teil 1. Sankt Petersburg, 1848. S. 243 - 244.

64 Kljutschewski W.O. Die Geschichte des russischen Alltags. M., 1995. S. 23.

65 Pyljajew M.I Das alte Leben und Treiben: Überblicke und Erzählungen über einstige Rituale, Bräuche und Ordnungen in Einrichtungen des häuslichen und öffentlichen Lebens vergangener Zeiten. Sankt Petersburg; 1892. S. 3.

66 Herberstein S. Die Aufzeichnungen über Moskowien. M., 1988. S.217 - 218.

67 Tjerjeschtschenko A.W. Der Alltag des russischen Volkes. Teil 1. Sankt Petersburg, 1848. S. 248.

68 Kostomarow N.I. Das häusliche Leben und die Gebräuche des großrussischen Volks. M., 1993. S. 119.

69 Olearius A. Die ausführliche Beschreibung der Reise des Gesandten von Holstein nach Moskowien und Persien im Jahre 1633, 1636 und 1639.... M., 1870. S. 89, 194.

70 Yakov Margeret. Russland zu Beginn des 17. Jahrhunderts: Aufzeichnungen des Kapitäns Yakov Margeret. M., 1982. S. 186.

71 Pyljajew M.I Das alte Leben und Treiben: Überblicke und Erzählungen über einstige Rituale, Bräuche und Ordnungen in Einrichtungen des häuslichen und öffentlichen Lebens vergangener Zeiten. Sankt Petersburg; 1892. S. 3.

72 Kostomarow N.I. Überblick des häuslichen Lebens und die Gebräuche des großrussischen Volkes im 16. - 17. Jahrhundert und die altehrwürdige Landesversammlung/Kostomarow N.I. Gesammelte Werke. Buch 8. Bd. 19. Sankt Petersburg, 1906. S. 111. 47 - 51.

73 Pyljajew M.I Das alte Leben und Treiben: Überblicke und Erzählungen über einstige Rituale, Bräuche und Ordnungen in Einrichtungen des häuslichen und öffentlichen Lebens vergangener Zeiten. Sankt Petersburg; 1892. S. 3.

74 Kostomarow N.I. Überblick des häuslichen Lebens und der Gebräuche des großrussischen Volkes im 16. - 17. Jahrhundert und die altehrwürdige Landesversammlung/Kostomarow N.I. Gesammelte Werke. Buch 8. Bd. 19. Sankt Petersburg, 1906. S. 47 - 49.

75 Olearius A. Die ausführliche Beschreibung der Reise des Gesandten von Holstein nach Moskowien und Persien im Jahre 1633, 1636 und 1639... M., 1870. S. 195.

76 Kostomarow N.I. Überblick des häuslichen Lebens und der Gebräuche des großrussischen Volkes im 16. - 17. Jahrhundert und die altehrwürdige Landesversammlung. Kostomarow N.I. Gesammelte Werke. Buch 8. Bd. 19. Sankt Petersburg, 1906. S. 105-110.

77 Sjemjonowa L.N. Überblicke zur Geschichte des Alltags und des kulturellen Lebens Russlands: Die erste Hälfte des 18. Jahrhunderts, herausgegeben von Kasakowa N.A., L., 1982. S. 202.

[78] Pyljajew M.I. Altes Sankt Petersburg. M., 1990. S. 70 - 71.

[79] Karnowitsch Je. P. Historische Erzählungen und Haushaltsskizzen. Sankt Petersburg. 1884. S. 249.

[80] Keller Je. E. Die Festkultur Sankt Petersburgs: Überblicke zur Geschichte. Sankt Petersburg. 2001. S. 274.

[81] Keller Je. E. Die Festkultur Sankt Petersburgs: Überblicke zur Geschichte. Sankt Petersburg. 2001. S. 106.

[82] Karnowitsch Je. P. Historische Erzählungen und Haushaltsskizzen. Sankt Petersburg. 1884. S. 250.

[83] Karnowitsch Je. P. Historische Erzählungen und Haushaltsskizzen. Sankt Petersburg. 1884. S. 256, 289 - 290, 296 - 297.

[84] Pyljajew M.I Das alte Leben und Treiben: Überblicke und Erzählungen über einstige Rituale, Bräuche und Ordnungen in Einrichtungen des häuslichen und öffentlichen Lebens vergangener Zeiten. Sankt Petersburg; 1892. S. 5.

[85] Pyljajew M.I Das alte Leben und Treiben: Überblicke und Erzählungen über einstige Rituale, Bräuche und Ordnungen in Einrichtungen des häuslichen und öffentlichen Lebens vergangener Zeiten. Sankt Petersburg; 1892. S.11 - 12.

[86] Lotman Ju.M. Pogosjan Je.A. Die aristokratischen Mittagessen: Panorama des hauptstädtischen Lebens. Sankt Petersburg. 1996. S. 23.

[87] Pyljajew M.I. Altes Sankt Petersburg. Erzählungen aus dem vergangenen Leben der Hauptstadt M., 1889. S. 183, 189.

[88] Lotman Ju.M. Pogosjan J.A. Die aristokratischen Mittagessen: Panorama des hauptstädtischen Lebens. Sankt Petersburg. 1996. S.77 - 78 / Pyljajew M.I Das alte Leben und Treiben: Überblicke und Erzählungen über einstige Rituale, Bräuche und Ordnungen in Einrichtungen des häuslichen und öffentlichen Lebens vergangener Zeiten. Sankt Petersburg; 1892. S. 5.

[89] Tjerjeschtschenko A.W. Der Alltag des russischen Volkes. Teil 1: Völkerschaft, Behausungen, Hauswirtschaft, das Volk, die Lebensweise, die Musik. Sankt Petersburg; 1848. S. 272 – 273.

[90] Keller J. E. Die Festkultur Sankt Petersburgs: Überbicke zur Geschichte. Sankt Petersburg. 2001. S. 287 - 288.

[91] Lotman J.M. Pogosjan Je.A. Die aristokratischen Mittagessen: Panorama des hauptstädtischen Lebens. Sankt Petersburg. 1996. S. 79.

[92] Nowikow-Priboi A.S. Tsuschima. Nowikow-Priboi A.S. Werke in 5 Bändern. Bd. 3. M., 1950. S. 330 - 331.

[93] Gautier T. Die Reise nach Russland. Übersetzung aus dem Französischen mit Kommentaren Schaposchnikowa N.W. M., 1990. S. 231 - 232.

[94] Lotman Ju.M. Pogosjan Je.A. Die aristokratischen Mittagessen: Panorama des hauptstädtischen Lebens. Sankt Petersburg. 1996. S. 74.

[95] Giljarowski W.A. Moskau und die Moskauer. Taschkent.1988. S. 231 - 232.

[96] Keller Je. E. Die Festkultur Sankt Petersburgs: Überblicke zur Geschichte. Sankt Petersburg. 2001. S. 291 - 292.

[97] Keller Je. E. Die Festkultur Sankt Petersburgs: Überbikke zur Geschichte. Sankt Petersburg. 2001. S. 292.

[98] Das russische staatliche historische Archiv. F. 469. Das Hofbüro Ihrer Majestät. Op.10. D. 273. L. 92 ob.

[99] Das russische staatliche historische Archiv. F. 469. Das Hofbüro Ihrer Majestät. Op.14. D.472. L. 1 - 4, 8. u. a.

[100] Das russische staatliche historische Archiv. F. 469. Das Hofbüro Ihrer Majestät. Op.10. D. 271. L. 18 ob. - 20.

[101] Das russische staatliche historische Archiv. F. 469. Das Hofbüro Ihrer Majestät. Op.10. D. 271. L. 26.

Kapitel 7

Wodka und Gesundheit

„Wir können aber nicht umhin zu bemerken, dass das Trinken von Kornwein und seine Verwendung als künstliche Erfrischung für das russische Volk zu einem Bedürfnis wurde, das einerseits von alters her aus den Klimabedingungen und andererseits aus dem seltenen Verzehr von Fleischgerichten resultiert. Ohne Wodka kann der Russe nicht leben: er ist für ihn ein Lebenselixier, Lebenswasser, Allheilmittel; er erwärmt bei Frost, erfrischt bei der Hitze, schützt vor Feuchtigkeit, tröstet bei der Trauer, macht fröhlich. Wenn man an Magen- oder Gliederschmerzen leidet, heilt man mit gesalzenem oder mit Pfeffer angesetztem Wodka; bekommt man nasse Füße oder Kopfschmerzen, macht man sich sofort einen Verband aus mit Fuselbranntwein angefeuchtetem Stoff. Falls sich jemand verletzt oder eine Gliedmaße erfroren hat, reibt man mit Wodka und Kampfer ein. Alle weltlichen Dinge werden im Kreise der betroffenen Personen mit Wodka entschieden. Ohne Wodka keine Bewirtung, keine Hochzeit, keine Taufe, keine Beerdigung und kein feierliches Geleit; ohne ihn ist die Freude keine Freude, die Freundschaft keine Freundschaft. Gebildete, wohlhabende Menschen, die sich verschiedenartige Unterhaltung und Vergnügungen leisten können und die nicht so hart arbeiten müssen, wie es bei den Menschen der Arbeiterklasse der Fall ist, vermögen es nicht zu verstehen, dass Kornwodka für einen normalen russischen Menschen als Ersatz für alles dient: sowohl Sekt, Wein und Cognac wie auch Bälle, Konzerte, buntes Treiben, Literatur und Gespräche mit Freunden."[1]

Nicht ohne Grund haben wir ein so langes Zitat wie das obige angeführt, da es die Bedürfnisse eines Menschen sehr gut veranschaulicht, die er zu befriedigen versucht, indem er Spirituosen konsumiert. Wir haben bereits erwähnt, dass Spiritus, nachdem man gelernt hatte, ihn herzustellen, nicht als Getränk wahrgenommen und verwendet wurde, sondern als Heilmittel.

In der russischen Geschichte sind keine Beweise dafür vorhanden, dass Kornwein ausschließlich zu medizinischen Zwecken verwendet wurde. Seit Beginn des 15. Jahrhunderts wird Wein hauptsächlich als berauschendes Getränk erwähnt. Unter Iwan dem Schrecklichen, der die erste Kneipe für seine Opritschniki, seine Gardisten, eröffnete, war das Herstellungsvolumen von Kornwein sehr groß, vor allem zum Zwecke seines Genusses. Die Ausländer betonten im Jahre 1580, dass die neuen Verbesserungen einen riesengroßen Produktionsumfang ermöglichten.[2]

Die zaristischen Opritschniki selbst produzierten Kornwein ganz gern, vertrieben ihn und betrieben sogar Mundschenken (illegal). Ein schlagendes Beispiel dazu ist die Tätigkeit eines Deutschen, des Gardisten Heinrich Staden, der große Gewinne dank einer illegalen Branntweinbrennerei und durch den Met-, Bier- und Kornweinhandel machte.[3]

Die Prädestination des Wodkas als Heilmittel blieb im Laufe der Jahrhunderte unberührt und ist bis in die Gegenwart nicht verschwunden. „Selbstgebrannter", das heißt heißer Wein oder Kornwein, war von alters her ein privat zubereitetes Heilmittel. Vornehme Würdenträger tranken ihn am Anfang einer Krankheit als Heilmittel, damit „sich dank seiner Hitzekraft der Schweiß vervielfachen möge".[4] Dem großen Fürsten Wassili Iwanowitsch (Wassili III., 1505–1533) wurde damit eine Eiterwunde geheilt.[5] Das gemeine Volk benutzte ihn zum selben Zweck. Darüber schrieb ein Bote des Papstes A. Possevino, der das russische Land im Jahre 1581 besucht hatte.[6]

Bei schlechter Verdauung und „Magenschwäche" waren bitterer Beifußwein und Getränke aus Selbstgebranntem mit bitteren Kräutern, Tausendgüldenkraut, Steinklee usw. empfehlenswert. Gegen Lungenkrankheiten und Husten gab es viele Heilmittel, darunter ein kaltes Getränk aus Schafgarbe.[7] (Es handelte sich selbstverständlich um angesetzte Getränke – W. G.).

Kornwein wurde bei der Salbenzubereitung verwendet. Gegen Infektionen nach einem Hundebiss trug man auf die Wunde eine Salbe auf, die aus Kräutern, Öl und Selbstgebranntem oder Wein bestand.[8] Gegen Durchfall gebrauchte man Wodka mit Pfeffer, und gegen die Steinkrankheit nahm man „Knoblauch und Nesselsamen, mit Selbstgebranntem oder Traubenwein gekocht", ein.[9]

1581 wurde ein Heilkräuterbuch aus dem Polnischen ins Russische übersetzt, wo unter anderem die Rede von Wodka war, „der aus verschiedenen Kräutern zubereitet und von den Ärzten bei der Heilung der Krankheiten verwendet wurde".[10] Das zeugt von einer breiten Verwendung des Wodkas als Heilmittel nicht nur in Altrussland, sondern auch in anderen Ländern.

In jenem Jahre 1581 entstand unter Zar Iwan dem Schrecklichen auch die erste russische Apotheke, die als Hofapotheke galt. Die Königin Englands Elisabeth I. entsandte auf Ersuchen des russischen Zaren Doktor Robert Jacob nach Moskau, „einen erfahrenen Arzt und einen aufgeschlossenen und ehrlichen Menschen", sowie mit ihm „Apotheker und Barbiere – ehrliche, zur Arbeit taugliche Menschen".[11]

Die englischen Mediziner brachten die nötigen Arzneimittel mit, darunter auch Wodka (Zimtwodka [Kochlearija], einfacher und verschnittener Wacholderbeerenwodka, Spiritus usw.).[12] Ausländische Arzneien bildeten die Grundlage der Arzneien der ersten Zarenapotheke.[13] Sie lag im Moskauer Kreml und hieß „Hohe Apotheke oder Zarenapotheke".

Russische Zaren schenkten den Apotheken besondere Aufmerksamkeit und taten ihr Bestes, um sie mit allem Nötigen zu versehen. Unter Zar Alexej I. gab es in der Hauptstadt zwei Apotheken. Die eine befand sich im Palast und diente dem Zaren und manchem vornehmen Menschen. Die andere war in der Stadt, neben der vom Zaren eine große Kneipe eröffnet wurde, die mit der Apotheke zusammen eine große Einnahmequelle zugunsten der Staatskasse darstellte (27.000–28.000 Rubel)[14], weil Apothekenwodka doppelt so teuer wie der Kneipenwodka war.

In den Zarenapotheken waren sogar Gläser aus geschliffenem, in Silber gefasstem vergoldeten Kristallglas vorhanden.[15] Die Behälter für Apotheken fertigte man nicht nur aus Kristallglas, sondern auch aus gebranntem Lehm an.[16]

Für die Spiritus- und Arzneizubereitung verfügte jede Apotheke über die nötige Ausstattung: verschiedene Behälter, Pressen, Retorten u. a. Es gab auch spezielle Räume, die mit Öfen, Kesseln und Destillationsgefäßen ausgestattet waren.[17]

Schlagende Beispiele aus der russischen Geschichte über die Verwendung der „Wodka-Arzneimittel" stammen aus dem 17. Jahrhundert und sind mit der Tätigkeit des Apothekenamtes verbunden, das aus der Apotheke selbst sowie aus Kräuter- und Gemüsegärten bestand. In diesem Amt waren Ärzte, Apotheker, Chirurgen, Knocheneinrenker, Alchimisten und Destillateure tätig.

Zuerst bereitete man Arzneien ausschließlich für die Zarenfamilie und Zarenhofbewohner zu. Dem Zaren Alexej I. verschrieben die Ärzte verschiedene Heilmittel, unter denen Wodkas waren wie: „Guljafnaja" (aus Rosenblüten), für Apoplektiker (dieser Wodka galt als Heilmittel gegen alle Krankheiten), Zimtwodka („Kochlearija"), Wodka mit Wegerichblättern u. a.[18]

Für Zarin Maria Iljinitschna wurde laut den Rezepten der Ärzte der Wodka „Guljafnaja" zubereitet, für die Zarin Natalia Kirillowna Wodka für Apoplektiker, dreifacher „Guljafnaja", Minzewodka, Balsam „Cratonis" (mit Melisse, Aromaharz [Chiosser Mastix], wohlriechender Myrrhe) usw., für andere Zarenfamilienmitglieder stopfender Wodka, weißer Augenwodka (für die Augen), Sorenwodka (mit dem Kraut Sore) u. a.[19]

Mit der Zeit begannen Bojaren, Hofleute, verwundete Soldaten, ausländische Staatsangehörige, die im russischen Staat lebten, sich an den Zaren mit der Bitte zu wenden, Arzneien aus der Zarenapotheke auszugeben. Auf Erlass des Zaren gab man ihnen Arzneien; manche bekamen sie kostenlos, andere mussten etwas zahlen. Mit den Arzneimitteln versah man auch die Truppen, verwundete Kämpfer heilte man gebührenfrei.

Danach begann man, Arzneimittel und Wodkas zuerst in der Zarenapotheke, dann in einer neuen, im Gasthof eröffneten Apotheke zu verkaufen. In den Jahren 1670–1671 wurden in der Zarenapotheke viele Arzneien und Arzneiwodkas verschiedenen Menschen verkauft, unter denen Beamte, Amtsschreiber, Ärzte, Apotheker, Truchsessen,

Wodka, in Maßen genossen, ist der Gesundheit nicht abträglich.

Apotheke vor 100 Jahren (Anfang des 19. Jahrhunderts). Pavillon-Museum von A. Deringer

Bojaren u. a. waren.[20] Der Wodka- und Spiritusverkauf an die Bevölkerung brachte der neuen Apotheke einen großen Gewinn. Außer in Moskau wurden Apotheken auch in anderen Städten gebaut: in Kasan und Nishnij Nowgorod, Pskow und Astrachan, Wologda und Kursk.

„Spiritusarzneien" nahmen im 17. Jahrhundert die russischen Zaren Michael I. und Alexej I. selbst ein. Davon zeugen die Zarenverordnungen „über die Weinausgabe für Balsam für den Zaren", über die Übergabe „von zwei Eimern guten Weines der Apothekenkanzlei für die Beigabe zum Aniswodka für den Zaren", „über die Übergabe von zwei Gläsern dreifachen Weines für die Balsamzubereitung für den Zaren" u. a.[21]

Wodka ist in vielen Rezepten erwähnt, die von Ärzten den Bojaren verschrieben wurden. Dem Bojaren I. D. Miloslawski verschrieb man in den Jahren 1664–1665 beispielsweise Rettichwodka, Wodka mit Rosenblütenblättern („Guljafnaja"), Wodka mit Angelika, Erdbeerwodka, Wodka mit Knöterich und allerlei Spiritus. Den Beamten Fjodor Michajlow heilte man mit Zimtwodka, „Cardus benedictus" (mit der Pflanze Cardobenedictus), Wodka mit Heckenrose, Wodka mit Wegerich u. a.[22]

Den Zeugnissen der Zeitgenossen nach baten einfache Menschen nicht um medizinische Hilfe. Wenn sie sich unwohl fühlten, tranken sie ein großes Glas Wein mit Schießpulver oder mit zerstampftem Knoblauch und nahmen danach ein Dampfbad, indem sie zwei oder drei Stunden lang bei unerträglicher Hitze schwitzten.[23] „Im Falle einer Krankheit ignorierten die Kranken alle richtigen Mittel von Hippokrates ... Und bei Widerwillen gegen Essen und gegen Fieber verwendete man Wodka und Knoblauch".[24]

Das Apothekenamt wurde unter Peter I. zur Apothekenkanzlei (1707), dann in die Medizinkanzlei (1725) reorganisiert. Ab 1763 war das Medizinkollegium das oberste staatliche medizinische Verwaltungsorgan.

Laut der Krankenhäusergeschäftsordnung war Bier (1 Maß) und Wodka (1 Schnapsglas) ein wesentlicher Bestandteil der Sonntagsration von Patienten. In der Geschäftsordnung wurde aber empfohlen, „den Patienten Bier, Wein und Kwass der Entscheidung des Arztes bzw. Chefarztes nach zu geben ...".[25]

Wodka diente im 18. Jahrhundert als ein Mittel gegen Skorbut. Im Juni 1752 wurde vom Senat die Entscheidung getroffen, Kornwein ins Hauptlandlazarett und an Wehreinheiten „für Kranke, für die Zubereitung der Medikamente und Essenzen und für Erkrankte an Skorbut"[26] zu schicken.

Auch im 19. Jahrhundert gehörte es zu den russischen Bräuchen, Wodka gegen allerlei Krankheiten zu verwenden. Trotzdem war die zweite Hälfte des 19. Jahrhunderts weniger mit Heilmitteln auf Spiritusbasis gesegnet, als es im 18. Jahrhundert der Fall war.

„Das komplette Haushaltsbuch" von Anfang des 20. Jahrhunderts liefert uns die Information, dass Wein hilft, Fieber loszuwerden – falls er von guter Qualität ist, tonisiert und stärkt. Mäßiger Weingebrauch stärkt den Magen. Mit Holzöl gemischter Wein heilt Wunden und Abszesse. Mit Rosenblüten gekochter Wein zieht zusammen und hilft als Gurgelmittel gegen manche Halskrankheiten.[27] In diesem Buch sind auch Arzneirezepte angegeben, sowohl bewährte als auch weniger bekannte. Un-

Links: Darstellung der Trunksucht. Bastzeichnung

Oben links: Beifuß

Oben rechts: Augentrost

Unten links: Minze

Unten rechts: Steinklee

ter diesen Rezepten finden sich viele für mit Kräutern angesetzte Spiritus- und Wodkaarzneien. Als Mittel für die „Magenstärkung und Stärkung aller inneren Glieder, für die Vorbeugung gegen Fieber und für einen gesunden Körper" wird z. B. eine Arznei aus Kornwein (nach der zweiten Destillation) mit Tausendgüldenkraut (Pflanze der Familie der Enziangewächse), Froschkraut (Wasserpflanze), Pomeranzen- und Zitronenschale, Zimt, Koriandersamen und Gewürznelke empfohlen. Magenwodka ließ man mit Fingerkraut, weißem Ingwer, Salbei, englischer Minze und Anis ziehen, um ihn danach zu destillieren.[28]

Auch in den Koch- und Haushaltsbüchern, die Empfehlungen für den Haushalt enthielten, wurden Rezepte von Arzneiwodkas weiter veröffentlicht: Wodkas „gegen Winde", „bei Luftveränderungen empfohlener Wodka", „Magenwodka", „Stopfungswodka", „Lungenwodka", „Wodka gegen Kolik", „Wodka gegen Kopfschmerzen" u. a.[29]

Der bekannteste Heilkrautaufguss ist „Jerofejitsch", der im 18. Jahrhundert entwickelt wurde. In den Jahren 1767–1768 litt der Graf Aleksej Grigorjewitsch Orlow an „Magenentzündung", und es bestand die Gefahr, dass er nicht überlebte. Leibärzte waren unfähig, gegen diese unbekannte Krankheit etwas zu unternehmen. Die Kaiserin Katharina II. schickte den berühmtesten Ärzten Europas eine eingehende Beschreibung der Krankheit, von der der Graf betroffen war, und hegte die Hoffnung, Hilfe zu bekommen. Alle aber hielten die Krankheit für unheilbar.

So wurde der zu jener Zeit bekannte Jerofejitsch gerufen. Es gab bis vor Kurzem fast keine Informationen über diesen Menschen, die einen nannten ihn Arzthelfer, die anderen Arzt. In einem waren sich alle einig: er war ein Kurpfuscher. Sogar G. R. Dershawin nannte Jerofejitsch „berühmter netter Kurpfuscher".[30] Dem Arzt-Kurpfuscher gelang aber das, was die Leibärzte Ihrer Kaiserin Majestät nicht zu tun vermochten. Dank des Aufgusses, den er zubereitet hatte, wurde Graf A. G. Orlow wieder gesund. Die Kaiserin Katherina II. zahlte dem Arzt 3.000 Rubel.

Der russische Schriftsteller A. T. Bolotow schrieb über ihn: „... in unserem ganzen Staat erschallte der Ruhm des in Sankt Petersburg aufgetauchten russischen Arztes Jerofejitsch, alle sprachen über den, der alle Kranke mit wunderbarem Erfolg gesund machte; so hielt man ihn für ein Genie und verehr-

Carl Linné

te ihn als einen richtigen erfahrenen Arzt." Aufgüsse, Salben, Pulver und sonstige Arzneimittel machte Jerofejitsch selbst aus Kräutern, die man für ihn im Umfeld Petersburgs pflückte. Er wohnte auf der Basiliusinsel, zu ihm pilgerten Tausende Menschen, und vielen von ihnen half er, heilte sie und rettete ihnen das Leben. Der vollständige Name des einst in Petersburg berühmten Arztes wurde der Geschichte dank der Wissenschaftlerin L. Mankowa erst viel später, im Jahre 2001, bekannt: er hieß Wassili Jerofejewitsch Woronow.[31]

Die Einwirkung von Spiritus (Kornwein) auf den menschlichen Organismus war für viele Wissenschaftler von jeher von großem Interesse. Der berühmte schwedische Naturforscher Carl Linné (1707–1778), der erste Vorsitzende der Schwedischen Akademie der Wissenschaften, wählte Kornwein zum Thema seines Traktats unter dem Titel „Wodka in den Händen von Philosophen, Ärzten und gemeinen Menschen".[32] Linné hebt eine gute Einwirkung von Kornwein auf den menschlichen Organismus hervor, die wir folgenden Eigenschaften dieses Getränks zu verdanken haben:

Kornwein ist

1) „stärkend" – er gibt den Schwachen Kräfte. Der Wissenschaftler führt dann folgende Beispiele solcher Weineinwirkung an. Kaufleute, die über die arabischen Wüsten bei drückender Hitze wanderten, tranken Kornwein, um wegen Hitze und Durst nicht von den Kräften verlassen zu werden. Bergarbeiter und Schmelzer, die stets beim Feuer waren, gebrauchten dieses Getränk gern, das ihnen half, ihre Kräfte zu erhalten. Menschen, die schwere Arbeiten ausführten, tranken auch Wein;

2) harntreibend – „Kornwein treibt Harn". Kaffee mit Kornwein hilft gegen Harnsteine;

3) ein Gegengift – wenn derjenige, der Fieber hat, Kornwein trinkt, schwitzt er mehr. Linné bemerkte, dass Menschen (Soldaten, Seeleute), die regelmäßig Wein trinken, Infektionskrankheiten und Darminfektionen gegenüber weniger anfällig sind;

4) „herzstärkend", denn er lässt das Herz höher schlagen. Bei Fieber hilft er, es loszuwerden;

5) „erregend" – wirkt auf den Körper erregend ein, verstärkt Gefühle, stimuliert die Gehirnfunktion. Solche Erregungen haben aber der Meinung Linnés nach nicht immer positive Folgen;

6) „ein die Blutgerinnung förderndes Mittel", deswegen legen Ärzte bei starken Blutungen den stärksten Spiritus auf die Wunde. Trotzdem kann der Wein in manchen Fällen negativ wirken;

7) „ein den Appetit anregendes Mittel": er fördert die Verdauung, insbesondere bei fetthaltigem Essen. „Es ist sogar einfachen und unerfahrenen Ärzten bekannt, dass der Magen, der mit fetten Brühen, Schinken oder Fleisch beschwert ist, durch Kornwein, der Fett löst und Lebenskräfte anregt, erleichtert wird";

8) „ein gegen Eingeweidewürmer wirkendes Mittel" – viele Menschen, die Kornwein mit Knoblauch ansetzen, gebrauchen ihn als Heilmittel.

Als Wissenschaftler musste C. Linné aber auch die negative und oft unheilvolle Einwirkung von Spiritus auf den menschlichen Körper erwähnen. In seinem Buch zählt er Krankheiten auf, bei denen Kornwein für den Menschen schädlich ist, sowie Erkrankungen, die er beim übermäßigen Gebrauch verursacht, wie Schwindsucht, Fieber, Tollwut, Gelbsucht, Hämorrhoiden, Hand- und Fußzittern bei „hemmungslosen Säufern" sowie „Wahnsinn" und ein „Bacchusgesicht", d. h. eine angeschwollene rote Nase und flammendrote Pickel auf einem rot schimmernden Gesicht.[33]

Die Tradition, verschiedenartige Arzneiwodkas, Balsame und Aufgüsse zuzubereiten, ist heute noch erhalten und ist in der Zubereitung von „Bittner-Balsamen" fortgesetzt.

Noch früher als „Jerofejitsch" begann man in Russland den bekannten „Rigaer Balsam" zu produzieren. Im 18. Jahrhundert wurde es gestattet, ihn der Bevölkerung zu verkaufen, aber auf keinen Fall in Schenken. Damals hieß der Balsam „Kunsenski (Rigaer) Balsam" nach dem Namen seines Erfinders, dem Pharmazeuten Abraham Kunse. Ihn verwendete man in Lazaretten für die Behandlung der Kranken.[34]

Die moderne Wissenschaft hat bewiesen, dass Alkohol auf den Körper zweifach einwirkt. In mäßigen Mengen verursacht er keine negativen Veränderungen und kann sogar nützlich sein, zum Beispiel bei zu fettem Essen oder bei einer Unterkühlung. Kleine Alkoholmengen sind bei der Resorption der Thromben in den Blutgefäßen behilflich bzw. verringern die Gerinnungsfähigkeit des Blutes, während große Mengen Alkohol das Thromboserisiko erhöhen, da sie dem Körper Wasser entziehen, das Blut deshalb dickflüssiger wird und die Gefäße erweitert werden. Der stetige Alkoholgebrauch führt außerdem zu erhöhtem Blutdruck, der die Herzfunktion negativ beeinflusst.[35]

Alkohol beginnt Einfluss auf den Körper auszuüben, nachdem er ins Blut aufgenommen wurde. Der Alkoholabbau im Blut erfolgt in der Leber, wo zwei Enzyme tätig sind, die den Alkohol abbauen. Wenn eine geringe Menge Alkohol getrunken wurde, arbeitet nur ein Enzym. Es baut Alkohol ab, bis er sich in Acetaldehyd verwandelt. Dann beginnt das zweite Enzym seine Reaktion, während der das Acetaldehyd in einfache Essigsäure verwandelt wird. Diese Säure wird von vielen Körperzellen aufgenommen. Die größte Menge der Essigsäure wird in der Leber nach einer kurzfristigen Transformation zum biologischen Produkt, welches „Acetyl-Koenzym A" heißt. Dieses Produkt wird oxidiert, indem es viel Energie produziert, und wird bei der Synthese von Eiweiß, Fett, Kohlenhydraten und anderen komplizierten Verbindungen vom Körper benutzt.

Das zweite Enzymsystem wird erst dann aktiviert, wenn sich im Blut größere Mengen Alkohol befinden. Der Alkohol wird mit diesem Enzym noch schneller in Acetaldehyd umgewandelt. Dabei wird aber eine wesentliche Energiemenge nicht für den Körper benutzt, sondern als Wärme abgesondert.[36] Außerdem verwandelt die Leber den Alkohol während des Alkoholabbaus in ein starkes Gift – Acetaldehyd. Wenn man zu viel und zu oft Wodka trinkt, ist die Leber nicht mehr imstande, das Gift unschädlich zu machen. Dann beginnt es, die Leber selbst zu vergiften.[37]

Laut den neuesten wissenschaftlichen Daten beträgt eine unschädliche Alkoholmenge 5–30 g pro Tag für Männer und 5–16 g für Frauen.

30 g Ethylalkohol sind in 80 ml Wodka, 300 ml Tischwein, 150–200 ml Dessertwein oder mit Spiritus verschnittener Wein und 750 ml Bier gewöhnlicher Stärke enthalten.[38] Wenn der menschliche Organismus den eingenommenen Alkohol nicht bewältigen kann und mit Ethylalkohol vergiftet ist, benötigt er Soforthilfe.

Flasche. Schwarzer Rigaer Kräuterbalsam № 99 der N. L. Schustow & Söhne. Ende des 19. Jahrhunderts – Anfang des 20. Jahrhunderts

1 Jakob Georg. Ein Blick auf die Geschichte und moderne Lage der Trinkabgaben in den großrussischen Gouvernements/Informationsblatt der Industrie. 1858. № 3. S. 102 - 103.

2 Englische Wanderer im Moskauer Staat im 16. Jahrhundert/Übersetzung aus dem Englischen von J. V. Gotje. Leningrad, 1938. S. 145.

3 Staden, G. O. Über Moskau unter Iwan dem Schrecklichen: Aufzeichnungen eines deutschen Gardisten/ Übersetzung und Einleitung von I. I. Polossin. Leningrad, 1925. S. 135 - 137.

4 Richter, W. Medizingeschichte in Russland, von Wilhelm Richter verfasst. T. 1. Moskau, 1814. S. 99 - 100.

5 Richter, W. Medizingeschichte in Russland, von Wilhelm Richter verfasst. T. 1. Moskau, 1814. S. 96.

6 Possevino, A. Historische Essays über Russland im 16. Jahrhundert. Moskau, 1983. S. 206; Richter,W. Medizingeschichte in Russland, von Wilhelm Richter verfasst. T. 1. Moskau, 1814. S. 99.

7 Richter, W. Medizingeschichte in Russland, von Wilhelm Richter verfasst. T. 1. Moskau, 1814. S. 106 - 108.

8 Richter, W. Medizingeschichte in Russland, von Wilhelm Richter verfasst. T. 1. Moskau, 1814. S. 124.

9 Richter, W. Medizingeschichte in Russland, von Wilhelm Richter verfasst. T. 1. Moskau, 1814. S. 132.

10 Richter, W. Medizingeschichte in Russland, von Wilhelm Richter verfasst. T. 1. Moskau, 1814. S. 315.

11 Briefwechsel der Königin Elisabeth von England und der russischen Zaren Iwan des Schrecklichen und Boris Godunow, von W. Richter veröffentlicht/Richter, W. Medizingeschichte in Russland, von Wilhelm Richter verfasst. T. 1. Moskau, 1814. S. 397 - 421.

12 Das Verzeichnis der Arzneien und Wodkas, die von den Engländern nach Moskau gebracht wurden, von W. Richter veröffentlicht/Richter,W. Medizingeschichte in Russland, von Wilhelm Richter verfasst. T. 1. Moskau, 1814. S. 432 - 440.

13 Hermann, F. L. Die Medizin in den Zeiten vor Peter dem Ersten in Altrussland. Ausg. 1. Charkow, 1891. S. 102.

14 Kurz, B. G. Essay von Kielburger über den russischen Handel unter dem Zaren Alexej Michailowitsch. Kijew, 1915. S. 117, 181.

15 Richter, W. Medizingeschichte in Russland, von Wilhelm Richter verfasst. T. 1. Moskau, 1814. S. 325 - 326.

16 Materialien für die Medizingeschichte in Russland. Ausg. 2. Sankt Petersburg, 1883. S. 267.

17 Materialien für die Medizingeschichte in Russland. Ausg. 3. Sankt Petersburg, 1884. S. 791.

18 Richter, W. Medizingeschichte in Russland, von Wilhelm Richter verfasst. T. 2. Moskau, 1820. S. 194 - 202.

19 Richter, W. Medizingeschichte in Russland, von Wilhelm Richter verfasst. T. 2. Moskau, 1820. S. 203 - 209. Beilage. S. 74.

20 Richter, W. Medizingeschichte in Russland, von Wilhelm Richter verfasst. T. 2. Moskau, 1820. S. 148 - 151.

21 Materialien für die Medizingeschichte in Russland. Ausg. 1. Sankt Petersburg, 1881. S. 7, 9, 20, 22, 4 u. a.

22 Materialien für die Medizingeschichte in Russland. Ausg. 2. Sankt Petersburg, 1883. S. 278 - 303.

23 Hermann, F. L. Die Medizin in den Zeiten vor Peter dem Ersten in Altrussland. Ausg. 1. Kharkov, 1891. S. 105.

[24] Meierberg, A. Eine Reise nach Russland zum Zaren und dem großem Fürsten Alexej Michajlowitsch, von den Boten des Imperators Roms Leopold Baron Augustin Meierberg, Mitglied des kaiserlichen Hofrats, und Gorazij Wilhelm Kalwugtschi, Ritter und Mitglied des Verwaltungsrats Niederösterreichs im Jahre 1661 unternommen. Moskau, 1874. S. 86.

[25] Richter, W. Medizingeschichte in Russland, von Wilhelm Richter verfasst. T. 3. Sankt Petersburg, 1820. Ergänzung. S. 39 - 40.

[26] № 9863. Über die Ausgabe von Wein in die Lazarette der Garderegimente zu vertragsmäßigen Preisen. 18. 06. 1751/KSV RR, Samml. 1. B. 13.

[27] Lewschin, W. Das komplette Haushaltsbuch für den inneren Haushalt der Stadt- und Dorfeinwohner, -wirte und -wirtinnen. B. 5. T. 1: Der die Fortsetzung des Hausheilbuches beinhaltende Teil, der für den Hausarzt bestimmt ist. Moskau, 1815. S. 287.

[28] Lewschin, W. Das komplette Haushaltsbuch für den inneren Haushalt der Stadt- und Dorfeinwohner, -wirte und -wirtinnen. B. 4. T. 2: Der die Fortsetzung des Hausheilbuches beinhaltende Teil, der für den Hausarzt bestimmt ist. Moskau, 1815. S. 177 - 181., 184 - 187, 214 - 217.

[29] Russischer erfahrener Branntweinbrenner, Destillateur. Moskau, 1812. S. 189 - 212; Lewschin, W. Das komplette Haushaltsbuch für den inneren Haushalt der Stadt- und Dorfeinwohner, -wirte und -wirtinnen. B. 2. T. 2: Der die Fortsetzung des Hausheilbuches beinhaltende Teil, der für den Hausarzt bestimmt ist. Moskau, 1814. S. 68 - 89.

[30] Dershawin, G. R. Notizen. Moskau, 2000. S. 34.

[31] Bolotow, A. T. Das Leben und Abenteuer von Andrej Bolotow, von ihm selbst für seine Nachfolger beschrieben. In 3 Bänden. B. 2: 1760 - 1771. Moskau, 1993. S. 366 - 375; Mankowa, L. Russischer Arzt Jerofejitsch/ „Rodina". 2001, № 9. S. 24 - 28.

[32] Linné, K. Wodka in den Händen von Philosophen, Ärzten und gemeinen Menschen: ein sehr interessantes und für jeden nützliches Werk. Sankt Petersburg, 1790. S. 44

[33] Linné, K. Wodka in den Händen von Philosophen, Ärzten und gemeinen Menschen: ein sehr interessantes und für jeden nützliches Werk. Sankt Petersburg, 1790. S. 4 - 11.

[34] № 16768/KSV RR. Samml. 1. B. 23; № 16857/KSV RR. Samml. 1. B. 23.

[35] Das Buch über Wodka/Verf. von J. G. Iwanow. Moskau, 2001. S. 82 - 83.

[36] Nushny, W. P. Wein im Leben und Leben im Wein. Moskau, 2001. S. 28 - 29.

[37] Nushny, W. P. Wein im Leben und Leben im Wein. Moskau, 2001. S. 273.

[38] Nushny, W. P. Wein im Leben und Leben im Wein. Moskau, 2001. S. 276 - 277

Kapitel 8

Wie man Wodka serviert und trinkt

Für viele Westeuropäer und Amerikaner ist Wodka ein neutraler Alkohol, den man als Grundlage für Cocktails mit Säften und anderen Getränken verwendet. In Osteuropa und in den skandinavischen Ländern kennt und versteht man den Wodka besser, hier wird er getrunken, ohne dass er verdünnt wird. Die richtigen Kenner vermögen den Wodka verschiedener Hersteller zu unterscheiden, ja sogar die enthaltenen Ingredienzien zu bestimmen. Peter Arsenjewitsch Smirnoff trank zum Beispiel nicht, war jedoch sehr wohl in der Lage, den Geschmack seiner Getränke von jedem anderen Hersteller zu unterscheiden. Beim Vergleich der eigenen Wodkasorten mit denen anderer Spirituosenfirmen konnte er sagen, worin ihr Unterschied bestand, welcher Spiritus beim Konkurrenten gekauft wurde, ob die Raffination verfahrenstechnisch korrekt war, welches Wasser verwendet wurde und woher es stammte.[1]

Vieles im Wodka ist vom Getränk selbst abhängig. Nach Meinung des englischen Journalisten Desmond Begg ist der ideale Westwodka (der in den Ländern Westeuropas, Skandinaviens und in den USA erzeugt wird) „destilliert, rektifiziert, bis zum höchstmöglichen Reinheitsgrade filtriert". Dies bedeutet, dass in ihm jedwede „fremde" Aromastoffe und Geschmackskomponenten fehlen. Nur der leichte Duft des Ethanols ist zugelassen. Er muss leicht und frisch sein. Seine Textur darf weder ölig noch schwer sein. Der Wodka muss ebenso lieblich sein. Wenn all diese Qualitäten vorhanden sind, handelt es sich um das ideale alkoholische Getränk für einen Cocktail oder zum Beispiel für das Mixen mit Tonic oder Fruchtsaft.[2]

Jedes Land, in dem Wodka hergestellt wird, hat seine berühmten Sorten dieses Getränkes. Die Wurzeln des in Schweden bekanntesten Wodkas **Absolut** reichen bis in das Jahr 1879 zurück und sind mit dem Namen Lars Olsen Smith verknüpft. Zum Ende des 19. Jahrhunderts kreierte L. O. Smith dank der Anwendung des Verfahrens der Rektifikation seinen Wodka aus gut gereinigtem Spiritus. Im 20. Jahrhundert erhielt der Wodka Absolut auch seine äußeren firmenbezogenen Merkmale, und zwar die besondere Form der Flasche mit kurzem Hals, dem als Vorbild ein Apotheker- bzw. Arzneifläschchen diente, die Medaille auf der Flasche zum Gedenken an den schwedischen „Wodkakönig" Smith, das Fehlen eines Etiketts sowie die Beschriftung des Flaschenglases. Der Alkoholgehalt des Wodkas beträgt 40 sowie 50 Vol.-%. Hergestellt wird er sowohl in reiner Form als auch unter dem Zusatz aromatischer Stoffe, wie beispielsweise Zitrusaroma, Aroma mexikanischer Paprikaschoten u. a. Inhaber der Marke ist das schwedische staatliche Unternehmen V & S Vin & Sprit (Åhus, Schweden).

Der beste finnische Wodka, der im Jahre 1970 auf den Markt kam, ist der **Finlandia**[3]. Die Sorte wurde zunächst im älteren, aus dem Jahre 1888 stammenden Werk in Rajamäki produziert. Gegenwärtig befindet sich die Hauptproduktionsstätte in Koskenkorva. Der Wodka wird aus qualitativ hochwertigem finnischem Getreide, vorwiegend aus Weizen, bei einem Alkoholgehalt von 40 und 50 Vol.-% in reiner und aromatisierter Form (Moosbeere – derzeit farblos, Laim) hergestellt. Die Getränke unterscheiden sich in der Reinheit, in der Verwendung von natürlichen Aromastoffen, Säften und reinstem natürlichen Wasser. Der Wodka wird in Flaschen aus durchsichtigem Glas abgefüllt, die an einen tauenden Eiszapfen erinnern. Der Text des Etiketts wir unmittelbar auf die Flasche aufgetragen, auf der auch drei Rentiere und die rote Sonne abgebildet sind.

Einer der besten Wodkas Dänemarks – **Danzka** – wird seit dem Jahre 1980 in St. Anton hergestellt.

Der Inhaber der Marke ist heute das Großunternehmen Danisco Distillers. Die Getränke werden aus gemischtem Getreiderohstoff unter überwiegender Verwendung von Weizen hergestellt. Der Alkoholgehalt beträgt 40 Vol.-%. Die Herstellung des Wodkas erfolgt sowohl in reiner Form als auch mit Zusätzen (Limonen, Schwarze Johannisbeeren, Grapefruit u. a.). Der Wodka wird in Aluminiumflaschen abgefüllt.

Allgemeine Bekanntheit in Europa und in der Welt genießen die Wodkasorten aus Deutschland. Eine der populären Sorten – Wodka Gorbatschow – wurde durch die Familie Gorbatschow gegründet, die nach der Revolution 1917 aus Russland emigrierte. Im Jahre 1921 begannen die Gorbatschows mit der Wodkaherstellung in Berlin. Wodka Gorbatschow wird ausschließlich aus Weizenspiritus mit einem Alkoholgehalt von 37,5 Vol.-%, 40 Vol.-%, 50 Vol.-% und 60 Vol.-% hergestellt. Die geschmacklichen Qualitäten des Wodkas unterscheiden sich stark in Abhängigkeit vom Alkoholgehalt.

Noch eine berühmte Sorte – Rasputin – wird durch eine der ältesten deutschen Gesellschaften, die Firma Dethleffsen (1738), in aromatisierter und nicht aromatisierter Variante mit einem Alkoholgehalt von 40 Vol.-% aus Getreidespiritus hergestellt.

Die bekannteste Wodka-Marke der USA ist Smirnoff, zu dessen Herstellung zwei Familien, die Russland zu Beginn des 20. Jahrhunderts verlassen haben, eine unmittelbare Beziehung haben. Rudolph Kunett, ein großer Getreidelieferant im zaristischen Russland, kaufte von Wladimir Smirnoff, dem Sohn von Pjotr Arsenjewitsch Smirnoff, die Rezeptur und die Rechte zur Herstellung des Wodkas in den USA. Im Jahre 1939 verkaufte R. Kunett das Wodkageschäft an die Gesellschaft „Heublein Inc.", einem Hersteller und Vertreiber von Weinen, Spiritus und fertigen Cocktails.

Hinsichtlich seiner Beliebtheit nimmt Smirnoff-Wodka weltweit einen der führenden Plätze ein. Eine große Nachfrage besteht nach den Marken Smirnoff (50 Vol.-%) und Smirnoff Silver (42,5 Vol.-%); darüber hinaus gibt es aber auch aromatisierte Varianten (Smirnoff Citrus, 40 Vol.-% u. a.).

Auch andere Gesellschaften in Amerika stellen nicht gerade wenig Wodka her, darunter den Wodka Wolfschmidt, der ebenfalls durch eine Familie kreiert wurde, die ihre Wurzeln im ehemaligen Russischen Imperium hat. Derzeitiger Hersteller der Marken Wolfschmidt und Kamchatka ist die Gesellschaft American Brands Inc. Voraussetzung für die Qualität dieser Getränke ist die Verwendung hochwertigen Getreides und moderner Produktionstechnologien.

Der Wodka Rain wird aus organischem Maiskorn hergestellt, das im Staat Indiana auf der Farm Yale angebaut wird. Im Filtrierverfahren werden Kohle und Diamantstaub verwendet (sehr lieblich und fast ohne Geschmack).

Allgemein bekannt sind in Amerika die Marken White Eagle und Black Eagle mit einem Alkoholgehalt von 40 Vol.-%.

Nun einige Worte zu den englischen Wodkas. Die Besonderheit dieser Getränke besteht darin, dass man sich mit den meisten von ihnen lediglich in England bekanntmachen kann, obwohl sich dennoch einige auf die Reise um die Welt begeben. Der wohl originellste englische Wodka ist der Blavod von tintenblauer bis grauer Farbe, mit einem an Medizin, beinahe an Heu erinnernden Beigeschmack und einem Alkoholgehalt von 40 Vol.-% Zu den bekanntesten Wodkas Englands gehören: Cossack mit einem Alkoholgehalt von 37,5 Vol.-%, für dessen Herstellung als Rohstoff aus Melasse gewonnener Spiritus dient, Select mit 40 Vol.-% Alkohol, Virgin mit einem Alkoholgehalt von 37,5 Vol.-%, 40 Vol.-%, 50 Vol.-%, Borzoi mit 37,5 Vol.-%, Cristalnaya mit 40 Vol.-% und Three Olives (aromatisiert: Apfel, Schokolade, Himbeere, Vanille, Orange u. a.).

Unter den holländischen Wodkamarken sind Ivan der Schreckliche, Zar, Peter, Hollandia, Zver (45 Vol.-%, mit Limone und Paprika) erwähnenswert. Im Norden des Landes, in der Stadt Groningen, befindet sich die Firma Hooghoudt Distillers B. V. (bestehend seit 1888), die den Weizenwodka Royalty mit 40 Vol.-% herstellt. Das Getränk wird in Flaschen aus himmelblauem Glas abgefüllt, auf denen sich ein Medaillon mit der Abbildung des Gründers der Gesellschaft G. J. Hooghoudt befindet.

Der zweite bekannte Wodka Hollands, Ursus, ist ein Produkt der Firma „De Horn" in reiner und aromatisierter Form (Lemon, Black Currant). Als Rohstoff wird Getreidespiritus verwendet, wobei der Wodka ein etwas süßliches Aroma und einen frischen lieblichen Geschmack hat.

Nicht zu vergessen ist der gegenwärtig weltweit bekannteste französische Wodka Grey Goose mit 40 Vol.-%. Der Wodka wird in der Provinz Cognac aus Getreidespiritus und natürlichem Wasser aus der Provinz Champagne hergestellt. Produziert werden aromatisierte Varianten (L'Orange, La Vanille, Le Citron u. a.) sowie Wodka ohne Aromastoffe. Abgefüllt wird er in Flaschen aus mattem Glas mit der durchsichtigen Silhouette einer Gans.

Die interessanteste der ukrainischen Wodkasorten ist unserer Meinung nach die Handelsmarke Nemiroff. Bei der Herstellung des Wodkas finden lediglich qualitativ hochwertige natürliche Komponenten Verwendung: artesisches Wasser, bessere Spiritussorten, die eine sorgfältige Reinigung mittels Aktivkohle durchliefen, unterschiedliche Kräuter, exotische Gewürze, Honig.

Die Gesellschaft stellt Wodka, Spezialwodka und Liköre her: Gorilka Nemiroff (Spezialwodka), Alkoholgehalt 40 Vol.-%, Zhitnja mit Honig, Alkoholgehalt 40 Vol.-%, Nemiroff Premium (Spezialwodka), Alkoholgehalt 40 Vol.-%, Nemiroff Premium Currant (Wodka), Alkoholgehalt 40 Vol.-% und Ukrainskaja Medovaja mit Paprika Nemiroff (Bitterlikör), Alkoholgehalt 40 Vol.-%.

Auf dem gegenwärtigen Markt gibt es mehr als einhundert Marken polnischen Wodkas, die durch die Unternehmen der Vereinigung Polmos hergestellt werden. Die Produktion des polnischen Wodkas, eine der ältesten der Welt (nach der russischen), ist durch historische Urkunden bereits im 15. Jahrhundert belegt.

In Polen werden die Wodkas traditionell als rein und qualitativ hochwertig eingestuft. Die reinen Wodkas, die von der Zusammensetzung her den russischen näher stehen, besitzen ein ausdrucksstarkes Aroma im Geschmack. Von außerordentlicher Qualität sind die aromatisierten Getränke, Fruchtliköre und Liköre an sich. Guter polnischer Wodka hat seine eigene persönliche Note und eine relativ hohe Qualität. Eine bedeutende Anzahl der polnischen Wodkas wird aus Roggenspiritus oder aus Roggenspiritus unter Zusatz einer geringen Menge von Frucht- oder Apfelspiritus hergestellt. Zusätzlich gibt es auf dem polnischen Markt eine Vielzahl von Kartoffelwodkas (Vistula, Alpejska u. a.). Eine Besonderheit in der Produktion stellen die koscheren Wodkas dar, deren Fertigung mit religiösen jüdischen Traditionen verknüpft ist (Koszer, Trojka-Luxury, Szabasowka, Purim u. a.). In den letzten Jahren erschienen neben den eigentlichen polnischen Wodkas auch Wodkasorten der gemeinschaftlichen Produktion mit Unternehmen anderer Länder (Rose Petal – aromatisiert mit Rosenöl – ein polnisch-englisches Joint-Venture-Produkt; Smirnoff u. a.). Darüber hinaus werden seitens der polnischen Unternehmen ständig neue eigene Marken entwickelt.

Die polnischen Wodkas gehören zu den ältesten der Welt, sie sind vielfältig und überaus unterschiedlich. Zur Luxusklasse gehören Belvédère, Alkoholgehalt 40 Vol.-%, ein süßer Wodka mit starker Karamellisierung, Chopin, Alkoholgehalt 40 Vol.-%, der für den internationalen Markt aus Roggenspiritus hergestellt wird und einen süßlichen Geschmack hat, Fiddler, Alkoholgehalt 39 Vol.-%, hergestellt aus Roggenspiritus und Wasser aus den eigenen Quellen der Gesellschaft Polmos Krakow unter Zusatz von Vanille, Królewska, Alkoholgehalt 40 und 42 Vol.-%, hergestellt aus hochwertigeren Roggensorten, Premium, Premium Citron, Premium Peach, Premium Special, Alkoholgehalt 40 Vol.-%, Wyborowa, Wyborowa Lemon, Wyborowa Orange, Wyborowa Peach, Wyborowa Pineapple, Alkoholgehalt 38–40 Vol.-%, hergestellt aus Winterroggensorten.

Erwähnenswert sind auch solche Originalmarken wie Jarzębiak, ein mit Ebereschenbeeren (Vogelbeeren) und getrockneten tropischen Früchten angesetzter Wodka unter Zusatz von Zucker und einem Weindestillat. Der Wodka wird kurze Zeit in Eichenfässern gelagert, wodurch er eine goldgelbe Farbe erhält. Krupnik wird aus Spiritus erzeugt, der mit Bienenhonig und Gewürzen angesetzt ist, Alkoholgehalt 40 Vol.-%, sowie Starka aus qualitativ gutem, nicht rektifiziertem Roggenspiritus, der ebenfalls in Eichenfässern, allerdings mindestens zehn Jahre, gelagert wird, Alkoholgehalt 50 Vol.-%

Nunmehr hat sich zu den „Wodka-Ländern" auch Österreich hinzugesellt, indem es die Wodkasorten OVAL (24 Vol.-%, 42 Vol.-% und 56 Vol.-%) auf den Markt brachte. Dieser Wodka ist ein Produkt einer einzigartigen Technologie (siehe S. 132 f.), die es ermöglicht, die Qualität des Getränkes auf molekularer Ebene zu bestimmen, indem Moleküle einer bestimmten Struktur gebildet werden.[4] Keine andere Wodkaproduktion hat eine derartige Technologie zur Verfügung. Das Werk befindet sich unweit von Wien in einem ökologisch sauberen Gebiet, wobei zur Produktion das hiesige „Lebenswasser" und Getreidespiritus verwendet wird. Und noch eine Besonderheit hat dieses Getränk: es hat zwei Ursprungsländer – Österreich und Russland. Insbesondere in Russland wurde die neue, nicht traditionelle Technologie entwickelt.

Die Menge der russischen Wodkas ist so umfangreich, dass sie einfach nicht charakterisiert werden kann. Daher befassen wir uns lediglich mit einigen von ihnen, und zwar erstens mit den klassischen sowie zweitens mit denjenigen Wodkasorten, die die neuen Trends in der gegenwärtigen Wodkaindustrie repräsentieren.

Die älteste russische Marke ist Moskovskaya Osobaya, Alkoholgehalt 40 Vol.-%, der aus Spiritus „Extra" unter Zusatz von Natriumbikarbonat und Essigsäure hergestellt wird.[5] Stolichnaya, Alkoholgehalt 40 Vol.-%, wird nach klassischem Rezept aus Spiritus „Extra" unter geringem Zusatz von Zucker zur Verfeinerung des Geschmacks erzeugt. Der Wodka Pchenichnaya wird ebenfalls aus Spiritus „Extra" und weichgemachtem Wasser produziert, der darüber hinaus vorher zusätzlich mit Aktivkohle bearbeitet wurde, Alkoholgehalt 40 Vol.-%.

Für Russland und für Polen ist die Herstellung von Wodka unter Verwendung von Extrakten aromatischer Kräuter, Gewürzen, scharfem Paprika u. Ä. charakteristisch. Zu solchen Wodkas gehören Pertsovka, Zubrowka, Starka, Ochotnichya. Diese Wodkas haben in der Regel einen goldgelben oder bräunlichen Farbton, ein ausdrucksstarkes Aroma im Geschmack, wobei der Pertsovka darüber hinaus einen aufheizenden Effekt hat. Aromatisierte Wodkas sind in Russland seit Beginn des 17. Jahrhunderts bekannt.

Zur Verbesserung der organoleptischen Eigenschaften der Getränke verwenden die heutigen Wodkahersteller unterschiedliche technologische Dosierungen, die die spezifischen Merkmale der Getränke bestimmen. So fließt in die Konsistenz des Wodkas Imperatorskaya Kollekcya (Alkoholgehalt 40 Vol.-%) der Sankt Petersburger Gesellschaft „Ladoga" neben Spiritus „Lux" und Wasser auch Fruktose ein. Der Wodka Beloje Zoloto wird aus Spiritus „Lux" unter Zusatz eines Aufgusses von Haferflocken und hefefreien Weizenbrötchen, Zucker und Ginseng hergestellt. Und der Wodka Parlament wird zum Beispiel mit natürlicher Milch behandelt.

Die Gesellschaft „Ladoga" (Sankt Petersburg) gehört zu den zehn führenden Unternehmen der Alkoholbranche Russlands. Ihr Sortiment besteht aus mehr als 80 alkoholischen Getränken. Die grundlegenden Handelsmarken der Gesellschaft sind die Wodkas Ladoga, Newskij Prospekt, Samson, Zarskaya und Zarskoje Selo. Aufgrund einer Lizenzvereinbarung mit „Soyuzplodoimport" stellt „Ladoga" die Handelsmarken Stolichnaya, Mos-

kovskaya, Starka her, in Lizenz von „Rosalko" die Wodkas Gospoda Ofiziery (Herren Offiziere) und Tchapka, in Lizenz des Moskauer Werkes „Kristall" Posolskaya und Zolotoje Kolzo. Die Gesellschaft exportiert ihre Erzeugnisse nach Deutschland, Großbritannien, Frankreich, Spanien, Italien, Griechenland, in die USA, nach Kanada, Estland, Lettland und nach Südostasien.

Ladoga Zarskaya, Alkoholgehalt 40 Vol.-%. Zusammensetzung: Getreidespiritus „Lux", aufbereitetes Wasser, natürlicher Lindenblütenhonig, Lindenblütenaufguss.

Ladoga Zarskaya Zolotaya, Alkoholgehalt 40 Vol.-%: Bei der Zubereitung werden Lindenblütenhonig und ein Lindenblütenaufguss verwendet. Der Wodka wird zusätzlich mittels spezieller Membranfilter mit Goldfäden gefiltert.

Wodka Zarskoje Selo, Alkoholgehalt 40 Vol.-%. Zusammensetzung: Getreidespiritus „Lux", aufbereitetes Wasser, Zucker, Honig, Aufguss der Faulbeere und Aufguss von Himbeerblättern.

Eine große Popularität genießt der Wodka Beluga. Für seine Herstellung wird artesisches Wasser sibirischer Quellen, Malzspiritus „Lux", Honig, Hafergraupen und Mariendistelextrakt verwendet. Der Alkoholgehalt des Wodkas beträgt 40 Vol.-%. Die Herstellung erfolgt in mehreren Phasen, in denen sich bestimmte Eigenschaften des Getränkes herausbilden.

Die Geschichte der Gesellschaft „Liviz" (Sankt Petersburg) begann noch im zaristischen Russland. In der Sowjetunion trug dieses Unternehmen die Bezeichnung Leningrader Likör- und Wodkawerk. Gegenwärtig produziert die Gesellschaft eigene Wodkasorten: Diplomat, Sankt Petersburg, Golden Moscow, Pjotr Velikij (Peter der Große) u. a. sowie auch Handelsmarken in Lizenz, wie Smirnoff, Zar-Wodka (ROS-ALKO) und Russkij Standard. Die Besonderheit des Wodkas Russkij Standard (Alkoholgehalt 40 Vol.-%) ist die Verwendung von Schmelzwasser eines Gletschers.

Eine der teuersten Sorten auf dem Wodkamarkt ist der Wodka Kauffman (und insbesondere Kauffman Private Collection) der Gesellschaft „White Hall", der die Marke Kauffman gehört.

Zu seiner Herstellung wurde Getreide in besonderer Weise gekauft. Es wurden die sieben besten (hinsichtlich der Getreidequalität) russischen Gebiete ausgewählt, in denen jeweils das beste landwirtschaftliche Unternehmen für den Getreidekauf bestimmt wurde. Anschließend wurde jeder Getreidepartie ein Siebtel entnommen, diese Teile wurden vermischt und dann zu Spiritus verarbeitet, aus dem auch Wodka erzeugt wurde. Dieses ganze komplizierte System der Abnahme symbolisiert den Begriff „Russischer Wodka", da das Territorium Russlands riesig ist und in verschiedenen Regionen Getreide unterschiedlicher Sorten und Qualität angebaut wird. Daher wird der aus Getreide des zentralen Teils Russlands hergestellte Wodka von jenem Wodka abweichen, der beispielsweise aus Getreidekulturen Sibiriens erzeugt wird. Jedoch versucht das System der Rohstoffabnahme für die Marke Kauffman die Getreidekulturen aus verschiedenen Regionen zu vereinigen und die gesamte Vielfalt in einem zu präsentieren. Für die Herstellung des Spiritus und des Wodkas wurde das in Kaluga befindliche Werk „Kristall" ausgewählt. Dort wurde auch eine begrenzte Wodkapartie in nummerierte Flaschen abgefüllt, indem der verbleibende Spiritus vernichtet wurde. So erhielt man einen einzigartigen Vintage-Wodka.

Die Gesellschaft erzeugt auch andere Wodkasorten: Kauffman Special (mit Aromaspiritus des Zitronenbaums), Kauffman Soft (mit Ginsengaufguss), Kauffman Hard (mit Pantokrin), Kauffman Lemon & Grapefruit und Kauffman Pepper & Caraway (Pfeffer & Kümmel). Der Alkoholgehalt der Wodkas beträgt jeweils 40 Vol.-%.

Russland ist ein riesiges Land mit unterschiedlichsten klimatischen und natürlichen Bedingungen, die es erlauben, vom Charakter her mannigfaltigste Wodkas zu erzeugen. Man könnte von den Wodkas Sibiriens, des Altais, des zentralen Teils Russlands, des Südens Russlands usw. berichten. Abschließend sei noch eine Marke erwähnt, die das Kasaner Likör- und Wodkawerk herstellt. Es handelt sich um den Wodka Chanskaya. Zusammensetzung: aufbereitetes Trinkwasser, rektifizierter Ethylalkohol „Lux", Zuckersirup und Reisaufguss. Hergestellt wird er auf der Basis von Spiritus „Lux", der vom Spirituswerk in Mamadysh (in Tatarstan das einzige Werk, das auf Malzbasis arbeitet) geliefert wird. Der Wodka ist sehr mild und auch, wie man in Russland zu sagen pflegt, „trinkbar", d. h., er läuft gut die Kehle hinunter.

Man kann nur hoffen, dass dieser bei Weitem nicht vollständige Abriss über den in verschiedenen Ländern hergestellten Wodka einen Beitrag leistet, dem Leser die nationalen Besonderheiten dieses Getränkes, die in ihrer Weise unmittelbaren Einfluss auf die Kultur des Konsums haben, bis hin zur Herausbildung bestimmter Traditionen jeder einzelnen Nation näher zu bringen.

Der polnische Wodka ist ausgeprägter aromatisiert und hat einen schärferen, ausdrucksstärkeren Duft als westlicher Wodka. Die besten Sorten haben ein edles süßliches Aroma, was seine Ursache im Roggen als Ausgangsrohstoff hat. Die meisten Sorten Wodka werden in Polen aus Roggenspiritus oder aus Roggenspiritus in Verbindung mit einer geringen Menge Frucht- oder Apfelspiritus hergestellt. Vom Geschmack her sind sie lieblich, etwas süßlich.

Der in Russland hergestellte Wodka hat einen eigenen spezifischen Charakter und ist nicht so süß wie der polnische Wodka. Der gute russische Wodka ist lieblich, etwas pikant.[6]

Die heutigen russischen Wodkas werden unter Einbringung verschiedener Bestandteile hergestellt: aromatische und nicht aromatische Kräuter, Honig und Mineralsalze. Während der Verarbeitung und der Sortierung verwendet man zusätzliche technologische Verfahren, unter anderem die Verarbeitung durch die modifizierte Stärke, das Ansetzen mit zerkleinerten Kornprodukten u. a.[7]

Die Wodkas von hoher Qualität, die ein prägnant zum Ausdruck kommendes oder leichtes Aroma oder auch einen ganz neutralen Geschmack (enthaltener natürlicher Geschmack des Korns) haben, sind es wert, getrunken zu werden, ohne dass sie verdünnt oder gemixt werden.

Wodka richtig genießen

Vor dem Gebrauch kühlt man den Wodka auf 12 °C, wenn das Getränk keine besondere Behandlung erfordert. Der dänische Wodka „Fris" wurde von seinem Hersteller speziell für den Genuss im tiefgekühlten Zustand entwickelt, hat ein neutrales Aroma und eine dichte, fast ölige Textur. Den Wodka OVAL muss man im Gegensatz dazu nicht kühlen. Um die Qualität und den Geschmack zu schätzen, muss dieser Wodka bei Zimmertemperatur gereicht werden.

Wodka mit feinem Aroma und Geschmack sollte man nicht kühlen, geschweige denn ins Tiefkühlfach stellen, da die charakteristischen Besonderheiten des Wodkas verdrängt werden und unbemerkt bleiben. Darüber hinaus kann das Getränk

beim Gefrieren eine starke Viskosität und Zähflüssigkeit erhalten.

Es gibt verschiedene Methoden des Trinkens von Wodka. Einige trinken ihn „auf Ex" aus, andere wiederum behaupten, dass man den Wodka in kleinen Schlucken genießen sollte.

Wenn Sie genießerisch trinken, ist es nicht nur wichtig, was, sondern auch aus welchem Glas Sie trinken. Die kleinen Schnapsgläser ohne Stiel sind allgemein beliebt und lassen sich leicht im Gefrierfach kühlen, jedoch wird ihr Inhalt, wenn man das Glas in der Hand hält, sofort erwärmt. Zum Kredenzen des Wodkas verwendet man Stielgläser – hohe, feine, durchsichtige Gläser mit nicht allzu hohem Stiel. In Polen trinkt man aus kleinen niedrigen Schnapsgläsern, ähnlich einem Becher.[8]

Am Allerbesten ist es, den Wodka in ei- oder tulpenförmigen Gläsern aus dünnem Glas mit mittelhohem Stiel und einem Volumen von etwa 50 cm^3 zu reichen.

Der Wodka wird in kleinen durchsichtigen Karaffen oder Flaschen angeboten. Die Schnapsgläser füllt man nicht bis zum Rand, sondern lediglich zu zwei Dritteln. In einigen Gaststätten werden die Schnapsgläser und die Karaffe vor dem Servieren in das Gefrierfach gelegt, bis sie mit Reif bedeckt sind. Allerdings sollte man sich bewusst sein, dass das Glas den Geruch jener Produkte annehmen kann, die im Gefrierfach aufbewahrt werden oder früher aufbewahrt wurden. Mitunter serviert man die Flasche Wodka auch in einem Eisblock. Der Wodka regt wie der Traubenwein und andere alkoholische Getränke den Appetit an und vermag,

„Die vom Kater heilende Apotheke"

Links: Schnapsglas „Hot Shot", das man für Wodka besser nicht verwenden sollte

Rechts: Wodkaglas

in Kombination mit bestimmten Lebensmitteln, neue Geschmacksempfindungen zu schaffen. Ebenso ist Wodka auch eine Quelle der Energie.

Vom Geschmack her ist er prägnanter und stärker als viele Lebensmittel, daher können der Nachgeschmack des Wodkas und sein Aroma die Grundlage für die Auswahl entsprechender Gerichte zum Wodka sein. Eine wichtige Eigenschaft des Wodkas ist sein Alkoholgehalt, so dass die geschmacklichen Nuancen der Gerichte, salzige, bittere oder saure, durch die durch das Getränk hervorgerufenen Geschmacksempfindungen ausbalanciert werden.

Das Süße kann ebenfalls eine wichtige Rolle spielen und wird erfolgreich mit einigen Wodkas, besonders mit bitterem Wodka, zum Beispiel dem Honig-Pfefferwodka und anderen, kombiniert.

Für Einwohner vieler westlicher Länder ist die Verbindung des Wodkas mit dem Essen ungewohnt. Jedoch in jenen Ländern, in denen man ihn im Laufe der Jahrhunderte erzeugte, entstanden nationale Traditionen in Bezug auf den Genuss des Wodkas zu den Mahlzeiten.

In der Regel serviert man Wodka und bittere Liköre als Entree zur Anregung des Appetits. Empfohlen wird der Wodka nicht nur zu kalten Vorspeisen, sondern auch zu warmen, vor allem fetten Gerichten. Man sollte auf den Wodka nichts nachtrinken, da der Trinkende in diesem Fall der Möglichkeit beraubt wird, in vollem Maße den Geschmack des Getränkes zu empfinden und zu schätzen. Beim Trinken von Alkohol ist der Verzicht auf jedwede kohlensäurehaltige Getränke zu empfehlen. Häufig wird Wodka auch während des Essens getrunken.

Das Vorspeisenmenü schließt Fleischgerichte, ob nun salzige, geräucherte oder gekochte, ein. Mit Wodka lassen sich Schinken, Keule, Schmalz, Sülze, gekochte Zunge, gekochtes Kalbfleisch, Schweinskopf oder Gehirn gut kombinieren.

Fischvorspeisen waren unter den russischen Vorspeisen nie wegzudenken. Ohne Kaviar, Stör, Lachs, Buckellachs, Ketalachs, frisch gesalzenen Lachs, Hering, Zander in Aspik u. a. war ein Essen kaum vorstellbar. Harmonisch verbinden sich mit Wodka viele Fischgerichte der fernöstlichen Küche, wie Sushi u. a. In Russland wird traditionell körniger (schwarzer) Kaviar zum Wodka gereicht. Der Wodka sollte kalt sein, wobei der Kaviar auf heißen Plinis oder Brötchen serviert wird. In den nord- und osteuropäischen Ländern isst man gewöhnlich den Kaviar der Forelle oder des Lachses mit Pfannkuchen, Saurer Sahne (in Finnland) und dünn geschnittenen Zwiebeln. Den Wodka begleiten Zwiebeln mit Saurer Sahne, Meerrettich oder Senf ziemlich oft.[9] In Finnland und Schweden serviert man zum Wodka mit Dill gekochte Krebse und Roggenbrot, in Schweden oft Käse. Die Krebse passen traditionell zum kalt gestellten Wodka zusammen mit einem Schluck Bier oder Mineralwasser. Die trockene Herbe des Alkohols verbindet sich ausgezeichnet mit dem süßlichen Fleisch der Krebse.[10]

Die Gemüsevorspeisen sind ebenso mannigfaltig: Salzgurken, Pilze in Salzlake, Salztomaten, Sauerkraut, gesalzene Melonen, Auberginen, Salat, gekochte Kartoffeln mit frischem Dill. Auch scharfe Gemüsesalate der fernöstlichen Küche sind eine geeignete Vorspeise zum Wodka.

Wodka verbindet sich ausgezeichnet auch mit heißen ersten Gängen (Fischsuppe, Soljanka, verschiedene russische Kohlsuppen) und zweiten Gängen, vor allem mit Fleisch- und Mehlspeisen (Pelmeni, Pfannkuchen, Pasteten mit Fleisch-, Fisch-, Reis- oder Kohlfüllung), mit scharfen Fisch-, fetten Fleisch-, gebratenen und gedünsteten Gerichten.

Auf Wodka sollte man in keinem Falle Melone essen, da dies eine Vergiftung des Organismus mit Aldehyd fördert. Darüber hinaus ist von Vorspeisen abzuraten, die viel Essigsäure enthalten (Marinaden), da selbige die negativen Auswirkungen des Alkohols und seiner Metaboliten auf das Herz potenziert.[11]

In den heutigen Restaurants werden viele Gerichte für Wodka zubereitet. Als Vorspeisen serviert man neben traditionellem gesalzenen Gemüse auch eine Art Pfannkuchen mit Lachs und Hering, Räucherfisch (Aal, Stör) mit Gemüse, Krabben in Saurer-Sahne-Sauce, russische Sülze, gekochten, mit Knoblauch gespickten Schinken, Rostbraten mit Gemüse und Senf, Speck, Schweinskamm in Teig mit Senfsauce.

Bei den ersten Gängen sind nach wie vor Fisch- und Fleischsoljanka, Fischsuppe mit Pastete, Kohlsuppe und Borschtsch, Fleischsuppe mit sauren Gurken und Nieren, Brotsuppen u. a. beliebt.

Es ist schwierig, die zweiten Gänge auf Grund ihrer Vielfalt aufzuzählen. An warmen Gerichten sind populär: gebackene Forelle mit Gemüse und Zitrone, gebratener Stör mit Gemüse und Preiselbeeren, Lachsfilet, gebratene Tigergarnelen mit Knoblauchsauce und vieles andere.

Die Fleischgerichte sind ebenso mannigfaltig: Kaninchen mit Sahnesauce; Entenbrust auf Sahne und Rotwein; würzige Ente mit Brombeersauce und Obstbeilage; Lende im Schlafrock mit Backpflaumen, Preiselbeeren und Schinken; mit Walnüssen und Pilzen gefülltes Hühnerfilet, auf knusprigem Brot in Knoblauchsahnesauce; Hühnerfrikassee; Milchferkel mit Buchweizengrütze und Tomaten; Ente, mit Backpflaumen und Äpfeln gefüllt, auf Jamaica-Rum u. a.[12]

In Polen isst man zum Wodka solche Gerichte wie Kalbs- oder Kohlrouladen mit Saurer Sahne, Bigos mit Fleisch, Geflügel, Würstchen oder Ente auf Preiselbeeren.[13]

Der stark gekühlte Wodka verbindet sich nicht nur gut mit fetten, schweren und nahrhaften Gerichten, sondern hilft dem Organismus auch beim Fettabbau.

Damit der Wodka und das Essen ein angenehmes Vergnügen bleiben und nicht zu unangenehmen Folgen führen, sollten einige Regeln beachtet und respektiert werden:

1. Trinke nie auf nüchternen Magen. Der getrunkene Alkohol gerät aus dem leeren Magen in den Darm und wird von dort sofort vom Blut aufgenommen. Rasche Trunkenheit ist die Folge. Darüber hinaus greift der Alkohol die ungeschützte Schleimhaut des Magens an, wirkt zerstörend auf die Leber, das Gehirn, die Gefäße und das Herz. Vor einem geplanten Trinkgelage sollte man unbedingt etwas Fetthaltiges essen. Fett verhindert das schnelle Eindringen des Alkohols in das Blut und verlangsamt diesen Prozess.

2. Iss etwas, wenn Du trinkst! Die Nahrung schützt die Schleimhaut des Magens und verzögert den Übergang des Alkohols in das Blut.

3. Trinke nicht nur alkoholische, sondern auch alkoholfreie, nicht mit Kohlensäure versetzte Getränke (Säfte, Fruchtsaftgetränke u. a.). Diese verdünnen den Wodka und verringern die Konzentration des Alkohols im Blut.[14]

4. Auch die Menge des getrunkenen Alkohols ist zu bedenken. Wenn Du gewinnbringend trinken willst, trinke mit Bedacht in kleineren Mengen, und das Ethanol wird vom Organismus als kalorienreiche Nahrung genutzt.

Solltest Du dennoch Deine Kräfte überschätzt haben, hilft gegen den Kater kein Bier, auch wenn es manche Fachleute anraten, geschweige denn ein Wodka. Die Erleichterung ist nur von kurzer Dauer, jedoch dauern die Leiden umso länger an. Die beste Arznei ist der Schlaf, er ist notwendig, jedoch nicht hinreichend.

Um der Dehydrierung des Organismus entgegenzuwirken und die Wasser-Salz-Balance und das Säure-Alkali-Gleichgewicht wiederherzustellen, sind zu empfehlen: Obst- (Apfelsaft ist am Besten), Beeren-, Gemüsesäfte, schwacher Tee mit Honig und die von den Trinkern geliebten Gewürzgurken- und Sauerkrautlaken. In diesem Zusammenhang ist an das alte russische Rezept der Speise mit dem Namen „Katzenjammer" zu erinnern. Der britische Gesandte, Mister Begot, der am Petersburger Hof akkreditiert war und oft völlig betrunken war, bevorzugte von allen anderen Mitteln für den Katzenjammer einen Krug russischer saurer Kohlsuppe (eine Art schäumender Kwass) mit Gurkenwasser.[15]

Auf den Kater ist eine frische, gesalzene Wassermelone äußerst ratsam. Nicht schlecht sind auch Milch und Kefir. Starken Tee und Kaffee sollte man von der Katerdiät besser ausschließen. Ebenso wenig empfehlenswert ist in diesem Zustand ein Besuch der Banja, der russischen Form der Sauna. Gegen Kopfschmerzen hilft das simple Aspirin und das homöopathische Mittel „Nuks Womika", wobei Sorptionsmittel („Filtrum") helfen, den Darm zu reinigen. Man sollte sich auch an die antialkoholischen biologisch aktiven Nahrungssupplemente halten: „Korrda – K", „Antikater", „Alkogal", „Amethyst", „Alkostop" und wie sie alle heißen mögen.[16]

Heute entwickeln viele Wodkahersteller sowie Restaurants, die dieses Getränk anbieten, Rezepte spezieller Gerichte für eine bestimmte Wodkamarke sowie entprechende Cocktails auf Wodkabasis. Dies ermöglicht, die Aufmerksamkeit der Konsumenten nach den geschmacklichen Besonderheiten eines jeden Getränkes zu akzentuieren und damit seine Vorzüge besser hervorzuheben. So entwickelte die Gesellschaft Biowine, die den Wodka OVAL auf dem russischen Markt vertreibt, Rezepte von Gerichten für den Wodka OVAL 24, die wir im Weiteren anführen.

Fischsuppe mit Safran

Für 1 Liter Suppe:

3 Schalotten (Askalonzwiebeln)

1 Knoblauchzehe

1 Stk. Fenchel

½ Möhre

1 Lorbeerblatt

0,02 g Safran

250 ml Weißwein

1 l Fischbouillon

2 Tomaten

Das Gemüse (außer die Tomaten) zusammen mit dem Safran in Olivenöl dünsten, den Wein dazugeben und ihn zur Hälfte verdampfen lassen. Die Fischbouillon hinzugießen. Etwa eine Stunde kochen lassen, dann Salz und Pfeffer je nach Geschmack und anschließend die Tomaten beifügen – für diejenigen, die es lieber etwas schärfer mögen, etwas scharfe rote Paprika. Etwa 20 Minuten ziehen lassen, dann durch ein Sieb gießen. Als Beilage kommen beliebige Meeresfrüchte in Betracht (Krabben sind sehr zu empfehlen) und entsprechendes Gemüse (Spargel, Kartoffeln, Tomaten, Dill).

Beefsteak Tatar

100 g Rindslende

15 g Kapern

10 g rote Zwiebel

5 g Kren (Meerrettich)

10 g Senf

10 g Parmesan

1 Eigelb

Salz, Pfeffer

Das Fleisch in kleinste Stücke schneiden, die fein geschnittenen Zwiebeln und die Kapern hinzugeben, ferner den geriebenen Kren (Meerrettich) und den Parmesan, etwas Salz und Pfeffer und ein wenig Olivenöl mit dem Senf und einem Eigelb vermengen und gut vermischen. Bei Bedarf kann mit gemahlenem Ingwer und Chili abgeschmeckt werden. Vor dem Servieren das Gericht 5–7 Minuten ruhen lassen.

Lachs Tatar

100 g Lachsfilet

10 g Schalotte (Askalonzwiebel)

10 g Kapern

30 g grüner Spargel

5 g Chili

2 g Zwiebelringe

1 Wachtelei

Olivenöl

Salz, Pfeffer

Den Fisch in möglichst kleine Stücke schneiden, mit der fein in Würfel geschnittenen Zwiebel, den Kapern, die Chili und dem vorher abgebrühten Spargel vermischen. Salz, Pfeffer, Olivenöl und die dünn geschnittenen Zwiebelringe, ggf. etwas Zitronensaft und Senf je nach Geschmack, hinzugeben, verrühren, das Ganze auf einen Teller geben und obenauf mit dem Wachtelei garnieren, das ohne Schale in Wasser mit etwas Essig gekocht wurde. Zu diesem Gericht wird Rogen des Schneiders oder eines beliebigen anderen Fisches je nach Geschmack gereicht.

Austern mit Guacamole

Guacamole:

1 Avocado

¼ Schalotte (Askalonzwiebel)

½ Knoblauchzehe

½ Lime-Frucht (Juice)

¼ Schote scharfen Paprikas

Korianderkraut je nach Geschmack

Salz, Pfeffer je nach Geschmack

Kaviar vom Stör

Alle Zutaten werden zu einem Püree passiert, am besten manuell, allerdings ist das auch mit der Küchenmaschine möglich. Auf die geöffneten Austern wird etwas Guacamole gegeben, der Störkaviar darauf garniert.

Übrigens, Wodka OVAL braucht keine Kühlung, er ist lieblich, angenehm zu trinken. Sogar Wodka mit einem Alkoholgehalt von 56 Vol.-% brennt nicht in der Kehle.

---

[1] Smirnoff W.P. Der russische Charakter. M., 2004. S. 75

[2] Begg D. Der Wodka: Nachschlagewerk: Ratschläge des Kenners/ Übersetzung aus dem Englischen M., 2004. S. 58 - 59

[3] Lange Zeit wurde in Finnland die einzige Wodkamarke – Koskenkorva – hergestellt, die zu Beginn der 50er Jahre in Erscheinung trat (Alkoholgehalt des Wodkas: 40, 50 und 60% Vol.), sowie aromatisierte Wodkasorten mit geringem Alkoholgehalt.

[4] Genauer gesagt, dem Getränk bestimmte Eigenschaften zu verleihen. Daher hat die Bezeichnung des Wodkas die Beifügung „strukturiert".

[5] Über die Geschichte der Gründung des Wodkas „Moskovskaya Osobaya" siehe S. 64-65 dieser Ausgabe.

[6] Die Expertise der Getränke/ W. M. Posnjakowskij, W.A. Pomosowa, T.F. Kiseljowa, L.W. Permjakowa. Nowosibirsk, 2002. S. 44 - 45. Begg D. Der Wodka: Nachschlagewerk : Ratschläge des Kenners/Übersetzung aus dem Englischen M., 2004. S. 24

[7] Begg D. Der Wodka: Nachschlagewerk: Ratschläge des Kenners/Übersetzung aus dem Englischen M., 2004. S. 24

[8] Die Expertise der Getränke/W. M. Posnjakowskij, W.A. Pomosowa, T.F. Kiseljowa, L.W. Permjakowa. Nowosibirsk, 2002. S. 44 - 45. Begg D. Der Wodka: Nachschlagewerk : Ratschläge des Kenners/Übersetzung aus dem Englischen M., 2004. S. 42 - 43

[9] Begg D. Der Wodka: Nachschlagewerk: Ratschläge des Kenners/Übersetzung aus dem Englischen M., 2004. S. 54

[10] Begg D. Der Wodka: Nachschlagewerk: Ratschläge des Kenners/Übersetzung aus dem Englischen M., 2004. S. 181 - 182

[11] Begg D. Der Wodka: Nachschlagewerk: Ratschläge des Kenners/Übersetzung aus dem Englischen M., 2004. S. 181

[12] Nuschnyi W. P. Der Wein im Leben und das Leben im Wein. M., 2001. S. 38

[13] Werfen Sie einen Blick auf die Speisekarte des Restaurants „Petrow Wodkin". www.vodkin.ru.

[14] Begg D. Der Wodka: Nachschlagewerk: Ratschläge des Kenners/Übersetzung aus dem Englischen M., 2004. S. 183

[15] Nuschnyi W.P. Der Wein im Leben und das Leben im Wein. M., 2001. S. 36 - 39

[16] Burnaschew W.P. Unsere Wundertäter : Chronik der Absonderlichkeiten und Überspanntheiten jeder Art. SPb., 1875. S. 204 - 205

[17] Nuschnyi W.P. Der Wein im Leben und das Leben im Wein. M., 2001. S. 306 - 323

Kapitel 9

Klassische Wodka-Cocktails

Vodka Gimlet

Zutaten

4 cl Vokda
2 cl Roses Lime Juice
1 Limettenscheibe

Zubereitung

Im Tumblerglas auf Eis vermischen, die Limettenscheibe auspressen und dazugeben.

Vodka Sour

Zutaten

5 cl Vokda
3 cl Zitronensaft
2 cl Zuckersirup

Zubereitung

Im Shaker auf Eiswürfeln kräftig schütteln und in ein Sourglas ohne Eis oder in einen Tumbler mit Eis abgießen.

Deko im Glas: 1 Kirsche

White Russian

Zutaten

3 cl Vodka
2 cl Kaluha
Sahne

Zubereitung

Die Spirituosen auf Eiswürfeln verrühren. In ein Martiniglas ohne Eis abseihen und leicht geschlagene Sahne als Haube aufsetzen.

Deko: eventuell 3 Kaffeebohnen

Cristall – Blue Lagoon

Zutaten

5 cl Vodka
2,5 cl Likör Blue Curaçao
1 cl Zitronenlimonade (Seven Up oder Sprite)

Zubereitung

Die Zutaten im Shaker mixen, in ein Highball-Glas mit Eis gießen und mit einer Zitronenscheibe und einer Kirsche garnieren.

Moscow Mule

Zutaten

3 cl Vodka
Saft einer halben Lime-Frucht
Ingwerbier

Zubereitung

Das Eis in ein Longdrinkglas geben, den Vodka, den Saft und das Bier eingießen.
Mit einem Zweig Minze garnieren.

Cosmopolitan

Zutaten

4,5 cl Vodka
2 cl Likör Triple Sec
2 cl Cranberry-Juice
Frisch gepresster Saft einer halben Zitrone

Zubereitung

Die Zutaten im Shaker mixen und in ein gekühltes Martiniglas gießen.
Mit einem Kringel Orangenschale garnieren.

Sea Breeze

Zutaten

4 cl	Vodka
6 cl	Grapefruit-Juice
6 cl	Cranberry-Juice
1	Schuss Lime-Juice
	Eis

Zubereitung

In ein Longdrinkglas den Vodka, den Cranberry-Juice und den Grapefruit-Juice gießen, den Lime-Juice hineinträufeln und Eis hinzufügen.

OVAL Cocktails

Kreiert von Keita Djibril

OVAL Red & White

Zutaten und Zubereitung

OVAL 42 im OVAL-Glas servieren und frisch zubereiteten, gewürzten Tomatensaft separat dazureichen.

OVAL Peak 24

Zutaten

3 cl OVAL 24
2 cl Maraschino
1 cl Zucker
1 cl frischer Orangensaft
2 cl frischer Limettensaft

Zubereitung

Alle Zutaten gemeinsam shaken und in ein Highball-Glas mit Eis einschenken.

Deko: Limetten- und Orangenscheibe, Kirsche

OVAL OVATIONS

Zutaten

2 cl OVAL Rowan Berry
1 cl Grand Manier
1 cl Orangenbitter
2 cl frischer Orangensaft

Zubereitung

Alle Zutaten shaken, in ein Martiniglas füllen und das restliche Glas mit Champagner auffüllen

Deko: zum Schluss 1 Orangen-Twist und Orangenschale ins Glas geben.

OVAL MARTINI

Zutaten

3,5 cl OVAL 56
1,5 cl Martini Rosso
1,5 cl Apricot Brandy
Martiniglas

Zubereitung

Die Zutaten miteinander verrühren, eine Limettenschale mit etwas Fruchtfleisch auspressen (5-6 Tropfen) und dazugeben.

Deko: eine ausgepresste Limettenschale ins Glas geben.

OVAL Proud Diva

Zutaten

3,5 cl OVAL 56
2 cl Cherry Brandy
1 cl Zucker
1 dash (Spritzer) frischer Orangensaft
2 cl frischer Limettensaft

Zubereitung

Alle Zutaten im Shaker mixen und in ein Highball-Glas gießen.

Deko: Limettenscheibe und Kirsche

OVAL Pearl Diver

Zutaten

3 cl OVAL 56
2 cl Southern Comfort
1,5 cl Apricot Brandy
1 Stück Limette ins Glas pressen
Longdrinkglas

Zubereitung

Die Hälfte des mit Eis gefüllten Longdrinkglasses einschenken und den Rest mit Ginger Ale auffüllen.

Deko: ausgepresste Limette ins Glas und Zucker- und Honigmelonenkügelchen auf den Boden des Glases.

OVAL No. 4

Zutaten

3,5 cl OVAL 42
1,5 cl Cointreau
1,5 cl Apricot Brandy
1 Spritzer Angostura
Gerührt
Martiniglas
Keine Deko

Kapitel 10

Kreiert von Heiko Antoniewicz

Barfood zu OVAL 24

Gebeizter Lachs mit Kresse und Gewürzbrot (molekular)

Zutaten

200 g Balik-Lachs
5 Scheiben Pain d´épices (französisches Gewürzbrot)
Maldon Sea Salt (Meersalz)
40 g Saure Sahne
1 EL heller Essig
30 g Orangenkaviar (kann man fertig kaufen)

Zubereitung

Das Pain d´épices in dünne Scheiben schneiden und in einer Pfanne kurz rösten.
Den Balik-Lachs in 2,5 x 2,5 x 0,5 cm große Scheiben schneiden und mit dem Essig beträufeln. Mit dem Brot schichtweise anrichten. Bei Bedarf mit Maldon Sea Salt ergänzen. Die Saure Sahne darauf anrichten und mit dem Orangenkaviar belegen. Mit Essig würzen und mit Kresse garnieren.

Eingelegter Camembert mit tasmanischem Pfeffer

Zutaten

200 g Camembert aus der Normandie
300 ml Olivenöl
2 Lorbeerblätter
2 Thymianzweige
10 Körner tasmanischer Pfeffer
1 Paprika
etwas Cayennepfeffer
1 EL Olivenöl

Zubereitung

Den Camembert in gleich große Segmente schneiden und in dem Öl mit den Kräutern einlegen und auf Spieße fixieren. Mit den zerstoßenen Pfefferkörnern bestreuen. Die Paprika abflämmen und im Mixer mit Olivenöl pürieren. Mit Salz und Cayennepfeffer würzig abschmecken. Das Püree auf dem Camembert anrichten.

Limonenkaviar mit Heilbutt und Kokosnuss (molekular)

Zutaten

20 g süßer Basilikumsamen
100 ml stilles Mineralwasser
Limonensaft
Abrieb von der Limone
10 Scheiben Heilbutt, geräuchert
½ Kokosnuss, in feine Streifen gehobelt
1 EL Sesamsamen
Sisho Kresse als Garnitur

Zubereitung

Für den „Limonenkaviar" den Basilikumsamen unter das Mineralwasser rühren und 1 Minute quellen lassen. In ein Sieb geben, um die Flüssigkeit abzuseihen, und sofort mit Salz und etwas Limonensaft und Limonenschale marinieren. Den Heilbutt einrollen, mit dem Limonenkaviar füllen und in den Sesam setzen. Auf einem Löffel anrichten. Mit den Kokosnussstreifen und der Kresse garnieren.

Wichtiger Hinweis

Alle Barfood-Rezepturen zu den vier verschiedenen OVAL Vodkas sind auf zehn Häppchen angelegt. Bei größeren oder kleineren Stückzahlen sind die Mengenangaben entsprechend anzupassen.

Fotonachweise: OVAL Vodka/Ralf Müller

Barfood zu OVAL Rowan Berry

Quinoasalat mit Apfelessig und Kerbel

Zutaten

10 kleine Tarteletts (Förmchen)
50 g Quinoa (glutenfreie südamerikanische Körnerfrucht, im Reformhaus)
1 Stück Ingwer
1 Stück Sternanis
1 Zweig Kerbel, fein gehackt
30 g Apfelwürfel
30 ml Apfelessig
20 ml stilles Mineralwasser
7 g vegetarische Gelatine von Sosa

Zubereitung

Die Quinoakörner gut waschen und (am besten im Reiskocher) mit 100 ml Wasser kochen. Am Anfang leicht salzen und die Gewürze dazugeben. Die Körner auskühlen lassen, leicht säuern und die Gewürze entnehmen. Den Kerbel und die Apfelwürfel unterheben. Den Apfelessig mit dem Mineralwasser und der Gelatine montieren. Aufkochen und in eine Form gießen. Auskühlen lassen und bei Bedarf zuschneiden. In den Tarteletts anrichten und servieren.

Frischkäsetrüffel mit Kaschmir-Curry und Birne

Zutaten

200 g Frischkäse
20 g Crème fraîche
1 Blatt Gelatine
2 EL griechisches Olivenöl
1 Spritzer heller Balsamessig
4 Scheiben Pumpernickel
1 TL Kaschmir Curry
1 Birne
50 ml Grauburgunder Holger Koch Baden
½ Vanilleschote
1 EL Birnenessig
½ EL helles Zuckerrübenkraut
etwas Maisstärke (Mondamin)
etwas Ingwersaft

Zubereitung

Den Frischkäse mit der Crème fraîche verrühren und kurz aufschlagen. Die Gelatine einweichen, in Olivenöl auflösen und unter die Frischkäsemasse rühren. Mit Salz, dem Curry, den Kräutern und dem Balsamessig abschmecken. Den Pumpernickel bei 50 °C im Backofen ca. 2 Stunden trocknen und im Kutter fein mixen. Die Käsemasse mit einem Spritzbeutel auf dem Pumpernickel in lange Bahnen spritzen, im Pumpernickel wälzen, kurz kalt stellen und in 2 cm hohe Stücke schneiden. Alternative: Die Käsemasse portionsweise zu kleinen Kugeln rollen, kurz kalt stellen und im Pumpernickel wälzen.
Die Birne schälen und in feine Würfel schneiden. Den Weißwein mit der ausgekratzten Vanilleschote aufkochen. Mit dem Birnenessig und dem Zuckerrübenkraut abschmecken. Die Masse mit etwas angerührter Maisstärke (Mondamin) binden, vom Ofen nehmen. Die Birnenwürfel dazugeben und nur noch gar ziehen lassen. Mit dem Ingwersaft etwas parfümieren, noch warm in Gläser mit einem Gummiring füllen und luftdicht verschließen. Bei Bedarf entnehmen und auf der Praline anrichten.

Wichtiger Hinweis

Alle Barfood-Rezepturen zu den vier verschiedenen OVAL Vodkas sind auf zehn Häppchen angelegt. Bei größeren oder kleineren Stückzahlen sind die Mengenangaben entsprechend anzupassen.

Fotonachweise: OVAL Vodka/Ralf Müller

Teenudeln mit Ananasrelish und Milchschaum (molekular)

Zutaten

250 ml Grüner Tee
4 g Gellan (Texturas Ferran Adriá)
1 Ananas
2 EL Passionsfruchtmark
1 EL Mangomark
100 ml Mineralwasser
1 Spritzer Chiliöl
1 TL Sherryessig
etwas angerührte Kartoffelstärke zum Binden
Milch
etwas Muscovadozucker (unter der Bezeichnung „Natural Brown Sugar" in Asia Shops)

Zubereitung

Das Gellan mit dem Tee verrühren und einmal aufkochen lassen. In ein Glasgefäß geben und zum Gelieren kalt stellen. Die Ananas schälen und in feine Würfel schneiden. Das Passionsfrucht- und Mangomark mit Mineralwasser kurz aufkochen lassen und mit Chiliöl und Sherryessig abschmecken. Den Sud mit Kartoffelstärke leicht binden. Die Ananaswürfel in den Sud geben und mit dem Sud auskühlen lassen. In Gläser mit Gummiring abfüllen und luftdicht verschließen. Zum Anrichten zunächst das Ananasrelish in ein Glas geben. Darüber das Teegelee auf einer Reibe zu langen, flachen Nudeln reiben (funktioniert am besten mit den Reiben von Microplane). Die Milch mit Muscovadozucker leicht süßen, aufschäumen und auf die Teenudeln geben.

Fotonachweise: OVAL Vodka/Ralf Müller

Barfood zu OVAL 56

Röstbrot mit Knoblauch und Leberpaté (molekular)

Zutaten

10 Scheiben Graubrot (Schwarzbrot)
1 Knoblauchzehe
10 Knoblauchblüten
100 g Leberpaté
200 ml Rote-Bete-Saft
15 g Vegetarische Gelatine von Sosa
100 ml Milch
1 Zwiebel
1 g Lecite (Texturas Ferran Adriá, Sojalecithin)

Zubereitung

Beim Graubrot darauf achten, dass die Scheiben eine Stärke von 0,8 cm haben. Das Brot in Stücke von 2 x 6 cm schneiden und mit dem Olivenöl rösten, so dass es außen knusprig ist. Das noch warme Brot mit der Knoblauchzehe kurz einmal einreiben. Die Paté in gleich große Segmente schneiden. Den Rote-Bete-Saft mit der Gelatine verrühren und einmal aufkochen lassen. Abschäumen und auf vorgewärmte Kunststofftabletts gießen. Gleichmäßig verlaufen lassen. Kurz kalt stellen und die Lebersegmente darin einwickeln. In gleichmäßige Happen schneiden. Die geschälte Zwiebel ca. 20 Minuten in heißer Milch ziehen lassen und absieben. Die Zwiebelmilch mit dem Lecite montieren und stehen lassen. Dann schaumig aufschlagen, abschöpfen und auf den Happen arrangieren. Mit den Knoblauchblüten garnieren.

Hechtbratling mit Gurkensphäre und Dillblüten (molekular)

Zutaten

1 Salatgurke
2 Tomaten, ohne Haut und Kerne und in feine Würfel geschnitten
10 ml Olivenöl
1 TL heller Balsamessig
einige Dillblüten, gehackt
10 Stücke Seehecht à 20 g
Olivenöl zum Braten
etwas Maisstärke (Mondamin) zum Bestäuben
260 ml Wasser
10 Portionslöffel Calazoon (von Biozoon)
0,8 g Citras (Texturas Ferran Adriá)
6 Portionslöffel Algizoon (von Biozoon)

Zubereitung

Die Gurke schälen und ein Drittel davon in feine Würfel schneiden. Mit den Tomatenwürfeln und einer Marinade aus Olivenöl und Balsamessig vermischen. Den Rest der Gurke entsaften. Davon 240 ml mit dem Citras und Algizoon montieren. Das Calazoon in 260 ml Wasser auflösen. Mit einem Portionslöffel die Gurkenmasse in das Calazoonbad geben, so dass schöne Kugeln (Sphären) entstehen. Nach ca. 30-60 Sekunden die Kugeln vorsichtig mit einem Sieb aus dem Calazoonbad herausnehmen, in einem Wasserbad abspülen und abtropfen lassen. Die Fischstücke mehlieren und in dem Öl braten. Auf den Gurken-Tomaten-Salat platzieren und mit der Gurkensphäre anrichten.

Wichtiger Hinweis

Alle Barfood-Rezepturen zu den vier verschiedenen OVAL Vodkas sind auf zehn Häppchen angelegt. Bei größeren oder kleineren Stückzahlen sind die Mengenangaben entsprechend anzupassen.

Stockfischpüree mit Croutini

Zutaten

100 g Stockfischfilet
30 ml Weißwein
30 ml Fischfond
20 g Gemüsestreifen aus Lauch, Sellerie, Karotte
1 Knoblauchzehe
50 g Kartoffeln, gekocht
30 g Kartoffelwürfel 3 x 3 mm, gekocht
Limonenabrieb
1 EL Tunesisches Olivenöl
etwas Pul Biber (türk. Gewürzmischung)
Salz
1 Spritzer Limonensaft
1 Tl Limonenöl Agriverde
1 EL Blattpetersilie, in feine Streifen geschnitten
Kartoffelchips als Garnitur
Grüner Tobikko (Rogen vom fliegenden Fisch) als Garnitur
10 Scheiben Röstbrot

Zubereitung

Eine Cocotte (Bratentopf) mit den Gemüsestreifen und der angedrückten Knoblauchzehe auslegen. Mit Weißwein und Fischfond aufgießen. Kurz auf 60 °C erwärmen und leicht salzen. Aus dem Stockfisch Würfel von 0,5 cm schneiden und in dem Wurzelsud 2 Minuten garen. Herausnehmen und auskühlen lassen. Den Sud passieren. Die gekochte Kartoffel fein passieren und mit dem Olivenöl und dem Limonensaft kurz glatt rühren. 2 EL von dem Sud dazugeben und die gekochten Kartoffelwürfel unterheben. Mit Pul Biber, Limonenabrieb und Limonenöl abschmecken. Den Stockfisch mit der Blattpetersilie kurz unterheben und abschmecken. Zu kleinen Nocken formen und auf Röstbrot anrichten.
Mit Tobikko und einem Kartoffelchip garnieren.

Fotonachweise: OVAL Vodka/Ralf Müller

Barfood zu OVAL 42

Sardine gebacken mit konfitierter Tomate und Basilikum

Zutaten

5 Sardinenfilets
etwas Maisstärke (Mondamin)
30 ml Basilikumöl zum Braten
10 sardische Tomaten oder ersatzweise Kirschtomaten
Olivenöl und Balsamessig
10 Basilikumblätter zum Garnieren

Zubereitung

Die Tomaten halbieren, bei 80 °C Grad im Backofen ca. 8 Stunden trocknen lassen und in einem Gemisch aus Olivenöl und Balsamessig einlegen. Bei Bedarf entnehmen. Je ein halbes Sardinenfilet auf Spieße setzen und mit Maisstärke (Mondamin) auf der Hautseite bestäuben. In dem Basilikumöl kross braten. Die Tomaten auf dem Spieß platzieren und mit Basilikum garnieren.

Chorizo mit Estragon und Specköl (molekular)

Zutaten

3 kleine weiche Chorizowürste
10 Segmente Estragon
10 Scheiben Ciabattabrot, hauchdünn geschnitten
2 Eiweiße, angeschlagen
2 Speckscheiben
50 ml erstgepresstes Rapsöl
0,5 g Glice (Texturas Ferran Adriá)
0,5 g Sucro (Texturas Ferran Adriá)
50 ml Schinkenfond

Zubereitung

Das Öl auf 60 °C erwärmen und die Speckschwarten darin ziehen lassen. Aus dem Öl nehmen, passieren und zur weiteren Verarbeitung in Gläsern aufheben. Das Öl noch einmal auf 60 °C erwärmen und darin das Glice auflösen. Das Sucro in dem Schinkenfond auflösen. Das Öl in feinem Strahl in den Fond montieren. Die Chorizo längs vierteln und in dem Eiweiß wälzen. Mit dem Estragon jeweils in die Brotscheiben einrollen und in Olivenöl rasch ausbraten. Auf Küchenpapier abtupfen und mit dem Specköl belegen.

Pastete mit Gehacktem und Kardamom

Zutaten für die Pasteten

80 g Mehl
100 ml Milch
1 Eigelb
Salz
etwas Muskat
1 EL Olivenöl
Alternativ kann man auch kleine Convenience-Pasteten verwenden.

Zutaten für das Gehackte

100 g Kalbfleisch
50 g Schweinefleisch
1 altbackenes Brötchen
etwas Milch
1 TL Senf
1 MS Zimt
1 MS Nelkenpulver
1 TL Kardamompulver, gestrichen
1 EL Blattpetersilie, gehackt
30 g Alfa-Alfa-Sprossen zum Garnieren

Zubereitung

Die Zutaten für die Pastete rasch miteinander verrühren, so dass ein leicht fließender Teig entsteht. Kurz kalt ruhen lassen. Das römische Eisen in der Fritteuse bei 180 °C vorheizen. Das Eisen bis kurz unter den Rand in Teig eintauchen und in der Fritteuse fertig ausbacken.

Das Brötchen in der Milch einlegen, gut ausdrücken und mit dem Fleisch durch die feine Scheibe des Fleischwolfs drehen. Mit den Gewürzen vermischen und salzen. Die Blattpetersilie unterarbeiten. In die vorbereiteten Pasteten geben und bei 180 °C im Backofen 5 Minuten backen. Mit den Sprossen garnieren.

Wichtiger Hinweis

Alle Barfood-Rezepturen zu den vier verschiedenen OVAL Vodkas sind auf zehn Häppchen angelegt. Bei größeren oder kleineren Stückzahlen sind die Mengenangaben entsprechend anzupassen.

Anhang

von Dr. Peter Jäger

Gesetzliche Regelungen und Bestimmungen

Vor dem jetzt geltenden EU-Recht hatten zumindest Deutschland und Österreich ihre eigenen rechtlichen Bestimmungen.
In Deutschland galt für verschiedene Spezialbranntweine, z. B. für Wodka, folgende Begriffsbestimmung:
a) Wodka ist ein Branntwein, der aus fein filtriertem Alkohol oder mit nach besonderem Verfahren behandelten Primaspiritus (96 Vol.-%) bzw. Kornfeinspiritus und/oder mit geringen Zusätzen hergestellt wird.
Durch die „besonderen Verfahren" und/oder die Zusätze müssen die charakteristischen Merkmale der Wodkas, nämlich die Reinheit und Weichheit des Geschmackes, erreicht werden.
b) Der Alkoholgehalt beträgt mindestens 40 Vol.-%.
c) Die Zusätze dürfen geschmacklich kaum spürbar sein.
d) Der Extraktgehalt von Wodka darf 0,3 g/100 ml nicht überschreiten. Zur Aromatisierung dürfen gemäß Essenzen-VO vom 20. 12. 1977 cumarinhaltige Gräser, wie z. B. Büffelgras oder Mariengras, verwendet werden.
Der Höchstgehalt an Cumarin im Fertigprodukt darf 5 mg/kg nicht überschreiten.
Heute gilt auch für Deutschland als EU-Mitglied die im Amtsblatt der Europäischen Gemeinschaften (Nr. L 160/7 vom 12. 6. 1989) publizierte Vorschrift für die Herstellung von Wodka: „Die Spirituose, die aus Ethylalkohol landwirtschaftlichen Ursprung entweder durch Rektifikation oder durch Filtrieren über Aktivkohle – gegebenenfalls mit anschließender einfacher Destillation – oder eine gleichwertige Behandlung gewonnen wird, welche die organoleptischen Markmale der verwundeten Ausgangsstoffe selektiv abschwächen. Durch Zusatz von Aromastoffen können dem Erzeugnis besondere organoleptische Eigenschaften, insbesondere ein weicher Geschmack, verliehen werden."
Für Österreich gilt nach wie vor der Codex Alimentarius Austriacus Kapitel B 23 „Spirituosen" als Richtlinie für die Herstellung von Branntweinen und Likören.
Waren die Richtlinien für die Herstellung von Wodka früher eher kurz gehalten, so wurden die Herstellungsrichtlinien und Definitionen in der neuen Codex-Ausgabe nahezu vollständig den EU-Richtlinien angeglichen. Nachstehend ist die neue Codex-Richtlinie für die Herstellung von Wodka aufgeführt: „Wodka ist eine Spirituose, die aus Ethylalkohol landwirtschaftlichen Ursprungs allenfalls durch Rektifikation oder durch Filtrieren über Aktivkohle – gegebenenfalls mit anschließender einfacher Destillation – oder eine gleichwertige Behandlung gewonnen wird, welche die organoleptischen Merkmale der verwendeten Ausgangsstoffe selektiv abschwächt. Durch Zusatz von Aromastoffen können dem Erzeugnis besondere organioleptische Eigenschaften, insbesondere ein weicher Geschmack, verliehen werden."
EG: Wortlaut der VO (EWG) 1576/89. Neu ist die Bestimmung, dass Wodka aromatisiert werden darf, so dass ihm durch den Zusatz von Aromastoffen ein weicher Geschmack verliehen werden kann (Abrundung) und dass er nicht unbedingt ein zweites Mal (Text: „gegenfalls") destilliert werden muss.
Ein als Wodka aufgemachtes Produkt, auch mit aromatisierenden Zusätzen versehen, hat einen Alkoholgehalt von mindestens 37,5 Vol.-% aufzuweisen.
Mischungen von Wodka mit anderen geeigneten Lebensmitteln sind als „Spirituose", mit einem Zuckergehalt von mehr als 100 g/l als „Likör" zu bezeichnen und haben einen Mindestalkoholgehalt von 15 Vol.-% aufzuweisen. Auf die Mitverwendung von Wodka kann zusätzlich hingewiesen werden (Orangensaft mit Wodka u. dgl.).
Sinngemäß gilt diese Regelung auch für andere Mischgetränke, deren Alkoholkomponente eine hervorhebende Bezeichnung tragen darf (Inländerrum mit Kirsch).
Mischgetränke sind in der EU-Rechtsordnung noch nicht geregelt, und es kann diese nationale (österreichische) Interpretation bis zum Inkrafttreten einer gemeinschaftlichen Vorschrift aufrecht erhalten werden. Importe sind nach dem Prinzip „Cassis de Dijon" zu beurteilen. Von diesen Produkten sind „Spirituosengemische", die unter Pkt. 4.18 geregelt sind, zu unterscheiden.
Chemische-analytische Anforderungen: Alkoholgehalt mindestens 37, 5 Vol.-%.

Wasserqualität zur Herstellung von Wodka

Streng genommen, haben wir es bei der globalen Betrachtung der Herstellung von Wodka mit zwei Problemkreisen zu tun:
a) Erzeugung von Rohspiritus bzw. Primaspiritus aus Kartoffeln oder Getreide
b) Erzeugung des Fertigproduktes Wodka
Für a) benötigen wir Nutzwasser. Dieses Nutzwasser kommt immer mit dem Rohstoff in Berührung, sei es beim Waschen der Kartoffeln, beim Einmischen des Getreides, bei der Erzeugung von Malzmilch, bei der Erzeugung von Grünmalz, beim Reinigen von Behältern, Tanks, Pumpen, Leitungen, Schläuchen etc.
Dieses Wasser muss immer Trinkwasserqualität haben und chemisch sowie mikrobiologisch den Anforderungen der Trinkwasserverordnung (TVO) entsprechen.
Ferner benötigen wir für a) Kühlwasser. Dieses Wasser kommt in der Regel nicht mit dem Produkt (Rohstoffe, Maischen, Destillate, Behälterinnenflächen etc.) in Berührung, sondern soll nur Wärme abführen. Dieses Wasser muss also nicht unbedingt Trinkwasserqualität besitzen. In der Regel werden jedoch Nutzwasser und Kühlwasser bei den meisten Betrieben aus derselben Leitung entnommen.
Für b) wird schwerpunktmäßig Verschnittwasser benötigt, und zwar zum Einstellen auf Trinkstärke, zum Ansetzen von Abfüllchargen oder Ähnlichem. Dieses Wasser muss auf alle Fälle härtefrei sein, d. h., mit Hilfe geeigneter Verfahren aufbereitet werden.
Hartes Wasser kann zu Trübung und Bodensatzbildung im Fertiggetränk führen.
Methoden zur Erzeugung von Verschnittwasser aus Rohwasser sind neben einigen Spezialmethoden (Dialyse, Osmose) hauptsächlich der Ionentausch mit Hilfe geeigneter Ionenaustauscher.
Auch Verschnittwasser bzw. Weichwasser (im Sprachgebrauch auch oft destilliertes Wasser genannt) muss geruchlich und geschmacklich rein und frei von Fremdgeruch und Fremdgeschmack sein, um die sensorische Qualität des Fertigproduktes nicht negativ zu beeinflussen.
Das Verschnittwasser muss auch mikrobiologisch einwandfrei sein.

Technologie der Wodkaerzeugung aus heutiger Sicht

Betrieb A: Erzeugung von Wodka vom Rohstoff bis zur Flaschenfüllung
Betrieb B : Erzeugung von Wodka im Ausmischbetrieb bis zur Flaschenfüllung
Betrieb C: Erzeugung von Wodka aus angelieferter Tankware im reinen Abfüllbetrieb

Betrieb A

- Entnahme des Rohstoffes aus Scheune (Kartoffeln) oder Silo (Getreide)
- Reinigung des Rohstoffes
- Stärkeaufschluss des Rohstoffes mit Hilfe geeigneter Verfahren, wie z. B. Warmverfahren, Kaltverfahren, Kontinuierliches Verfahren
- Stärkeverflüssigung
- Stärkeverzuckerung
- Vergärung der süßen Maische
- Destillation des Maischealkohols zu Rohspiritus (80–85 Vol.-%)
- Destillation des Rohspiritus und Rektifikation zu Primaspiritus (96 Vol.-%)
- Lagerung des Primaspiritus = natürliche Alterung oder
- Anwendung besonderer Verfahren = künstliche Alterung
- Einstellung auf Trinkstärke mit Verschnittwasser oder
- zusätzliche Aromatisierung des Verschnittes mit besonderen Verfahren
- Filtration und Abfüllung auf Flaschen

Betrieb B

- Filtration des gelagerten oder mit besonderen Verfahren aufbereiteten Primaspiritus
- Einstellung auf Trinkstärke mit Verschnittwasser oder
- Aromatisierung des Verschnittes mit besonderen Verfahren
- Filtration und Abfüllung auf Flaschen

Betrieb C

- Filtration der angelieferten Fertigware und Abfüllung auf Flaschen

Kontrolluntersuchungen

Entsprechende Laboruntersuchungen vor der Abfüllung des Fertiggetränkes sollten ebenso selbstverständlich sein, wie die analytische Kontrolle aller Rohstoffe, Zwischen- und Fertigprodukte.
Auch die analytische Überwachung beim Einsatz besonderer Verfahren (vorher und nachher) ist besonders wichtig, um stets gleichmäßige Produkte zu erhalten.

Literatur

GOST 10117.1, 2001. Glasflaschen für Getränke. Allgemeine technische Bedingungen.

GOST 10117. 2, 2001. Glasflaschen für Getränke. Typen. Parameter und grundlegenden Maße.

GOST 5363-,93. Wodka. Regeln der Annahme und Methoden der Analyse.

GOST R 52194, 2003. Wodka und besonderer Wodka. Likörerzeugnisse. Verpackung, Kennzeichnung, Transport und Lagerung.

GOST R 51355, 1999. Wodka und besonderer Wodka. Allgemeine technische Bedingungen.

GOST R 52190, 2003. Wodka und Likörerzeugnisse. Begriffe und Bestimmungen.

GOST R 52192, 2003. Likörerzeugnisse. Allgemeine technische Bedingungen.

GOST R 52191, 2003. Liköre. Allgemeine technische Bedingungen.

GOST R 51723, 2001. 95%iger Äthylalkohol für den Genuss. Technische Bedingungen.

GOST R 51652, 2000. Rektifizierter Äthylalkohol aus Lebensmittelrohstoffen. Technische Bedingungen.

Aljanskij. J. L. Vergnügungseinrichtungen des alten Sankt Petersburg, Sankt Petersburg, 2003, S. 351

Begg D. Wodka: Ein Nachschlagewerk: Ratschläge des Kenners/Übersetzung aus dem Englischen, Moskau, 2004, S. 192

Bondarenko L. B. Über die Geschichte der russischen Alkoholmetrie/Fragen der Geschichte der Wissenschaft und Technik. 1999. 2. Ausgabe. S. 184 - 205.

Der Wodkakönig Pjotr Arsenjewitsch Smirnoff und seine Nachfahren/Smirnowa K. W., Tschinjajewa G. W., Smirnoff W. O. Gogolaschwili M. I., Moskau, 1999. S. 208.

Dmitrjew I. S. Die nationale Legende: War D. I. Mendelejew der Begründer des russischen „Monopol"- Wodkas?/Fragen zur Geschichte der Wissenschaft und Technik. 1999. 2. Ausgabe. S. 177 - 184

Dmitrjew I.S. Der Mensch der Epoche der Umwandlungen: Artikel über D. I. Mendelejew und seine Zeit/ Sankt Petersburg, 2004. S. 574.

Iwanow. J. G. Stark alkoholische Getränke. Smolensk, 1997. S. 512

Karagodin G. M. Das Buch über den Wodka und das Weinbrennen. Tscheljabinsk, 2000. S. 468

Das Buch über den Wodka, zusammengestellt von Iwanow J. G., Smolensk, 2001. S. 432

„Who is who" auf dem Alkoholmarkt: Spezialisiertes Nachschlagewerk: Beilage der Zeitschrift «Imperium des Geschmacks»., 2004., № 1 (3).

Krutschina J. N. Wodka: Ein Reiseführer. Moskau, 2003. S. 336

Lawrentjewa J. W. Die Tischkultur des 19. Jahrhunderts: Die Zeit Puschkins. Moskau, 1999. S. 320.

Lotman J. M. Pogosjan J. A. Mittagstafeln der höheren Gesellschaft: Panorama des Hauptstadtlebens. Sankt Petersburg, 1996. S. 320

Nushnyj W. P. Der Wein im Leben und das Leben im Wein. Moskau, 2001. S. 394

Polygalina G. W., Buratschewskij I. I. Grundlagen der Degustation und Zertifikation von Wodka und Likören. Moskau, 1999. S. 47

Pochlebkin W. W. Die Geschichte des Wodkas. Moskau, 2000. S. 404

Pryschow I. G. Die Geschichte der Kneipen in Russland in Verbindung mit der Geschichte des russischen Volkes. Sankt Petersburg, 1868. S. 320

Pyljajew M.I. Bemerkenswerte Eigenbrötler und Sonderlinge. Moskau, 2001. S. 359

Pyljajew M.I Das alte Leben und Treiben: Überblicke und Erzählungen über einstige Rituale, Bräuche und Ordnungen in Einrichtungen des häuslichen und öffentlichen Lebens, Sankt Petersburg, 2000., S. 480.

Smirnoff W. P. Der russische Charakter. Moskau, 2004. S. 383

Takala I. P. «Die Fröhlichkeit des alten Russlands»: Geschichte des Alkoholproblems in Russland. Sankt Petersburg, 2002. S. 336.

Die Technologie des Alkohols, Jarowenko W. L., Marintschenko W. A., Smirnoff W. A. u. a.; unter der Redaktion von Prof. W. L. Jarowenko. Moskau, 1999. S. 463

Tusmuchamedow E. R. Starke alkoholische Getränke der Welt. Moskau, 2002. S. 368

Figurowskij N. A. Abriss der allgemeinen Geschichte der Chemie. Bd. 1: Von den frühesten Zeiten bis zum Beginn des 19. Jahrhunderts. Moskau, 1969. S. 455.; Bd. 2: Die Entwicklung der klassischen Chemie im 19. Jahrhundert. Moskau, 1979. S. 477

Stritter W. W. Alkoholische Getränke: Technologie, Herstellung, Rezepte. Sankt Petersburg, 1992. S. 175

Juchimenko J. M., Falalejewa M. W., Russisches Parademittagessen: Speisekarte aus der Sammlung des Staatlichen historischen Museums. Moskau, 2003. S. 239

Die Expertise der Getränke, Posnjakowskij W. M., Pomosowa W. A., Kiseljowa T. F., Permjakowa L. W., Nowosibirsk, 2005. S. 407